高等职业教育土建类“十三五”规划教材

（建筑信息化管理专业）

Revit深化设计

——HiBIM建模与应用

主　编　吴　瑞　包海玲　李　茹　贾寒光

主　审　满广生

中国水利水电出版社

www.waterpub.com.cn

·北京·

内 容 提 要

本书以品茗商业综合楼为例，将案例工程贯穿整个教学内容。本书从各专业模型的建立，到模型的深化设计，详细介绍BIM模型的建立流程及应用价值，由浅入深，逐步提高学生的建模能力及专业技能，并配套有案例工程各专业图纸，每章包含课堂练习和课后练习。本书共3章，主要内容有：HiBIM土建建模、HiBIM机电建模、深化设计与施工出图。

本书内容丰富，讲解细腻，案例实用，特别适合建设项目信息化管理专业师生、建筑设计和结构设计的相关工作人员以及BIM社会培训班的学员阅读，另外也可供房地产开发、建筑施工、工程造价等相关从业人员阅读。

图书在版编目（CIP）数据

Revit深化设计 ： HiBIM建模与应用 / 吴瑞等主编. -- 北京 ： 中国水利水电出版社, 2019.4(2023.1重印)
高等职业教育土建类“十三五”规划教材. 建筑信息化管理专业
ISBN 978-7-5170-7609-4

Ⅰ. ①R… Ⅱ. ①吴… Ⅲ. ①建筑设计－计算机辅助设计－应用软件－高等职业教育－教材 Ⅳ. ①TU201.4

中国版本图书馆CIP数据核字(2019)第068376号

书　　名	高等职业教育土建类“十三五”规划教材（建筑信息化管理专业） **Revit深化设计——HiBIM建模与应用** Revit SHENHUA SHEJI——HiBIM JIANMO YU YINGYONG
作　　者	主编　吴　瑞　包海玲　李　茹　贾寒光 主审　满广生
出版发行	中国水利水电出版社 （北京市海淀区玉渊潭南路1号D座　100038） 网址：www.waterpub.com.cn E-mail：sales@mwr.gov.cn 电话：（010）68545888（营销中心）
经　　售	北京科水图书销售有限公司 电话：（010）68545874、63202643 全国各地新华书店和相关出版物销售网点
排　　版	中国水利水电出版社微机排版中心
印　　刷	天津嘉恒印务有限公司
规　　格	184mm×260mm　16开本　7.25印张　181千字
版　　次	2019年4月第1版　2023年1月第2次印刷
印　　数	1501—3000册
定　　价	**45.00**元

本书编委会

主　　编：吴　瑞　包海玲　李　茹　贾寒光

副主编：赵云侠　倪　斌　陈　哲　刘　璐　章立鹏　王灿春　叶书成

参　　编：王晓康　付立彬　李　俊　丁晓燕　刘　谨　应丹雷　刘月君　谢　允　杨建伟　杨　睿　张　昊　张　璐　邹　帆　贾彩虹　唐荣明　包茜虹

主　　审：满广生

前言

2011 年住建部发布《2011—2015 年建筑业信息化发展纲要》，第一次将 BIM 纳入信息化标准建设内容，2013 年推出《关于推进建筑信息模型应用的指导意见》，2016 年发布《2016—2020 年建筑业信息化发展纲要》，BIM 成为“十三五”建筑业重点推广的五大信息技术之首；进入 2017 年，国家和地方加大 BIM 政策与标准落地，《建筑业十项新技术 2017》将 BIM 列为信息技术之首。为了利用 BIM 增加自身在建筑行业中的竞争力，全国各大设计研究院和高校纷纷成立了 BIM 研究中心，使得 Revit 的本土化和地域化越来越成熟，而使用 Revit 设计的建筑物也越来越多。

BIM 技术作为一种全新的建筑行业生产力革命技术，广泛地应用在建筑行业的各个领域。将 BIM 技术引入教学课程是培养学生专业能力、提高就业能力的一条有效途径。

《Revit 深化设计——HiBIM 建模与应用》是高职高专院校建设项目信息化管理专业的一门专业课程，具有较强的综合性及应用性，对学生识图能力和建模能力的培养起到主要的引导作用。本书基于 BIM 技术，结合实际工程案例，将土建、机电专业的信息模型进行 3D 全方位的展示，能够提高学生的学习兴趣，有效地培养学生的识图和建模能力。

通过本书的学习，可以强化学生对建筑、结构、水、暖、电专业知识的认知，掌握 BIM 技术中各专业建模能力和 BIM 模型管综优化的能力，提升 BIM 专业岗位软件应用技能。本书配套有“品茗商业综合楼”各专业图纸，介绍如何使用 HiBIM 软件建立 BIM 土建和机电专业模型和对模型的深化设计，内容真实、深浅适度、可操作性强、使用面广。（品茗商业综合楼，地上十五层，地下二层，建筑高度 56.500m，总建筑面积为 5189.21m^2，地上建筑面积为 3467.97m^2。主要结构类型为框架结构，建筑设计使用年限为 50 年。）

本书依据《建筑信息模型应用统一标准》（GB／T 51212—2016）、《建筑信息模型施工应用标准》（GB／T 51235—2017）、《民用建筑设计通则》（GB 50352—2005）、《建筑设计防火规范》（GB 50016—2014）、《无障碍设计规范》（GB 50763—2012）以及《混凝土结构施工图平面整体表示方法制图规则和构造详图（现混凝土框架、剪力墙、梁、板）》（16G101—1）、《混凝土结构施工图平面整体表示方法制图规则和构造详图（独立基础、条形基础、筏形基础、桩基础）》（16G101—3）等混凝土结构施工图集编著，主要特点是以能力培养为主线，具有科学性、创新性、实践性，案例客观求是，具有实际借鉴指导作用。

目前，市场上关于 Revit 类的图书较少，实用性强的《Revit 深化设计——HiBIM 建模与应用》是国内首次出版的此类图书。本书主要由安徽水利水电职业技术学院的吴瑞、包海玲、李茹，安徽建工集团的赵云侠与杭州品茗安控信息技术股份有限公司的倪斌、贾寒光、陈哲、刘璐、章立鹏、王灿春、叶书成联合编写，是国内首部介绍 HiBIM 建模与应用的权威书籍，希望能对学习 Revit 的读者有所帮助。书中默认尺寸为毫米。

本书是对 BIM 技术教学内容的尝试与探索，编者虽尽心尽力，反复推敲，但书中仍难免疏漏，恳请读者与同行专家批评指正。本书在编写过程中参考了其他文献资料，在此谨向原著作者们致以诚挚的谢意！

编者

2019 年 2 月

目录

第 1 章　HiBIM 土建建模

本章共 8 节，包括项目样板的建立、标高和轴网的建立、结构模型建立、建筑模型建立、二次结构模型建立、装饰装修布置及应用和零星节点布置，并对土建专业模型的优化做详细的介绍。

1.1　项目样板

项目样板包括了建立模型所需要的全部信息和初始参数，例如单位信息、楼层信息、建筑的平面图、立面图、剖面图和各种门窗明细表等相关信息。对于建筑面积较大的、更为复杂的工程项目，BIM 模型是由不同专业（建筑、结构、机电）的建模师共同完成的，所以在建立模型之前要先创建项目样板。比如，项目样板公用一套标高轴网，不同专业都可采用这套标高轴网系统建模。使用统一的项目样板建立模型能够保证模型中各构件参数信息的统一，能确保各专业模型最终“合模”。

用 Revit 创建的项目样板需要载入建模所用的各类构件族，以及创建机电专业的各类管道系统和电气系统。HiBIM 项目样板里包含了建模所需的各类构件族，例如柱、梁、门、窗等，以及机电专业的各类管道系统和电气系统。在建模时不需要载入族，也不需要设置管道系统和电气系统，能节省大量时间。在布置管道系统时，Revit 新建项目样板和 HiBIM 新建项目样板的区别如图 1.1 和图 1.2 所示。Revit 中管道属性配置全部没有可供选择的属性参数，需要自己创建族并载入项目。HiBIM 中则有很多可供选择的族类型，可直接绘制。

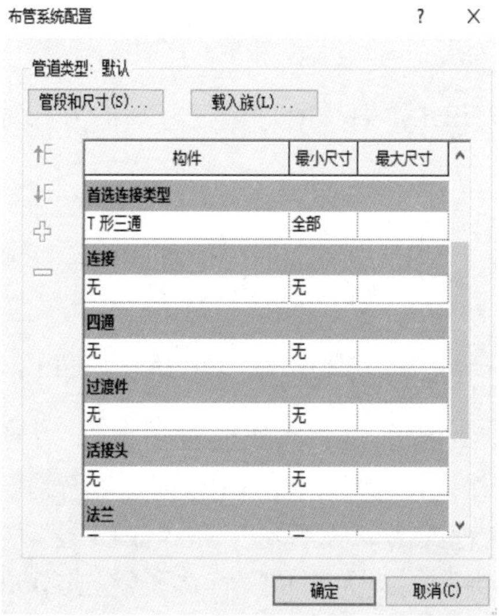

图 1.1　Revit 项目样板

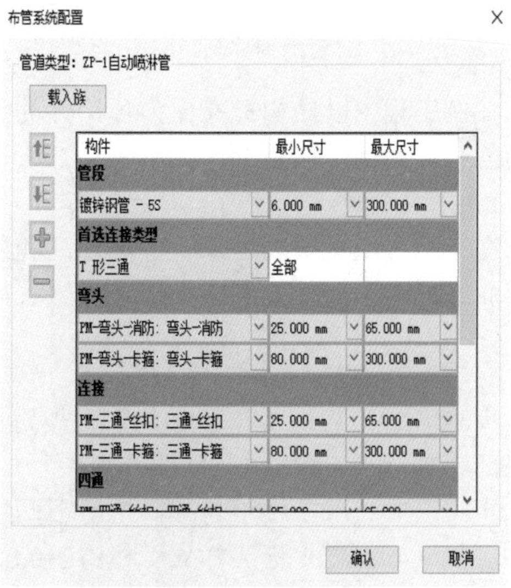

图 1.2　HiBIM 项目样板

1.2　标高和轴网

1.2.1　标高

标高表示建筑物各部分的高度，是建筑物相对于某一基准面的竖向高度，也是竖向定位的依据。

在施工图中有两种不同的标高：结构标高和建筑标高。结构标高是结构施工图中所给定的标高，常为梁、板、柱等钢筋混凝土构件的标高，是在未完成装饰装修面层前的标高。建筑标高是建筑施工图中所给的标高，是在完成装饰装修以后构件的标高。通常，建筑标高比结构标高要高几厘米，相差的高度为装饰装修面层的高度。

【课堂练习】

在案例工程中结构标高和建筑标高相差了 50mm 装饰面层的高度，如图 1.3 和图 1.4 所示。

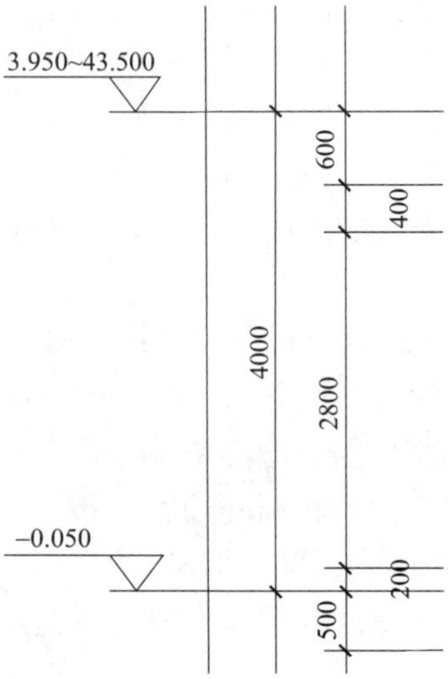

图 1.3　结构标高立面图

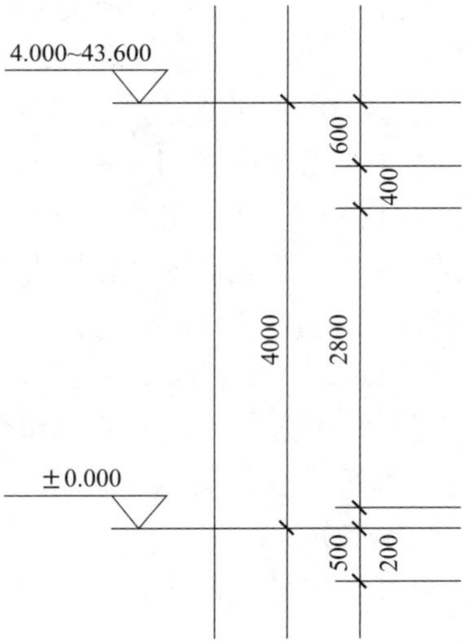

图 1.4　建筑标高立面图

案例工程中以结构标高作为各构件的定位高度。HiBIM 中有两种创建标高的方式分别为手动创建和标高转化。操作如下。

1. 手动创建

在案例图纸楼层表里，有各层标高和层高的信息。层高指的是下层地板或楼板面到上层楼板面之间的距离。案例工程部分楼层表如图 1.5 所示。

步骤（1）：在“主体建模”选项卡下点击“
”，弹出“标高设置”对话框，如图 1.6 所示。

步骤（2）：点击“顶部添加”在所选楼层顶部添加标高，点击“底部添加”，在所选楼层底部添加标高。根据 CAD 图纸楼层表信息，在“楼层高度”处输入相对应的层高。

步骤（3）：双击楼层名称，把地下两层的楼层名称改为“设备层”和“车库层”。

步骤（4）：在“标头样式”栏将±0.000 层的标头样式改为正负零标高，将±0.000 层以下的标头样式改为下标头，将±0.000 层以上的标头样式改为上标头。

步骤（5）：点击“确定”，完成标高创建。

七层	21.950	3600
六层	18.350	3600
五层	14.750	3600
四层	11.150	3600
三层	7.550	3600
二层	3.950	3600
一层	–0.050	4000
车库层	–3.350	3300
设备层	–6.400	3050
楼层名称	标高/m	层高/mm

图 1.5 楼层表

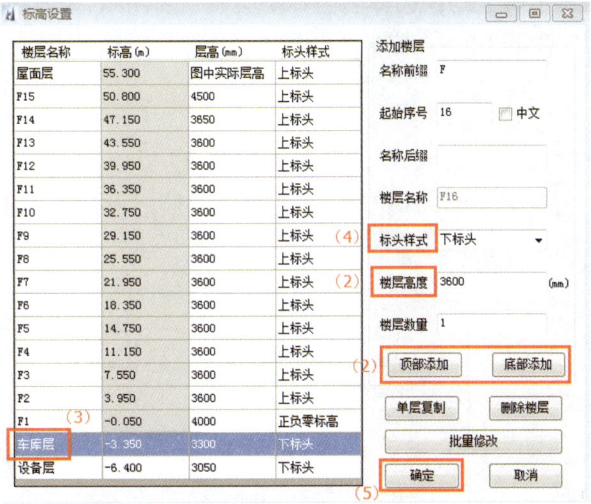

图 1.6 “标高设置”对话框

2. 标高转化

在标高转化之前要把 CAD 图纸中的楼层表链接到项目中，链接时要注意两点，第一勾选“仅当视图显示”，保证只在链接图纸的楼层里显示 CAD 图纸，在三维视图和其他楼层里不会显示，避免 CAD 图纸显示影响建模。第二“导入单位”改成毫米，由于结构、建筑施工图纸的单位是毫米，项目中默认的单位也是毫米，确保导入单位统一，会避免图纸导入视图中的尺寸偏差。操作如下。

步骤（1）：在“土建转化”选项卡下点击“

”，弹出“链接 CAD 格式”对话框，如图 1.7 所示。

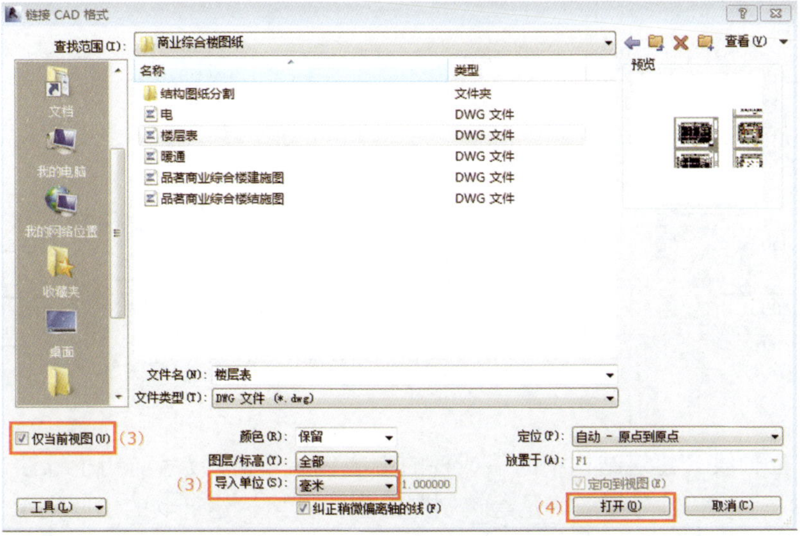

图 1.7 “链接 CAD 格式”对话框

步骤（2）：选择名为“楼层表”的图纸，勾选仅当前视图显示，将“导入单位”改为毫米。

步骤（3）：点击“打开”，完成图纸链接。

步骤（4）：在“土建转化”选项卡下点击“
”，框选视图中链接进来的楼层表，弹出“楼层设置”对话框，如图 1.8 所示。

步骤（5）：检查转化出的楼层信息示否有红色错误提示，确认无误后点击“转化”，完成标高转化。

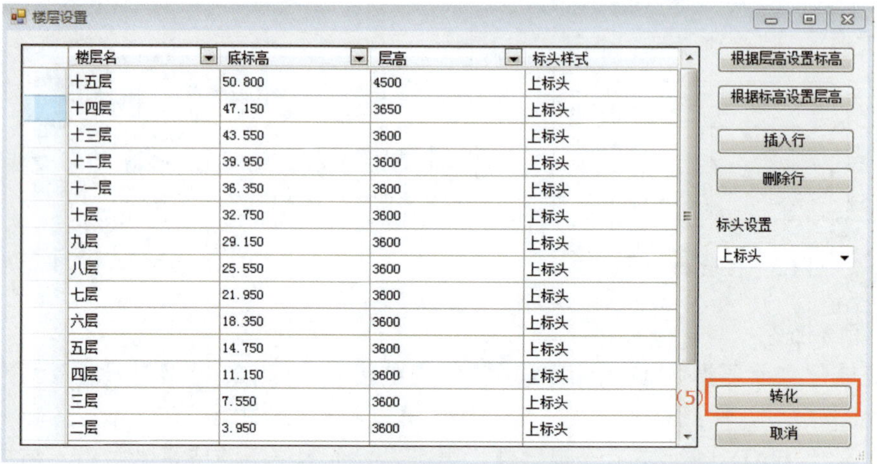

楼层名	底标高	层高	标头样式
十五层	50.800	4500	上标头
十四层	47.150	3650	上标头
十三层	43.550	3600	上标头
十二层	39.950	3600	上标头
十一层	36.350	3600	上标头
十层	32.750	3600	上标头
九层	29.150	3600	上标头
八层	25.550	3600	上标头
七层	21.950	3600	上标头
六层	18.350	3600	上标头
五层	14.750	3600	上标头
四层	11.150	3600	上标头
三层	7.550	3600	上标头
二层	3.950	3600	上标头

图 1.8　“楼层设置”对话框

【课后练习】

完成案例工程中标高的创建如图 1.9 所示。

图 1.9　结构标高立面图

1.2.2　轴网

轴网由定位轴线（建筑结构中的墙或柱的中心线）、标注尺寸（用于标注建筑物定位轴线之间的距离大小）和轴号组成，是建筑制图的主体框架。建筑物的主要支承构件按照轴网定位排列，达到井然有序。

轴网分直线轴网、斜交轴网和弧线轴网，本书主要介绍直线轴网的创建。和 Revit 类似，

HiBIM 中的轴网创建，只需在任意一个平面视图中绘制一次，其他平面、立面、剖视图中都将自动显示。

【课堂练习】

以案例工程中“设备层底板及车库层基础平面布置图”为例来创建轴网。创建轴网有两种方法，为手动创建和轴网转化。操作如下。

1. 手动创建

步骤（1）：在“主体建模”选项卡下点击“
”，弹出“轴网布置”对话框，点击“绘制轴网”，如图 1.10 所示。

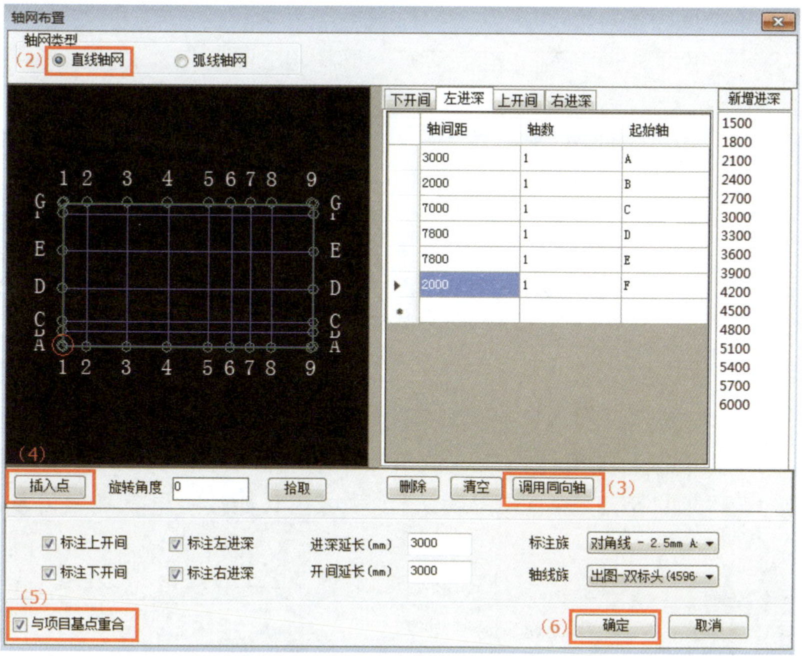

图 1.10 “轴网布置”对话框

步骤（2）：选择“直线轴网”，在“下开间”栏输入竖向轴间距，在“左进深”栏输入横向轴间距。

步骤（3）：在“上开间”和“右进深”栏，轴间距数值选择对话框中“调用同向轴”。

步骤（4）：点击“插入点”，选择轴网的插入点为 A 轴和 1 轴的交点。

步骤（5）：勾选“与项目基点重合”。

步骤（6）：点击“确定”，完成轴网的绘制。

在手动创建轴网时需要注意轴网的插入点，如图 1.10 所示。在 A 轴和 1 轴的交点有一个红色的小圆圈，此处为轴网在视图中的插入点的位置，点击“插入点”可以更改轴网在视图中的位置。勾选“项目基点重合”，轴网插入点的位置与视图中的项目基点会自动重合，这样能够保证在分专业或分楼层建模后模型能够准确链接。项目基点的位置可以根据总平面图中的坐标来确定，也可以定在轴网与轴网的交点处。本案例中以 A 轴和 1 轴的交点作为项目基点，如图 1.11 所示。

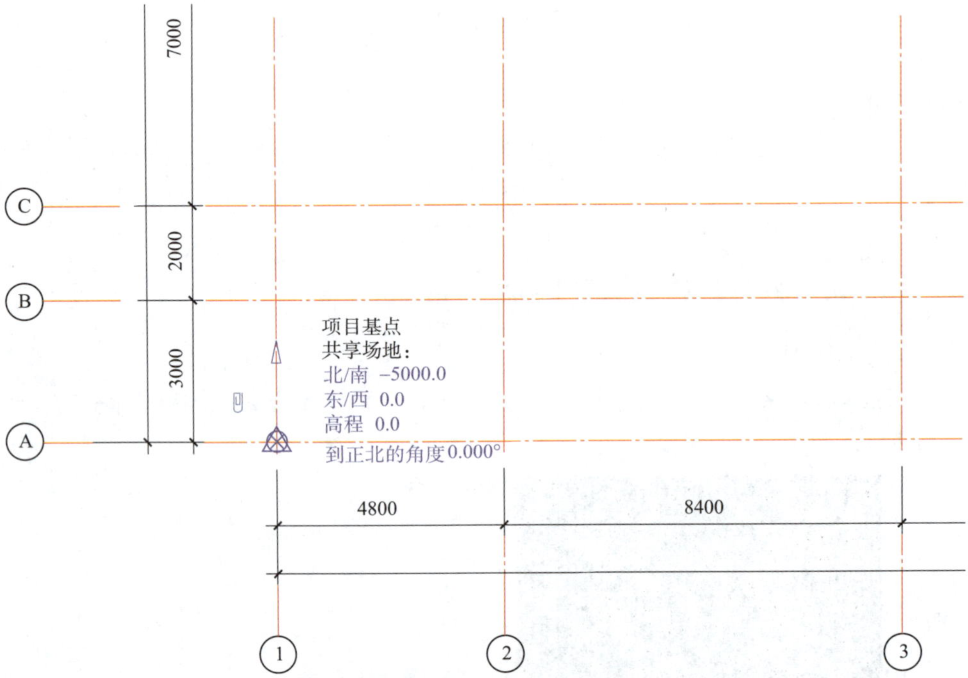

图 1.11 项目基点平面图

【操作提示】

视图平面中的项目基点只在场地平面视图中显示，要查看其楼层的项目基点，需要在“楼层平面属性”中的“可见性/图形替换”中调出项目基点。点击“编辑”，在“模型类别”中打开“场地”，勾选“项目基点”，点击“确认”，就可在其他楼层里看到项目基点的位置，如图 1.12 所示。

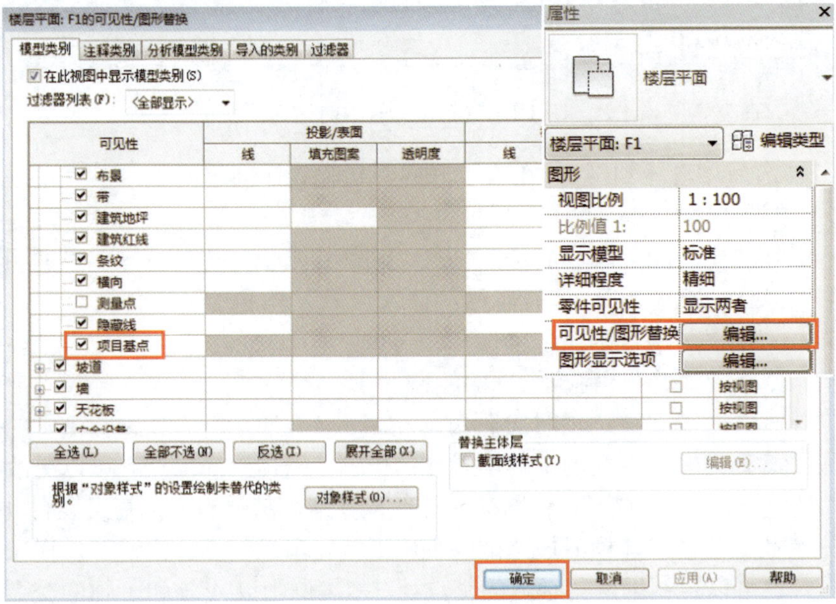

图 1.12 可见性/图形替换设置

2. 轴网转化

步骤（1）：在“主体建模”选项卡下点击“
”，弹出“链接 CAD 格式”对话框。

步骤（2）：在对话框里选择“设备层底板及车库层基础平面布置图”，勾选“仅当前视图”显示，将“导入单位”改为毫米，如图 1.13 所示。

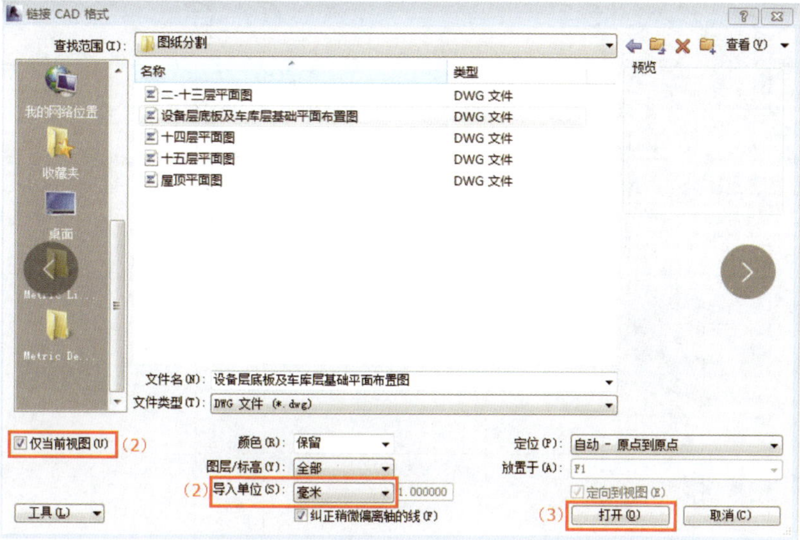

图 1.13 链接“设备层底板及车库层基础平面布置图”

步骤（3）：点击“打开”，完成图纸链接。

步骤（4）：在“土建转化”选项卡下点击“
”，弹出轴网转化对话框；点击“提取”，提取 CAD 图纸中的轴符层和轴线层。

步骤（5）：点击“转化”，完成轴网转化，如图 1.14 所示。

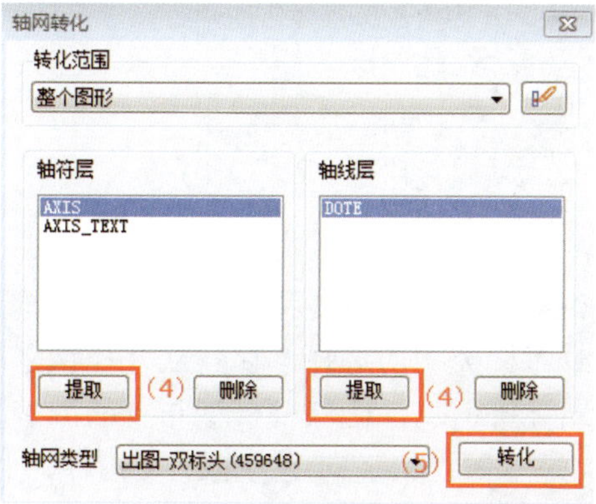

图 1.14 “轴网转化”操作示意图

【操作提示】

(1)“轴符层”为 CAD 图纸中轴网标头和尺寸标注，“轴线层”为 CAD 图纸中的轴线（单点划线）。

（2）与 Revit 建模步骤一致，HiBIM 建模前要先创建标高，再创建轴网，保证轴网在所有的楼层平面里显示。

【课后练习】

完成案例工程中轴网的创建，如图 1.15 所示。

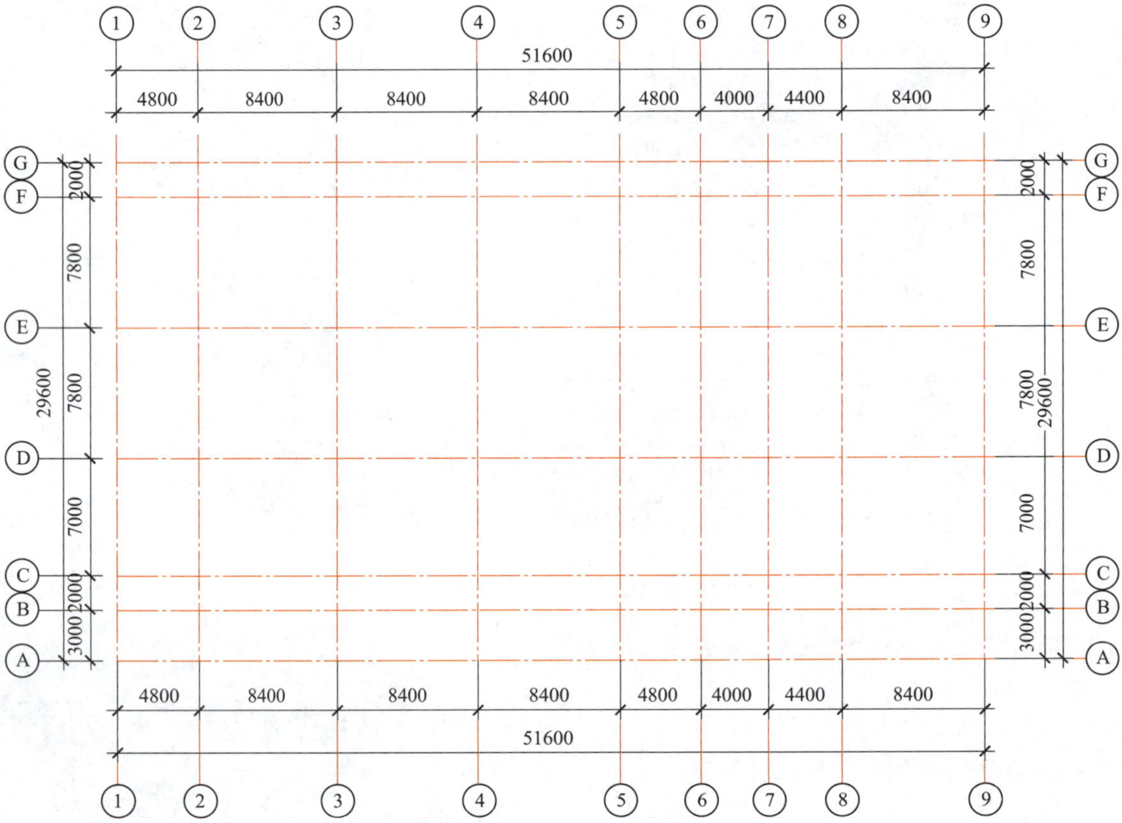

图 1.15 楼层平面轴网图

1.3 结构建模

1.3.1 柱

HiBIM 提供了结构柱（混凝土柱，软件中用作“砼柱”）、构造柱、暗柱和装饰柱四种类型的柱，基本能够满足建模时对柱类型的选择。在建立柱模型之前，首先要根据结构施工图查阅柱构件的尺寸、定位、属性等信息，确保柱模型布置的准确性。

（1）结构柱（混凝土柱）是主体框架竖向受力的主要构件，主要用于承受结构竖向荷载。它将梁板上传来的荷载传递给基础。

（2）构造柱属于二次结构中的构件，是非承重构件，在主体结构完成以后开始建造的。其作用是与圈梁一起组成空间骨架，以提高建筑物的整体刚度和整体的延展性，约束墙体裂缝的开展，从而增加建筑物的抗震能力。

（3）暗柱是剪力墙中边缘构件的别称，是剪力墙的一部分，一般位于墙肢平面的端部。其作用是加强结构整体性，提供抗震性能，有时也为加强局部承载力而设置。

（4）装饰柱主要用于装饰和空间围护。

【课堂练习】

在案例工程中主体结构以钢筋混凝土框架柱为主，建模时选择“砼柱”来创建。以“一层柱平法施工图”为例，从 CAD 图纸中可以看出其中一个柱的标注为“KZ23”，尺寸为 500×500，水平向左（右）偏心数值为 250，数值偏心向上为 100，向下为 400（柱的配筋信息本书不做介绍），如图 1.16 所示。

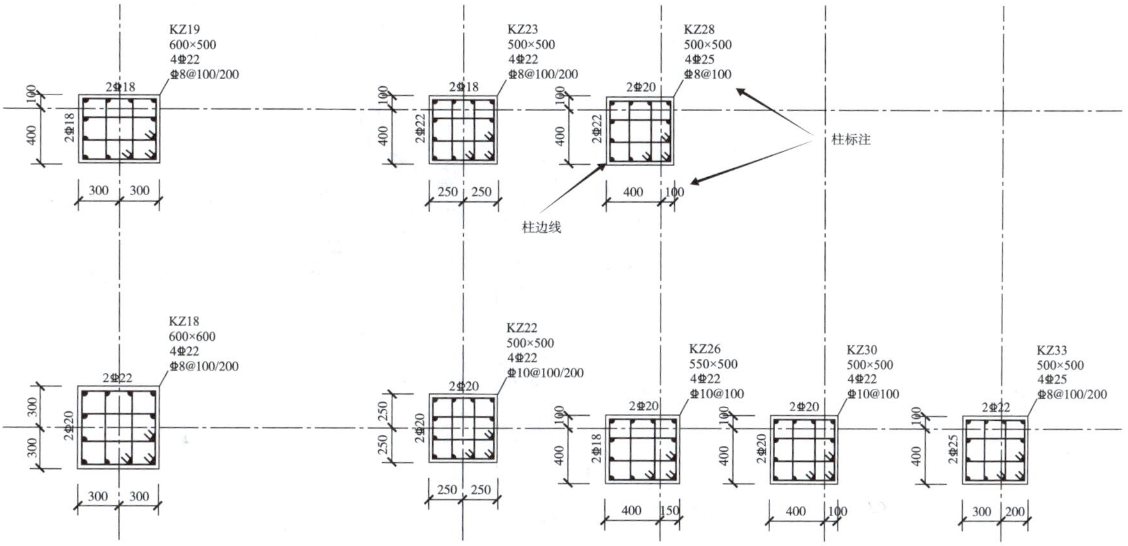

图 1.16　一层柱平法施工图

柱的绘制方法有手动创建和柱转化两种方法。操作如下。

1. 手动创建

步骤（1）：在“主体建模”选项卡下点击“柱”，弹出“柱”布置对话框，如图 1.17 所示。

步骤（2）：在“混凝土矩形柱”选项下复制重命名为 KZ23 的柱，在右侧“预览”区柱截面里点击尺寸，更改柱的截面尺寸 500×500。

步骤（3）：根据图纸信息设置柱的“顶部标高”设为 F1，“底部标高”设为 F2，“底部偏移”设为 0。

步骤（4）：点击“点布置”，布置在轴网与 CAD 图纸对应的位置。

2. 柱转化

步骤（1）：在“土建转化”选项卡下点击“链接 CAD”，在 F1 楼层平面中链接名为“一层柱平法施工图”的图纸。

步骤（2）：在“土建转化”选项卡下点击“柱转化”，弹出“柱转化”对话框，如图 1.18

所示。

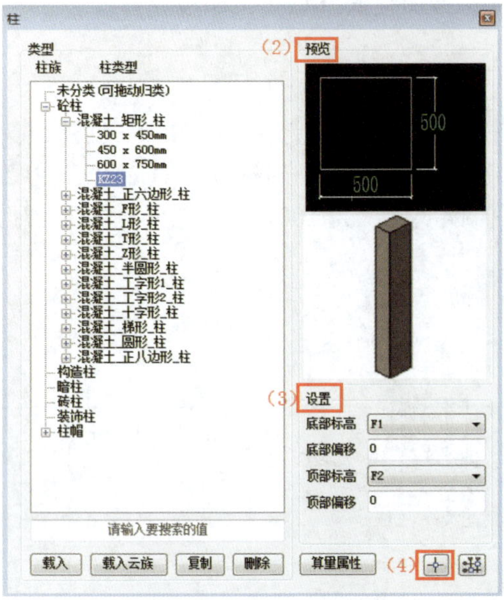

图 1.17　柱布置对话框

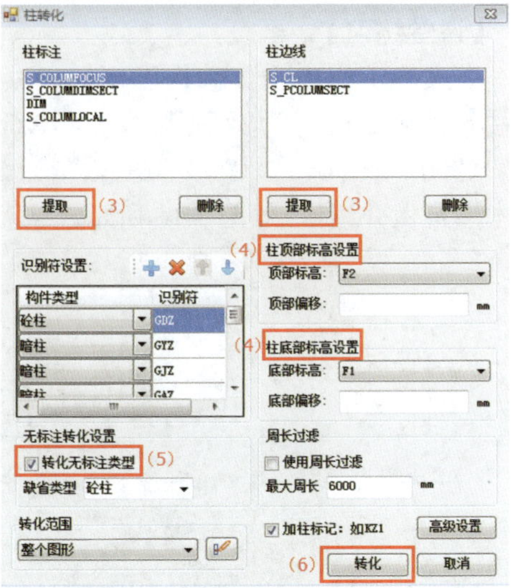

图 1.18　柱转化对话框

步骤（3）：点击“提取”，提取柱标注和柱边线。

步骤（4）：设置顶部标高为 F2，底部标高为 F1，顶部偏移和底部偏移为 0。

步骤（5）：勾选“转化无标注类型”，缺省类型为“砼柱”。

步骤（6）：点击“转化”，完成一层柱转化。

【操作提示】

（1）柱转化时要提取轴线范围内所有的“柱标注”和“柱边线”，“柱标注”和“柱边线”的位置如图 1.16 所示。

（2）当图纸中没有柱标注时，要勾选“转化无标注类型”，缺省类型根据图纸中柱类型选择。

【课后练习】

完成案例工程中一层柱模型，并查看三维视图，如图 1.19 所示。

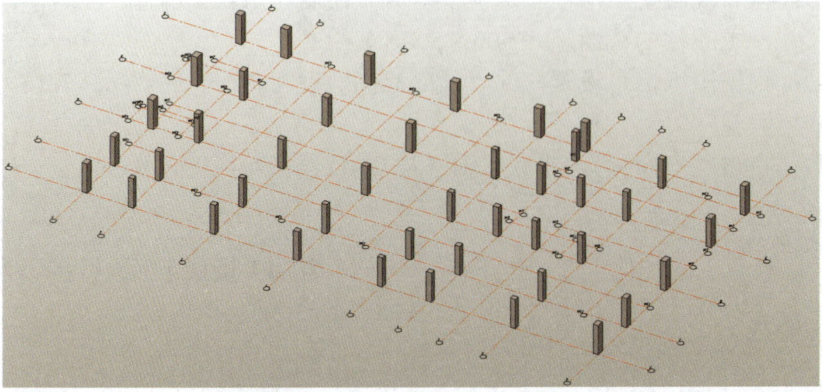

图 1.19　一层柱三维模型图

1.3.2 梁

HiBIM 提供了框架梁、次梁、基础梁、圈梁、过梁、基础连梁、地框梁、连梁和暗梁几大类型的梁。

（1）框架梁是指两端与框架柱相连的梁，或者两端与剪力墙相连，但跨高比不小于 5 的梁，是主体结构中主要的受力构件。

（2）次梁是指两端搭在框架梁上的梁，主要作用是把楼面荷载传递到柱梁上去，然后再把荷载传递到柱子上去。

（3）基础梁是基础上的梁，主要作为上部结构的基础，将上部荷载传递到地基上，起到承重作用。

（4）圈梁是在墙体上部紧挨楼板的钢筋混凝土梁，主要作用是增强房屋的整体性和刚度。在框架结构中，填充墙超过 4m 高度要增加一道圈梁。

（5）过梁用于洞口上方，承载洞口上方传来的荷载。

（6）基础连梁是指连接独立基础、条形基础或桩基承台的梁。此类梁不承重，梁下不承受地基反力的作用，梁底标高高于两端基础的底标高（处于类似悬空的状态）。

（7）地框梁在基础上以基础框架柱为支座的梁。

（8）连梁是指与剪力墙两端相连，且跨高比小于 5 的梁。

（9）暗梁是完全隐藏在板构件或混凝土墙构件中的梁。

【课堂练习】

案例工程中以地上主体结构为例介绍框架梁和次梁的绘制，以“标高 3.950～43.500 梁平法施工图”为例介绍一层顶梁的绘制。如图 1.20 所示，从 CAD 图纸中可以看出名为 KL2 的梁为框架梁，尺寸为 300×650，名为 L20 的梁为次梁，尺寸为 300×400。

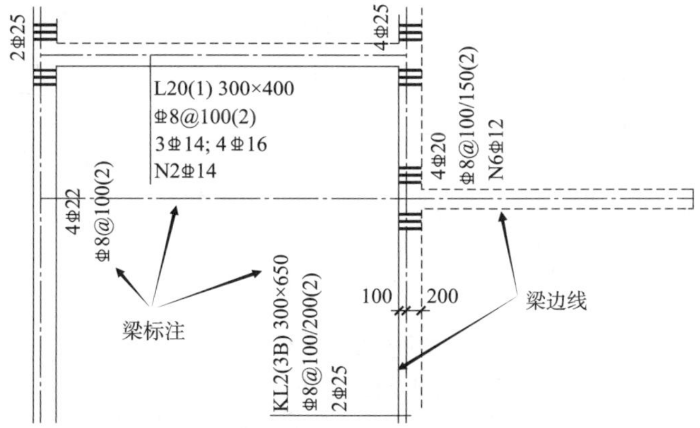

图 1.20　标高 3.950～43.500 梁平法施工图

梁的绘制分为手动创建和梁转化两种方法。操作如下。

1. 手动创建

步骤（1）：在“主体建模”选项卡下点击“”，弹出“梁布置”对话框，如图 1.21 所示。

步骤（2）：在“框架梁”下选择“混凝土矩形梁”，复制重命名为“L20 300*400”的梁，在右侧梁截面栏更改梁尺寸为 300×400。

步骤（3）：设置“梁顶标高”为 F2。

步骤（4）：点击命令栏下“直线”命令，绘制在轴网与 CAD 图纸相对应的位置。

2. 梁转化

步骤（1）：在“土建转化”选项卡下点击“
”，在 F1 楼层平面中链接名为“一层梁平法施工图”的图纸。

步骤（2）：在“土建转化”选项卡下点击“
”，弹出“梁转化”对话框，如图 1.22 所示。

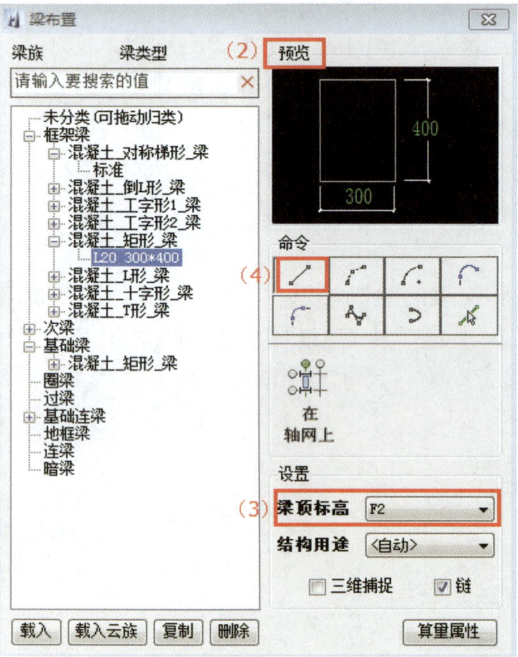

图 1.21　“梁布置”对话框

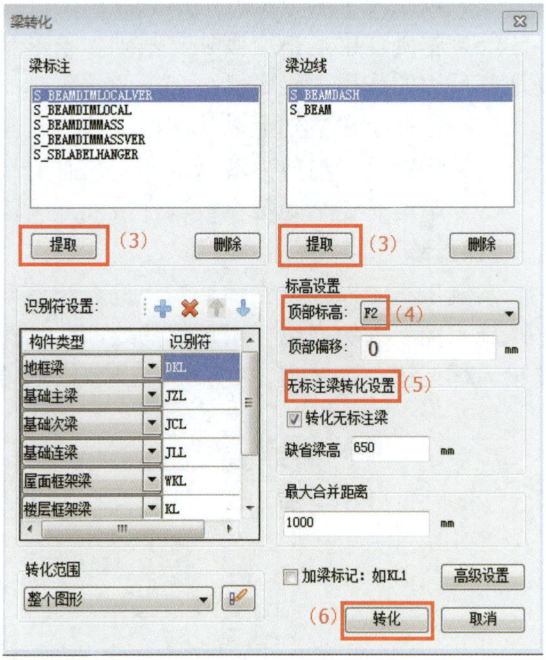

图 1.22　“梁转化”对话框

步骤（3）：点击“提取”，提梁标注和梁边线。

步骤（4）：设置顶部标高为 F2，顶部偏移为 0。

步骤（5）：勾选“转化无标注梁”，编辑“缺省梁高”值，软件会自动转化无标注的梁。

步骤（6）：点击“转化”，完成一层梁的转化。

【操作提示】

梁转化时要提 CAD 图纸中所有的“梁标注”和“梁边线”。“梁标注”为 CAD 图纸中梁的集中标注和原位标注，“梁边线”为 CAD 图纸中梁的实线和虚线，如图 1.20 所示。

【课后练习】

完成案例工程中一层梁的模型如图 1.23 所示。

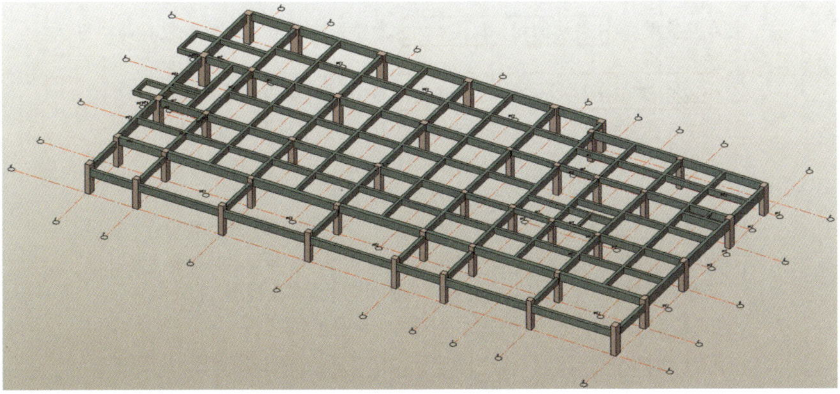

图 1.23 一层梁三维模型图

1.3.3 板

楼板一般指预制场加工生产的一种混凝土预制件。楼板层中的承重部分，它将房屋垂直方向分隔为若干层，并把人和家具等竖向荷载及楼板自重通过墙体、梁或柱传给基础。

在实际施工中楼板分为木楼板、砖拱楼板、钢筋混凝土楼板、钢衬板楼板等很多种类型，而在 HiBIM 建模中，根据图纸信息对楼板的厚度、材质等参数进行编辑，满足建模时所需多种类型楼板的要求。

【课堂练习】

在案例工程中结构建模的板构件以钢筋混凝土楼板为主。本节以一层顶板为例来介绍楼板的绘制。如图 1.24 所示，从“标高 3.950～43.550 板配筋施工图”中能看到没有明确标注板的厚度信息。在图纸中注释里可以看到板厚、标高和板升降的信息，如图 1.25 所示。

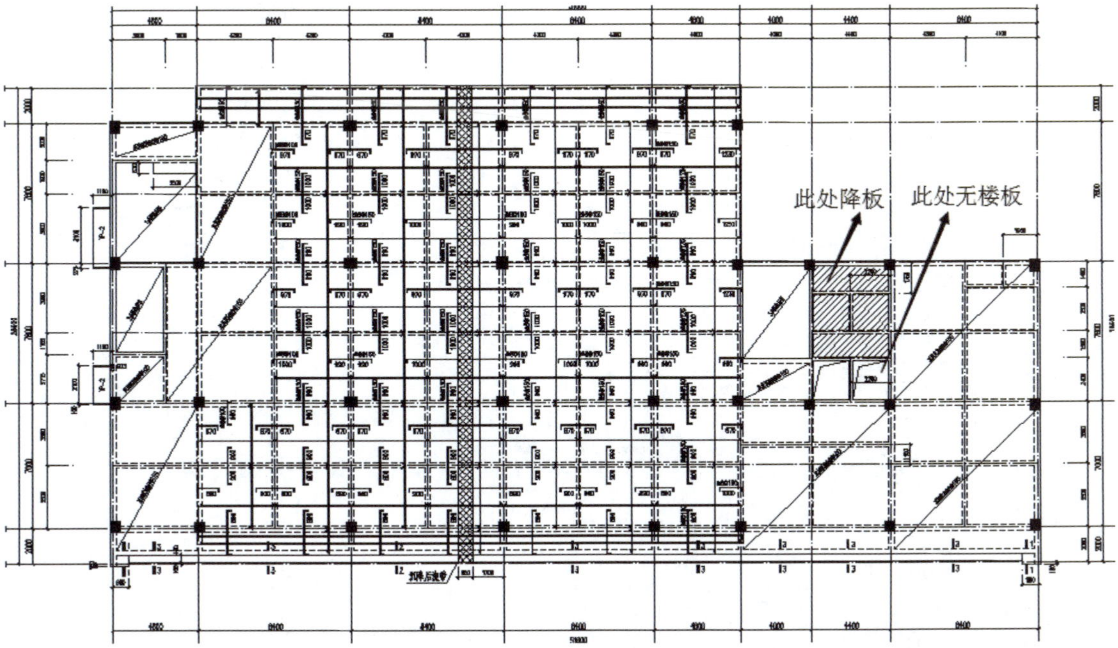

图 1.24 标高 3.950～43.550 板配筋施工图

注：1. 现浇板厚度：未注明的均为120mm；除特别注明外，本层现浇板标高均为楼层标高。

2. ▨ 处板厚100，板顶标高（−0.030），配双层双向⌀8@100。

3. 图中未标注的板底筋、负筋均为⌀8@200；图中板面无钢筋处，设⌀6@200双向温度筋，与负筋的搭接长度为300mm。

4. 图中现浇板板顶附加负筋长度均从梁内边算起。

5. 图中未注明的构造柱均为GZ1，其余部位GZ1布置原则详结构设计总说明。

6. 设备管井洞口在施工时应做好预留、预埋工作。管井应采用混凝土板封堵，将相邻板筋拉通，待设备安装完毕后再用同等级膨胀混凝土补浇封堵。

7. 窗洞宽度大于3.0m时，窗台墙居中应设置构造柱，做法详苏G02−2011页次50。

8. 沉降后浇带做法详苏G02−2011页次51，后浇带应在主体结构沉降稳定后方可施工。

图 1.25　标高 3.950～43.550 板配筋施工图注释

根据一层板施工图和注释信息，阴影区域的板比结构标高低了 30mm，此处为卫生间处楼板（降板处理）。为了避免卫生间的水倒流到其他房间，方便地面排水找坡施工，在实际施工中通常采用将卫生间处楼板降低的做法。

在创建 BIM 模型项目楼板前，先仔细查看楼板的相关图纸，主要关注楼板厚度、位置和开洞的情况。板图中折线处的位置表示无楼板或微结构预留洞口，一般作为烟道、风管洞口或者管道、桥架穿过楼板的通道。如图 1.24 所示，图中折线表示此处无楼板。

楼板的绘制分为自由绘制和选择生成两种方法。操作如下。

1. 自由绘制

步骤（1）：在“主体建模”选项卡下点击“
”，选择“自由绘制”。

步骤（2）：在楼板属性栏里，复制重命名厚度为 120 和 100 厚的楼板，如图 1.26 所示。

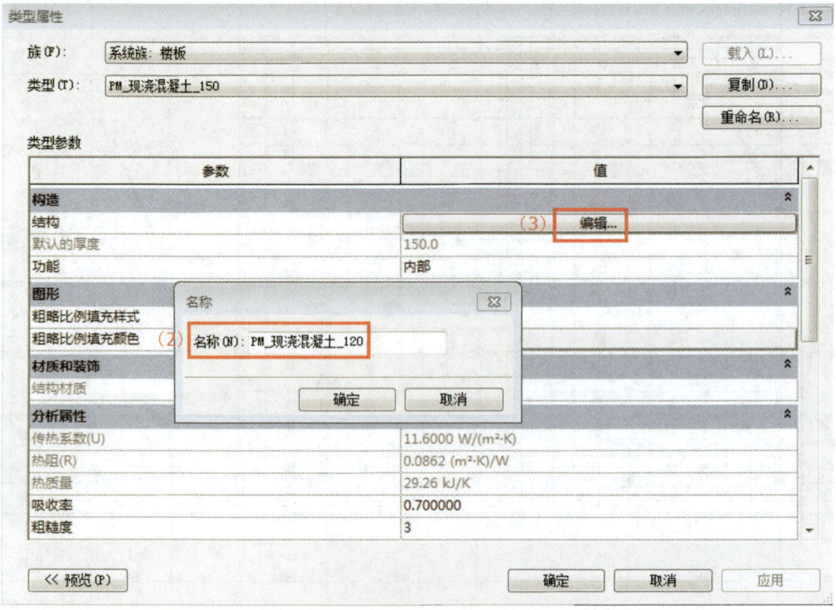

图 1.26　楼板“类型属性”对话框

步骤（3）：点击“编辑”，进入“部件编辑”对话框，在“结构”栏更改楼板厚度为 120。

步骤（4）：在“结构”栏更改楼板厚度为 120，如图 1.27 所示。

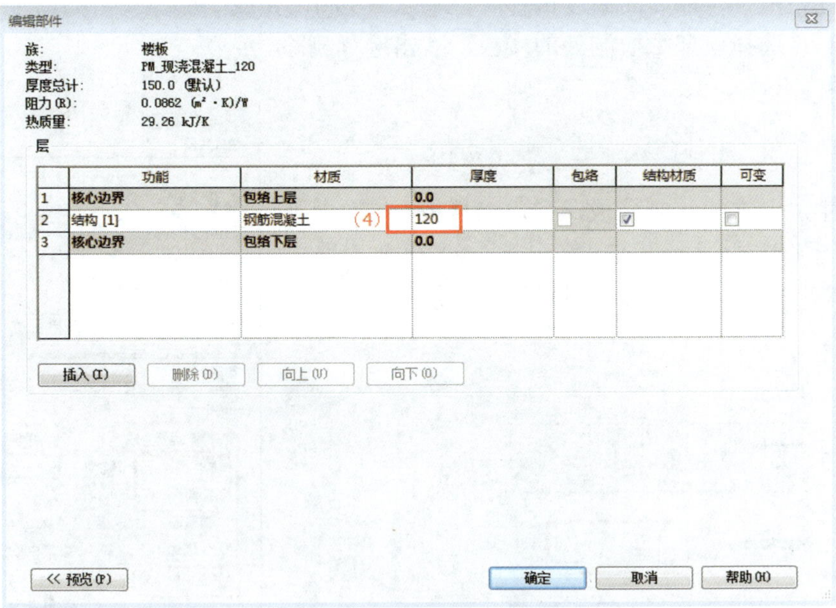

图 1.27　板厚度编辑示意图

步骤（5）：点击“绘制”命令下“直线绘制”，沿梁中心线（或边界）绘制楼板，如图 1.28 和图 1.29 所示。

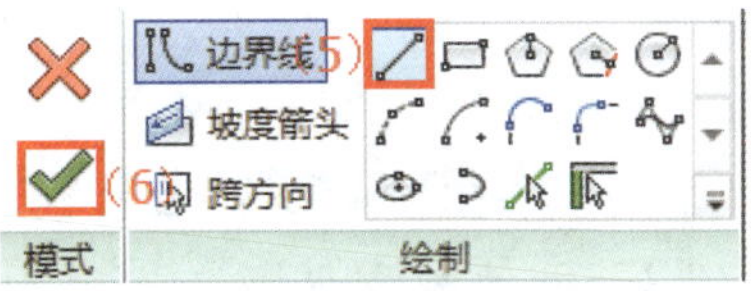

图 1.28　板绘制

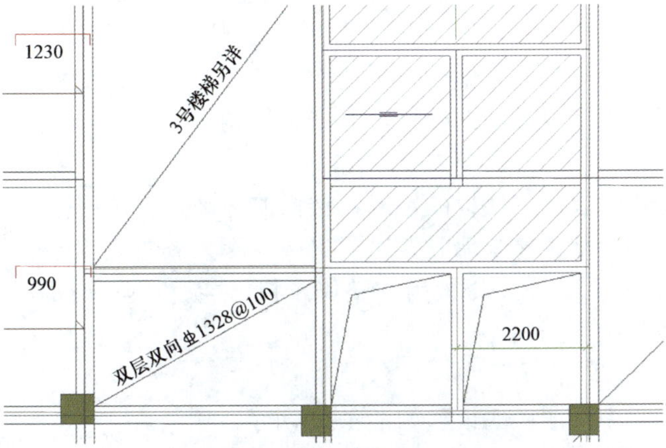

图 1.29　楼板草图编辑示意图

步骤（6）：点击“✔”，完成楼板的绘制，退出绘制模式。

步骤（7）：选择模型中需要降低高度的楼板。根据图纸注释说明，替换为 100mm 厚的楼板，在属性栏里“自标高的高度偏移”栏输入－30.0，完成降板操作，如图 1.30 所示。

步骤（8）：选择模型中板洞处的楼板，右击选择删除。

2. 选择生成

步骤（1）：在“主体建模”选项卡下点击“

”，选择“选择生成”方式绘制楼板，弹出“楼板布置”对话框，如图 1.31 所示。

步骤（2）：在楼板列表里复制重命名为 120 和 100 厚的楼板。

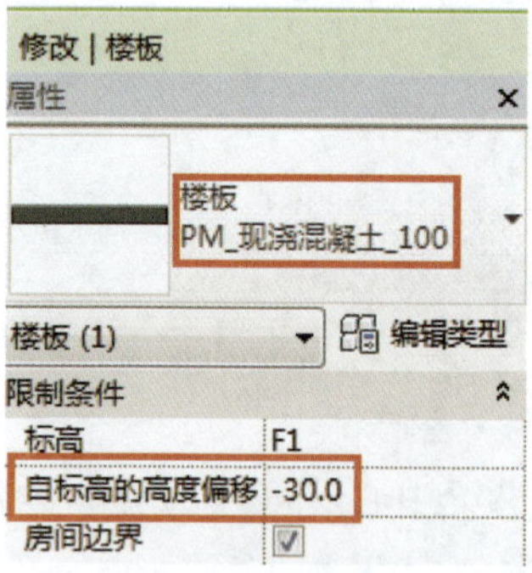

图 1.30 降板设置

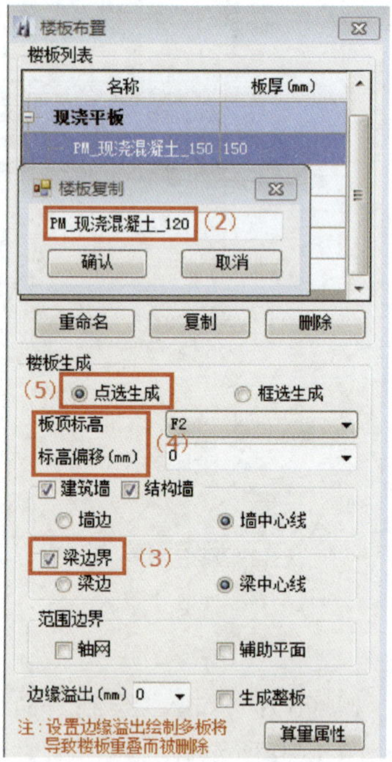

图 1.31 “楼板布置”对话框

步骤（3）：定义楼板边界为梁边或者梁中心线（当模型中无墙构件时）。

步骤（4）：设置板顶标高为 F2，标高偏移为 0。

步骤（5）：选择“点选生成”点击界面中有板的位置，即可快速生成楼板。或选择“框选生成”，框选范围为所有轴网的边界以内，即可快速生成楼板。

步骤（6）：选择视图中需要降低高度的楼板，根据图纸注释说明，替换为 100mm 厚的楼板，在属性栏里“自标高的高度偏移”栏输入－30.0，完成降板操作，如图 1.30 所示。

步骤（7）：选择模型中板洞处的楼板，右击选择删除。

【操作提示】

（1）选择生成楼板时要注意楼板的标高，楼板的标高根据楼层标高选择。

（2）当模型中无剪力墙和建筑墙时要以“梁边界”为板的边界。

（3）勾选“生成整板”，一层楼板为一整块，将不能进行降板操作，当模型中有降板或板洞时不勾选“生成整版”选项。

【课后练习】

（1）完成案例工程中一层板的模型如图 1.32 所示。

（2）完成案例工程中所有柱、梁、板的模型如图 1.33 所示。

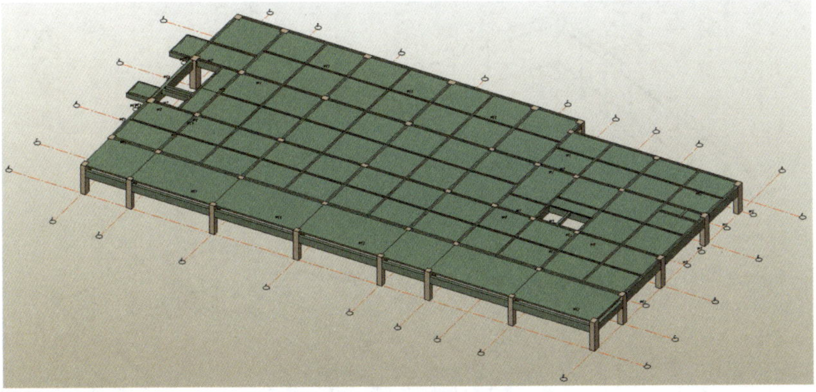

图 1.32　一层板三维模型图

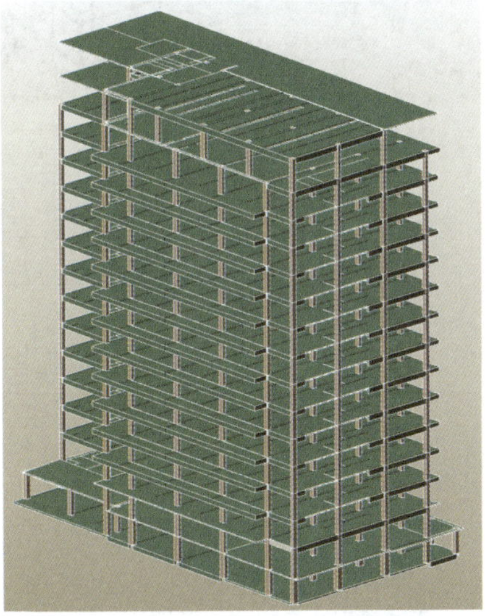

图 1.33　案例工程结构三维模型图

1.3.4　楼梯

本节主要讲解楼梯的绘制方法。首先来介绍楼梯的组成构件，如图 1.34 所示。

（1）踢面：楼梯垂直的面。

（2）踏面：楼梯水平的面。

（3）休息平台：两楼梯之间的平台，当楼梯踏步超过 18 步时，应该在中间设置休息平台起缓冲休息作用。

（4）梯井：由楼梯的梯段和休息平台内侧围成的空间，也就是两个梯段中间空着的部分，用于消防，着火时消防水管从梯井通到需要灭火的楼层。

（5）扶手：楼梯护栏的支撑杆。

【课堂练习】

以案例工程中 1 号楼梯为例介绍楼梯的绘制方法。从“1 号楼梯一层平面图”中看到楼梯的梯段宽度为 2200mm，梯井深度为 200mm，如图 1.35 所示。

从楼梯剖面图 1.36 中可以看到，一层的楼梯分为 3 段，第一处休息平台的标高为 1.181m，第二处休息平台的标高为 2.719m，第三处休息平台的标高为 3.950m。

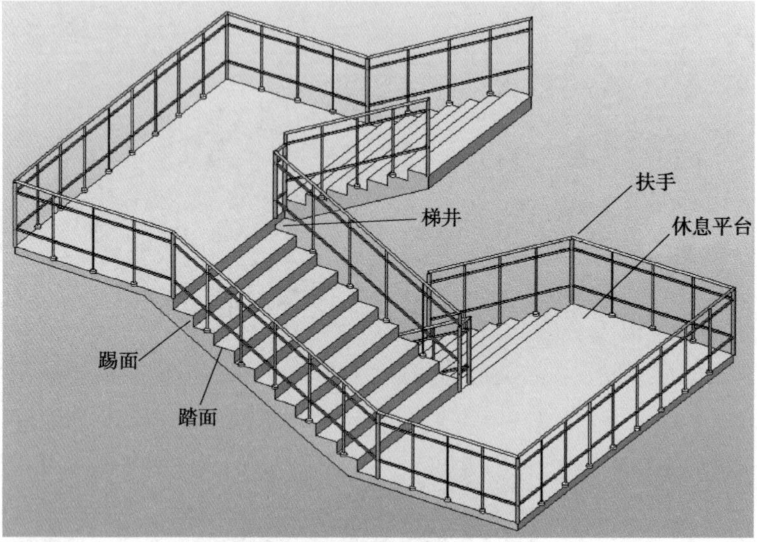

图 1.34 楼梯三维模型图

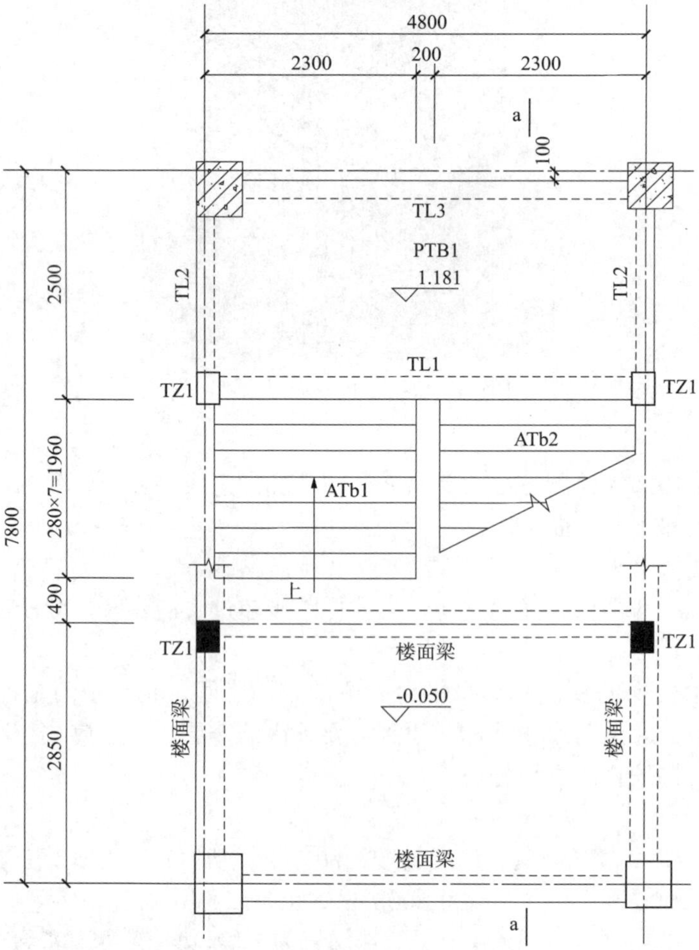

图 1.35 1 号楼梯一层平面图

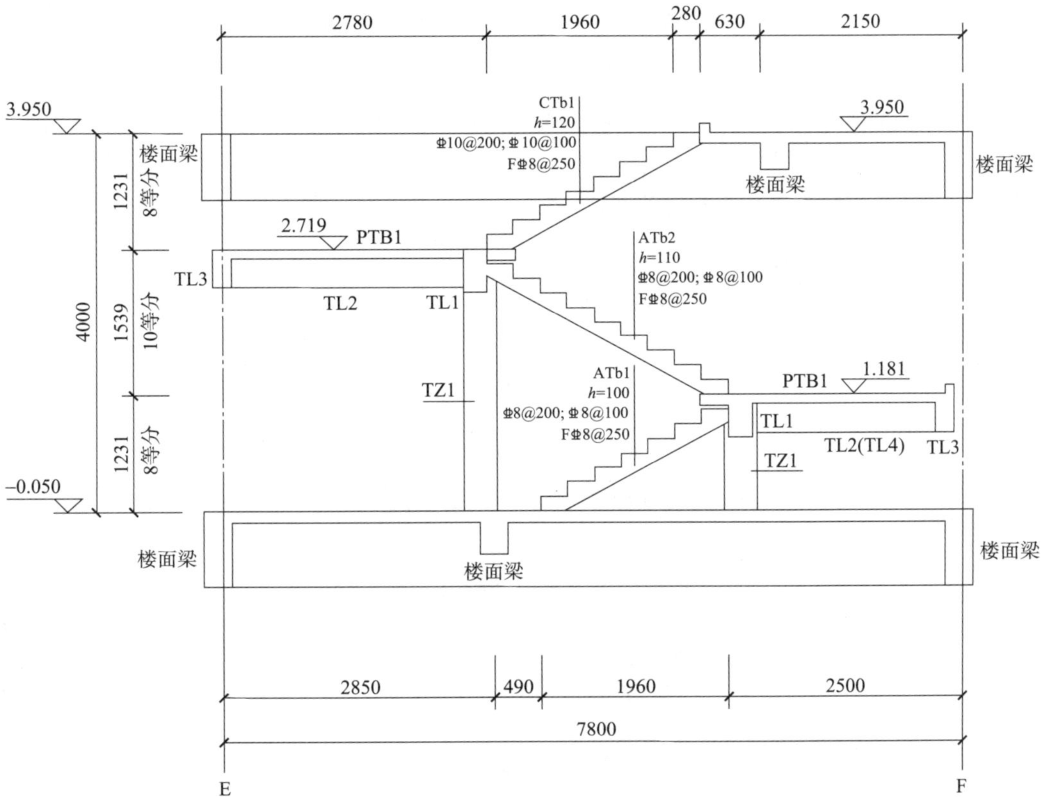

图 1.36　1 号楼梯一层剖面图

楼梯的绘制操作如下：

步骤（1）：在“建筑”选项卡下“工作平面”功能里点击“参照平面”，根据 CAD 图纸楼梯的位置，在平面视图中绘制参照平面，如图 1.37 所示。

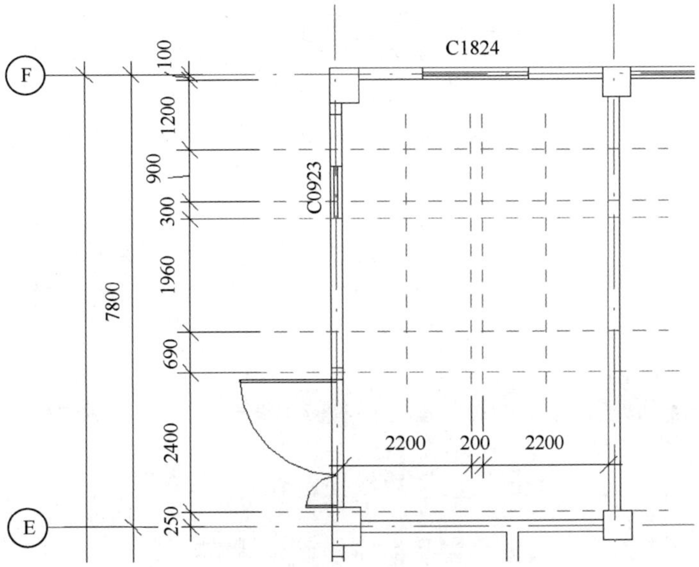

图 1.37　参照平面示意图

步骤（2）：在“建筑”选项卡下点击“楼梯”，选择“楼梯（按构件）”的方式绘制楼梯，如图 1.38 所示。

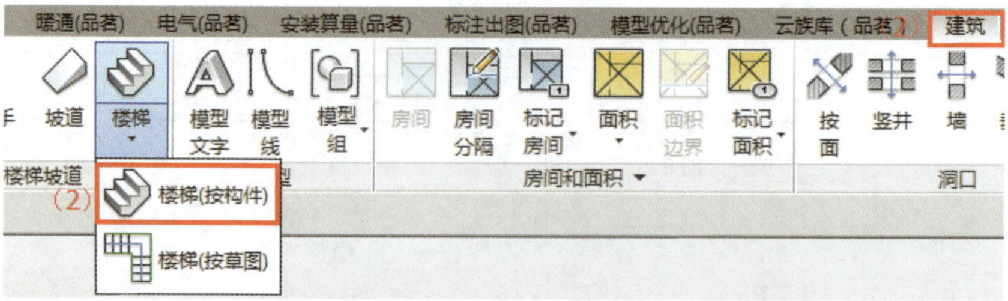

图 1.38　楼梯绘制

步骤（3）：在楼梯属性里设置“限制条件”和“尺寸标注”里各个参数，如图 1.39 所示。

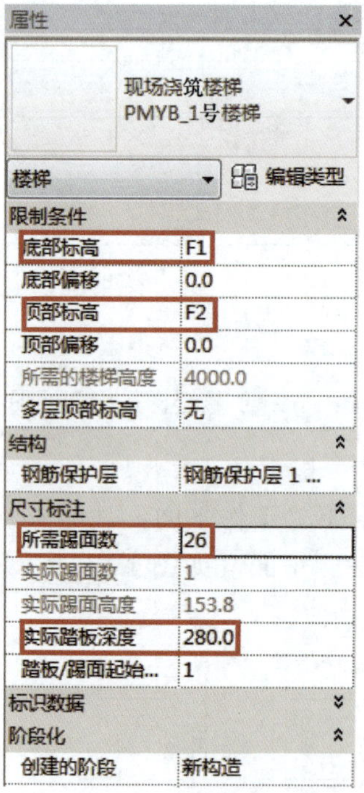

图 1.39　楼梯属性设置

步骤（4）：在工具栏设置楼梯的定位线为“梯段：中心”，实际梯段宽度为 2200，勾选“自动平台”，如图 1.40 所示。若将“自动平台”勾选上，则绘制楼梯时软件会自动生成休息平台，并成为楼梯的一部分。

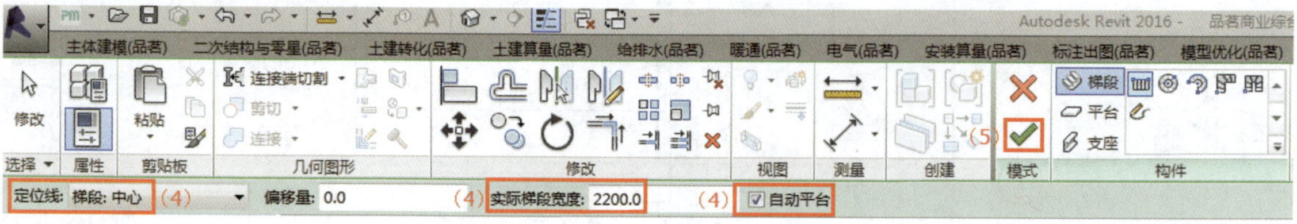

图 1.40　楼梯参数设置

步骤（5）：沿视图中参照平面的位置画楼梯，从图纸中可以看出一层楼梯分 3 段，从 E 轴向 F 轴沿着参照平面绘制，当界面中出现“创建了 8 个踢面。剩余 18 个”时停止，如图 1.41 所示。

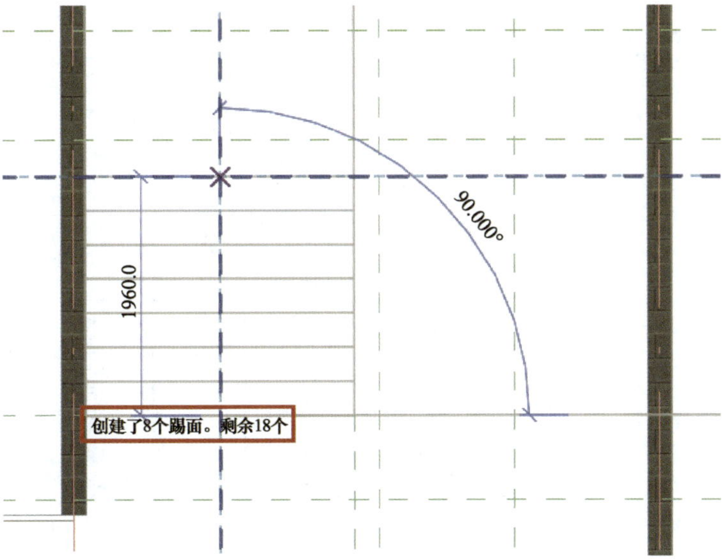

图 1.41 第一段楼梯绘制示意图

步骤（6）：从 F 轴向 E 轴沿着参照平面中心线绘制，绘制到创建“创建了 10 个踢面。剩余 8 个”时停止，如图 1.42 所示。

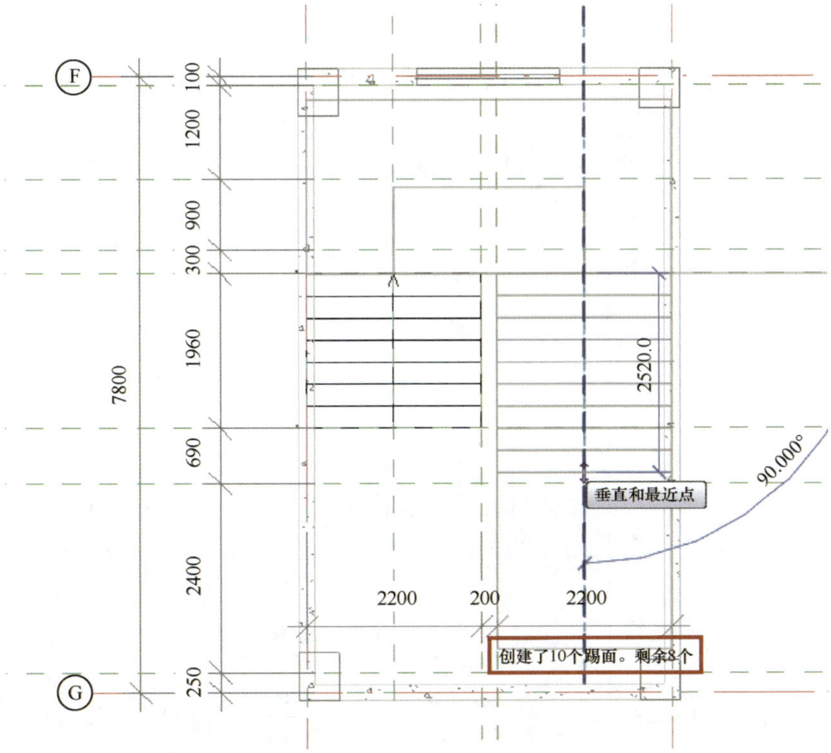

图 1.42 第二段楼梯绘制示意图

步骤（7）：沿着 E 轴到 F 轴创建剩余的踢面，直到出现“创建了 8 个踢面。剩余 0 个”停止，完成楼梯绘制，如图 1.43 所示。

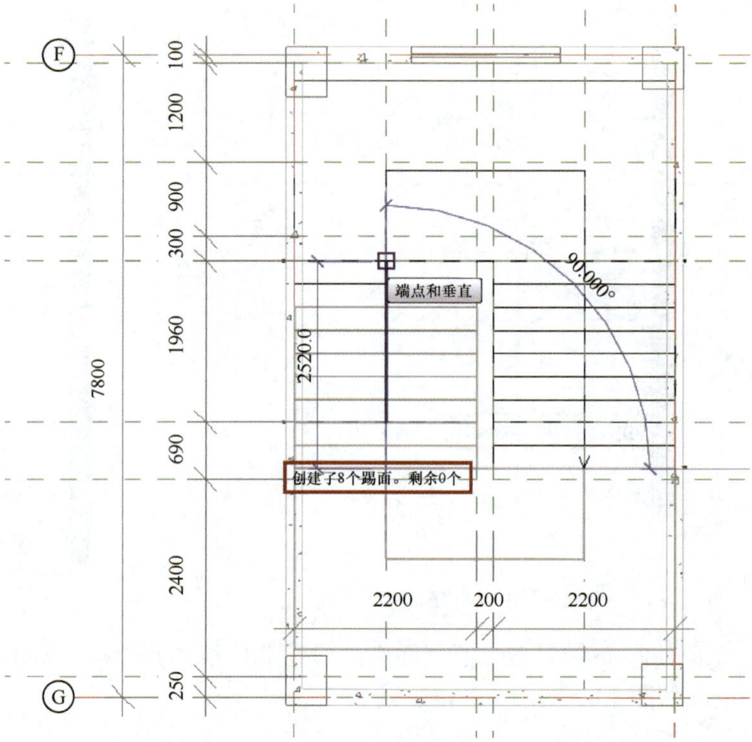

图 1.43　第三段楼梯绘制示意图

步骤（8）：楼梯完成以后，进行梯梁的绘制。找到矩形混凝土梁，根据 CAD 图纸尺寸编辑名为“TL200*400”的梯梁，调整高度，绘制在平面图中相应的位置。

绘制好的楼梯平面图如图 1.44 所示，立面图如图 1.45 所示。可以看到，楼梯休息平台

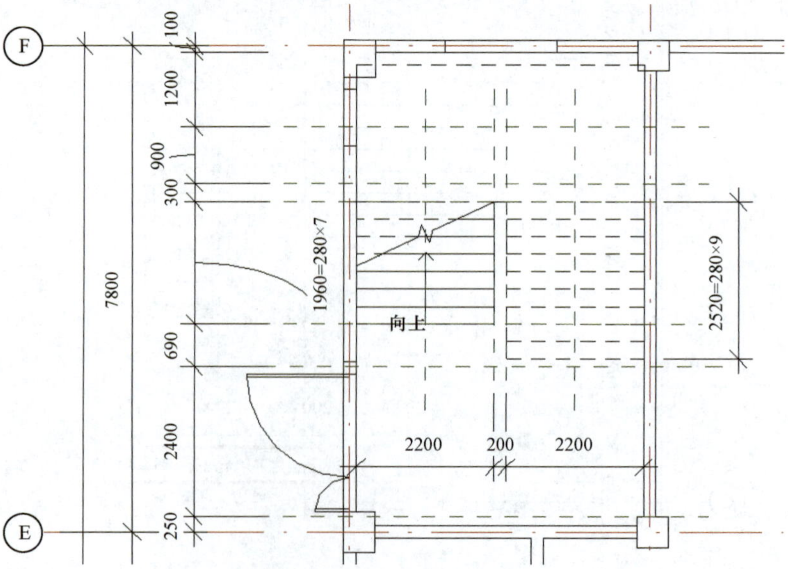

图 1.44　1 号楼梯一层平面图

的标高比建筑图纸中的休息平台的标高低了 50mm，由于 CAD 图纸中楼梯的剖面图的标高是结构标高，在绘制楼梯时是按照结构标高，所以休息平台的高度和建筑图纸中休息平台标高相差了 50mm。在竖向高度上楼梯的梯面和踏板数量不同，是因为每一个踏板都有一个踢面，到休息平台或者是楼层平台时，踏板的水平尺寸一般是计算到平台上去的，因此在楼梯中踢面比踏板数量多了 1。

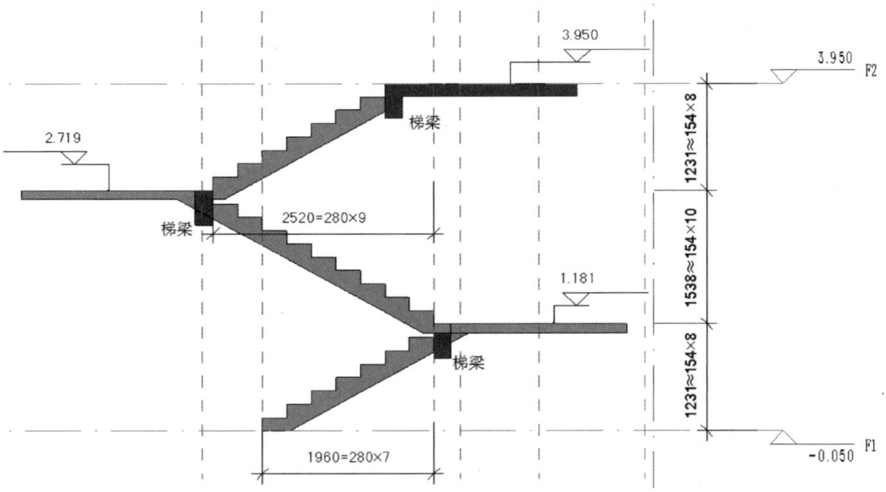

图 1.45　1 号楼梯一层立面图

【课后练习】

（1）完成案例工程 1 号楼梯的绘制。

（2）完成案例工程中所有楼梯的绘制。

1.3.5　基础

基础按构造形式可分为条形基础、独立基础、满堂基础和桩基础。满堂基础又分为筏板基础和箱形基础。建立基础模型前，先根据结构施工图图纸，查阅基础的尺寸、定位、属性等信息，保证基础布置的正确性。

（1）独立基础。当建筑物上部为框架结构或单独柱子时，常采用独立基础；若柱子为预制时，则采用杯形基础形式。

（2）满堂基础。当上部结构传下的荷载很大、地基承载力很低、独立基础不能满足地基要求时，常将这个建筑物的下部做成整块钢筋混凝土基础，成为满堂基础。按构造又分为筏板基础和箱形基础两种。

1）筏板基础。筏板基础形象于水中漂流的木筏。井格式基础下又用钢筋混凝土板连成一片，大大地增加了建筑物基础与地基的接触面积，单位面积地基土层承受的荷载减少，适合于软弱地基和上部荷载比较大的建筑物。

2）箱形基础。当筏板基础埋深较大，并设有地下室时，为了增加基础的刚度，将地下室的底板、顶板和墙浇制成整体箱形基础。箱形的内部空间构成地下室，具有较大的强度和刚度，多用于高层建筑。

3）桩基础。当建造比较大的工业与民用建筑时，若地基的软弱土层较厚，采用浅埋基础不能满足地基强度和变形要求，常采用桩基。桩基的作用是将荷载通过桩传给埋藏较深的坚硬土层，或通过桩周围的摩擦力传给地基。按照施工方法可分为钢筋混凝土预制桩和灌注桩。

【课堂练习】

本案例工程中基础包括独立基础和筏板基础。以“设备层底板及车库层基础平面图布置图”为例介绍基础的绘制方法。从基础施工图中可以看出基础的详细尺寸和标高信息，如图 1.46～图 1.48 所示（本书对基础配筋不做介绍）。

独立基础配筋表

基础编号	基础平面尺寸 $L\times B$/(mm×mm)	基础高度尺寸 h_1+h_2/(mm+mm)	长向钢筋AS(L)	短向钢筋AS(S)	基底标高/m
J-1	5200x5200	450+500	Φ16@100	Φ16@100	-5.050
J-2	5000x5000	400+500	Φ16@100	Φ16@100	-5.000
J-4	4100x4100	350+400	Φ14@100	Φ14@100	-4.850
J-5	3700x3700	300+400	Φ14@100	Φ14@100	-4.800
J-6	3400x3400	300+300	Φ14@100	Φ14@100	-4.700
J-7	3200x3200	300+300	Φ14@125	Φ14@125	-4.700
J-8	3900x2900	350+350	Φ14@100	Φ14@125	-4.800
J-9	4400x3300	400+400	Φ14@100	Φ14@125	-5.850

注 基础底部双向交叉钢筋长向设置在下，短向设置在上。

图 1.46 独立基础配筋表

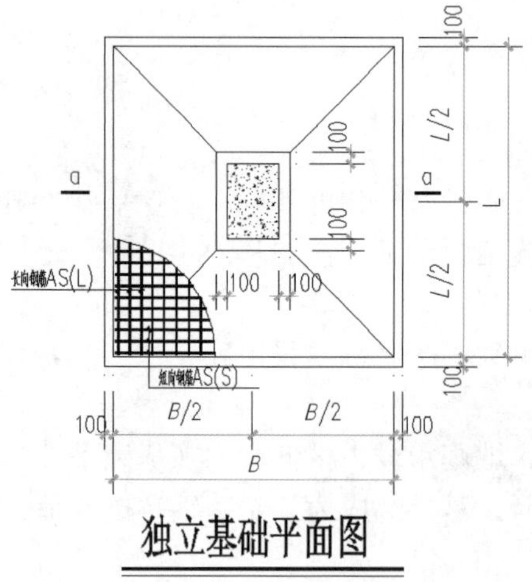

图 1.47 独立基础平面图

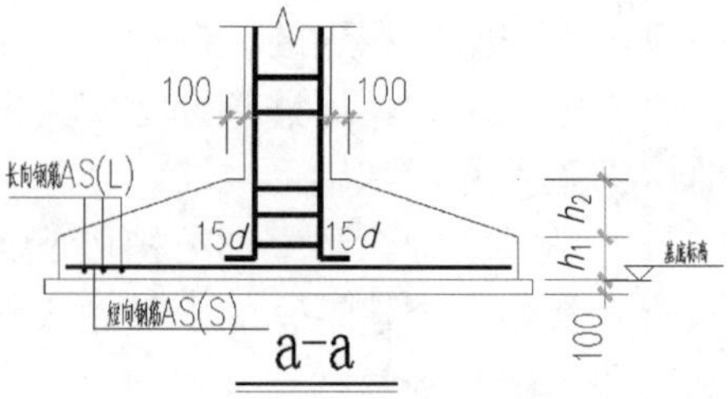

图 1.48 独立基础剖面图

独立基础布置分为手动布置和独立基础转化两种方法，操作如下。

1. 手动布置

步骤（1）：在“主体建模”选项卡下点击“”，弹出“基础布置”对话框，如图 1.49 所示。

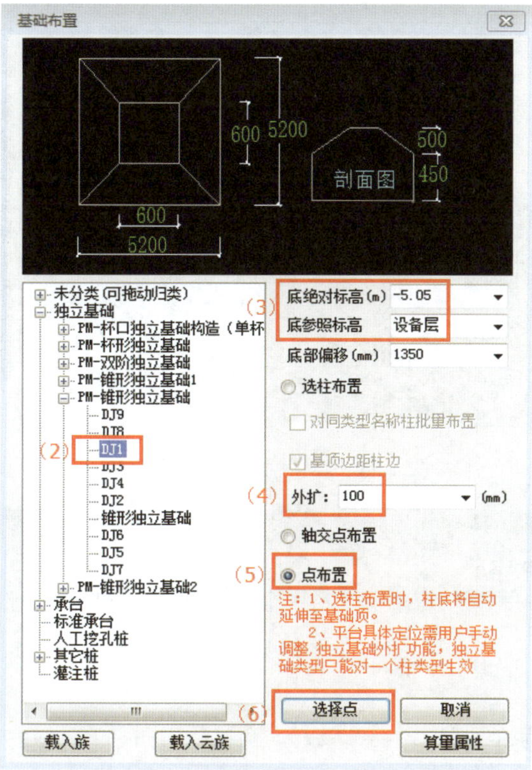

图 1.49 “基础布置”对话框

步骤（2）：选择与图纸相对应的“锥形独立基础 1”，复制名为 DJ1 的独立基础，在基础截面中编辑独立基础的尺寸。

步骤（3）：设置“底绝对标高”为−5.05，“底参照标高”为设备层。

步骤（4）：根据基础详图，勾选“基顶边距柱边”，输入外扩值“100”。

步骤（5）：选择“点布置”。

步骤（6）：点击“选择点”，布置在设备层相对应的位置。

2. 独立基础转化

步骤（1）：在设备层链接名为“独立基础表”的图纸。

步骤（2）：在“土建转化”选项卡下点击“
”，框选链接进来的基础表，弹出“转化独基表”对话框，如图 1.50 所示。

步骤（3）：根据独立基础表尺寸信息修改表格中的独立基础的尺寸信息，点击“转化”，完成独立基础标的转化。

步骤（4）：在“土建转化”选项卡下点击“
”，弹出“基础转化”对话框，如图 1.51 所示。

步骤（5）：点击“提取”，提取基础标注和基础边线。

步骤（6）：设置基础的底参照标高和底部偏移。

步骤（7）：勾选“转化无标注类型”，转化无标注的基础。

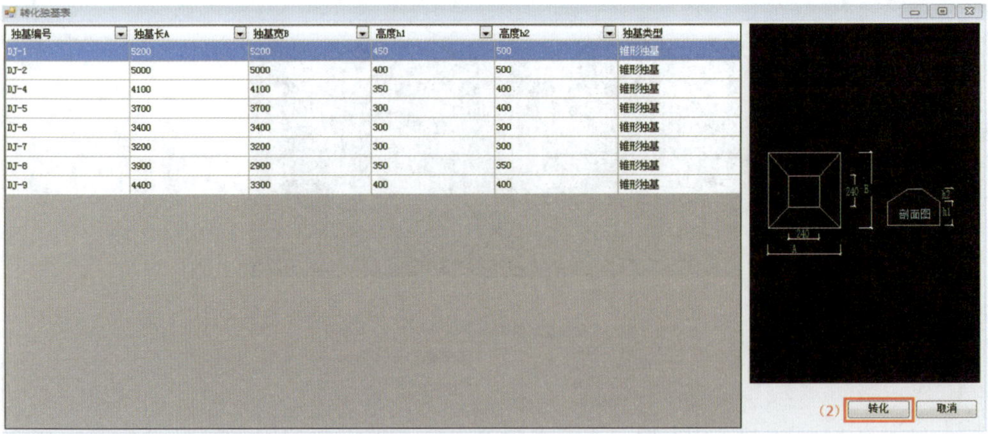

图 1.50　“转化独基表”对话框

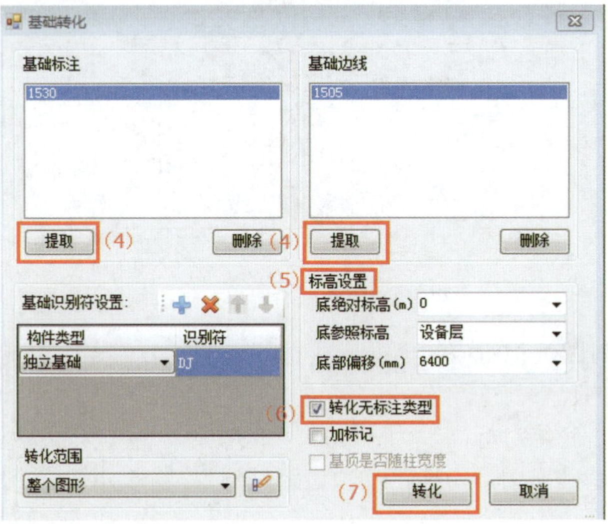

图 1.51　“基础转化”对话框

步骤（8）：点击“转化”，完成独立基础的转化。

步骤（9）：根据独立基础表标高信息手动更改基础的底标高。

【操作提示】

“基础标注”和“基础边线”位置如图 1.52 所示。

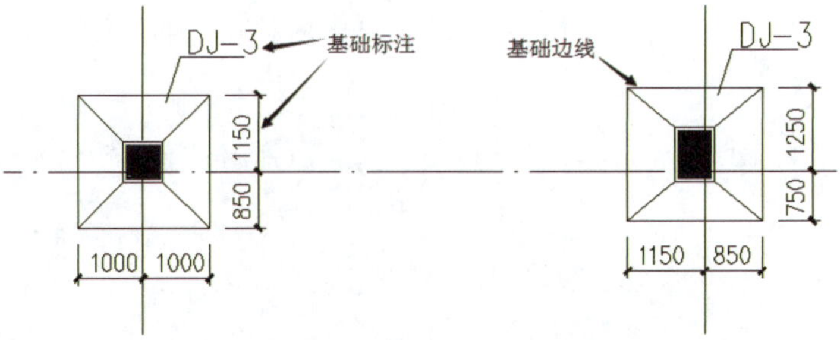

图 1.52　设备层独立基础平面图

【课堂拓展】

案例工程的基础类型除了独立基础外还有筏板基础。如果筏板基础无变截面，可以选择“主体建模”选项卡下“满堂基础—自由绘制”的方法来绘制筏板基础。由于案例工程中没有变截面筏板类型的族，所以要通过内建族或用族样板做族载入项目的方式来创建。

从筏板基础变截面处做法图中可以看到设备层的筏板基础是不在同一个高度上的，如图 1.53 所示。下面以内建族的方式详细介绍变截面筏板基础的绘制方法。操作如下。

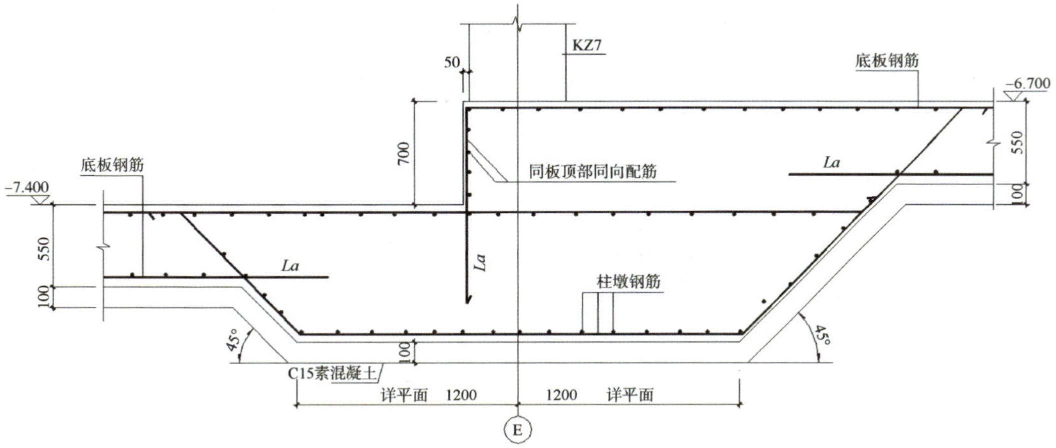

图 1.53 筏板基础变截面处做法图

步骤（1）：在“项目浏览器”下打开西立面视图，在“结构”选项中选择“构件”中的“内建模型”，如图 1.54 所示。

步骤（2）：在“族类别和族参数”中选择“结构基础”，新建名为“筏板基础”的内建模型，如图 1.55 所示。

步骤（3）：在“创建”面板下选择“拉伸”，如图 1.56 所示。

步骤（4）：在“指定新的工作平面”下选择“轴网：1”，如图 1.57 所示。

步骤（5）：结合设备层基础图和筏板变截面处详图在西立面图中绘制筏板的轮廓，如图 1.58 所示。

步骤（6）：绘制完成以后点击“完成编辑”，如图 1.59 所示。

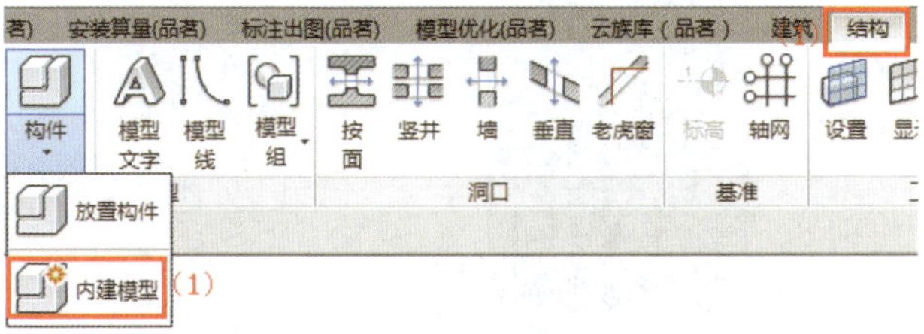

图 1.54 “内建模型”操作示意图

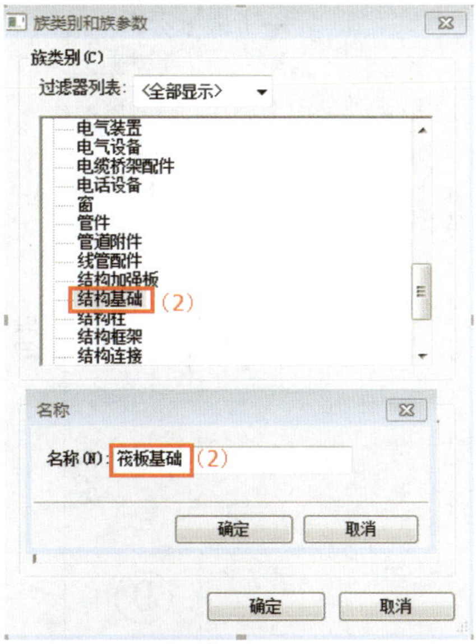

图 1.55 “族类别和族参数”对话框

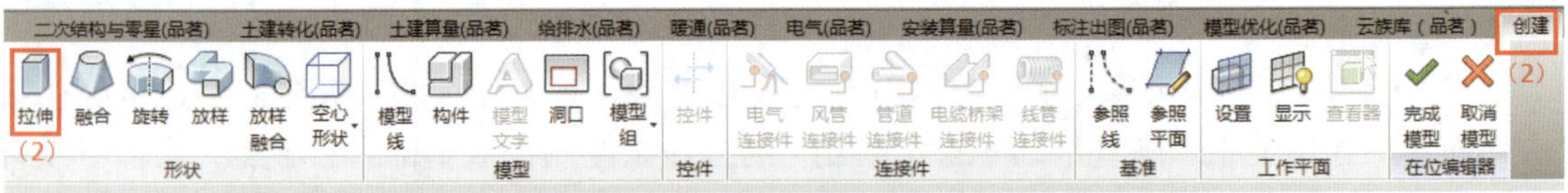

图 1.56　创建拉伸

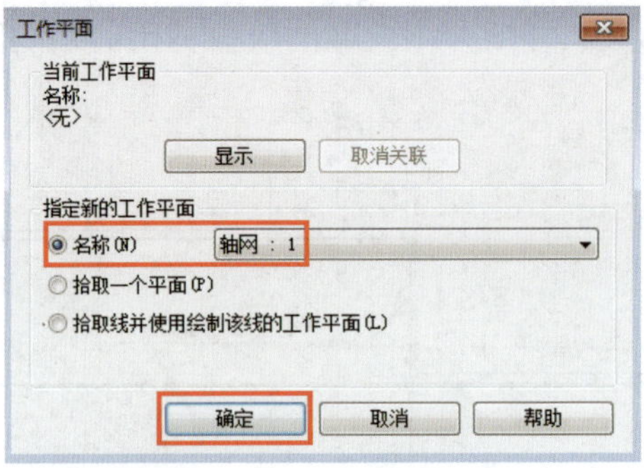

图 1.57　设置工作平面

图 1.58　变截面基础草图绘制

步骤（7）：点击“完成模型”，完成筏板基础轮廓的绘制，如图 1.60 所示。

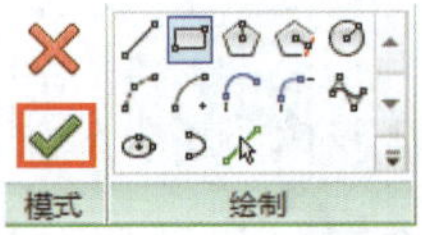

图 1.59　完成草图编辑

图 1.60　完成模型

步骤（8）：返回到设备层平面视图中，根据图纸中尺寸标注，调整筏板基础的尺寸。选中筏板基础，只需拖动两端箭头到 CAD 图纸中基础边缘对齐，如图 1.61 所示。

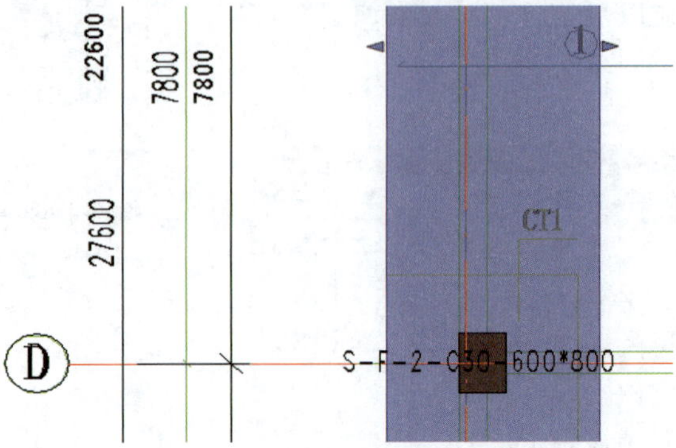

图 1.61　基础截面拉伸示意图

【课后练习】

完成案例工程中设备层独立基础和筏板基础的布置。

1.3.6 垫层

垫层是钢筋混凝土基础与地基土之间的层，其作用是使其表面平整，便于在上面绑扎钢筋，也起到保护基础的作用。垫层都是素混凝土，无需加钢筋。

【课堂练习】

以案例工程为例介绍垫层的布置。根据基础详图可以看出垫层的厚度为 100，超出基础边缘 100，垫层的标高是随基础底标高布置的，如图 1.48 所示。

1. 独立基础下垫层布置

步骤（1）：在“二次结构与零星”选项卡下点击“
”，弹出“垫层和砖胎膜”布置对话框，如图 1.62 所示。

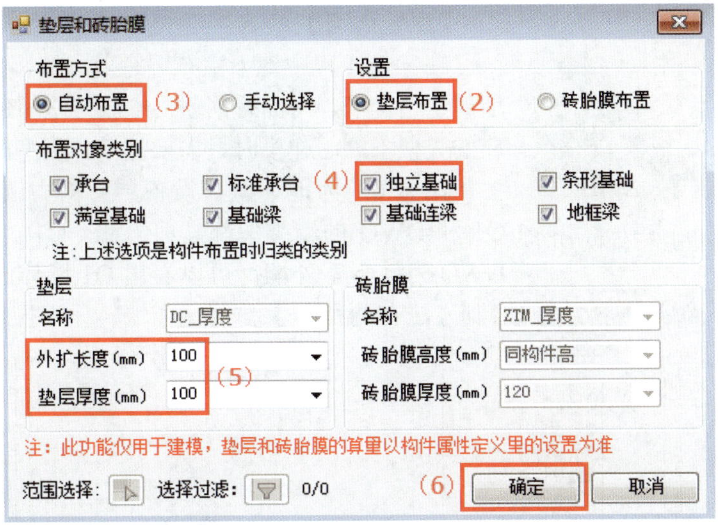

图 1.62 “垫层和砖胎膜”布置对话框

步骤（2）：在设置中选择“垫层布置”。

步骤（3）：选择布置方式为“自动布置”方式。

步骤（4）：勾选布置对象类别中的“独立基础”。

步骤（5）：设置垫层的外扩长度为 100，垫层厚度为 100。

步骤（6）：点击“确定”，完成垫层布置。

2. 筏板基础下垫层布置

案例工程中筏板基础下的垫层按照内建模型的方式来创建，创建时要注意定义垫层的族类型为“楼板”，创建拉伸时垫层外边缘伸出筏板基础外边缘 100，创建完成的筏板基础下垫层如图 1.63 所示。

【课后练习】

（1）完成案例工程中设备层独立基础和筏板基础下垫层的创建，如图 1.64 所示。

（2）按照内建模型的方法完成案例工程中独立基础 DJ7 的创建。

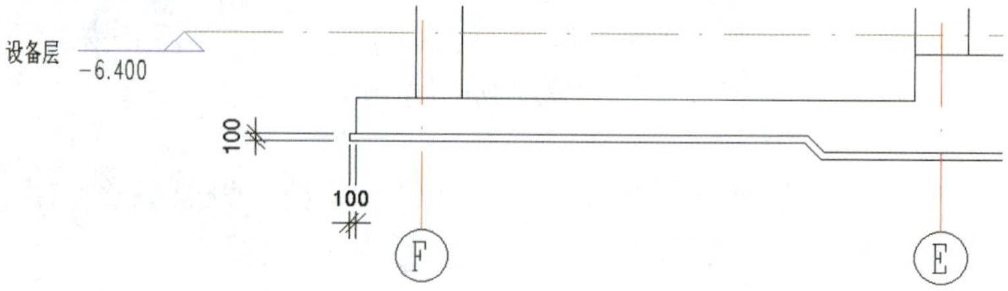

图 1.63　筏板基础剖面图

1.3.7　剪力墙

剪力墙又称抗风墙或抗震墙、结构墙。房屋或构筑物中主要承受风荷载或地震作用引起的水平荷载和竖向荷载（重力）的墙体。防止结构剪切破坏。剪力墙按结构材料可以分为钢板剪力墙、钢筋混凝土剪力墙和配筋砌块剪力墙。其中以钢筋混凝土剪力墙最为常用。

图 1.64　独立基础、垫层三维模型图

【课堂练习】

在案例工程中地下室布置有剪力墙，在建模过程中剪力墙属于结构墙，内部有钢筋，绘制方法与建筑墙一样，只是族的类型不同。建模时只需要把墙体类型改为结构墙即可。

图 1.65 为地下室（设备层）剪力墙局部图，标注为 Q1 和 DWQ 的墙类型都是剪力墙，Q1 为地下室的内墙，DWQ 为地下室外墙。可以看出 Q1 墙体的厚度为 300（墙体配筋本书不做介绍）。剪力墙的绘制方法有两种，手动创建和墙转化，操作如下。

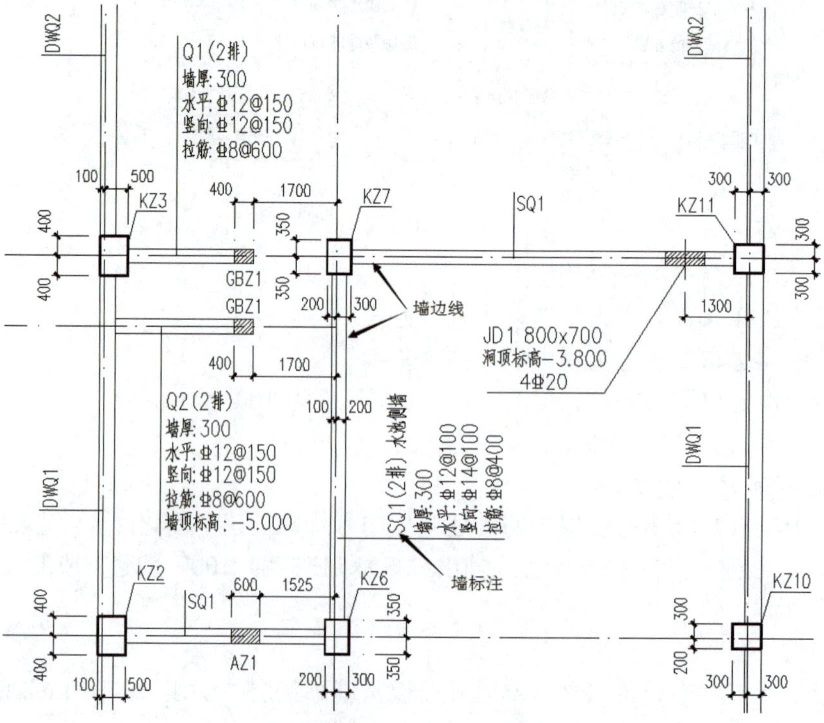

图 1.65　设备层混凝土墙、框架柱平面布置图

1. 手动创建

步骤（1）：在“主体建模”选项卡下点击“墙”，弹出“墙绘制”对话框，如图 1.66 所示。

步骤（2）：在墙对话框中选择“剪力墙 200”右击重命名为“Q1_300”的剪力墙，墙厚设置为 300。

步骤（3）：设置墙顶部高度为车库层。

步骤（4）：选择“直线绘制”，在设备层绘制高度到车库层的剪力墙。

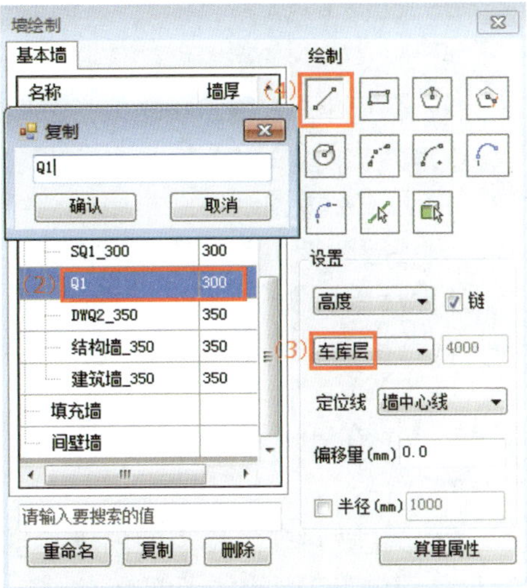

图 1.66 “墙绘制”对话框

2. 墙转化

步骤（1）：在设备层链接名为“设备层混凝土墙、框架柱值布置平面图”的图纸。

步骤（2）：在“土建转化”选项卡下点击“
”，弹出“墙门窗转化”对话框，如图 1.67 所示。

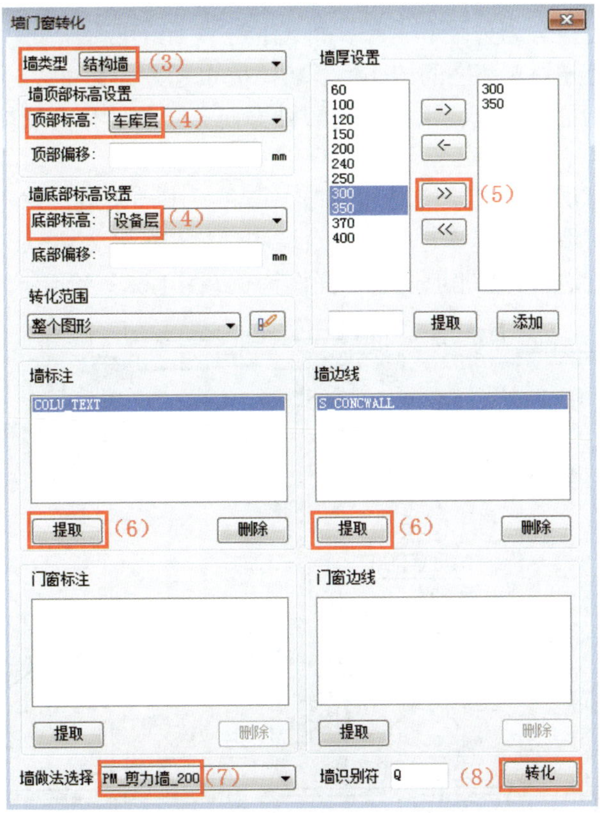

图 1.67 “墙门窗转化”对话框

步骤（3）：设置墙类型为结构墙。

步骤（4）：顶部标高为车库层，底部标高为设备层。

步骤（5）：根据 CAD 图纸信息把 300 厚和 350 厚的墙体添加到右侧。

步骤（6）：点击“提取”，提取墙标注和墙边线。

步骤（7）：在“墙做法选择”中选择“PM_剪力墙_200”的做法。

步骤（8）：点击“转化”，完成墙体转化。

【操作提示】

由于 CAD 图纸中结构墙无门窗标注和门窗边线，所以此处不用提取门窗标注和门窗边线。设备层图纸中的墙体为结构墙，所以在墙做法选择中选择“PM_剪力墙_200”。

【课后练习】

完成案例工程中设备层和车库层结构墙的布置。

1.4　建筑建模

本节主要讲建筑模型的创建，包括建筑墙、门、窗构件的创建。由于在建模过程中门、窗是必须依附于墙体存在的构件，所以在 HiBIM 建模中要先创建墙体，然后创建门、窗。在墙体未绘制的情况下，门、窗是无法布置的。

1.4.1　墙

墙体按所处位置可以分为外墙和内墙。外墙位于房屋的四周，故又称为外围护墙。内墙位于房屋内部，主要起分隔内部空间的作用。墙体按布置方向又可以分为纵墙和横墙。沿建筑物长轴方向布置的墙称为纵墙，沿建筑物短轴方向布置的墙称为横墙。

【课堂练习】

在案例工程中车库层和设备层的墙体由挡土墙和外围墙组成，属于结构墙；地上部分以砌体墙为主，属于建筑墙。在建模过程中建筑墙和结构墙的绘制方法一样，不同的是在绘制时要对墙的族类型进行选择。以地上一层平面图为例（图 1.68），介绍墙体和门窗的绘制方法。

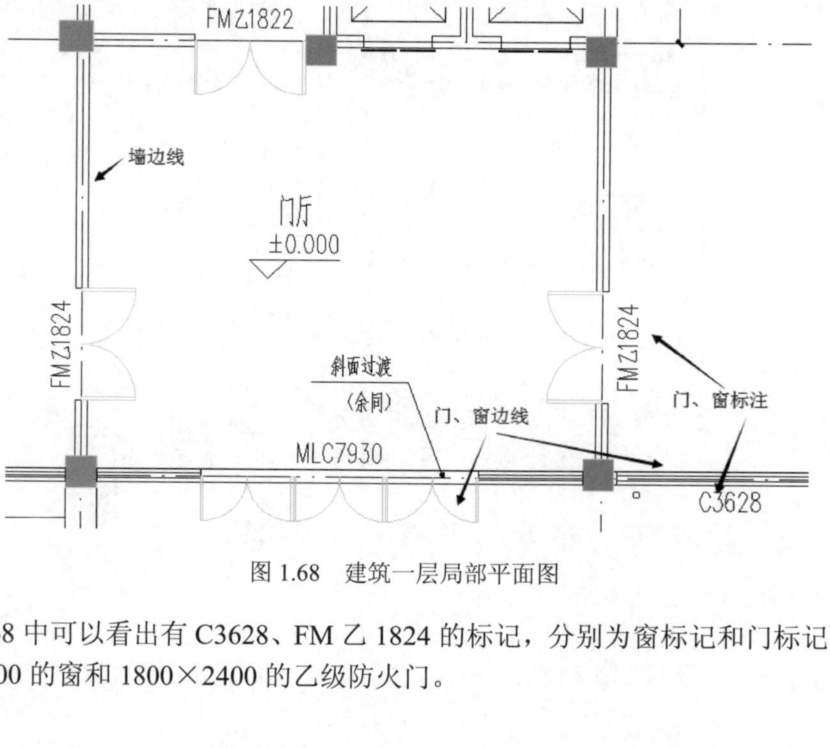

图 1.68　建筑一层局部平面图

从图 1.68 中可以看出有 C3628、FM 乙 1824 的标记，分别为窗标记和门标记，代表尺寸为 3600×2800 的窗和 1800×2400 的乙级防火门。

手动创建墙体绘制操作如下：

步骤（1）：在“主体建模”选项卡下点击“”，弹出“墙绘制”对话框，如图 1.69 所示。

步骤（2）：根据 CAD 图纸的尺寸，选择厚度为 200 的砌体外墙。

步骤（3）：在“设置”中选择“高度”和“F2”，偏移量为 0。

步骤（4）：在“绘制”功能区选择“直线”，绘制在视图中与 CAD 图纸相对应的位置。

1.4.2 门

手动创建门的创建操作如下。

步骤（1）：在“主体建模”选项卡点击“”，弹出“门布置”对话框，如图 1.70 所示。

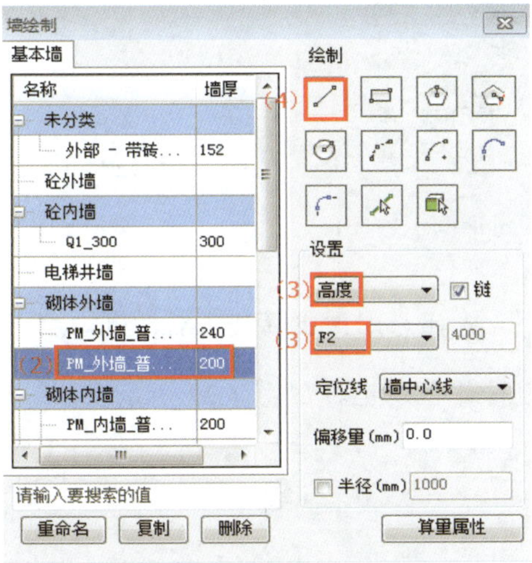

图 1.69 “墙绘制”对话框

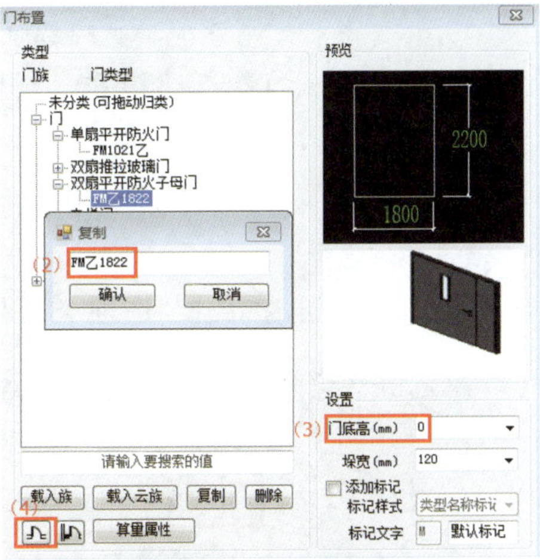

图 1.70 “门布置”对话框

步骤（2）：复制编辑类型为“FM 乙 1822”的门，在“预览”区域双击参数设置门的尺寸。

步骤（3）：设置门底高为 0。

步骤（4）：选择“点布置”，布置在墙体相应的位置。

1.4.3 窗

手动创建窗的创建操作如下：

步骤（1）：在“主体建模”选项卡下点击“”，弹出“窗布置”对话框，如图 1.71 所示。

步骤（2）：复制编辑类型为“C3628”的窗，在“预览”区设置窗的尺寸。

步骤（3）：根据建筑立面图标高信息，设置窗底高为 900，窗户底高度数值详见施工图或门窗明细表。

步骤（4）：选择“点布置”，布置在墙体相应的位置。

1.4.4 墙、门、窗转化

步骤（1）：链接名为“门窗表”的图纸到 F1 楼层平面中。

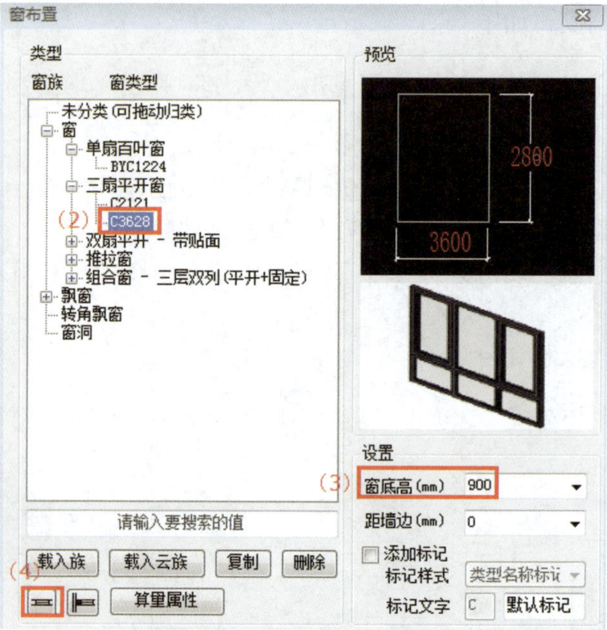

图 1.71　“窗布置”对话框

步骤（2）：在“土建转化”选项卡下点击“”，弹出“门窗表转化”对话框，点击“框选提取”框选链接进来的“门窗表”图纸。“门窗表转化”对话框如图 1.72 所示。

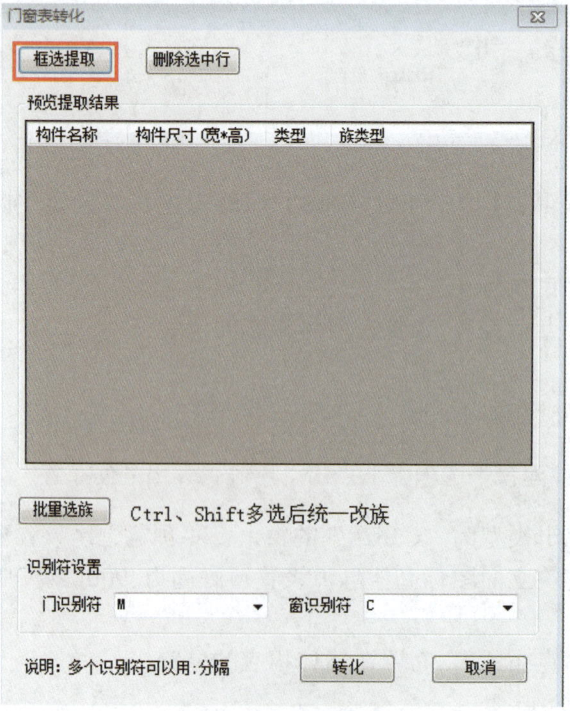

图 1.72　“门窗表转化”对话框

步骤（3）：转化完成之后弹出有门窗构件的“门窗表转化”。根据门窗大样详图修改门窗表中门窗类型，如图 1.73 所示。

步骤（4）：修改完成以后点击“转化”，完成案例工程中所有门窗转化。

步骤（5）：在 F1 楼层平面中链接名为“一层平面图”的建筑图纸。

步骤（6）：在“土建转化”选项卡下点击“
”，弹出“墙门窗转化”对话框，如图 1.74 所示。

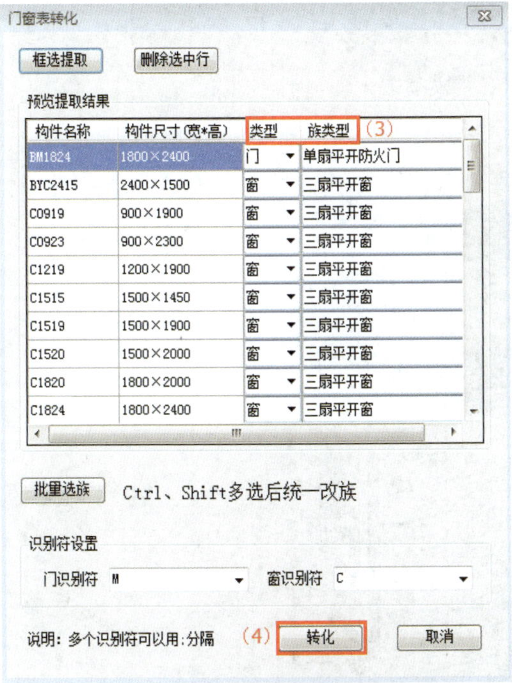

图 1.73 “门窗表转化”编辑

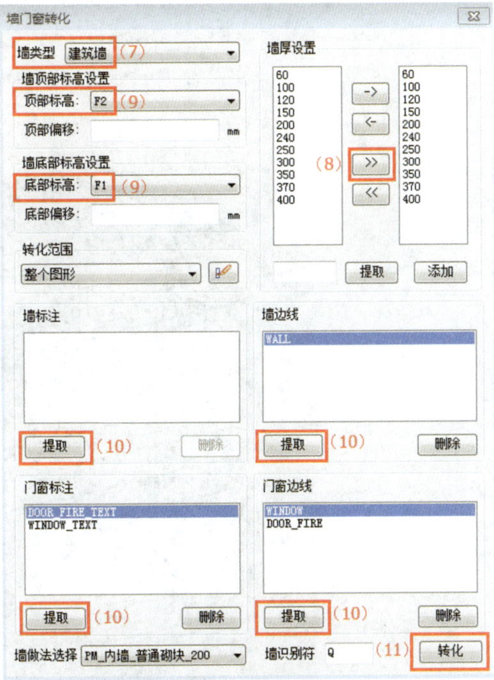

图 1.74 “墙门窗转化”操作示意图

步骤（7）：墙类型选择“建筑墙”。

步骤（8）：根据一层平面图纸信息设置墙厚度。

步骤（9）：设置墙体顶部标高为 F2，底部标高为 F1。

步骤（10）：点击“提取”，提取墙标注、墙边线、门窗标注和门窗边线。

步骤（11）：点击“转化”，完成一层墙、门、窗的转化。

【操作提示】

（1）门窗标记如图 1.68 所示，无墙标注时可以不用提取墙标注。

（2）转化建筑施工图纸中的墙时在“墙类型”中选择建筑墙。

【课后练习】

（1）根据品茗商业综合楼案例工程完成案例工程中一层建筑墙、门、窗的创建，如图 1.75 所示。

（2）完成案例工程中所有建筑模型，如图 1.76 所示。

图 1.75 一层建筑三维模型图

图 1.76 案例工程建筑三维模型图

1.5 二次结构建模

二次结构是框架、剪力墙、框剪工程中的一些非承重的砌体和一些在装饰前需要完成的部分。相对于承重结构而言为非承重结构，围护结构，比如构造柱、过梁、女儿墙、压顶、填充墙、隔墙等。本节主要讲解构造柱、过梁、圈梁的布置。

1.5.1 构造柱

在砌体房屋的规定部位，按构造配筋，并按照先砌墙后浇筑混凝土柱的顺序制成的混凝土柱。其作用是与圈梁一起形成空间骨架，以提高建筑物的整体刚度和整体延展性，约束墙体裂缝的开展，从而增加建筑物的抗震能力。

构造柱布置的要求如下：

（1）120（或 100）厚墙。当墙高不大于 3m 时，开洞宽度不大于 2.4m，若不满足时应加构造柱。

（2）180（或 190）厚墙。当墙高不大于 4m 时，开洞宽度不大于 3.5m，若不满足时应加构造柱。

（3）墙体转角处无框架柱时、不同厚度墙体交接处，应设置构造柱。

（4）当墙长大于 8m（或墙长超过层高 2 倍）时，应该在墙长中部（遇有洞口在洞口边）设置构造柱。

【课堂练习】

施工图中很少会标注构造柱的尺寸和位置，需要从设计说明或图纸标注信息里结合规范了解构造柱的构造。如图 1.77 所示，在“标高 47.150 板配筋施工图”中可以看到只有局部构造柱的详细信息，从图 1.78 中可以看出 GZ4 的尺寸为 200×300。构造柱的布置分为手动布置和自动布置，下面详细介绍构造柱的布置方法。

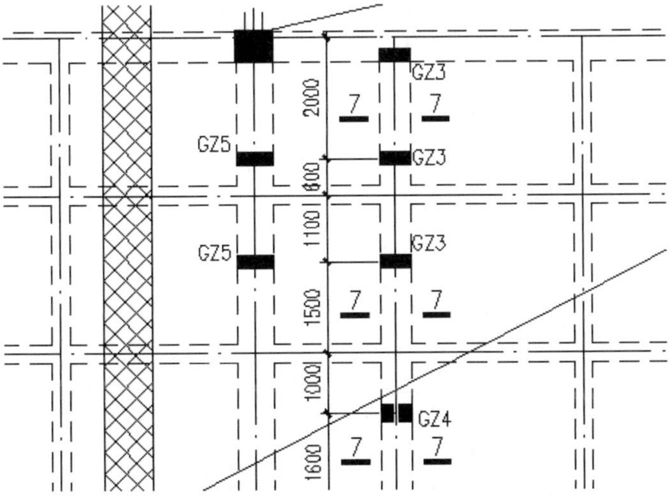

图 1.77 标高 47.150 板配筋施工图

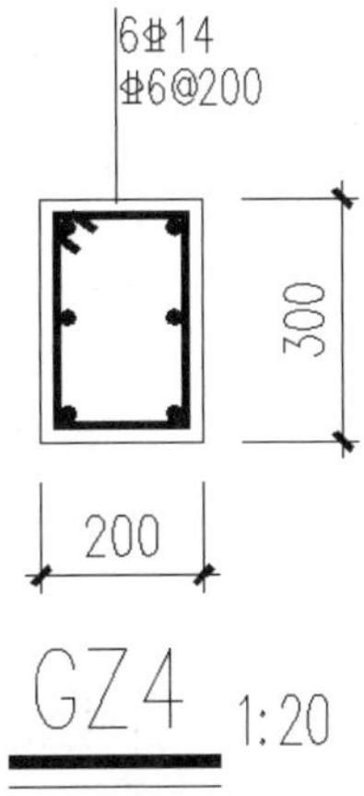

图 1.78 构造柱详图

1. 手动布置

步骤（1）在“主体建模”选项卡下点击“柱”，弹出柱布置对话框，如图 1.79 所示。

步骤（2）：在构造柱下复制重命名为 GZ4 的构造柱。

步骤（3）：双击预览区域更改构造柱的尺寸信息，完成之后点击“确定”，如图 1.80 所示。

步骤（4）：设置构造柱的标高。

步骤（5）：点击“点布置”，布置在墙体相应的位置。

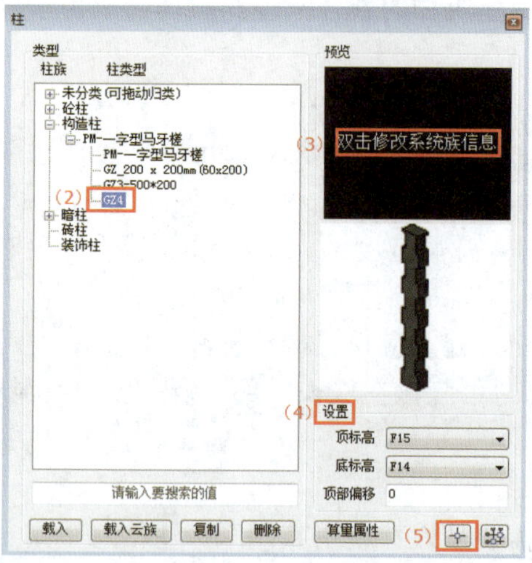

图 1.79　构造柱布置操作示意图

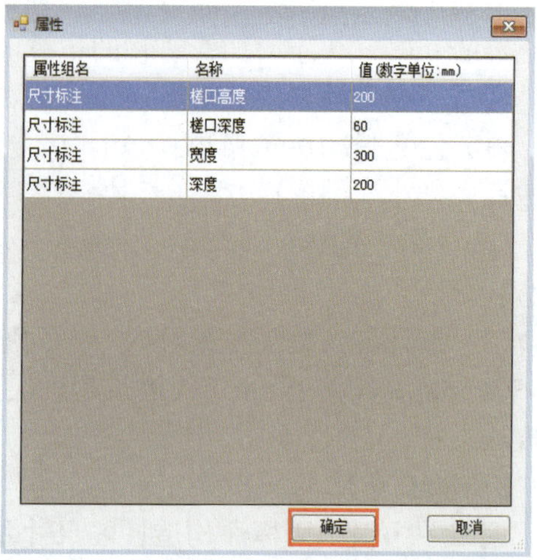

图 1.80　构造柱尺寸编辑示意图

【操作提示】

由于不同类型墙体需要的构造柱的类型不同，手动布置其他类型的构造柱（单边、L 形、T 形、十字形构造柱）时，需要从“云族库”选项卡下“公共族库”中载入不同的构造柱类型。

2. 自动布置

在图纸中没有标注构造柱信息时可以选择自动布置的方法来创建，由于不同的项目构造柱的做法不同，软件里默认的参数为实际工程中常见的做法，具体的构造柱参数需要结合规范根据实际施工编辑，详细操作如下。

步骤（1）：在“二次结构与零星”选项卡下点击“

”，弹出“自动布置构造柱”属性设置对话框，如图 1.81 所示。

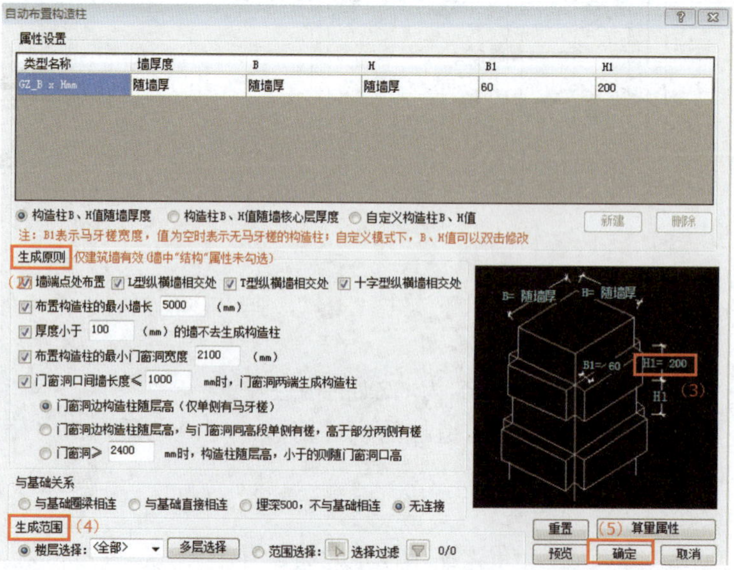

图 1.81　“自动布置构造柱”属性设置对话框

步骤（2）：编辑构造柱布置生成原则。

步骤（3）：在构造柱截面处点击数值编辑构造柱的尺寸。

步骤（4）：选择构造柱的生成范围。

步骤（5）：如果生成范围选择“楼层选择”，直接点击“确定”，完成构造柱布置；如果生成范围选择“范围选择”，选择需要生成构造柱的砌体墙，选择完成以后点击界面左上角“完成”，完成构造柱布置。

1.5.2 过梁

过梁是砌体结构房屋墙体门窗洞上常用的构件，它用来承受洞口顶面以上砌体的自重及上层楼盖梁板传来的荷载。

当墙体上开设门窗洞口时，且墙体洞口大于300时，为了支撑洞口上部砌体所传来的各种荷载，并将这些荷载传给门窗等洞口两边的墙，常在门窗洞口上设置横梁，该梁称为过梁，过梁两端伸进墙的长度要不小于240。

【课堂练习】

施工图纸中通常布置标注过梁的位置，需要结合图集规范根据实际工程来创建。在案例工程中图纸给出了过梁的详细尺寸和位置，从“标高47.150板配筋施工图”中可以看出过梁的尺寸为300×500和300×600，如图1.82所示。

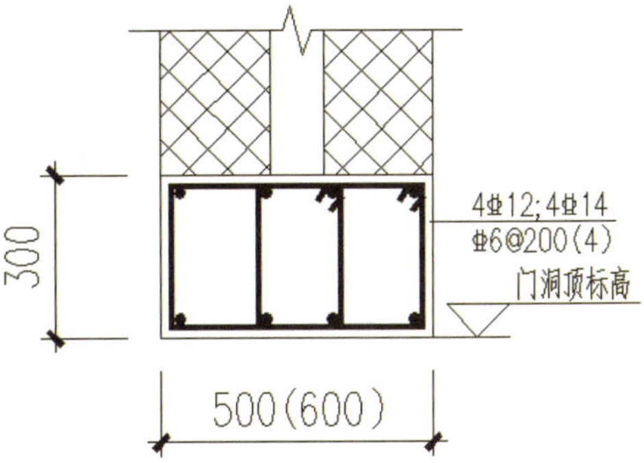

图1.82 双墙门洞过梁详图

过梁的布置分为手动布置和自动布置，操作如下。

1. 手动布置

步骤（1）：在“主体建模”选项卡下点击“
”，弹出“梁布置”对话框，如图1.83所示。

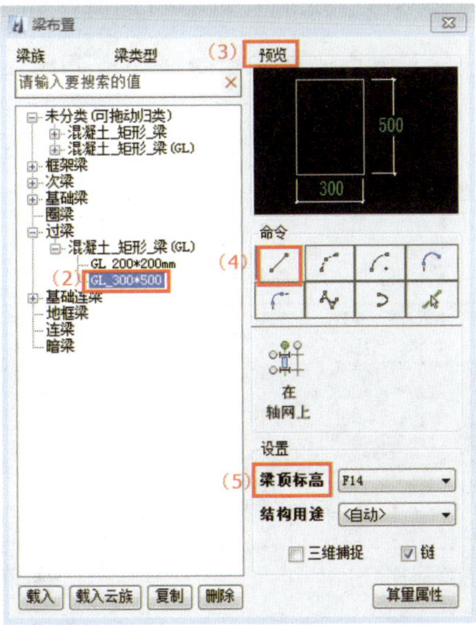

图1.83 “过梁布置”对话框

步骤（2）：复制重命名为 GL-300*500 的梁。

步骤（3）：在右侧预览区编辑过梁的尺寸。

步骤（4）：设置梁顶标高。

步骤（5）：在命令下点击“直线”，绘制在相应的位置。

步骤（6）：点击过梁，调整梁偏移量为 2400，底对正，如图 1.84 所示。

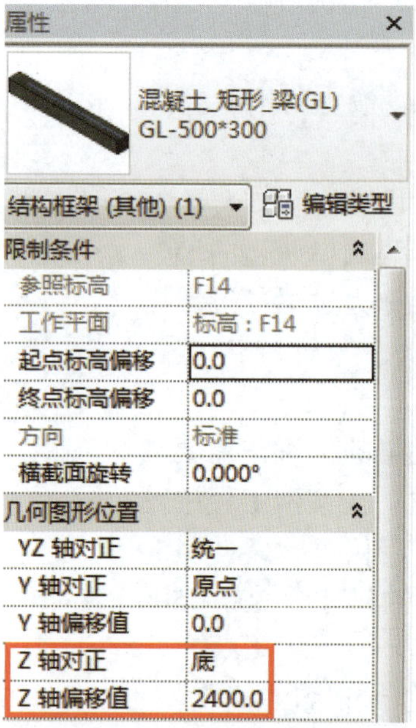

图 1.84 过梁标高修改

2. 自动布置

由于不同的工程中过梁的做法不同，软件里默认的参数为实际工程中常见的做法，具体的构造柱参数需要根据图纸信息编辑，过梁的自动布置操作如下：

步骤（1）：在“二次结构与零星”选项卡下点击“”，弹出“过梁”布置对话框，如图 1.85 所示。

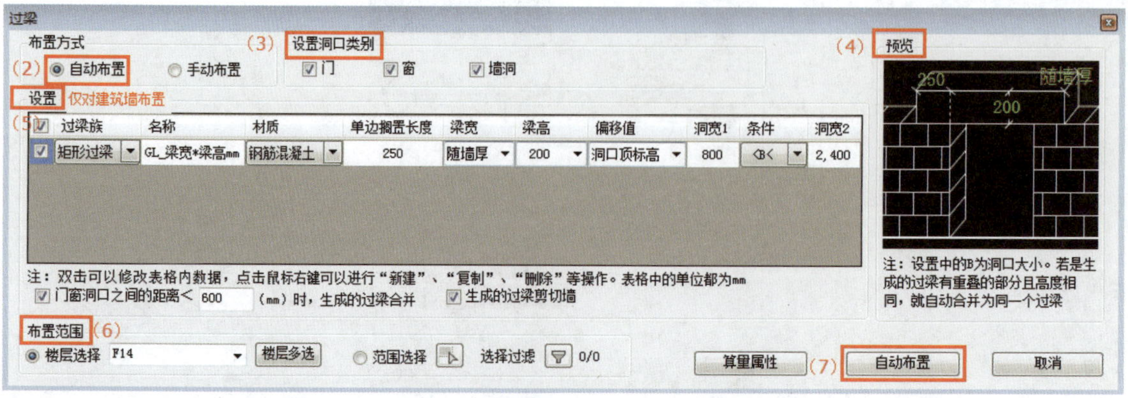

图 1.85 “过梁”布置对话框

步骤（2）：选择布置方式为“自动布置”。

步骤（3）：选择要布置过梁的洞口类别。

步骤（4）：在预览区编辑过梁尺寸。

步骤（5）：在设置中编辑过梁的生成条件。

步骤（6）：选择布置范围。如果生成范围选择“楼层选择”，直接自动布置，完成过梁布置；如果生成范围选择“范围选择”，选择需要生成过梁的砌体墙，选择完成以后点击界面左上角“完成”。

步骤（7）：点击“自动布置”完成过梁布置，如图 1.86 所示。

图 1.86　构造柱和过梁三维模型图

1.5.3　圈梁

圈梁是房屋基础上部连续的钢筋混凝土梁，或沿建筑物外墙四周及部分内横墙设置的连续封闭梁。作用是为了防止由于地基不均匀沉降、地震或其他较大振动荷载对房屋的破坏，增强建筑物的整体刚度和墙身的稳定性。

圈梁的布置要求如下：

（1）钢筋混凝土圈梁的宽度宜与墙厚相同。

（2）当墙高超过 4m 时需要布置圈梁。墙厚 $h \geqslant 240$ 时，其宽度不宜小于 $2h/3$，圈梁高度不应小于 120。

（3）现浇混凝土强度等级不应低于 C20。

【课堂练习】

一般情况下不同的工程圈梁的做法不同，在案例工程中的墙高不超过 4m，不用布置圈梁，所以本节只讲圈梁的布置方法。圈梁布置分为手动布置和自动布置。

1. 手动布置

步骤（1）：在“主体建模”选项卡下点击“”，弹出“梁布置”对话框。

步骤（2）：复制重命名圈梁，编辑圈梁尺寸。

步骤（3）：设置圈梁顶标高，在命令下点击“直线”，绘制在墙体相应的位置。

2. 自动布置

软件里默认的参数为实际工程中常见的做法，具体的圈梁参数需要根据图纸信息编辑，圈梁的布置操作步骤如下。

步骤（1）：在“二次结构与零星”选项卡下点击“

”，选择“自动布置”弹出“自动生成圈梁”布置对话框，如图 1.87 所示。

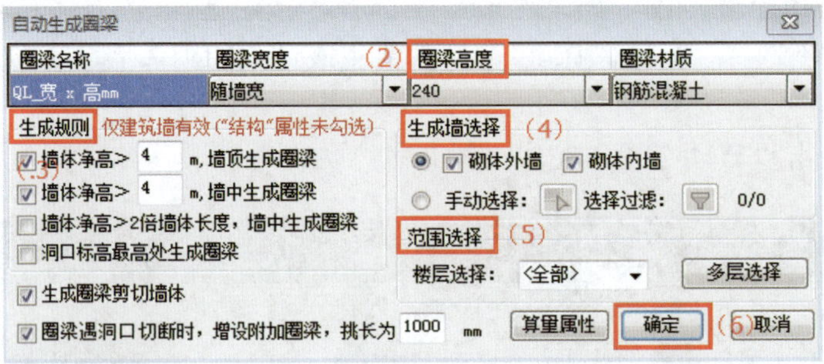

图 1.87 “自动生成圈梁”属性编辑示意图

步骤（2）：编辑圈梁高度。

步骤（3）：设置圈梁生成规则。

步骤（4）：选择生成圈梁的墙体。

步骤（5）：选择布置圈梁的范围。

步骤（6）：点击“确定”，完成圈梁的布置。

【课后练习】

根据品茗商业综合楼案例工程完成案例工程中标高 47.150 构造柱和过梁的布置。

1.6　装饰装修布置及应用

模型建立完成以后，可根据图纸中装饰装修材料表对房间进行装饰。以便在后期用模型做渲染动画时达到与真实场景相似的效果。

【课堂练习】

因为项目中默认的装修面层不能够满足实际的要求，所以需要编辑多种面层的种类，对于竖向构件的面层装饰选择墙体来编辑，对于水平、斜向构件的面层装饰采用楼板来编辑。案例中对房间的装饰详细操作如下。

1. 房间内部装饰

步骤（1）：在“二次结构与装修”选项卡下点击“

”，弹出“自动放置房间”对话框，如图 1.88 所示。

步骤（2）：点击“是”，在平面图纸添加房间标记。

步骤（3）：双击房间标记，根据案例工程中 CAD 信息更改房间名称，如图 1.89 所示。

步骤（4）：再次点击“房间装修”，选择已布置的房间标记，点击左上角“完成”，弹出“房间装修”对话框，如图 1.90 所示。

步骤（5）：根据图纸装饰装修材料表提前编辑案例工程中所需的装饰面层，根据图纸信息选择不同房间的面层装饰。

步骤（6）：面层选择完成以后，点击“确定”即可完成房间的装饰。

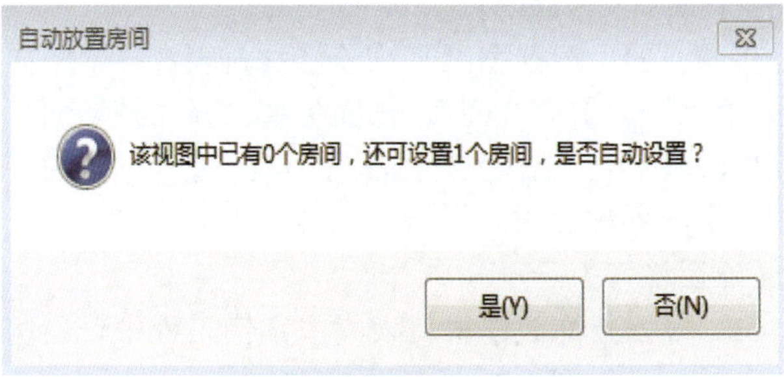

图 1.88 “自动放置房间”设置

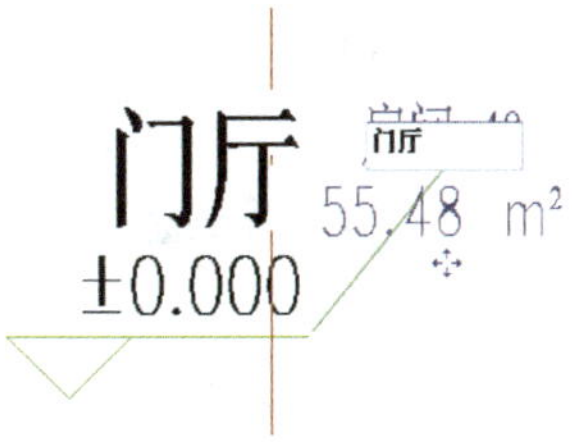

图 1.89 房间标记修改

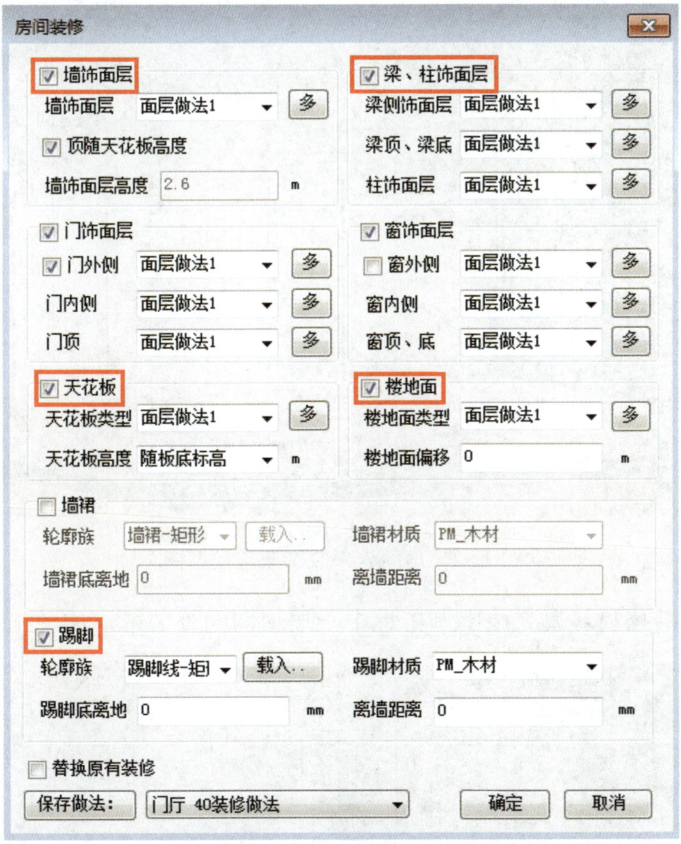

图 1.90 “房间装修”对话框

【操作提示】

勾选“房间装修”对话框里的“替换原有装修”，可替换原来的装饰。

2. 房间外部装饰

由于房间装修只能对房间内部进行装饰，外立面的装饰要选择“饰面生成”来布置，操作如下：

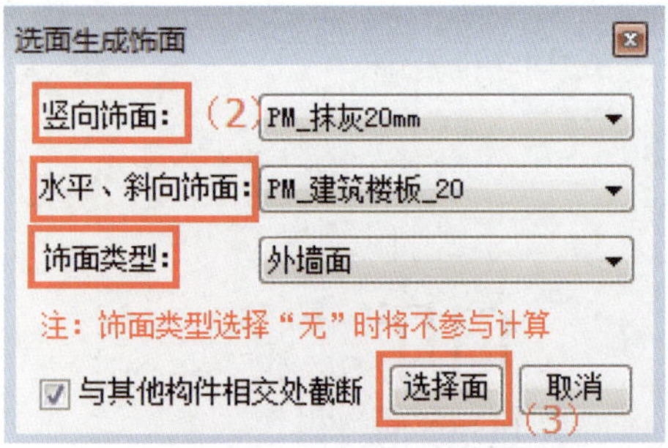

图 1.91 房间外部装饰编辑示意图

步骤（1）：点击“饰面生成”，弹出“选面生成饰面”对话框，如图 1.91 所示。

步骤（2）：根据图纸装饰装修材料表选择“竖向饰面”“水平、斜向饰面”，饰面类型选择“外墙面”。

步骤（3）：点击“选择面”，点击所要布置的外墙面，完成外部装饰。

【课后练习】

（1）根据装饰装修材料表完成案例工程中一层房间的内装修，如图 1.92 所示。

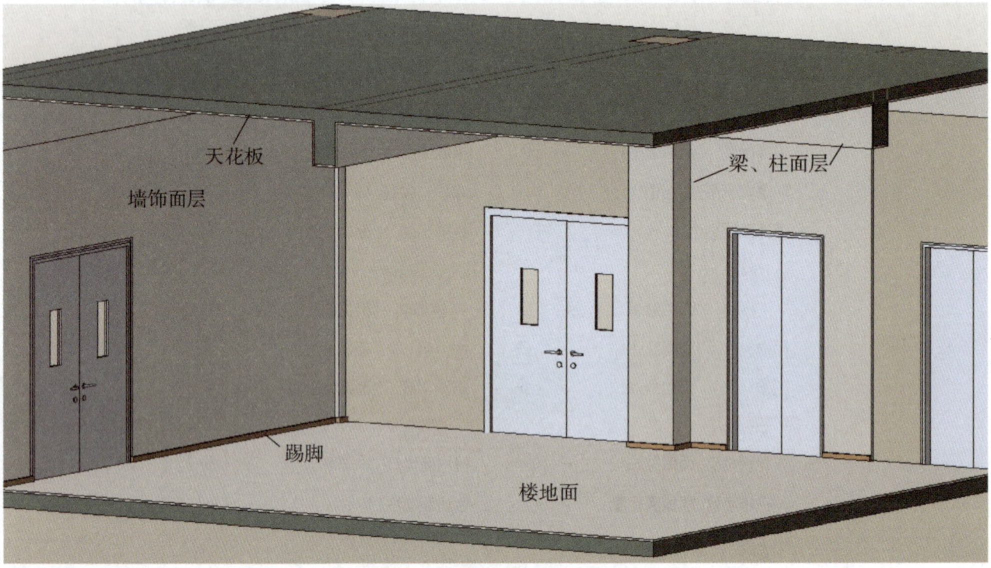

图 1.92 房间内部装饰三维模型图

（2）根据装饰装修材料表完成案例工程中一层房间的外装修，如图 1.93 所示。

图 1.93 房间外部装饰图

1.7 零星节点布置

为了保护墙基不受雨水侵蚀，常在外墙四周将地面做成向外倾斜的坡面，以便将屋面的雨水排至远处，称为散水。

【课堂练习】

在案例工程中，可以在建筑图纸一层平面图里看到散水的位置，如图 1.94 所示。

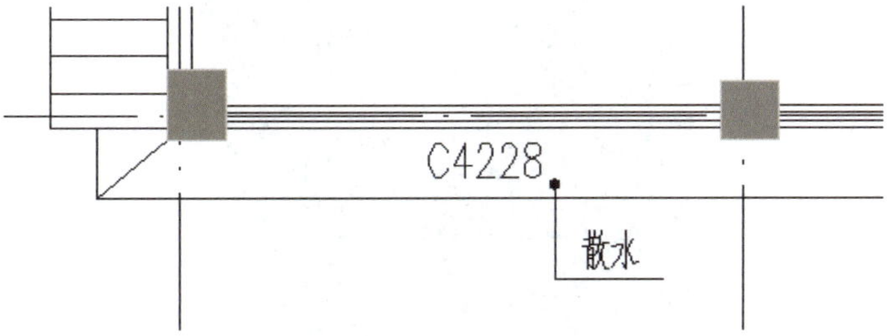

图 1.94 一层散水平面图

散水的绘制操作如下。

步骤（1）：在“二次结构与零星”选项卡下点击“”，弹出“散水”布置对话框，如图 1.95 所示。

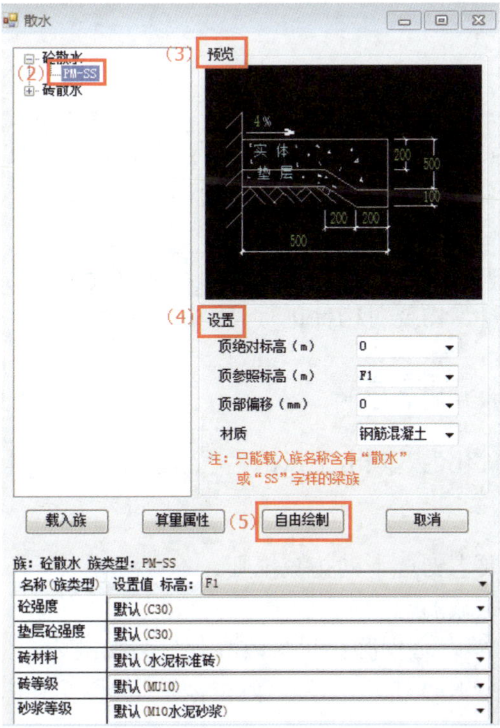

图 1.95 “散水”属性编辑示意图

步骤（2）：选择与图纸相对应的散水类型。

步骤（3）：设置散水截面各参数。

步骤（4）：设置散水顶绝对标高和顶部偏移值。

步骤（5）：选择“自由绘制”，绘制在一层平面视图相应的位置。

【课后练习】

完成案例工程中散水的布置，如图 1.96 所示。

图 1.96 散水三维模型图

1.8 土建模型优化

在模型建立完成以后，要对模型系统进行检查，防止由于构件重合造成出量不准确的情况。主要分为“一键扣减”和“重叠构件清查”两部分。

1.8.1 一键扣减

由于在模型建立过程中，不同构件的标高不同，难免会出现构件部分重叠的现象，为了扣除构件重合部分的工程量，需要对构件进行“一键扣减”。

【课堂练习】

对案例工程中的模型扣减操作如下。

步骤（1）：在“模型优化”选项卡下点击“一键扣减”，弹出“一键扣减”对话框，如图 1.97 所示。

步骤（2）：根据建模要求勾选下列扣减规则。

步骤（3）：选择模型扣减的范围。

步骤（4）：点击“确定”，截面弹出“失败 0 处”为扣减成功，如图 1.98 所示。

墙、梁未扣减模型如图 1.99 所示，墙、梁扣减模型如图 1.100 所示。

【课后练习】

根据品茗商业综合楼案例工程完成案例工程中土建模型所有构件的扣减。

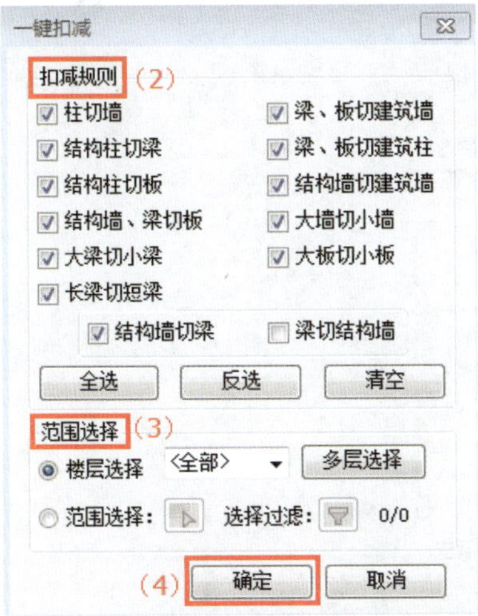

图 1.97　土建模型“一键扣减”规则

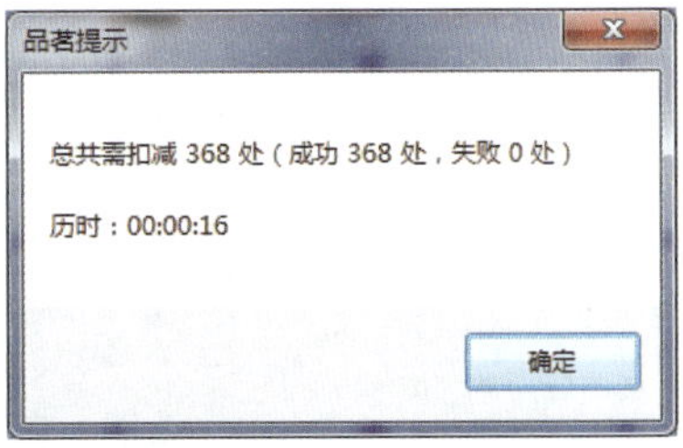

图 1.98　扣减提示

图 1.99　墙、梁未扣减三维模型图

图 1.100　墙、梁已扣减三维模型图

1.8.2　重叠构件清查

在土建模型体量大的情况下可能会出现部分构件扣减失败，“重叠构件清查”可以快速定位到模型未成功扣减的位置，再进行手动调整，实现对土建模型的完全优化。详细操作如下。

步骤（1）：在“模型优化”选项卡下点击“
”，弹出“重叠构件清查”对话框，如

图 1.101 所示。

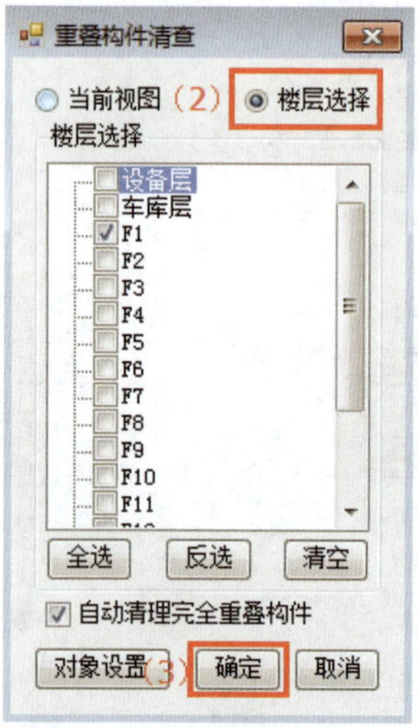

图 1.101 “重叠构件清查”设置

步骤（2）：选择“清查范围”以清查对象，根据软件提示可精确定位到构件重叠的地方，进行手动调整。

步骤（3）：点击“确定”，清查模型中重叠的构件。

由于案例工程中模型扣减成功，不存在重叠的构件。

【课后练习】

根据品茗商业综合楼案例工程模型完成案例工程中土建模型重叠构件清查。

第 2 章　HiBIM 机电建模

本章机电建模包含电气建模、给排水建模、消防建模、HiBIM 暖通建模四节，以案例工程的方式依次介绍。其中电气建模以桥架、大型设备建模为主，不包含电气管线、照明弱电设备；消防建模包含消火栓系统、喷淋系统的管道、管件及阀门设备，不包含消防电气管线设备。本章主要介绍单一系统的建模操作，管线综合排布与碰撞检查等将在第 3 章介绍。

2.1　电气建模

桥架是由槽式、托盘式或梯式的直线段、弯通、三通、四通组件以及托臂（臂式支架）、吊架等构成具有密接支撑电缆的刚性结构系统的全称。

桥架用于敷设电缆电线，起支撑作用，可分为槽式、托盘式和梯式等结构，如图 2.1 所示，由支架、托臂和安装附件等组成。槽式桥架三维模型如图 2.2 所示。

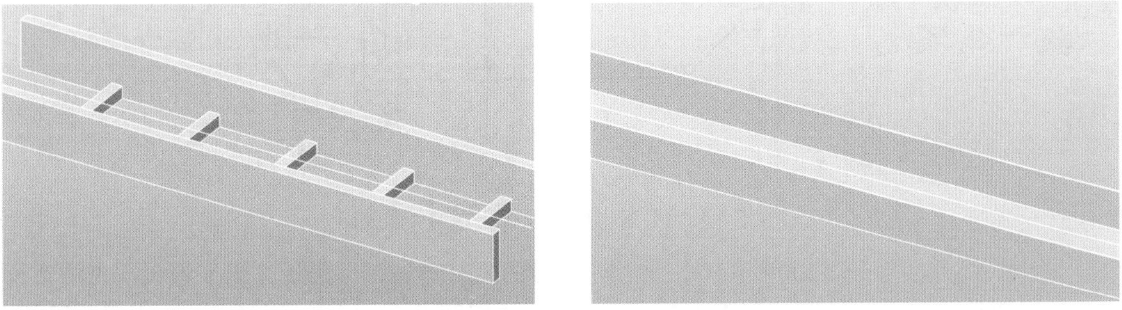

图 2.1　梯式桥架与槽式桥架三维模型图

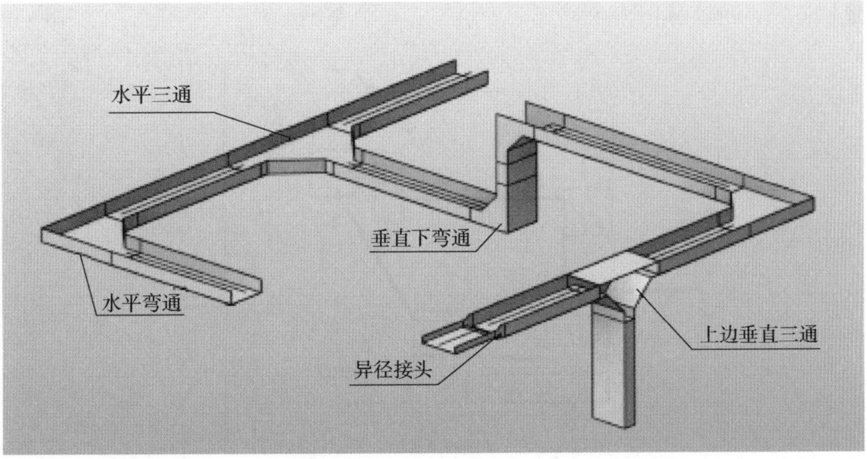

图 2.2　槽式桥架三维模型图

图 2.3　配电箱三维模型图

配电箱（柜）可分为动力配电柜（箱）和照明配电柜（箱）、计量柜（箱），是配电系统的末级设备。配电柜是电动机控制中心的统称，如图 2.3 所示。

【课堂练习】

通过品茗商业综合楼地下一层火灾报警系统平面图、地下一层配电平面图的识读，完成桥架与配电箱识图，建模方法以及云族库应用。

以本案例工程地下一层（车库层）为例，部分管线沿桥架敷设，如图 2.4 所示为地下一层火灾报警平面图 6 轴～9 轴/D 轴～F 轴区域。

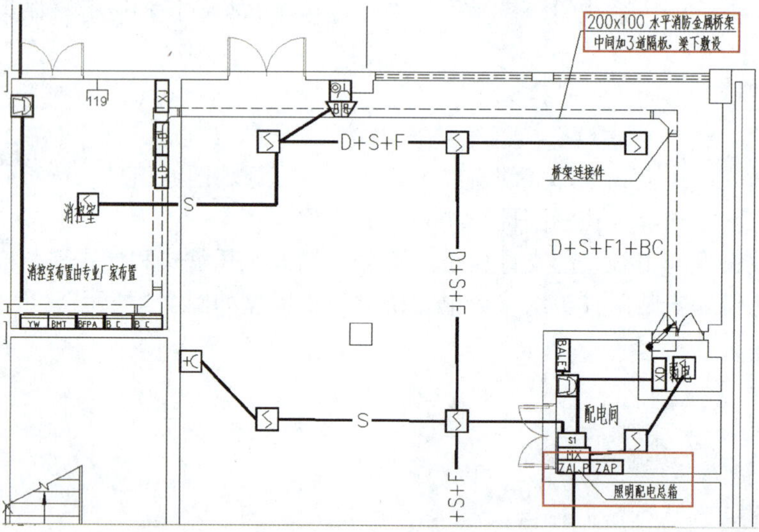

图 2.4　地下室一层局部火灾报警平面图

图中引线方框部分“200×100 水平消防金属桥架中间加 3 道隔板，梁下敷设”为桥架标注，即桥架类型属于消防管线敷设用的金属桥架，桥架宽×高为 200×100，沿梁底水平敷设。

如图 2.5 所示，以配电间内“ZAL_P”为例，来介绍配电箱的放置。配电箱的类型查看“主要设备材料表”，如图 2.6 所示。

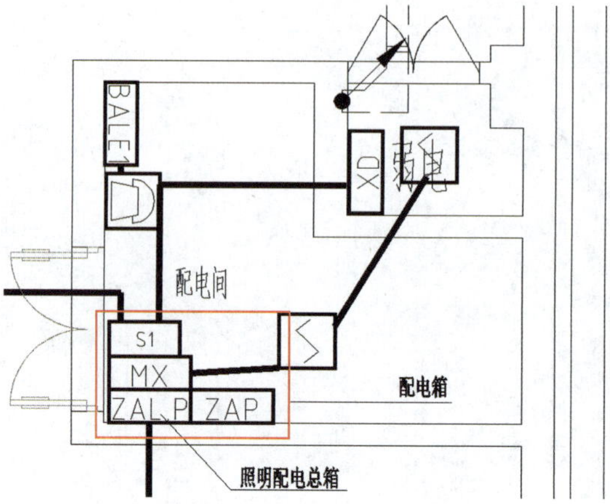

图 2.5　配电箱平面布置图

主要设备材料表

序号	图例	材料设备/名称	型号规格	单位	数量	安装高度	备注
1	XFSB	消防水泵总箱	XRL	台	1	落地安装	
2	ALP	层照明总箱	非标	台	4	明装，底边距地1.5米	
3	ALE	应急照明箱	非标	台	4	明装，底边距地1.5米	
4	APE	消防动力总箱	XRL	台	1	落地安装	
5	ZALP	照明动力总箱	XRL	台	2	落地安装	
6	DATA	电梯配电箱	非标	台	2	明装，底边距地1.5米	
7	AC	电梯控制箱	厂家自带	台	2	明装，底边距地1.5米	
8	SAL	层照明分箱	PZ30	台	30	暗装，底边距地1.5米	
9		消防应急灯	1X18W, LED, ~220V	套	39	吸顶	单灯补偿
10		防水防尘灯	11W, 14W, ~220V	套	15	吸顶	单灯补偿
11	E	安全出口指示灯	1X8W LED，持续应急时间1	套	144	底边距门框顶0.2米	
12		疏散指示灯	1X8W LED，持续应急时间1	套	150	底边距地0.5米	
13		疏散指示灯	1X8W LED，持续应急时间1	套	15	底边距地0.5米	
14		应急灯	1X10W LED，持续应急时间1	套	98	底边距地2.6米	
15		单管荧光灯	1X28W，1X21W，~220V	套	15	吸顶	单灯补偿
16		单管荧光灯、	21W，28W 连续供电时间不低于	套	15	吸顶	单灯补偿
17	EF	防水防尘单管荧光灯	28W 连续供电时间不低于3h	套	15	吸顶	单灯补偿
18		单联单控暗开关	AP86K11-10, 250V/10A	个	3	暗装，底边距地1.3米	
19		双联单控暗开关	AP86K21-10, 250V/10A	个	34	暗装，底边距地1.3米	
20		三联单控暗开关	AP86K31-10, 250V/10A	个	15	暗装，底边距地1.3米	

图 2.6 电气图例表

2.1.1 桥架建模

1. 手动创建

步骤（1）：在“电气”选项卡下点击“链接 CAD”，弹出“链接 CAD 格式”对话框，选择“地下一层火灾报警平面图”，勾选“仅当前视图”，导入单位选择“毫米”，点击打开，如图 2.7 所示。

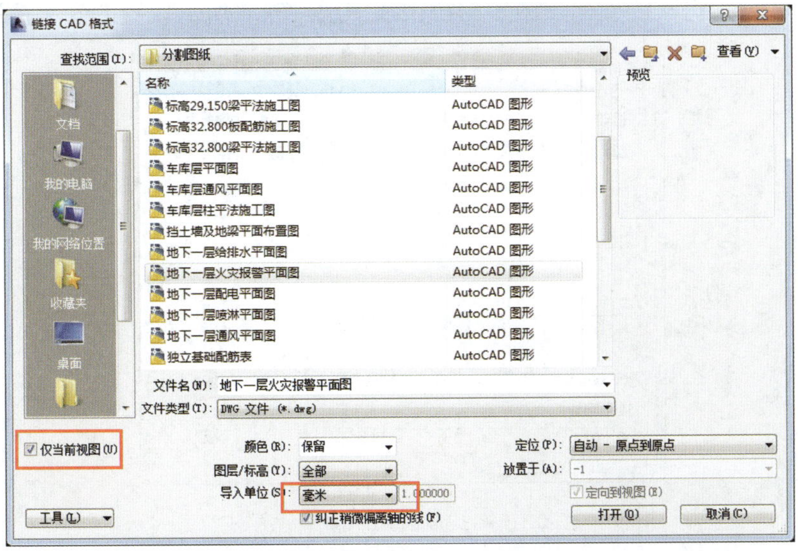

图 2.7 链接“地下一层火灾报警平面图”

步骤（2）：在“电气”选项卡下点击“

”（如需布置竖向桥架，选择“

”），弹出“属性”对话框，如图 2.8 所示。根据案例工程中的桥架类型，选择火灾报警桥架，调整桥架标高与高宽尺寸。

步骤（3）：完成参数设置后，在平面图中手动绘制，如图 2.9 所示。

图 2.8　桥架“属性”设置

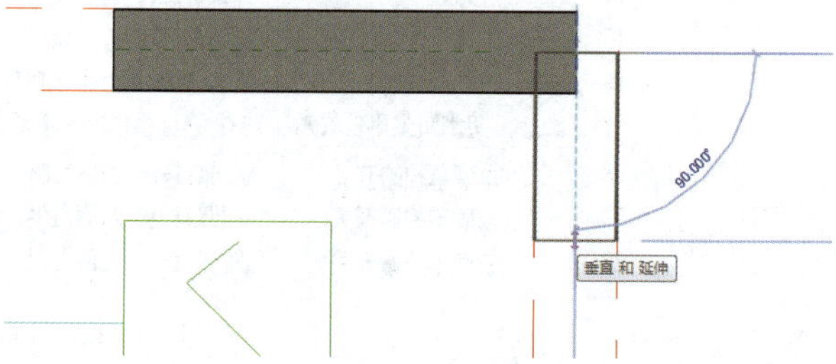

图 2.9　桥架平面布置示意图

2. 桥架转化

步骤（1）：链接电气图纸后，在“电气”选项卡下点击“

”，弹出“提取桥架”对话框，如图 2.10 所示。

步骤（2）：分别提取桥架标注图层与桥架线图层，输入所需设置的安装高度。

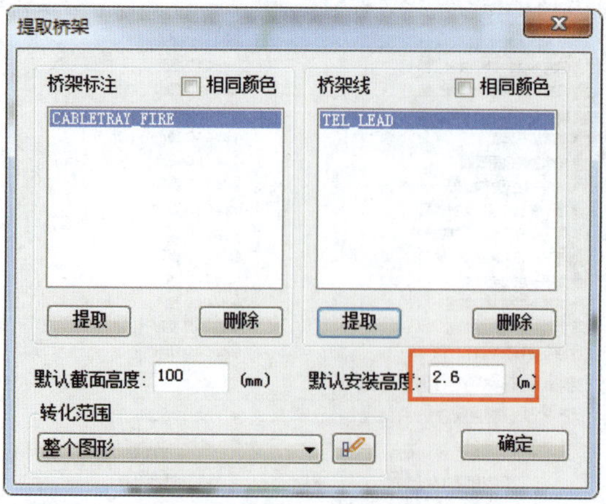

图 2.10　“提取桥架”操作示意图

步骤（3）：点击“确定”，完成桥架提取，三维模型如图 2.11 所示，布置结果可参考图 2.12。

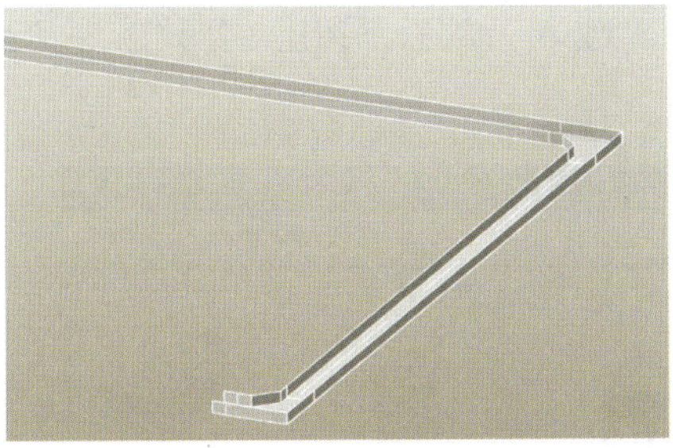

图 2.11　桥架三维模型图

图 2.12　土建、桥架模型三维示意图

3. 桥架连接

步骤（1）：在“电气”选项卡下点击“

”，弹出“连接设置”对话框，如图 2.13 所示。

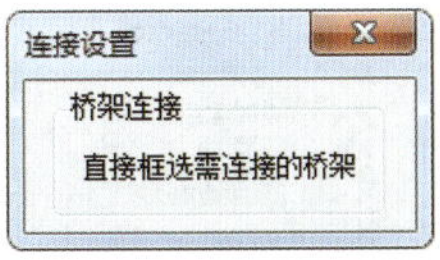

图 2.13　桥架“连接设置”对话框

步骤（2）：根据提示，左键框选需连接的桥架，框选完成后右键生成桥架配件，如图 2.14 所示。

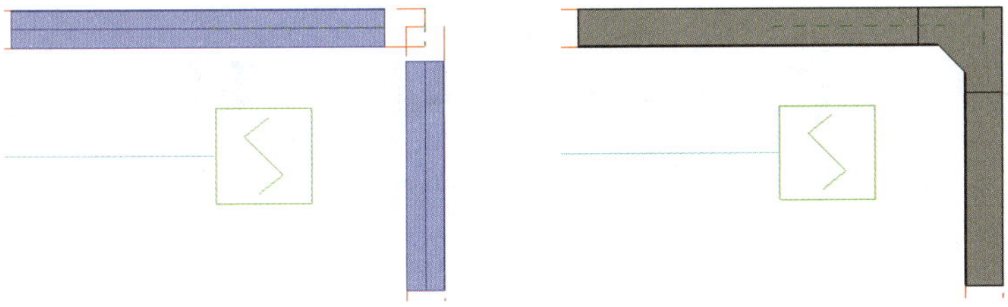

图 2.14　桥架连接示意图

2.1.2　电气设备建模

步骤（1）：在“电气”选项卡下点击“

”，弹出“强电设备”对话框。

步骤（2）：选择所需布置的设备种类，选择匹配的族插入，如图 2.15 所示。

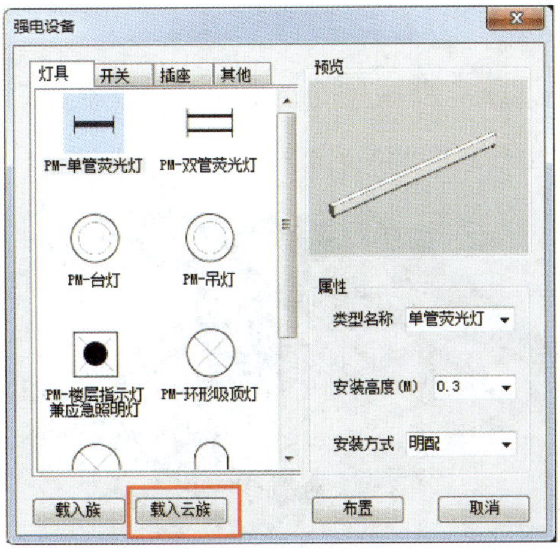

图 2.15　强电设备布置

步骤（3）：当软件自带的族无法满足时，可点击“载入云族”，弹出“公共族库（品茗）”对话框，选择所需族类型，如图 2.16 所示。

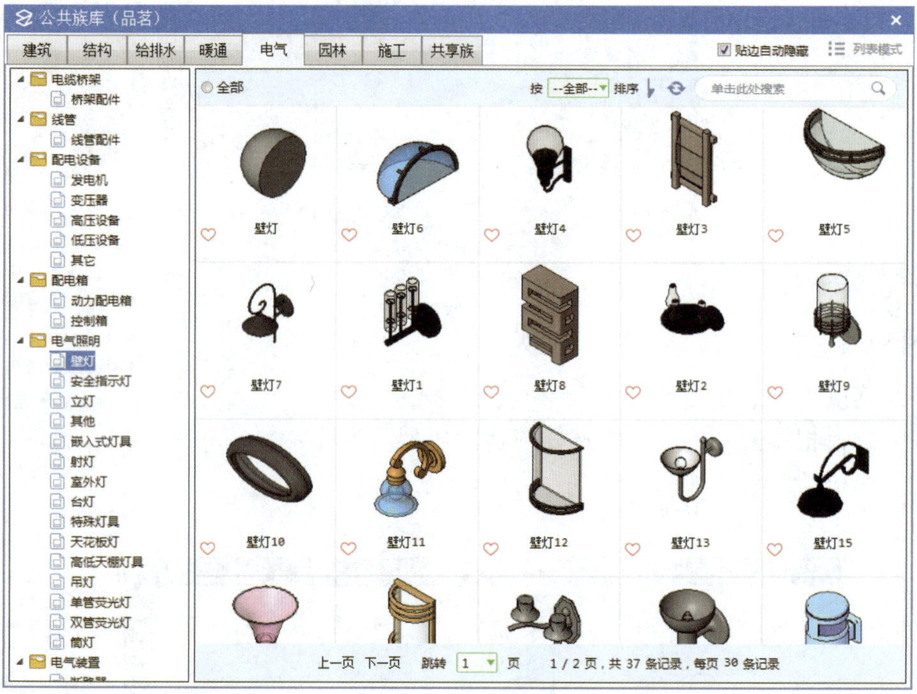

图 2.16　云族库

地下一层桥架、配电箱模型三维模型如图 2.17、图 2.18 所示。

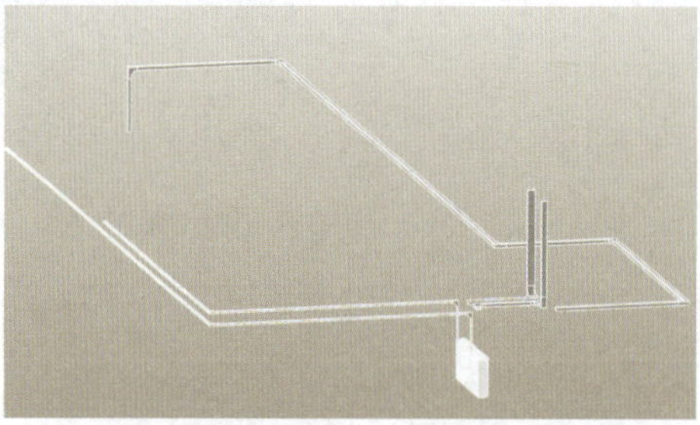

图 2.17　地下一层桥架、配电箱三维模型图（一）

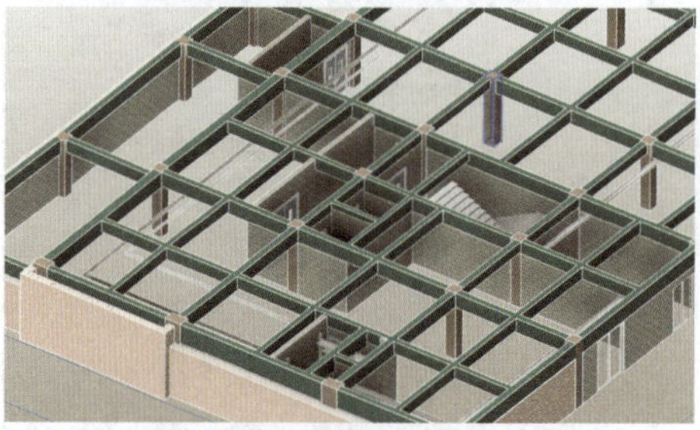

图 2.18　地下一层桥架、配电箱三维模型图（二）

【课后练习】

根据品茗商业综合楼案例工程完成案例工程中所有桥架、配电箱（强电间）的布置，如图 2.19 所示。

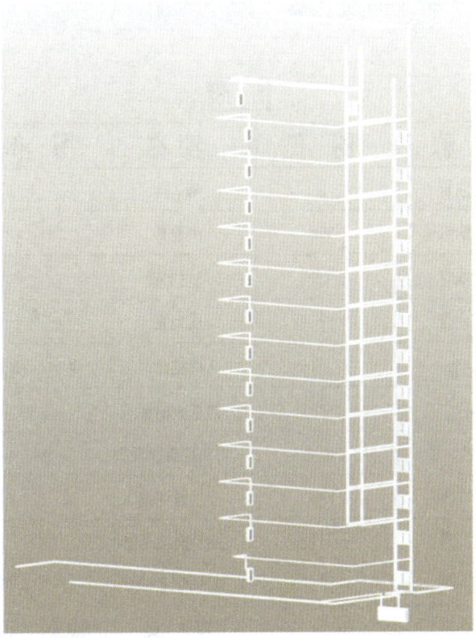

图 2.19　案例工程桥架、配电箱三维模型图

2.2　给排水建模

室内给排水系统（简称给排水系统）是居住建筑和工业厂房内部生活、生产用的冷、热水供应和污水排放的工程设施，主要包括室内给水系统、室内排水系统。

室内给水系统按其用途可分为生活给水系统、生产给水系统和消防给水系统三大类，一般由引入管、水表、管道系统、配水装置和给水附件等部分组成，图 2.20 所示为全自动给水设备。

室内排水系统可分为生活排水系统、工业废水排水系统和雨水排除系统，一般由卫生器具、排水管道系统、通气管系统和清通设备等部分组成。图 2.21 所示为卫生间局部排水管道与设备示意图。

图 2.20　全自动给水设备示意图

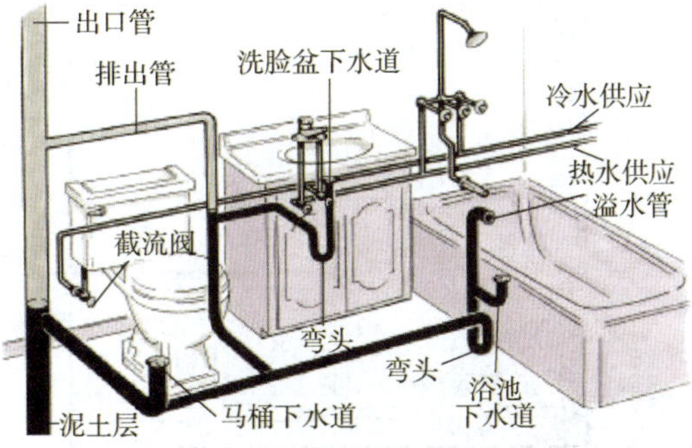

图 2.21　卫生间排水管道示意图

案例工程（品茗商业综合楼）中给排水系统主要包括生活给水系统、生活排水系统、雨水排除系统、消防给水系统（其中消防给水系统将在 2.3 节“消防建模”中重点讲解）。

【课堂练习】

在案例工程中给排水的管道类型、阀门设备查看给排水设计总说明中的“图例”，如图 2.22 所示。

图　例

图　例	名　称	图　例	名　称	图　例	名　称
—J—	给水管		角　阀		减压孔板
—J2—	加压给水管		水表井		水流指示器
-----	污水管		户用水表		闭式喷头
—F—	废水管		压力表		水泵接合器
	雨水管		流量计		湿式报警阀
	冷凝水管		波纹伸缩器		P型存水弯
—X—	消火栓管		可曲挠橡胶接头		S型存水弯
—ZP—	自动喷淋管		Y形过滤器		地　漏
	闸　阀		刚性防水套管		立管检查口
	蝶　阀		柔性防水套管		清扫口
	截止阀		固定支架	管道类别 立管编号 XL-1	立　管
	止回阀		偏心异径管		
	减压阀		同心异径管	管道类别 类型 编号 管道编号	进出建筑物管道
	信号阀		水流指示器		
	倒流防止器		室内消火栓（单栓）		上下喷闭式喷头
	自动排气阀		手提式灭火器		
	泄压阀		通气帽		

图 2.22　给排水图例

室内给水系统是由室外给水干管引入至室内各个用水点，室内排水系统是由室内卫浴排污设备等经排水管道排出至室外，以地下室一层 7 轴～9 轴/D 轴～F 轴区域为例，如图 2.23 所示。

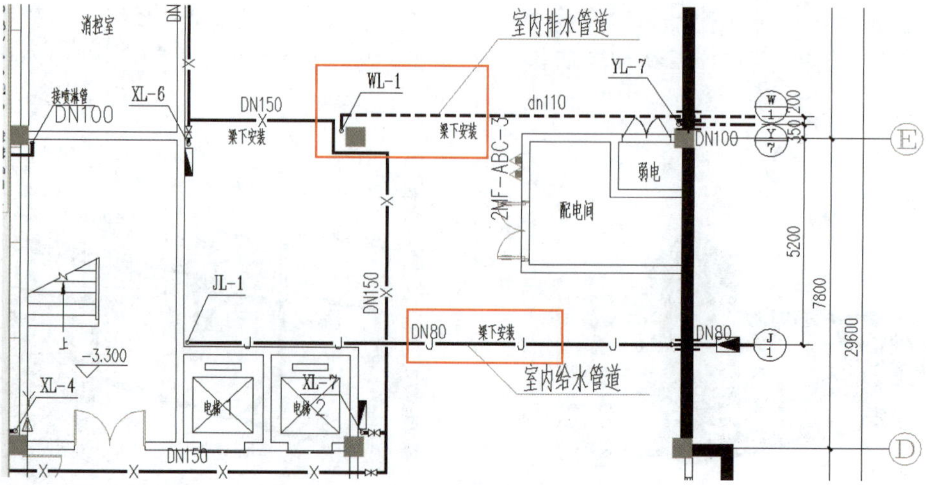

图 2.23　地下一层给排水局部平面图

图中“—J—”标注为给水管，对应系统即室内给水系统，水平管道走向在对应楼层平面图中查看；安装高度根据建筑物层高和净高要求来定，“JL”“YL”“WL”分别表示给水立管、雨水立管、污水（排水）立管；“DN80”表示管道公称直径为80mm。

管道走向需对照系统图（立面走向）查看，如图2.24所示，以平面图中标识的给水管$\left(\frac{J}{1}\right)$为例，管道以地下一层底板向下600mm的标高（即－3.900m）从室外接入，再通过立管向上至梁底。图中框选符号通过图例表查看为闸阀。

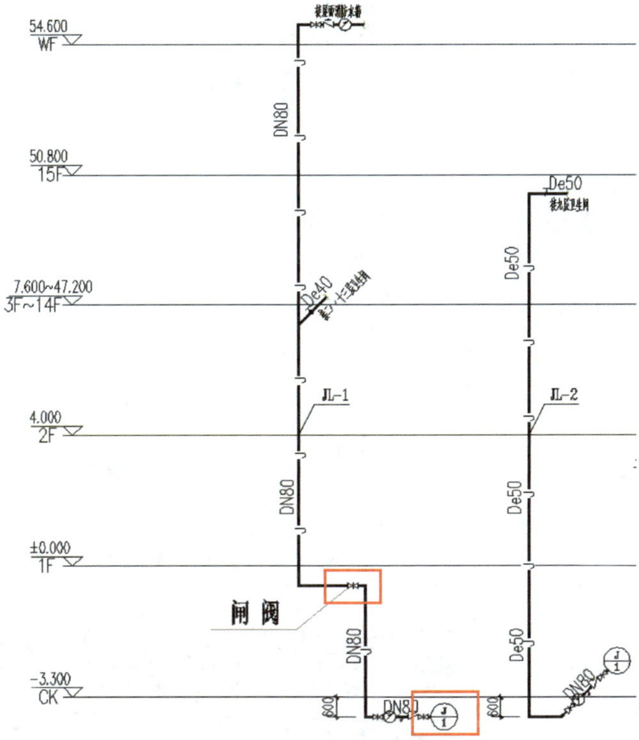

图2.24 给排水系统图

在给排水系统中，阀门是用来开闭管路、控制流向、调节和控制输送介质的参数（温度、压力和流量）的管路附件。图2.24中的闸阀属于关断阀的一种。阀门具有截止、调节、导流、防止逆流、稳压、分流或溢流泄压等功能。根据其功能，可分为关断阀、止回阀、调节阀等，如图2.25所示。

图2.25 给排水阀门［截止阀（关断阀）、止回阀、减压阀］示意图

本工程卫生间给排水管道排布需通过平面图与大样图查看，以二层卫生间给水系统为

例，图 2.26 所示为二层卫生间给水大样图。

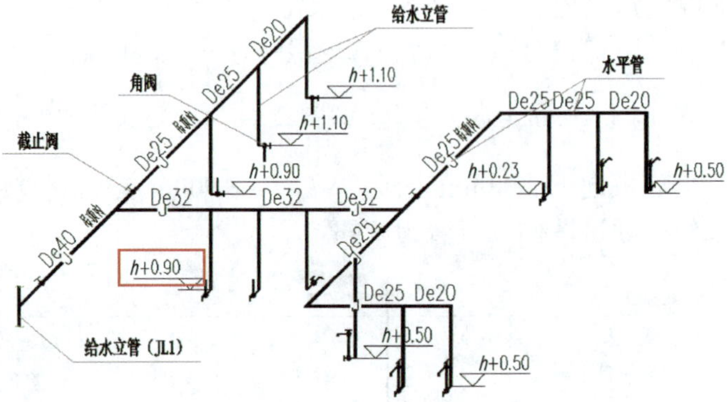

图 2.26　二层卫生间给水大样图

图中给水立管直接连接卫浴设备，“$h+0.90$”表示该阀门标高为本层楼地面标高＋0.90（如二层楼地面标高为 4.000m，则该位置阀门标高为 4.900m）。

2.2.1　给排水管线及附件设备建模

1. 手动创建与连接

步骤（1）：链接“地下一层给排水平面图”，在“给排水”选项卡下点击“系统设置”，弹出“系统设置”对话框，根据图纸信息新建重命名管道类型，选择新建的管道类型、管道系统和颜色，如图 2.27 所示。

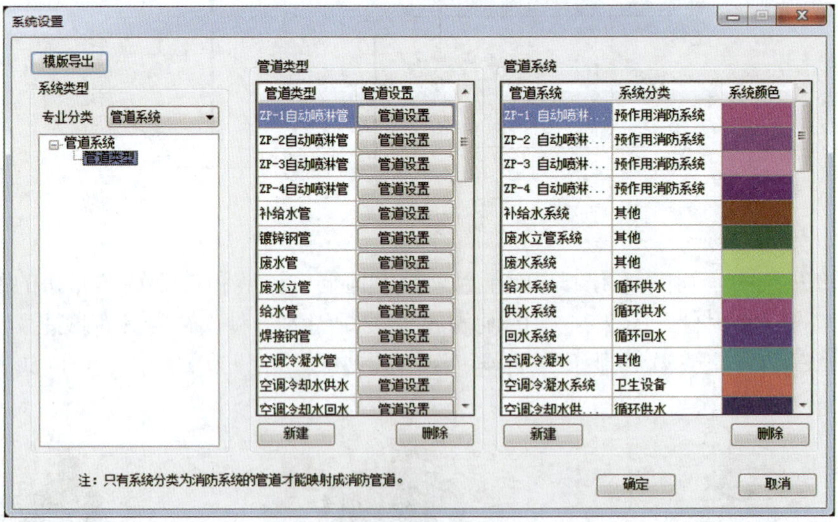

图 2.27　“系统设置”对话框

步骤（2）：以地下一层给排水平面图 8 轴～9 轴/E 轴处污水管为例，在“给排水”选项卡下点击“绘制管道”，弹出“绘制管道”对话框，选择需要绘制的管道类型与管径，如图 2.28 所示。

步骤（3）：输入管道安装高度，标注为梁下安装，如梁高 600，则梁底标高为 1F-0.6m（或-1F＋2.7m），可取管水平中心线标高为-1F＋2.5m，即输入偏移值 2500，点击“绘制”，在平面图中沿线绘制管道，如图 2.29 所示。

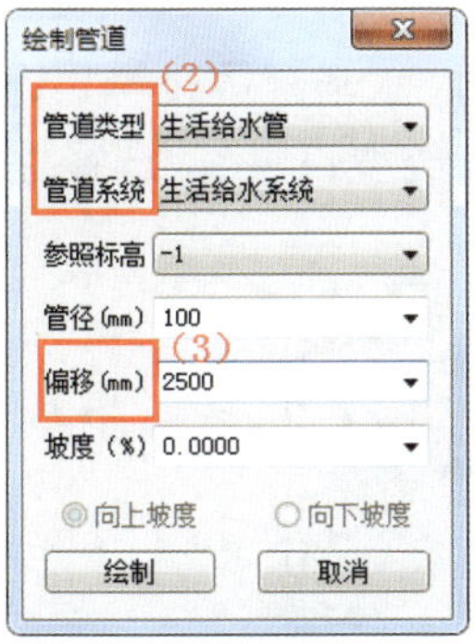

图 2.28 “绘制管道”对话框

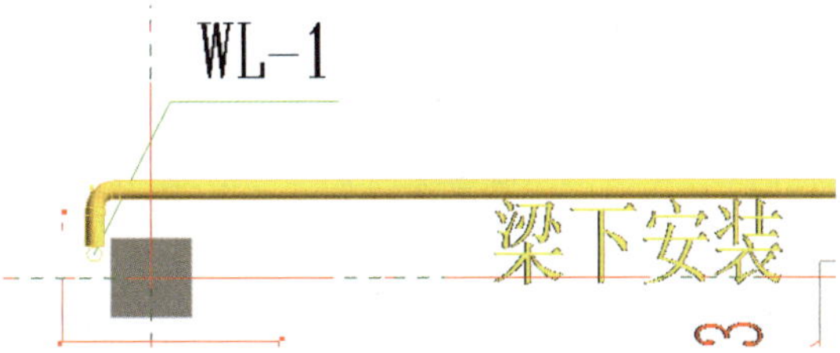

图 2.29 管道绘制平面图示意图

步骤（4）：在“给排水”选项卡下点击“”，选择对应的管道系统类型与管径；该立管为上层引下管，可取管顶标高为 1F＋3m，则管底标高为-1F 偏移 2500，管顶标高为 1F 偏移 3000，点击绘制，如图 2.30 所示。

步骤（5）：在“给排水”选项卡下点击“”，选择绘制完成的水平管与立管，右键确定，如图 2.31 所示，布置结果可参考图 2.32。

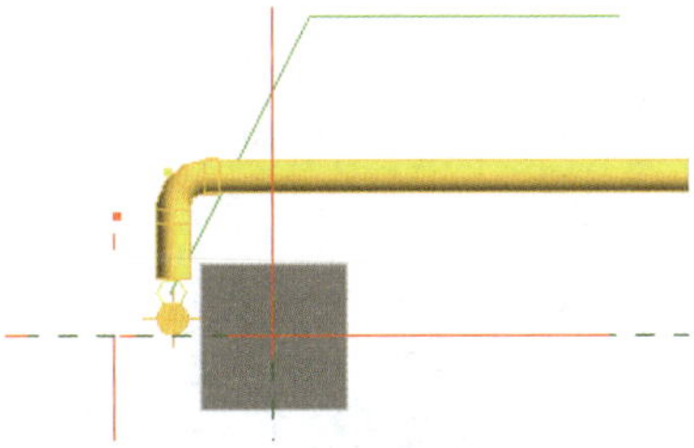

图 2.30 立管绘制平面图示意图

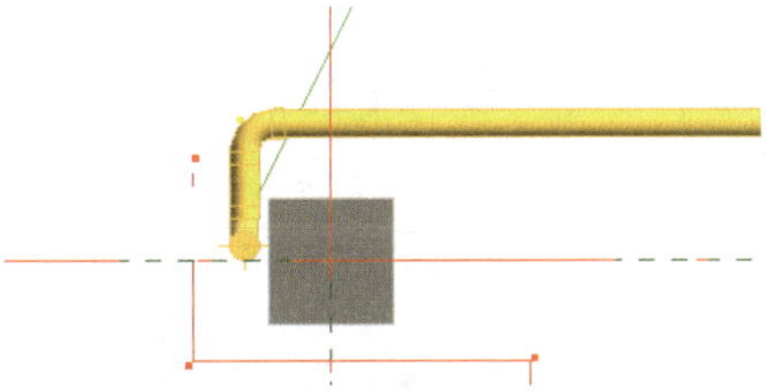

图 2.31 立管连接平面示意图

图 2.32 污水管三维模型图

2. 管道转化

步骤（1）：在“给排水”选项卡下点击“
”，弹出“提取管道”对话框，如图 2.33 所示。选择转化范围，输入水平管高度，分别提取标注层、水平管边线与立管边线。

步骤（2）：图层提取完之后，点击“图层与管道系统类型设置”，选择提取管线对应的系统，如图 2.34 所示。

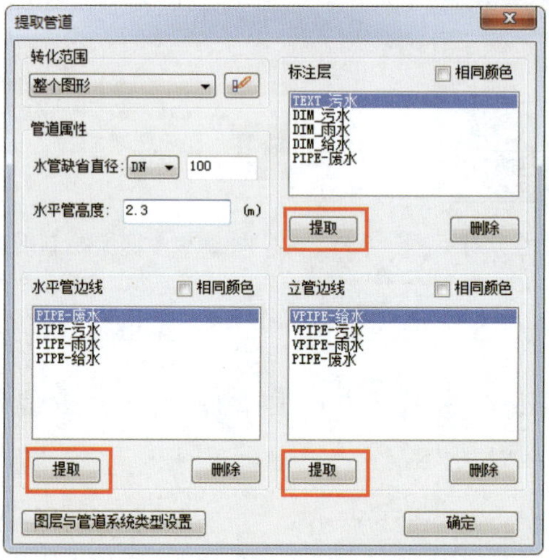

图 2.33 “提取管道”对话框

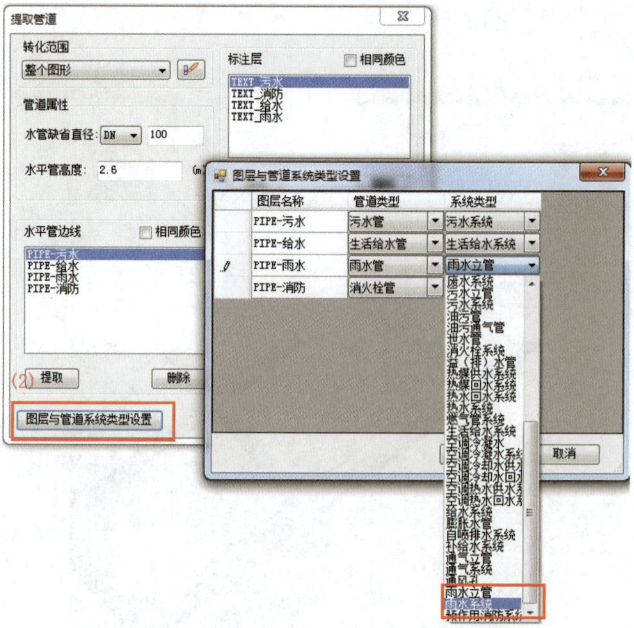

图 2.34 图层与管道系统类型设置示意图

步骤（3）：点击“确定”，转化对应管道。

2.2.2 阀门建模

1. 手动布置

步骤（1）：在“给排水”选项卡下点击“

”，弹出“排水附件”对话框，如图 2.35 所示，根据图例选择所需族类型。

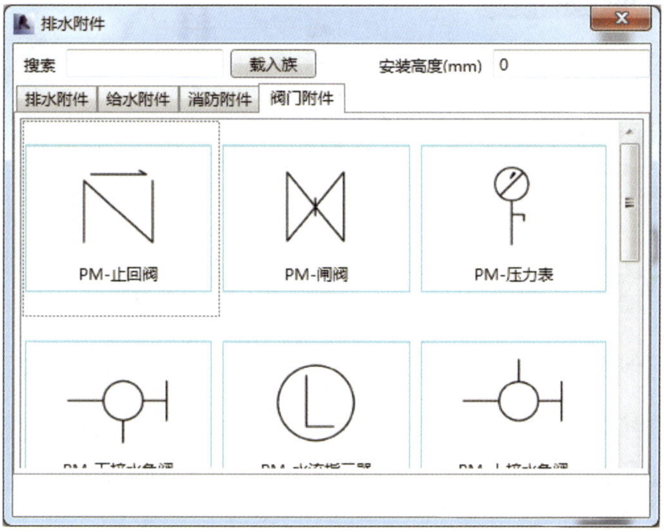

图 2.35 “排水附件”对话框

步骤（2）：在平面图中的管道上点击插入位置，如图 2.36 所示，布置结果可参考图 2.37。

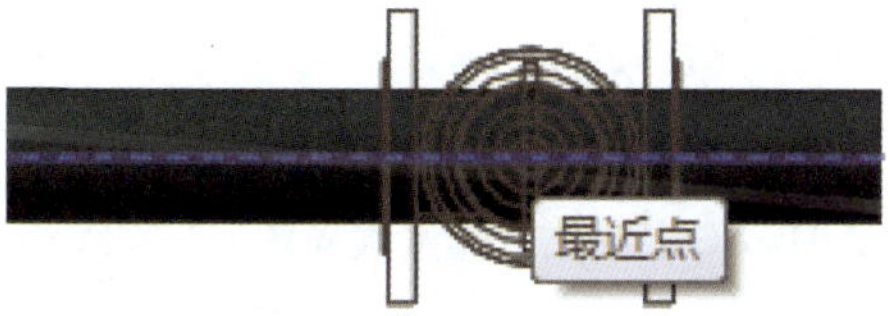

图 2.36 阀门布置示意图

图 2.37 阀门三维模型图

2. 阀门提取

步骤（1）：在“给排水”选项卡下点击“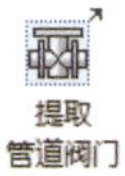

”，弹出“提取管道阀门”对话框，如图 2.38 所示，选择拾取图例，在平面图中拾取图例，选择阀门类型，调整安装高度。

步骤（2）：点击载入管道阀门族，选择需要的族类型，点击“确定”，完成阀门提取。

2.2.3 设备建模

步骤（1）：在“给排水”选项卡下点击“

”，弹出“卫浴设备”对话框，如图 2.39 所示。

步骤（2）：选择所需的设备或者载入族（载入云族），选择匹配的设备样式，根据需要调整安装高度，点击“布置”按钮，完成布置。

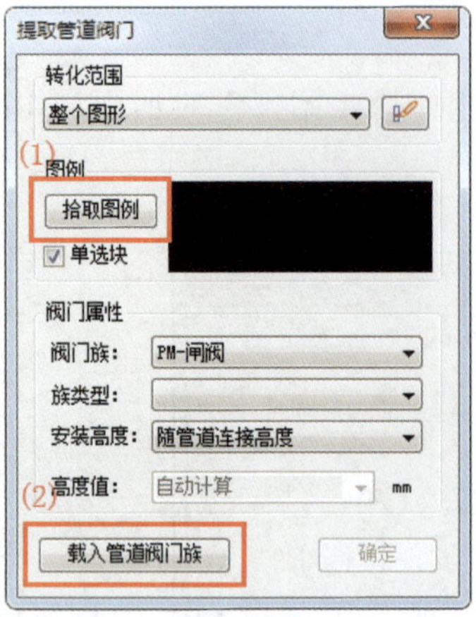

图 2.38 “提取管道阀门”对话框

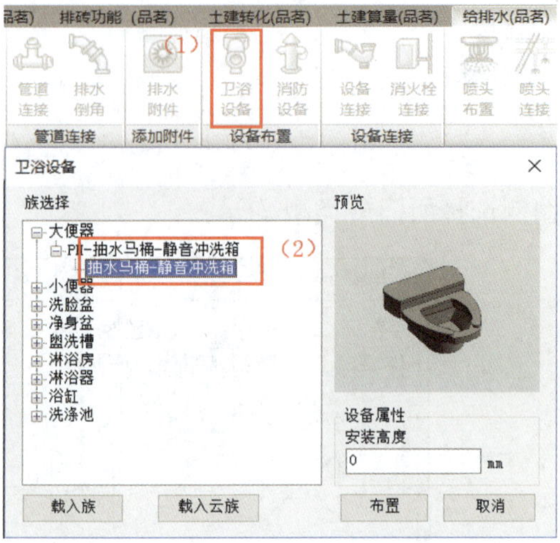

图 2.39 “卫浴设备”对话框

步骤（3）：在“给排水”选项卡下点击“”，弹出“卫浴设备连接”对话框，如图 2.40 所示，按设备具体连接要求选择弯头形式（P 弯、S 弯或无），设备连接方式如图 2.41 所示。

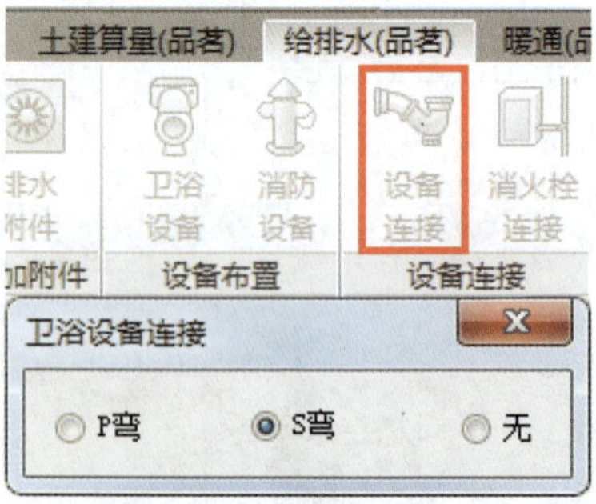

图 2.40 弯头选择示意图

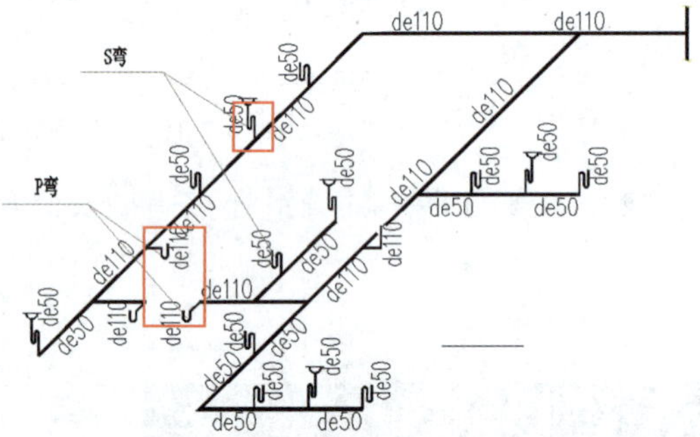

图 2.41 二层卫生间排水大样图

在平面图或三维图中选择需要连接的管道与设备，如图 2.42 所示，完成设备连接。连接完成后的三维效果如图 2.43 所示。

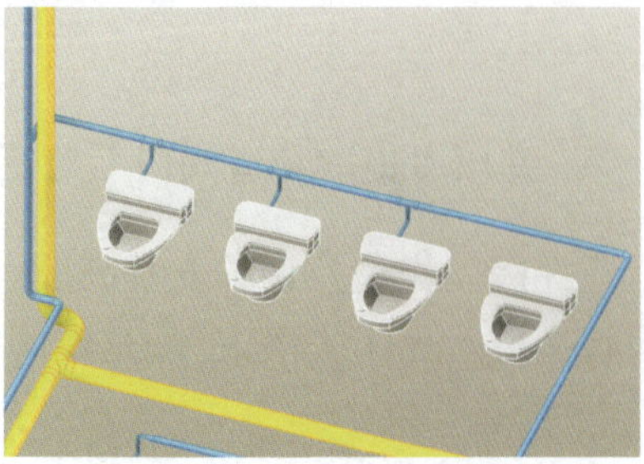

图 2.42 设备选择示意图

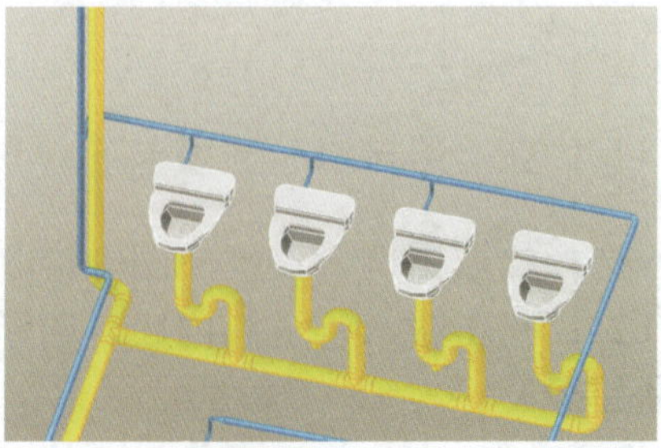

图 2.43 卫浴设备与管道三维效果图

【操作提示】

S 弯（S 形存水弯）主要是指卫生间的卫浴设备排水管道是暗埋在地下的，需采用 S 形排水管道来连接；P 弯（P 形存水弯）主要是指卫生间的卫浴设备排水管道是暗埋在墙里的，需采用 P 形排水管道来连接，这两种管道都能形成水封。

二层卫生间给排水系统三维模型如图 2.44 所示，布置结果可参考图 2.45。

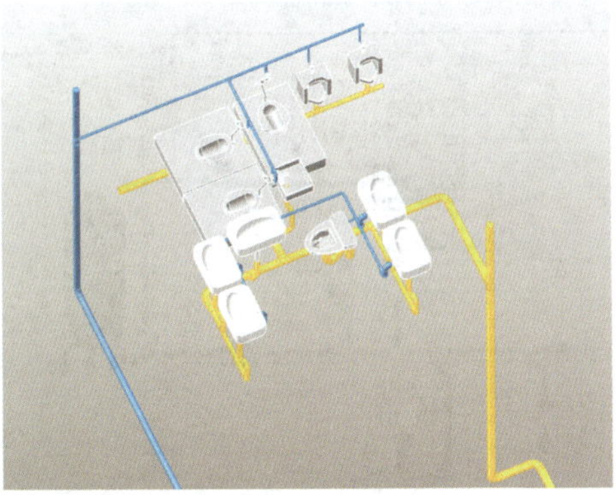

图 2.44　二层卫生间给排水系统三维模型图

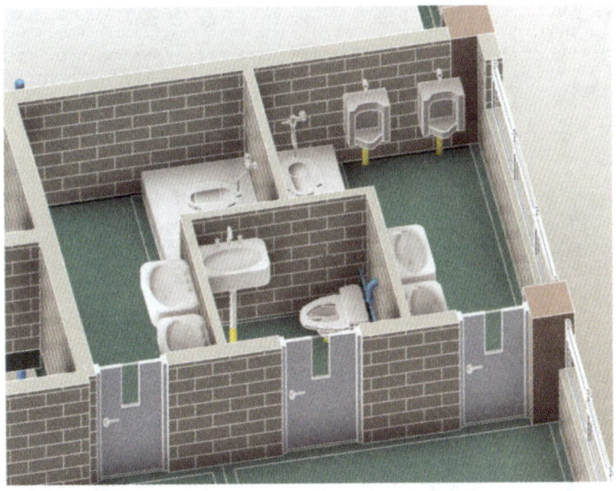

图 2.45　土建、机电卫生间三维模型图

【课后练习】

根据品茗商业综合楼案例工程完成案例工程中所有生活给排水管道和设备的创建，如图 2.46 所示。

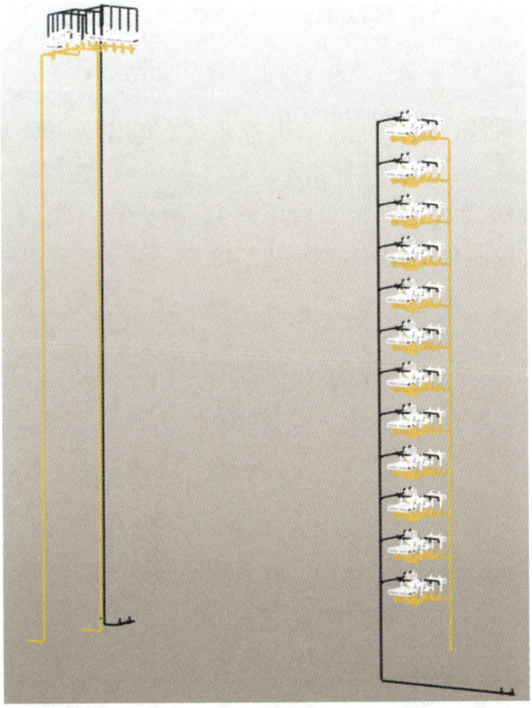

图 2.46　案例工程给排水三维模型图（仅显示给水污水系统）

2.3　消防建模

室内消防系统主要指安装在室内，用以扑灭发生在建筑物内初起的火灾的设施系统，一

般可包含火灾自动报警系统、消火栓系统、自动喷水灭火系统、防排烟系统、防火卷帘门系统等。图 2.47 所示为室内消防系统空间示意图。

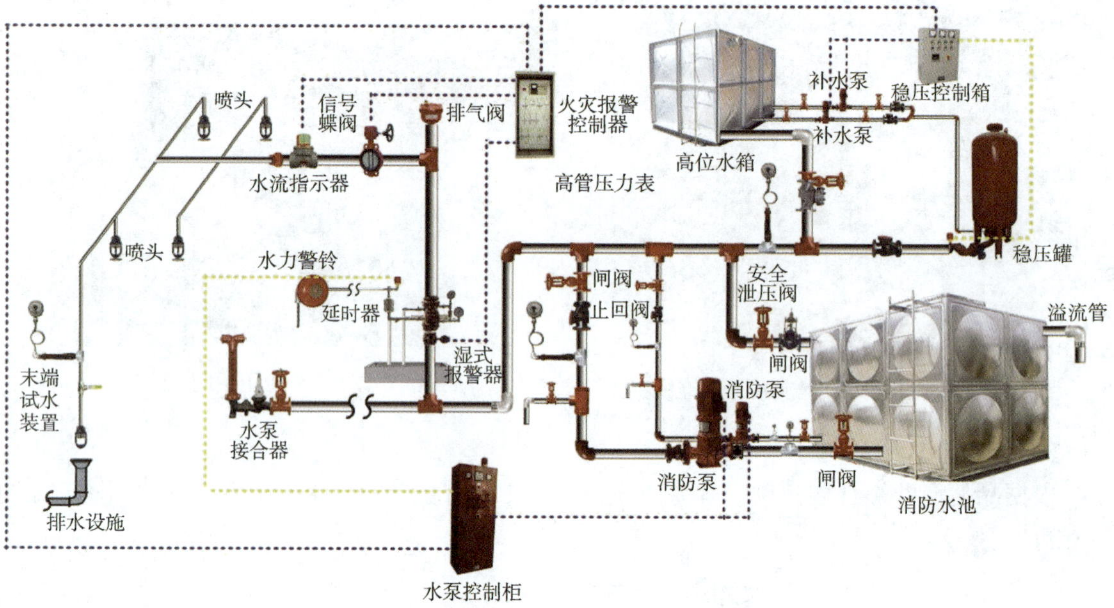

图 2.47　室内消防系统空间示意图

本书主要介绍消防水系统，其中包含消火栓系统、喷淋系统。

1. 消火栓系统组成

消火栓系统主要由消防泵、稳压泵（稳压罐）、消火栓、阀门、接口水枪、水带、消火栓报警按钮、消火栓系统控制柜等组成，如图 2.48 所示。

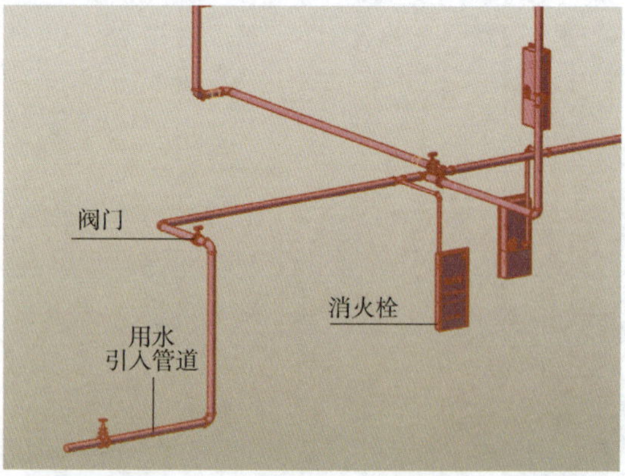

图 2.48　室内消火栓系统空间示意图

系统主要功能：消火栓系统管道中充满有压力的水，如系统有微量泄露，可以靠稳压泵或稳压罐来保持系统的水和压力。当发生火灾时，首先打开消火栓箱，按要求接好接口、水带，将水枪对准火源，打开消火栓阀门，水枪立即有水喷出，按下消火栓按钮时，通过消火栓启动消防泵向管道中供水。

2. 自动喷水灭火系统

自动喷水灭火系统主要由闭式喷头、水流指示器、湿式报警阀、压力开关、稳压泵、喷淋泵、喷淋控制柜等组成。如图 2.49 所示为消防喷淋三维模型（局部）示意图。

图 2.49 消防喷淋三维模型（局部）图

自动喷水灭火系统的主要功能是当系统处于正常工作状态时，管道内有一定压力的水。当有火灾发生，火场温度达到闭式喷头的温度时，玻璃泡破碎，喷头出水，管道中的水由静态变为动态，水流指示器启动，信号传输到消防控制中心的消防控制柜上报警，当湿式报警装置报警，压力开关启动后，通过控制柜启动喷淋泵为管道供水，完成系统的灭火功能。

消防水系统中消防管道的厚度与材质都有特殊要求，主要可分为球墨给水铸铁管、铜管、不锈钢管、合金管及复合型管材、塑料管材等，并需要喷红色油漆。

【课堂练习】

根据品茗商业综合楼案例工程完成地下一层给排水平面图、地下一层喷淋平面图，完成消防、喷淋管道、阀门与消防设备建模。

消火栓系统由消火栓管接至各消火栓，从图例表（图 2.50）查看“X”表示消火栓管，如图 2.51 所示。

图 例

图 例	名 称	图 例	名 称	图 例	名 称
—J—	给水管		角 阀		减压孔板
—J2—	加压给水管		水表井	(L)	水流指示器
- - - - -	污水管		户用水表		闭式喷头
—F—	废水管		压力表		水泵接合器
- · · — · · -	雨水管		流量计		湿式报警阀
- - - - - - - -	冷凝水管		波纹伸缩器		P型存水弯
—X—	消火栓管		可曲挠橡胶接头		S型存水弯
—ZP—	自动喷淋管		Y形过滤器		地 漏
	闸 阀		刚性防水套管		立管检查口
	蝶 阀		柔性防水套管		清扫口
	截止阀		固定支架	管道类别 立管编号 XL-1	立 管
	止回阀		偏心异径管		
	减压阀		同心异径管	管道类别 类型 编号 管道编号	进出建筑物管道
	信号阀	(L)	水流指示器		
	倒流防止器		室内消火栓（单栓）		上下喷闭式喷头
	自动排气阀		手提式灭火器		
	泄压阀		通气帽		

图 2.50 给排水图例

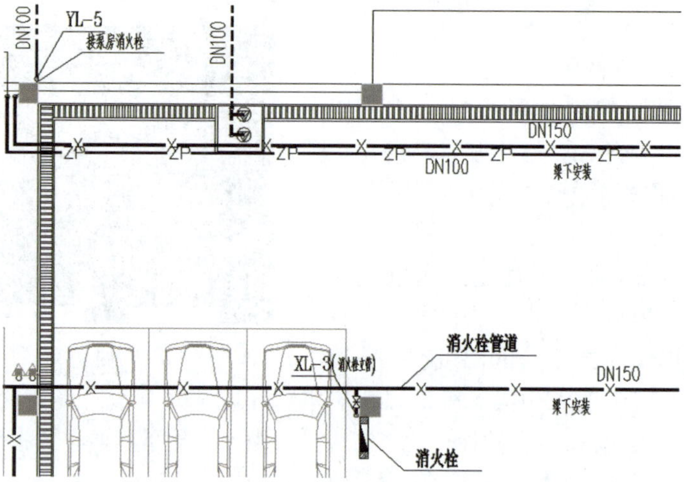

图 2.51　地下一层给排水局部平面图

消火栓系统中的消防设施主要为消火栓，其三维模型图如图 2.52 所示。消火栓主要供消防车从市政给水管网或室外消防给水管网取水实施灭火，也可以直接连接水带、水枪出水灭火。消火栓一般由消防箱、消防水带、水枪、接扣、栓、卡子等组合而成，其安装方式有明装式、暗装式、半暗装式。

消火栓通常放置于走廊或厅堂等公共的共享空间中，一般会在上述空间的墙体内，要求有醒目的标注（写明“消火栓”），不能对其做任何装饰，并不得在其前方设置障碍物，避免影响消火栓门的开启。

喷淋系统由喷淋给水主管接至支管喷淋头，案例工程中地下一层喷淋平面图 1 轴～3 轴/D 轴～F 轴区域如图 2.53 所示，图中直接连接喷头的为喷淋支管。

图 2.52　消火栓三维模型图

消防喷淋头用于消防喷淋系统。当发生火灾时，水通过喷淋头溅水盘洒出进行灭火。消防喷淋头目前分为下垂型洒水喷头、直立型洒水喷头、普通型洒水喷头、边墙型洒水喷头等。其中直立式与下垂式可通过喷水方式区分：直立式喷头向上喷水，下垂式喷头向下喷水。也可通过安装方式区分：直立式喷头安装在无吊顶处或吊顶内净空大于 800 时，喷头溅水盘在顶板低 75～150 处安装；下垂式喷头安装在有吊顶处，其装饰盘与吊顶面层相平，溅水盘露出吊顶面层。消防喷淋头三维模型图如图 2.54 所示。

在平面图中，水平管“X”表示消火栓管，“XL”表示消火栓立管，“ZP”表示自动喷淋管，“DN”表示公称直径。

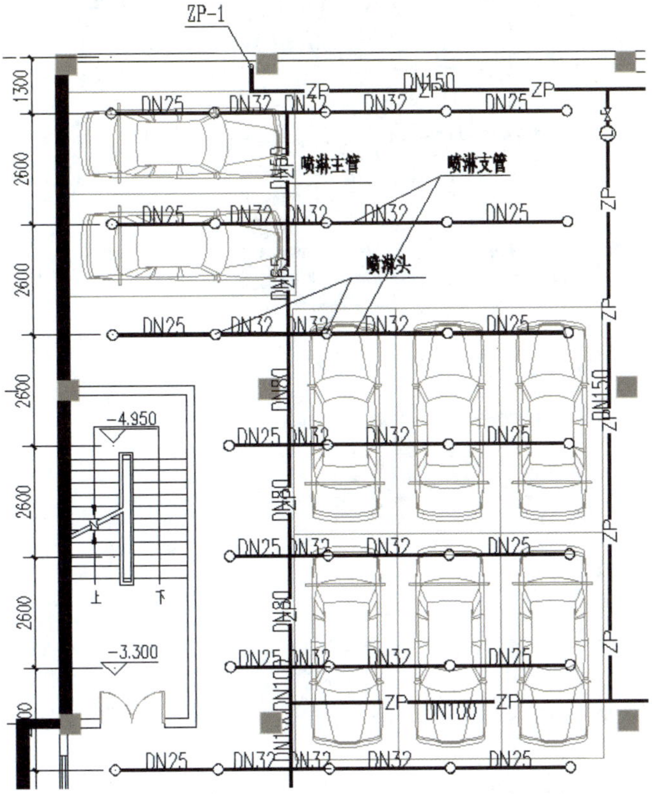

图 2.53 地下一层喷淋局部平面图

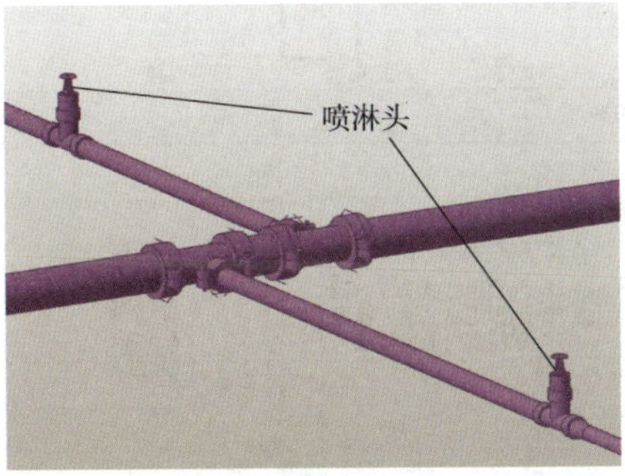

图 2.54 消防喷淋头三维模型图

2.3.1 消火栓管道设备建模

1. 管道提取

步骤（1）：在“给排水”选项卡下点击“提取管道(给排水)”，弹出“提取管道”对话框，如图 2.55 所示。选择提取范围，输入水平管高度。

步骤（2）：提取水管边线和立管边线。

步骤（3）：点击“图层与管道系统类型设置”，选择消火栓管与消火栓系统。

步骤（4）：点击“确定”，完成管道转化。

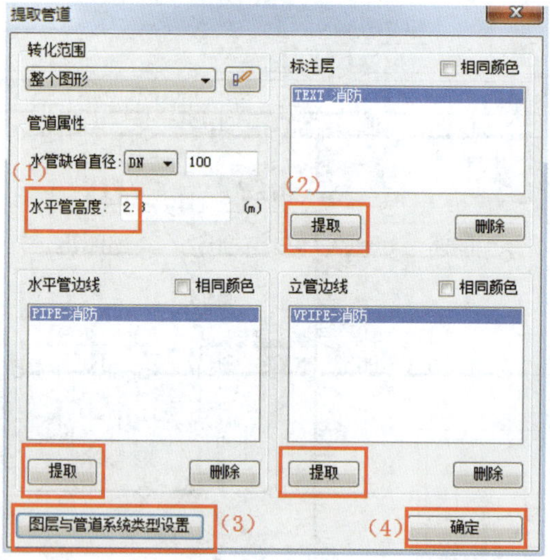

图 2.55 “提取管道”操作示意图

2. 消防设备布置

步骤（1）：在“给排水”选项卡下点击“”，选择需要的消火栓或灭火器样式（或载入族库），如图 2.56 所示，输入安装高度，点击“布置”，在平面图中选择相应位置，完成布置，如图 2.57 所示。

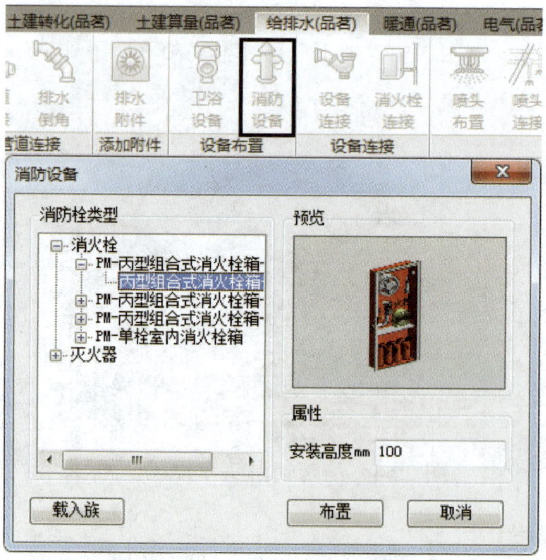

图 2.56 消防设备布置

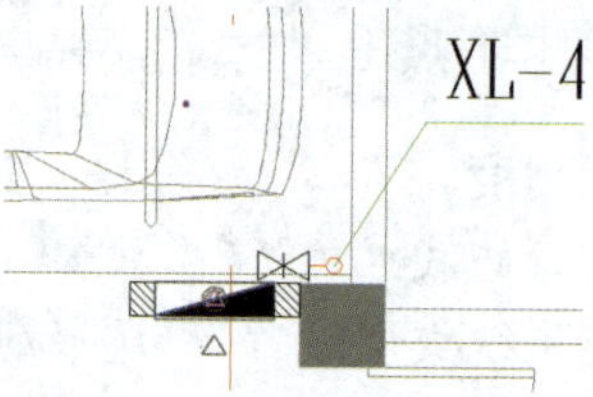

图 2.57 消火栓布置平面示意图

步骤（2）：在“给排水”选项卡下点击“

”，左键选择需要连接的管道与消火栓设备，右键确定完成连接，如图 2.58 所示，其三维模型如图 2.59 所示。

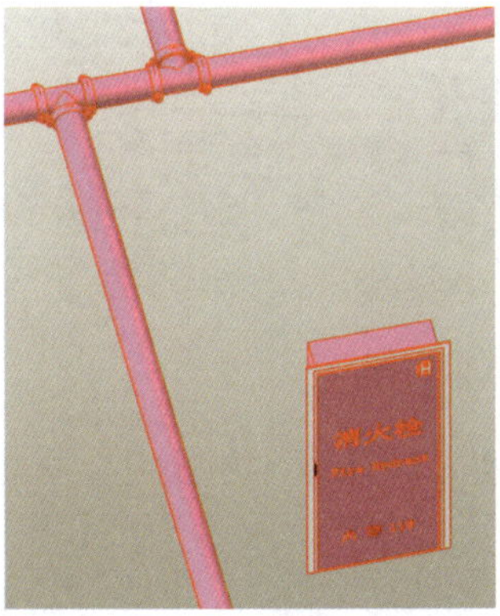

图 2.58　消火栓连接示意图

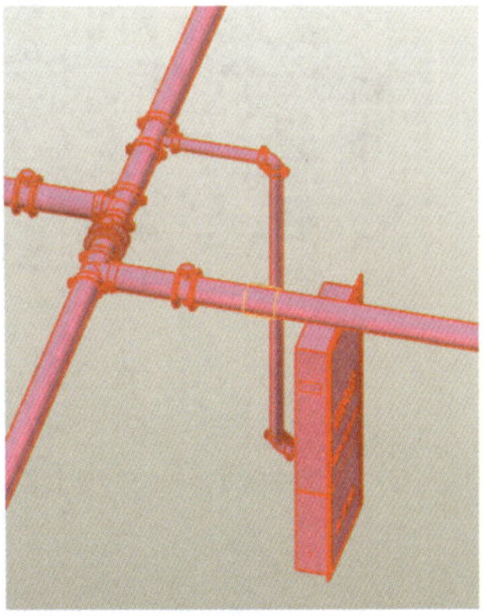

图 2.59　消火栓三维模型图

2.3.2　喷淋系统建模

步骤（1）：在“给排水”选项卡下点击“

”，弹出“提取喷淋系统”对话框，如图 2.60 所示，分别设置主管、支管高度、喷头类型以及喷头高度；本工程地下一层（车库层）无吊顶，层高较低，喷头可采用直立式喷头（上喷）。

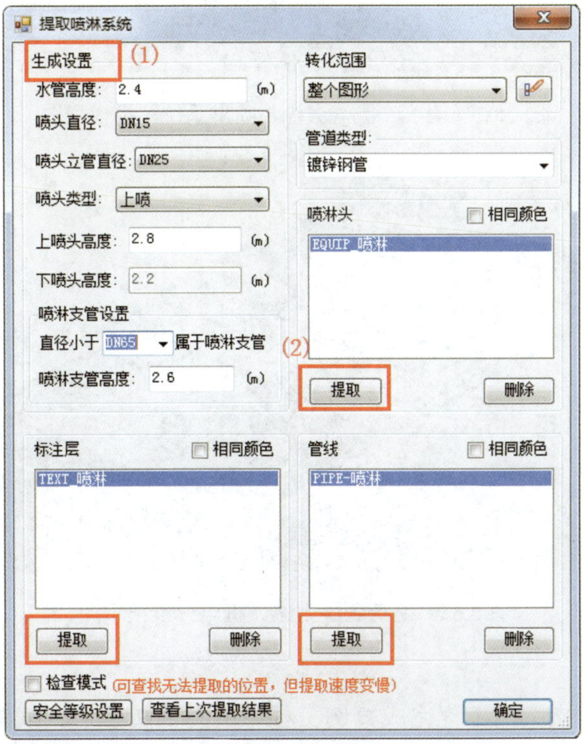

图 2.60　“提取喷淋系统”对话框

步骤（2）：分别提取系统的喷淋头、标注层以及管线层图层。

步骤（3）：提取完图层后，点击“确定”按钮，完成喷淋系统转化，其三维模型如图 2.61 所示。

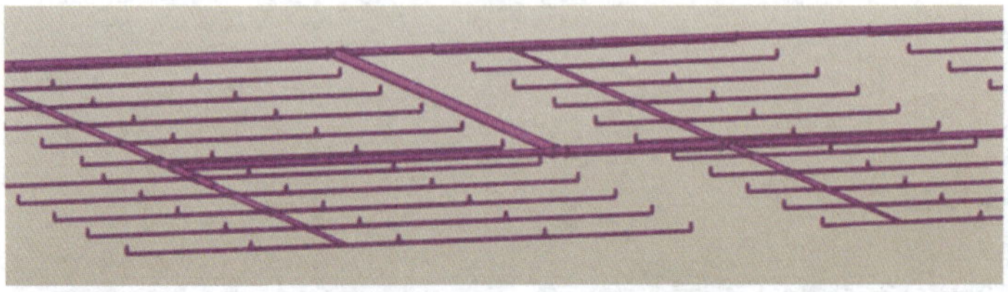

图 2.61 喷淋系统三维模型图

地下一层消火栓与喷淋系统三维模型如图 2.62 所示，地下一层土建、机电三维模型如图 2.63 所示。

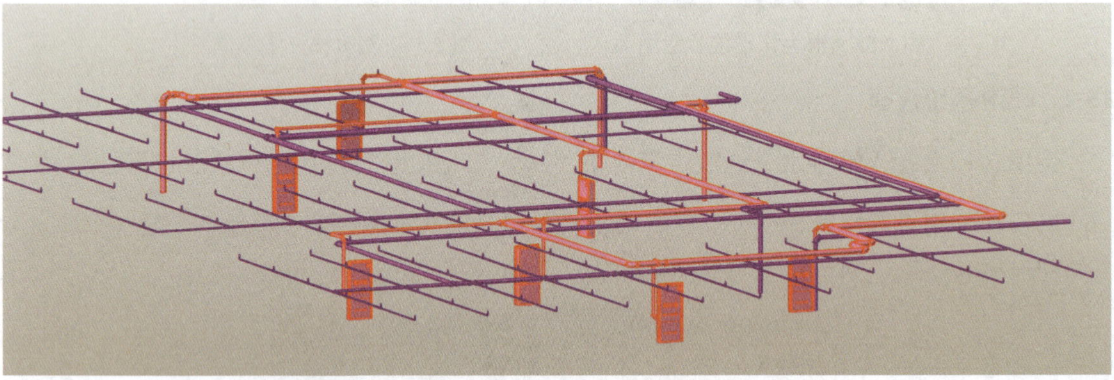

图 2.62 地下一层消火栓与喷淋系统三维模型图

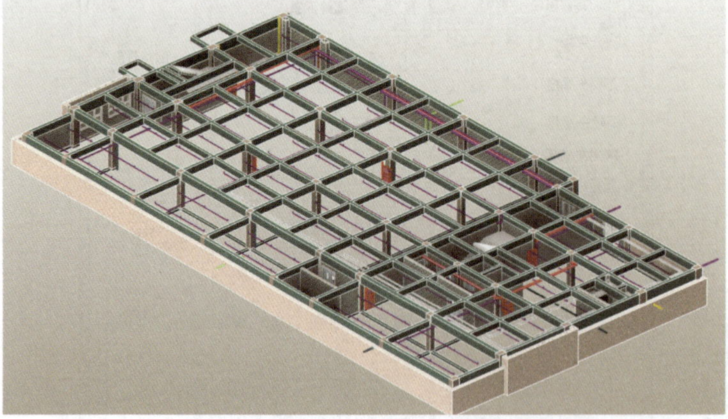

图 2.63 地下一层土建、机电三维模型图

【课后练习】

根据品茗商业综合楼案例工程完成案例工程中所有消防管道、喷淋管道、阀门与消防设备布置，其三维模型如图 2.64 所示。

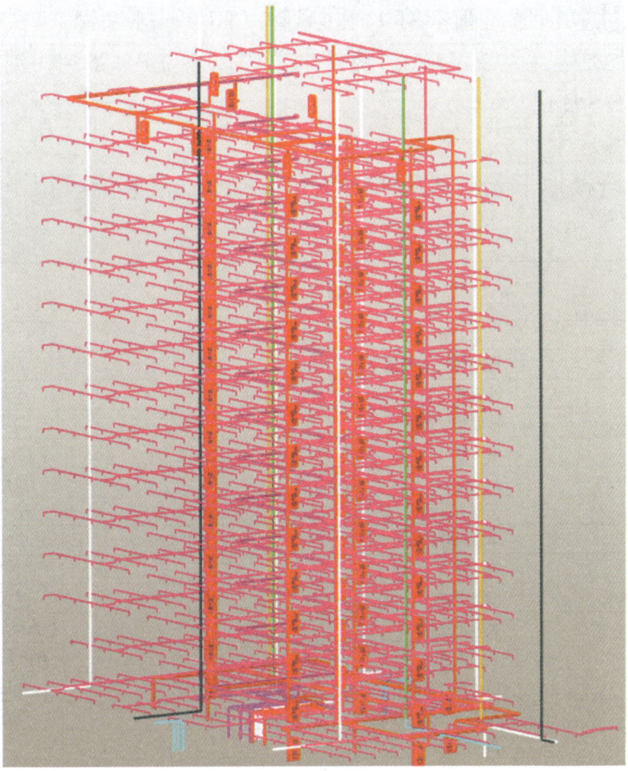

图 2.64 案例工程消火栓、喷淋系统三维模型图

2.4 HiBIM 暖通建模

暖通即供热供燃气通风及空调工程，包括采暖、通风、空气调节这三个方面。

供暖：向建筑物供给热量，保证室内温度持续高于外界环境。

通风：向房间送入洁净空气，排出污染空气，即用新风置换室内空气。

空气调节：简称空调，对室内空气的温度、相对湿度、速度、洁净度等进行调节，使其保持在一定范围内。

暖通系统一般包含冷热源设备（如热泵机组）、空调水系统设备（如冷却塔）、空气处理设备、末端空气处理设备（如风机盘管）、通风设备（排风机回风机等）、风管、风口、调节控制设备（如各种阀门）等组成部分。风机和侧风口三维模型图如图 2.65、图 2.66 所示。

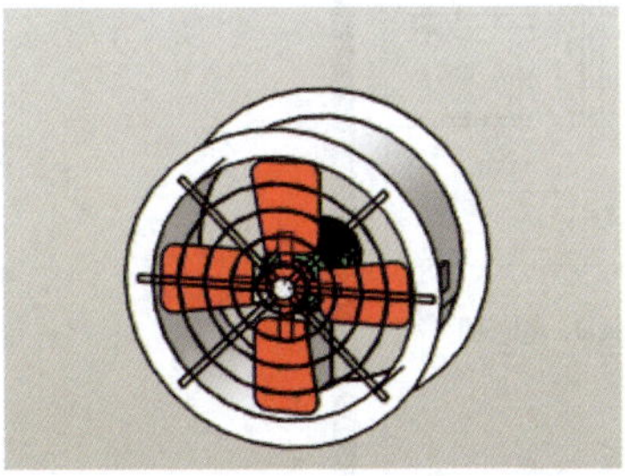

图 2.65 风机三维模型图

图 2.66 侧风口三维模型图

暖通管道按功能性包括送风管（SF）、回风管（HF）、排风管（PF）、新风管（XF）、消防排烟管（PY）、加压送风管（ZY）、消防排烟兼用风管［P（Y）］、消防补风管（XB）、送风兼消防补风风管［S（B）］等。

【课堂练习】

根据品茗商业综合楼地下一层通风平面图完成地下一层暖通风管、阀门与设备建模。暖通设备图例如图 2.67 所示。

图例			
图例	名称	图例	名称
K-	VRV空调室外机编号		四向嵌顶式
	冷媒管		全热交换机组
	冷媒管分支器		通风器
	坡度		防火软接
	散流器		风路止回阀
	双层百叶风口		空气幕
	单层百叶风口		多叶调节阀
	蝶阀		ZP-100消声器
	风管软接		壁式轴流风机
	风管及法兰		板式排烟口（竖井安装）
	天园地方		密闭多叶对开调节阀
70℃	防火阀（常开）		单层百叶风口
280℃	排烟防火阀（常开）		气流方向
	风机		

图 2.67　暖通设备图例

案例工程地下一层通风平面图 8 轴～9 轴/D 轴～F 轴区域模型如图 2.68 所示，风管尺寸以“宽×高”表示。

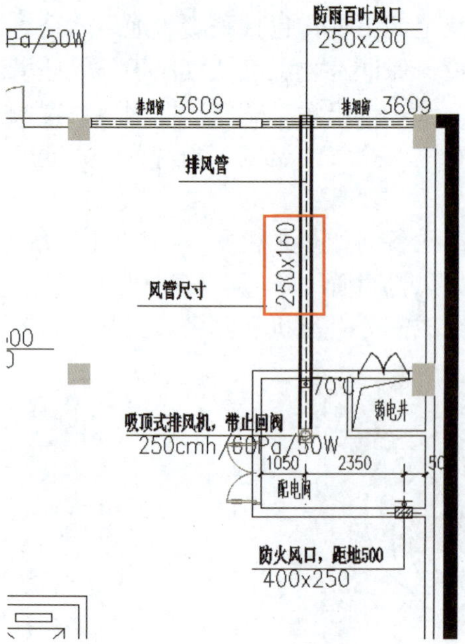

图 2.68　地下一层通风平面图

风口即暖通系统通风口，按流向可分为出风口与排风口；按功能可分为空调送风口、回风口、排风口、新风口等。

阀门即控制介质流动的一种管路附件，在暖通系统中根据其截断、防止逆流、调节流量等功能，主要可分为关断阀、止回阀、调节阀等，如图 2.69 所示。

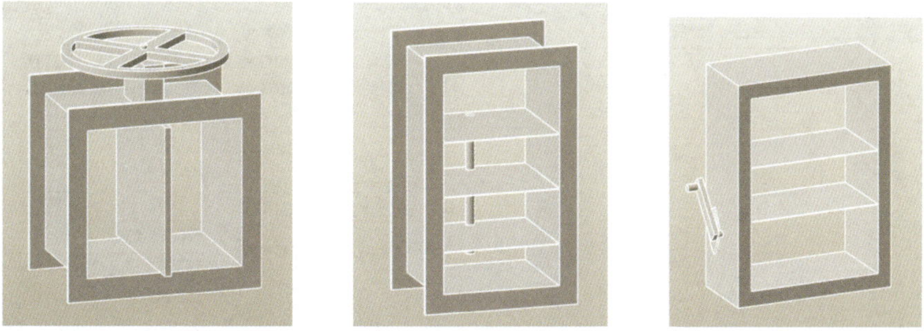

图 2.69　暖通阀门［蝶阀（关断阀）、止回阀、调节阀］三维模型图

2.4.1　暖通管道建模

1. 手动布置

步骤（1）：链接 CAD 图“地下一层通风平面图”。

步骤（2）：在“暖通”选项卡下点击“
”，弹出“绘制风管”对话框，如图 2.70 所示，设置风管形状与风管类型。

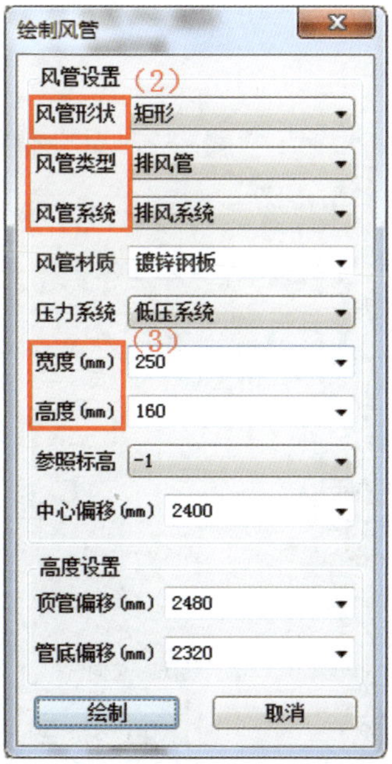

图 2.70　“绘制风管”对话框

步骤（3）：根据平面图中的标注尺寸，分别输入宽度 250、高度 160。

步骤（4）：点击“绘制”，在平面位置中沿线绘制风管，平面示意图如 2.71 所示。

2. 风管提取

步骤（1）：在“暖通”选项卡下点击“

”，弹出“提取风管”对话框，分别提取风管标注、风管线和风管中心线，如图 2.72 所示。

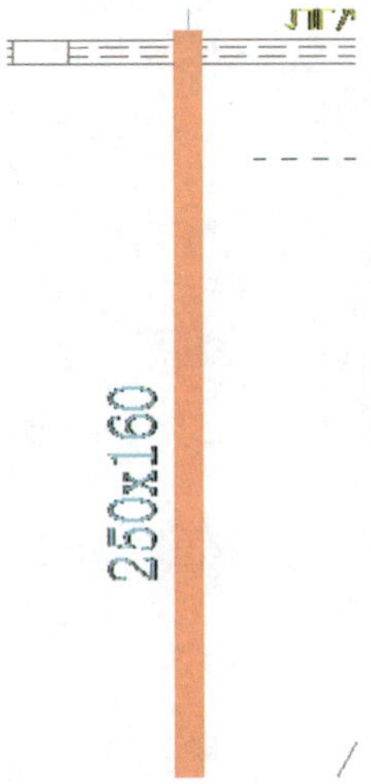

图 2.71 风管绘制平面图

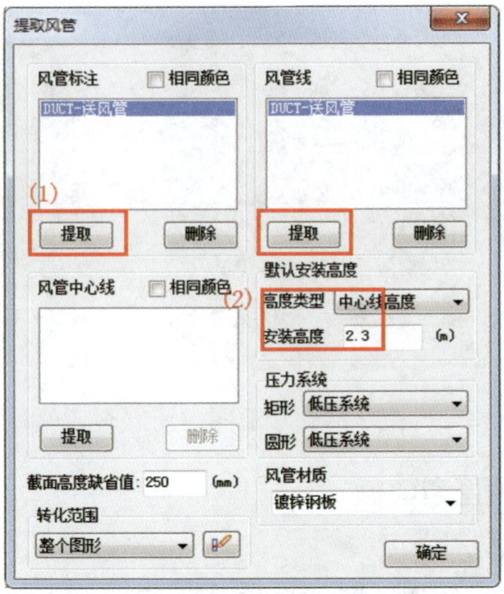

图 2.72 “提取风管”对话框

步骤（2）：在安装高度中暂定一个风管高度、选择系统类型和风管材质，点击“确定”，完成提取。

2.4.2 暖通风口设备建模

1. 风口布置

步骤（1）：在“暖通”选项卡下点击“

”，弹出“布置风口”对话框，如图 2.73 所示。

步骤（2）：查看图 2.68 可知，该位置风口为 250×200 防雨百叶风口，选择风口形式为侧风口，输入风口高度和宽度，并调整安装高度与风管一致。

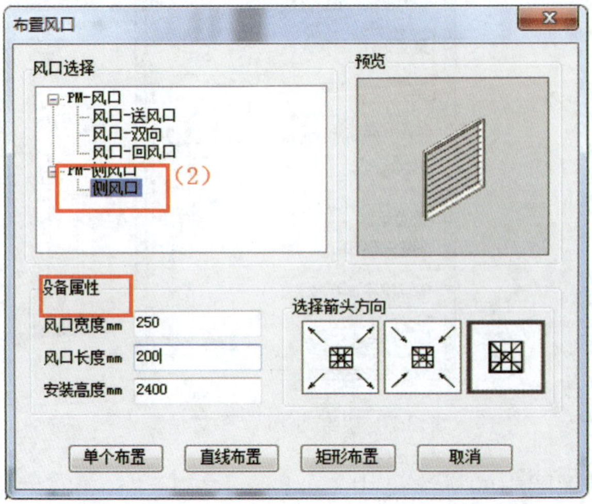

图 2.73 “布置风口”对话框

步骤（3）：点击“单个布置”，在平面图中选择布置位置，如图 2.74 所示。

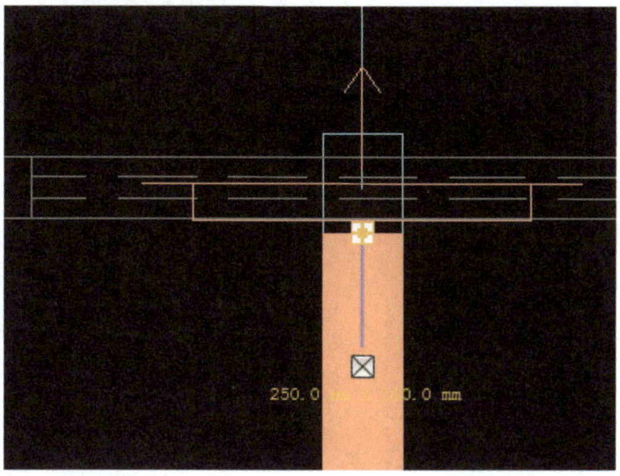

图 2.74 风口布置示意图

2. 风机、风阀布置与连接

步骤（1）：在“暖通”选项卡下点击“风机布置”，如图 2.75 所示。在“风机布置”选择需要布置的设备，弹出“风机设备”对话框，如图 2.76 所示。

步骤（2）：输入风机的尺寸，安装高度与风管高度一致，点击“布置”，选择平面中的布置位置，点击左键完成布置，如图 2.77 所示。

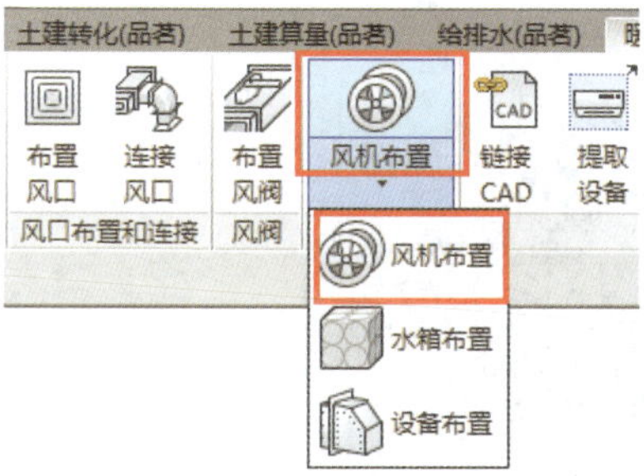

图 2.75 设备布置

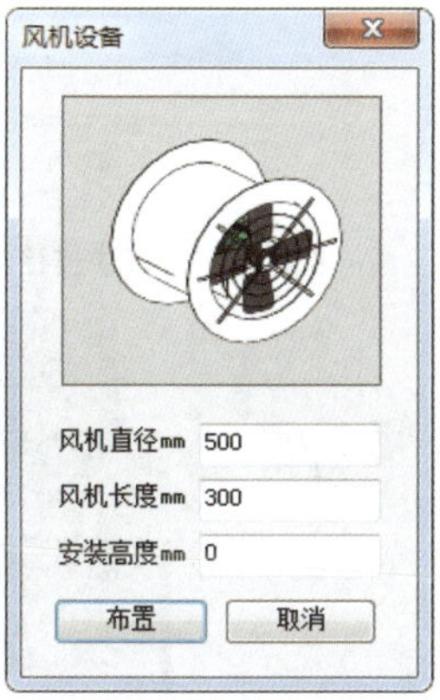

图 2.76 “风机设备”对话框

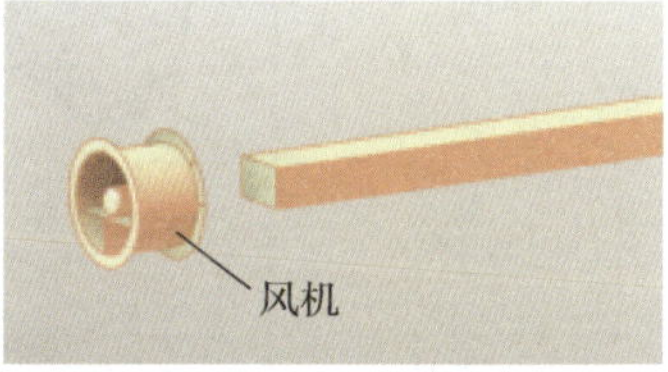

图 2.77 风机布置示意图

步骤（3）：在“暖通”布置选项卡下点击“”，弹出“绘制风管”对话框，如图 2.78 所示；修改风管形状、类型与系统，调整安装高度为 2.3m，修改高度与直径，点击“绘制”，从风机处手动绘制，如图 2.79 所示。

步骤（4）：点击菜单栏“风管连接”按钮，选择对应的连接件，该位置需要连接矩形风管与圆形风管，则选择“天圆地方连接”，如图 2.80 所示；双击或者右键，继续双击连接方式，选择需要连接的矩形管与圆形管，确定连接，如图 2.81 所示。

3. 阀门设备提取

步骤（1）：连接暖通图例表 CAD 图，在“暖通”选项卡下点击“”，在图中框选所

需要的图例表，弹出“提取设备”对话框，如图 2.82 所示。

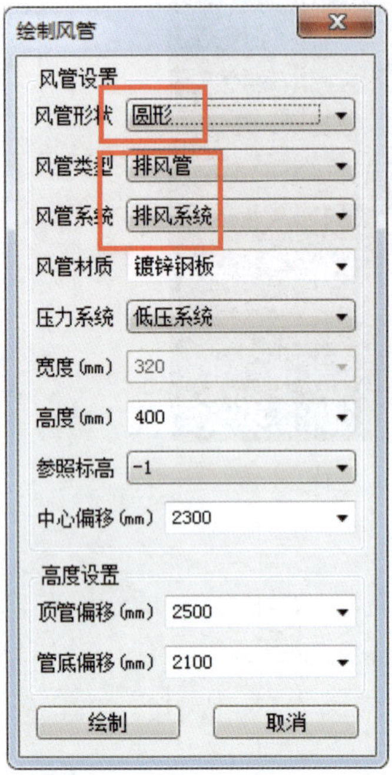

图 2.78　“绘制风管”对话框

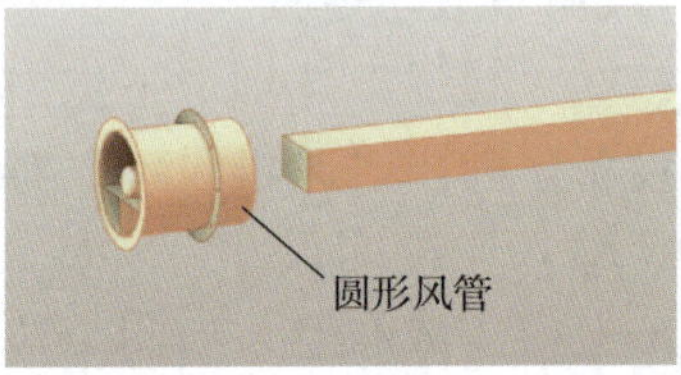

图 2.79　风管绘制示意图

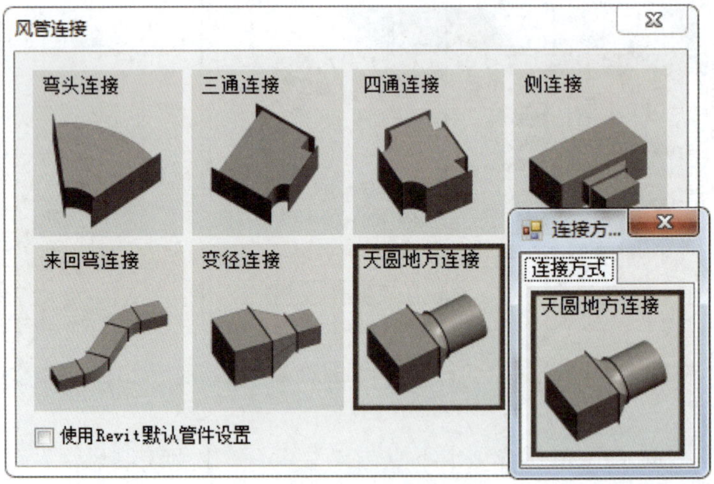

图 2.80　“风管连接”对话框

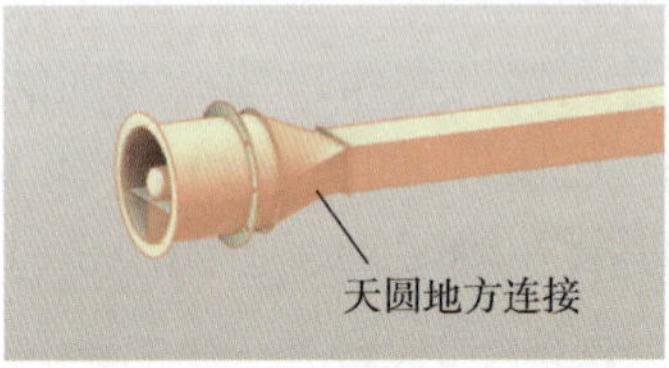

图 2.81　风管连接示意图

图 2.82 “提取设备”对话框

步骤（2）：检查图例表转化是否正确（如转化有误，需手动修改图例类别等相关设置），选择需要转化的设备，从右侧选择对应的族，点击“应用到设备”，添加到族类型，完成后点击“确定”，完成转化。

地下一层通风三维模型图如图 2.83 所示。

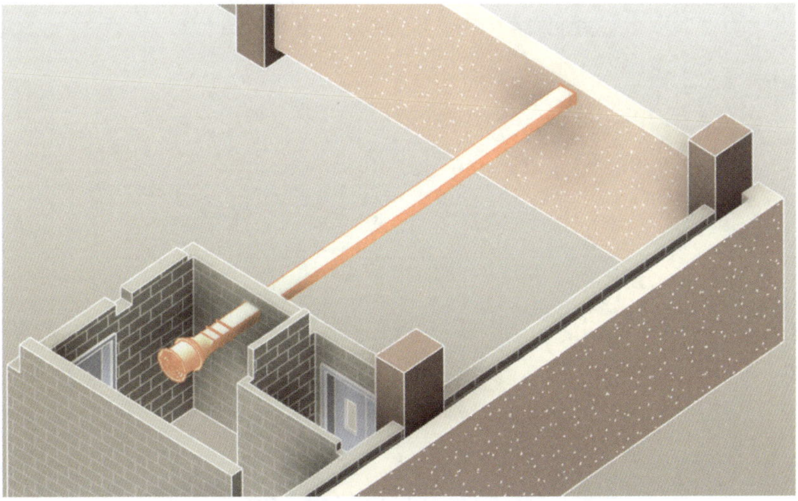

图 2.83 地下一层通风三维模型图

【课后练习】

完成案例工程中所有楼层的风管、阀门与设备模型，如图 2.84 所示。

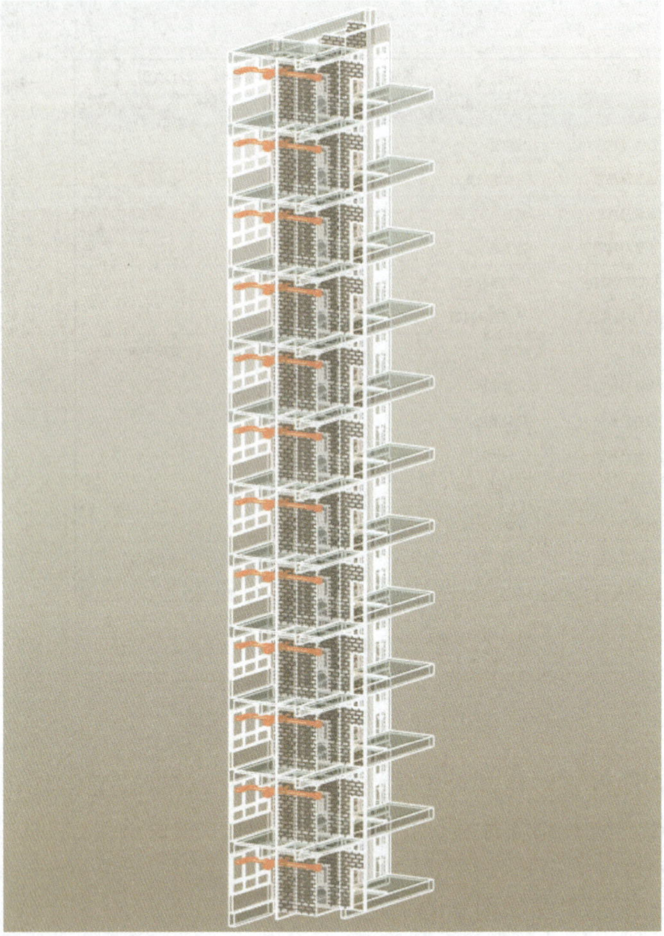

图 2.84 案例工程暖通三维模型图

第 3 章　深化设计与施工出图

3.1　深化设计概述

深化设计是一种建造过程中的增值活动。总承包单位根据已确定的工程设计，在满足合同和规范要求前提下，根据项目策划、建造组织过程，有针对性地对节点构造、构件排布、精确定位、构建布局进行图纸化表达，达到工艺过程图形化，专业接口管理图表化，为建造过程中工艺顺序管理、计划管理、资源计划提供技术依据，实现建造过程的增值。

深化设计主要分专业工程深化设计和综合性深化设计。专业工程深化设计的内容一般包括：土建结构深化设计、钢结构深化设计、机电各专业深化设计等，由承包单位按原设计的技术要求进行二次设计，完成最后的施工图；综合性深化设计是对各专业深化设计初步成果进行集成、协调、修订与校核，着重在各专业协调一致。

3.1.1　BIM 在深化设计上的优势

（1）三维可视化、准确定位。传统的二维平面图因为可视范围有限，需要多张图纸配合才能看清楚某个构件的详细位置与构造，不直观且准确度较低。采用 BIM 技术之后，通过 BIM 概念的特性建立起三维可视化模型可以将项目更直观地呈现（图 3.1、图 3.2）。同时，BIM 模型采用面向对象及参数化的概念，将建筑项目中所有构件的真实数据纳入之后，可以将传统绘图中经常忽略的部分（如保温层）展现出来，让各参与方将很难发现的问题考虑到设计当中，从实际上解决深层次存在的隐患。

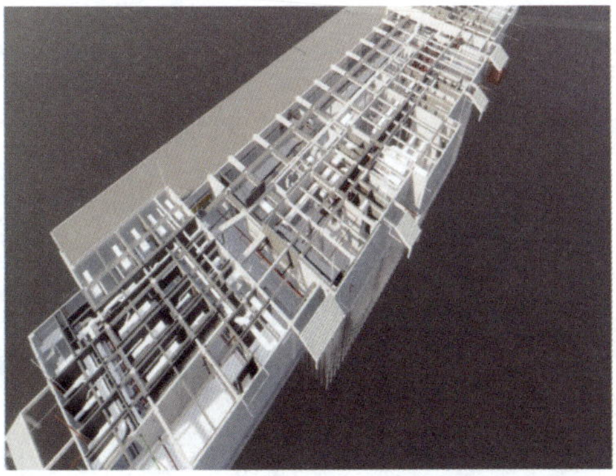

图 3.1　BIM 三维可视化模型图

图 3.2　117 大厦 BIM 渲染模型图

（2）碰撞检查、合理布局。传统二维图纸很难考虑到各专业间的碰撞，需依靠设计人员的个人空间想象能力以及工作经验，否则很容易造成疏漏或者错误，无形中增加了设计变更的频率，造成了额外费用的增加。通过 BIM 技术的碰撞检查功能可以将设计中各自专业及各专业间的碰撞全部反馈给设计人员（图 3.3、图 3.4），同时自动生成检查报表，让参与各方以报表为依据进行及时有效的沟通与协调，减少设计变更及施工返工的现象，能够提高实际的工作效率、降低额外成本，缩短工期。

图 3.3 管线避让模型效果图

图 3.4 地下室管线综合图

（3）设备参数复核计算。传统二维图纸深化中对于设备参数复核计算都是以平面图为主来计算，但是由于设计的变更而导致图纸频繁更改，计算结果与实际相差较大，甚至影响工作的正常进行。运用 BIM 技术之后，可以在 BIM 模型的基础上进行参数化计算与编辑，自动计算。即便是模型有变化或者修改，计算结果也会依据联动关系重新生成计算结果，校正设备参数复核计算的结果，为设备选择型号提供依据。

3.1.2 深化设计原则

深化设计应遵循以下原则：

（1）保证使用功能的原则。

（2）主干管线集中布置的原则。

（3）管线布置排列一般原则。

（4）方便施工的原则。

（5）方便系统调试、检测、维修的原则。

（6）美观的原则。

（7）结构安全的原则。

3.2 HiBIM 碰撞检查与成果输出

建筑工程行业中，由于各个流程阶段信息不对称，致使常常发生“错漏碰缺”现象，浪费大量的人力财力。综合管线碰撞是工程领域中值得深入研究的问题，如果在设计初期方案不合理，在施工期会发生严重的经济损失并使工期延误。碰撞检查是 BIM 技术中最易实现、最直观、最易产生价值的诸多功能之一，BIM 技术的引入，可以很好地解决传统综合管线碰撞检测中存在的问题。

利用 BIM 技术的碰撞检测功能，可以实现建筑与结构、结构与暖通、机电安装以及设备等不同专业图纸之间的碰撞，同时提高了各专业管理人员对图纸问题的解决效率。正是利用

BIM 技术这种功能，才能预先发现图纸问题，及时反馈给设计单位，避免后期因图纸问题带来的停工以及返工，提高了项目管理效率，也为现场施工及总承包管理打好了基础。

3.2.1 碰撞产生的原因

（1）管综剖面仅能表示一段距离内的管道秩序，空间变化，管综剖面失效。管综剖面是一个静态的截面，当截面空间、管线的数量发生变化，管综剖面就存在多种解决方案，施工单位与设计单位的选择常常是对立的，是否按图施工和是否便利施工会成为双方争论的焦点，这正是二维设计中片段化带来的多年的习惯性矛盾。三维模型中直观明了的特点，为参与者都提供了理论基础，但是实际设计中，剖面数量少、剖面处管线简单等问题确实广泛存在。

（2）二维向三维转化过程中，信息不全造成偏差。在二维设计中，有些细节问题，比如风管、水管交叉的翻高，喷淋支管和其他管道的避让配合等，常常被设计师忽略，并将这些步骤后置交付给施工单位，由他们根据现场情况灵活调整翻高、避让的位置及高度。但是实际中，常因为没有考虑翻高避让的空间，需返回解决问题，造成重复工作。

（3）二维设计与管综剖面缺乏信息交流。在各专业开始设计初期，会预先计划出一个管线综合方案，确定各专业管线的标高和位置。随着设计的深入，设计条件不断的明确，新的管线陆续添加，但是设计人做出的变化没有及时反映在管线综合方案上，没有及时进行调整，等设计结束后，预先计划的管线综合方案和实际的管线综合方案“貌合神离”，碰撞数量大大增加，缺少施工空间。最致命的问题是漏项，即使是一个桥架，由于其需有开盖空间，也会占用一定的空间。

（4）符号示意的二维图纸，与三维真实模型之间的偏差。机电专业设计绘制二维图纸时，经常采用夸张手法和示意的符号来表达设计意图，不含实际管件的尺寸信息，导致安装困难。例如制冷站内的管道，弯头的尺寸大小导致高差较小的翻高无法实现；固定支架在图中表示为一根细线，实际却是一个固定架或是一根钢梁，形体差异很大。

因此，二维绘图和三维建模之间不仅仅是一个工具的转变，更是一个对传统的思维方式、设计习惯的变革。一方面，由于空间的直观性，降低了设计人对空间的感知要求，另一方面，由于提前介入施工工艺，又提高了设计人对复杂空间的处理能力。二维出图时不需考虑的问题，在三维建模阶段成了必要的工作；二维出图时抓主要设备管线，适当忽略细节的做法，在三维建模阶段则需要注意管道空间高度及方向做法，对设计人的思维与能力都提出了巨大的挑战。

3.2.2 碰撞类型

（1）从间距方面，碰撞分为硬碰撞和间隙碰撞。

1）硬碰撞。实体在空间上存在交集，如图 3.5 所示。

2）间隙碰撞。实体间实际并没有碰撞，但间距和空间无法满足相关施工要求（如安装、维修等），如图 3.6 所示。

（2）从专业方面，碰撞分为单专业碰撞和综合碰撞。

1）单专业碰撞。单专业碰撞指在单一专业内的碰撞，例如给排水专业管道碰撞，如图 3.7 所示。

2）综合碰撞。多专业综合碰撞包括暖通、给排水、电气设备管道之间以及与结构、建筑之间的碰撞，如通风管道与结构梁碰撞如图 3.8 所示。

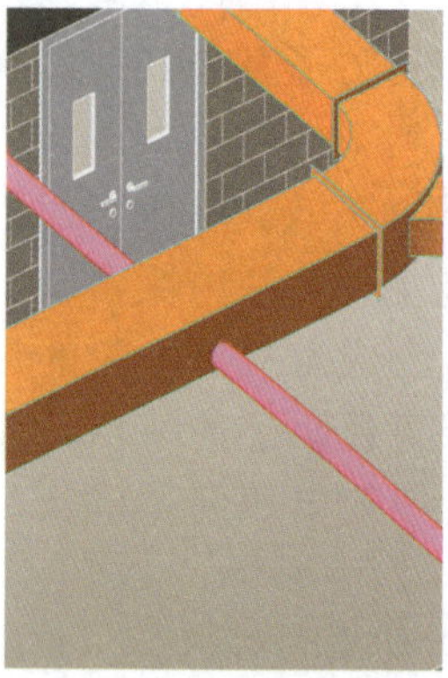

图 3.5　硬碰撞三维模型图

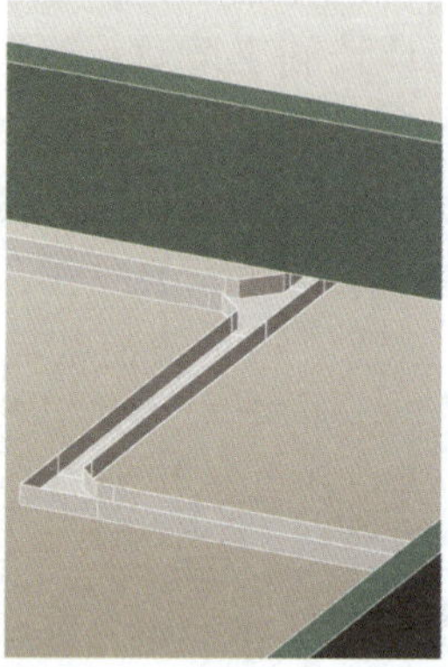

图 3.6　间隙碰撞三维模型图

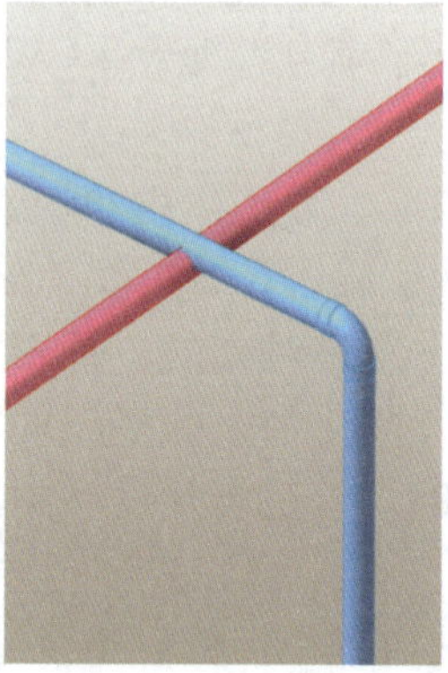

图 3.7　给排水专业管道碰撞图

图 3.8　通风管道与结构梁碰撞图

3.2.3　碰撞分析报告

碰撞检测的目的是寻找碰撞点，根据碰撞信息进行修改设计。计算机可以将所有符合碰撞条件的碰撞点查找出来，生成碰撞点列表。每个碰撞点包括碰撞类型、碰撞信息以及轴网位置，点击碰撞信息可以定位查看碰撞的具体三维情况，并进行实时修改，如图 3.9 所示。

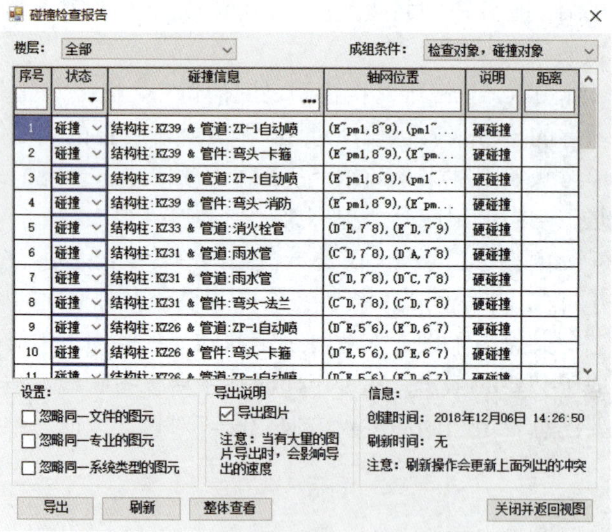

图 3.9　碰撞检查报告

3.2.4　碰撞检查流程

BIM 软件碰撞检查流程主要工作分为以下五个阶段：

（1）土建、机电等各个专业提交模型。

（2）土建模型审核并修改，机电模型审核并修改。

（3）运行碰撞检查并定位修改。

（4）输出碰撞检查报告便于反查。

（5）重复以上工作，直到无碰撞为止。

【课堂练习】

在案例工程中以地下一层为例，基于第 1 章做好的土建模型和机电模型，进行土建与机电模型之间的碰撞检查，以及机电各专业之间的碰撞检查，如图 3.10 所示。

步骤（1）：在“模型优化”选项卡下点击“运行碰撞检查”，弹出“碰撞检查”对话框，如图 3.11 所示。

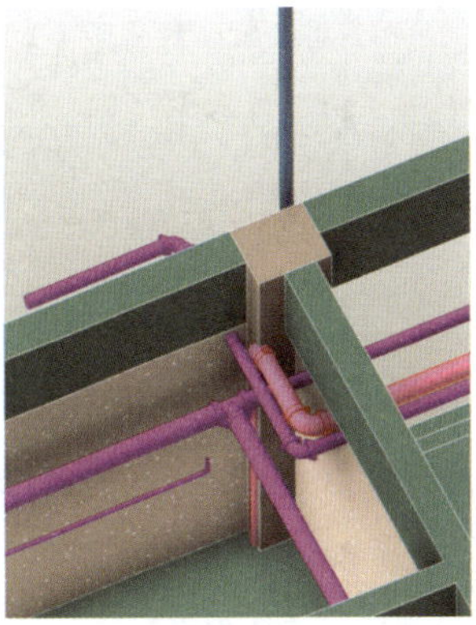

图 3.10　消防立管与柱碰撞图（3 轴与 F 轴交界处）

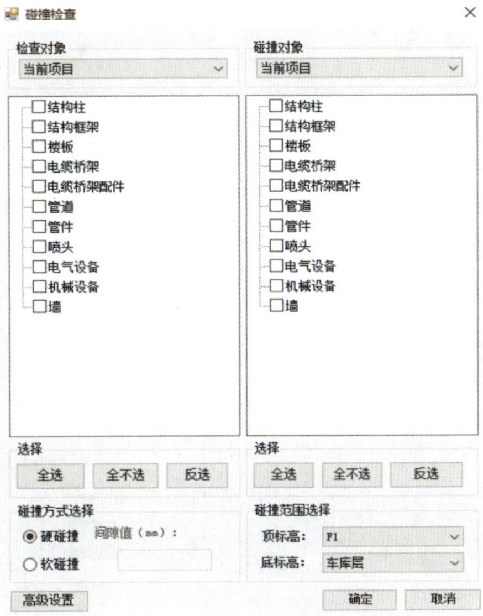

图 3.11　“碰撞检查”对话框

“碰撞方式选择”里勾选“硬碰撞”（本节案例不做软碰撞检查），“碰撞范围选择”里选择需要做碰撞检查的楼层，“高级设置”里可以对更多的构件进行选择，如图 3.12、图 3.13 所示。

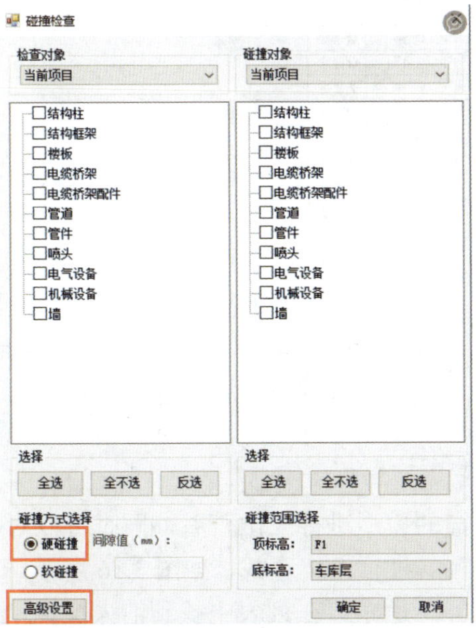

图 3.12　“碰撞方式选择”对话框

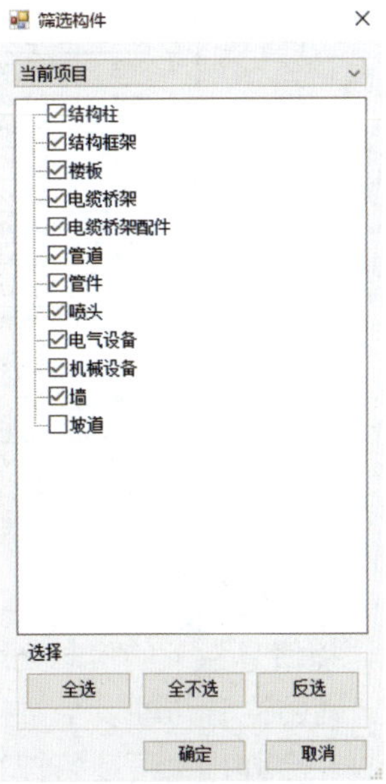

图 3.13　“筛选构件”对话框

左边选项栏是需要勾选的检查对象，右边选项栏是需要勾选的碰撞对象。做土建模型与机电模型的碰撞检查时，土建模型一般不允许随意移动，所以通常把不允许移动的土建模型作为碰撞的对象，把可以根据建筑结构需求进行调整的机电模型作为检查对象进行对应勾选，如图 3.14 所示。

步骤（2）：点击“确定”按钮，生成碰撞检查报告，如图 3.15 所示。

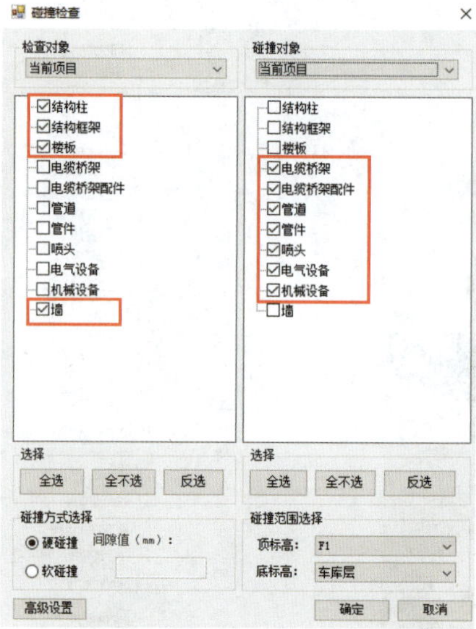

图 3.14 “碰撞对象”选择设置

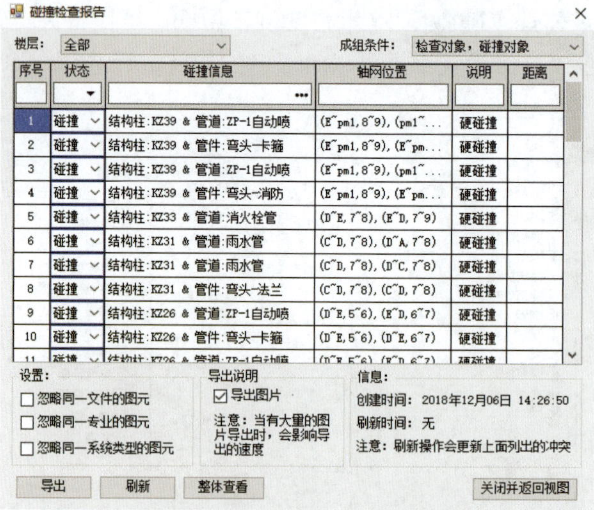

图 3.15 碰撞检查报告

点击“碰撞信息”下的信息列表可以对发生碰撞的模型进行三维查看，同时可以对本案例的碰撞点：消防立管与柱发生碰撞，如图 3.10 所示。进行定位查找，如图 3.16 所示，双击碰撞信息一栏，会弹出“筛选条件”对话框，如图 3.17 所示。在列表中找到消火栓管，点击“确定”，所有与消火栓管有关的碰撞会自动筛选出来，如图 3.18 所示。

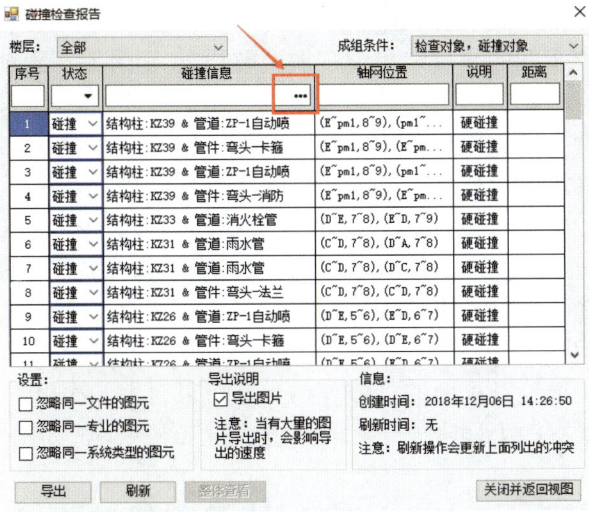

图 3.16 在碰撞检查报告中进行定位查找

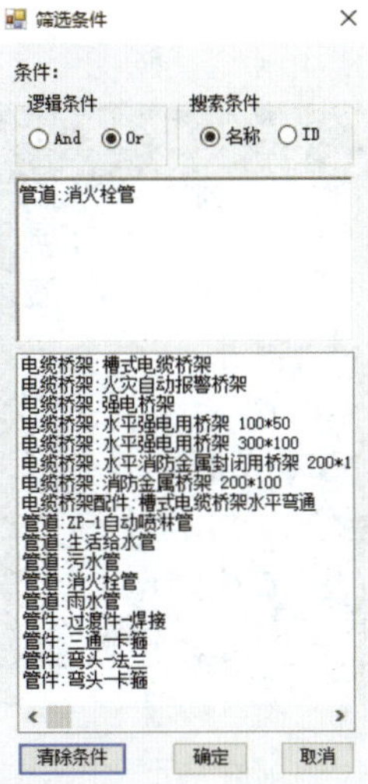

图 3.17 碰撞条件筛选设置

找到与消火栓管碰撞的框架柱（KZ12），如图 3.18 所示，点击该条信息，即可弹出该碰撞点的局部三维视图。

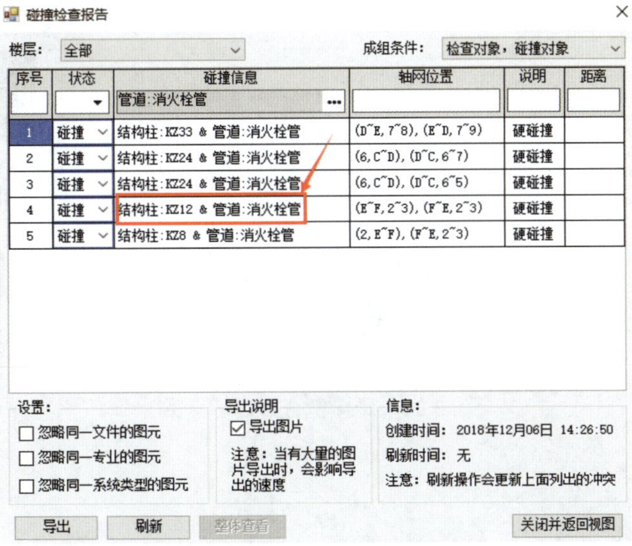

图 3.18 高级筛选碰撞检查报告

软件默认将模型中的检查对象用绿色表示，碰撞对象用红色表示，如图 3.19 所示。对构件进行调整时，可直接在三维显示或二维显示里进行构件调整。“刷新”按钮可将更改过的构件信息及时更新。

在设计图纸时，不同专业的图纸不是同一设计人员设计的，难免会因为信息不流通等问题导致机电专业和土建专业的构件位置发生重叠，在安装过程中发生碰撞。在进行调整时，如果是一些因安装高度等问题导致的碰撞，在满足净高的前提下可以根据工人施工经验自行调整其余不是施工工人可以根据施工经验进行解决的情况，会涉及设计变更。模型中的碰撞也是同样道理，可以将机电模型的位置以及安装高度进行调整，来解决模型当中的碰撞问题。

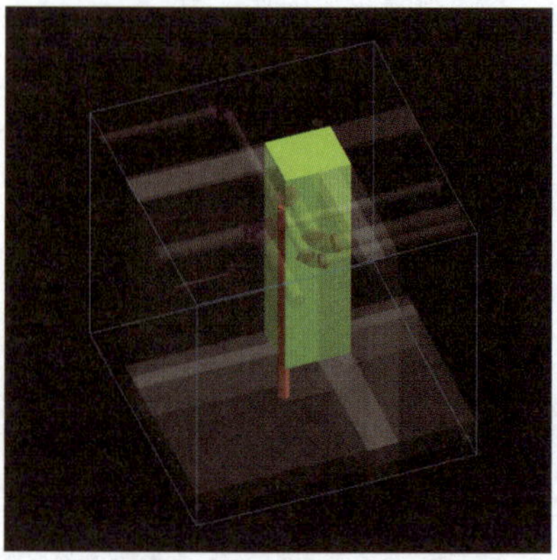

图 3.19　碰撞局部三维视图

本案例的碰撞结果中，调整时只需将消防立管向左边移动与柱保持一定安装距离即可。由于空间位置不够，消防立管会紧接着与旁边的喷淋管道发生碰撞，那么只需将喷淋管道向左移动与消防立管保持一定的安装距离即可。

步骤（3）：点击“导出”，可导出碰撞检查报告的 Excel 表格，如图 3.20 所示。将 Excel 表格中的构件名称和 ID 通过筛选条件可以进行构件反查。

步骤（4）：点击“关闭并返回视图”，表示该功能结束。点击碰撞检查里面的“显示上一次报告”可以对上一次报告进行查看。案例工程碰撞位置调整之后的三维模型，如图 3.21 所示。

同理，在做机电各专业之间的碰撞检查时，只需在检查对象和碰撞对象里勾选构件，重复以上操作，直至无碰撞信息即可。

碰撞检查报告

工程：HBIM
创建时间：2018年11月13日 16:24:20

序号	状态	专业	构件A	构件B	轴网	构件信息	距离	备注
楼层：F1								
1	碰撞	消防水和结构	管道:消火栓管	结构框架:KL4 250×800	(G-F,3-5),(G-A,4)	id:2184354 消火栓管 h(mm)=4300 id:2152673 KL4 250×800 H(mm)=-800~0		
2	碰撞	消防和结构	管件:弯头-卡箍	结构柱:KZ-23	(A5-6),(5,A-B)	id:2181432 弯头-卡箍 h(mm)=3700 id:2152394 KZ-23:H(mm)=0~5100		
3	碰撞	暖通和结构	风管:进风管	结构框架:KL4 250×800	(E-D,3-5),(G-A,4)	id:2171670 进风管 h(mm)=4300 id:2152673 KL4 250×800 H(mm)=-800~0		
4	碰撞	暖通和结构	风管:进风管	结构框架:KL4 250×800	(D-C,3-5),(G-A,4)	id:2171672 进风管 h(mm)=4300 id:2152673 KL4 250×800 H(mm)=-800~0		
5	碰撞	暖通和结构	风管:进风管	结构框架:KL5 250×800	(E-D,4-6),(G-A,5)	id:2171660 进风管 h(mm)=4300 id:2152768 KL5 250×800 H(mm)=-800~0		

图 3.20　碰撞检查报告示意图

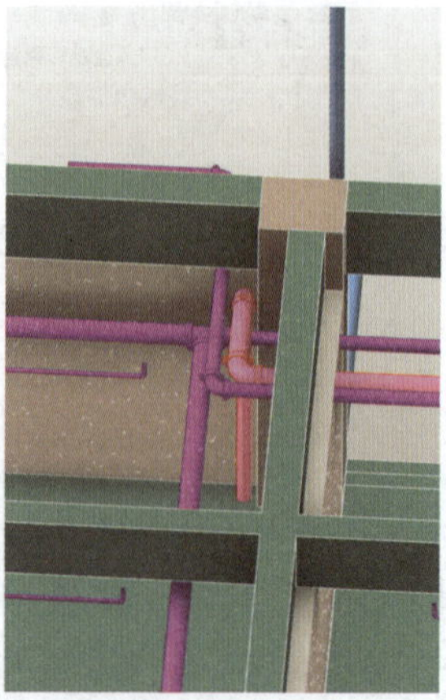

图 3.21　碰撞优化后模型图

【课后练习】

依据碰撞检查流程，完成品茗商业综合楼案例工程地下一层土建专业与机电专业之间的碰撞检查，以及机电专业与机电专业之间的碰撞检查，优化后的模型如图 3.22 所示。

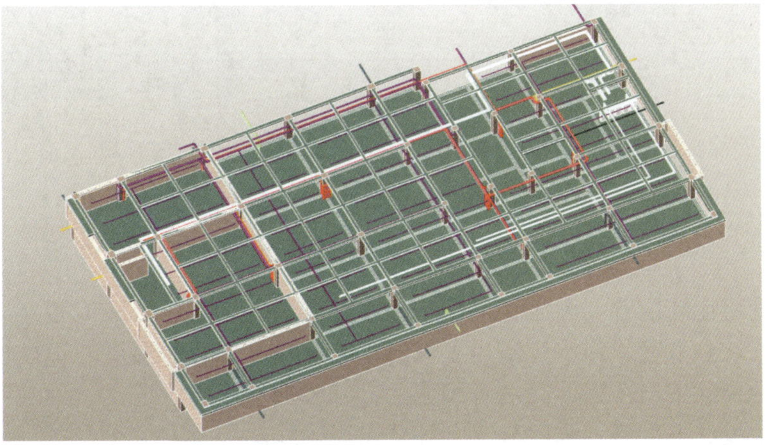

图 3.22　地下一层各专业优化后三维模型图

3.3　BIM 项目管线综合基本原则与方法

所谓管线综合就是把各个专业整合在一起，通过规范、施工等知识，提前解决各管道与管道、管道与结构之间在平面走向、立体交叉时的碰撞问题。

项目应用 BIM 技术做管线综合的原因是为确保工程工期和施工工程质量，避免因各专业设计不协调和设计变更产生的“返工”等造成不必要的经济损失，避免在选用各种支吊架时，因选用规格过大造成浪费、选用规格过小造成事故隐患等现象，故使用 BIM 对其进行综合管网及设备布置图优化。通过对设计图纸的综合考虑及深化设计，在施工前，根据施工图纸进行“预安装”。通过典型位置的截面图及三维模拟，直观地把设计图纸上的问题全部暴露出来。尤其是在施工过程中，解决各专业之间的位置冲突和标高“打架”问题。

应用 BIM 技术进行机电安装管线综合，可以使管线综合更快、更省力、更精确、更直观形象，各工种配合得更好，并减少图纸的出错风险，提高机电工程项目的精细化管理水平，降低技术人员二次深化图纸的劳动强度。

3.3.1　管线综合标准

1. 总则

（1）大管优先，小管让大管。小管道造价低易安装，且大截面、大直径的管道，如空调通风管道、排水管道、排烟管道等占据的空间较大，在平面图中先作布置，如图 3.23 所示。

（2）有压管让无压管。无压管道内介质仅受重力作用由高处往低处流，其主要特征是有坡度要求、管道杂质多、易堵塞，所以无压管道要保持直线，满足坡度，尽量避免过多转弯，以保证排水顺畅以及满足空间高度，如生活污水、粪便污水排水管、雨排水管、冷凝水排水管等都是靠重力排水；有压管道是在压力作用下克服沿程阻力沿一定方向流动，一般来说，改变管道走向，交叉排布，绕道走管不会对其供水效果产生影响。因此，当有压管道与无压管道相碰撞时，应首先考虑更改有压管道的路由，如图 3.24 所示。

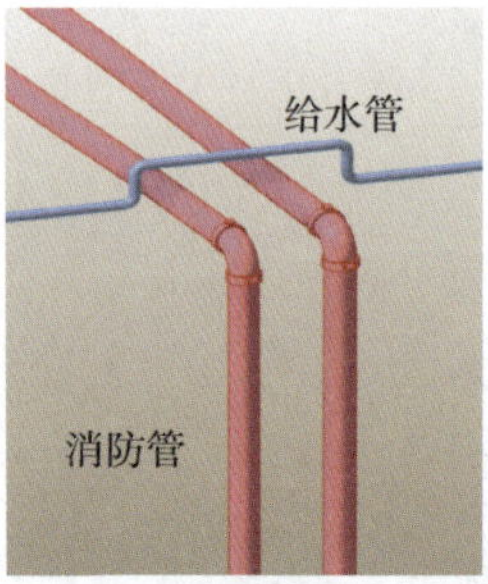

图 3.23　小管避让大管

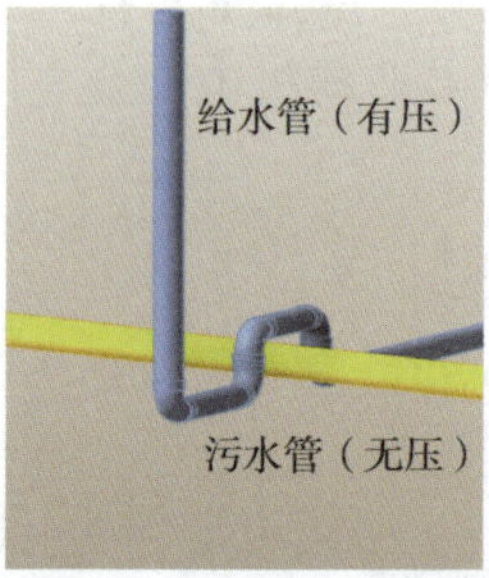

图 3.24　有压管避让无压管

（3）低压管避让高压管。高压管道施工技术要求高且比低压管造价高。

（4）冷水管让热水管。热水管道需要保温，造价较高，且保温后的管径较大，热水管道翻转过于频繁会导致集气，因此在两者相遇时，一般调整冷水管道。

（5）可弯管线让不可弯管线、分支管线让主干管线。

（6）附件少的管线避让附件多的管线。这样有利于施工和检修，更换管件。各种管线在同一处布置时，还应尽可能做到呈直线、互相平行、不交错，还要考虑预留出施工安装、维修更换的操作距离，设置支、柱、吊架的空间等，如图 3.25、图 3.26 所示。

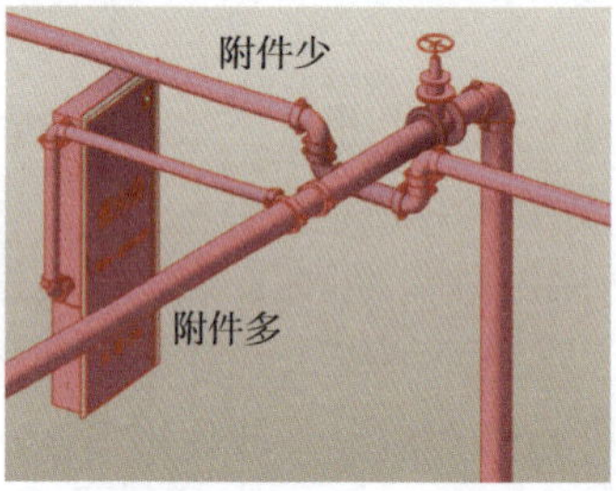

图 3.25　附件少的避让附件多的管道

图 3.26　管道排列整齐、不交错

（7）电气管线避热避水，在热水管线、蒸气管线上方及水管的垂直下方不宜布置电气线路。

（8）临时管线避让长久管线。

（9）金属管避让非金属管。金属管较容易弯曲、切割和连接。

（10）消防水管避让冷冻水管（同管径）。冷冻水管有保温，有利于工艺和造价。

（11）生活用水管避让消防用水管。消防用水量大，管径也较大，要求供水保证率更高。

（12）强弱电分设。由于弱电线路如电信、有线电视、计算机网络和其他建筑智能线路易受强电线路电磁场的干扰，因此强电线路与弱电线路不应敷设在同一个电缆槽内，而且需留一定距离。

2. 给排水专业

（1）管线尽量少设置弯头。

（2）给水管线在上，排水管线在下。保温管道在上，不保温管道在下，小口径管路应尽量支撑在大口径管路上方或吊挂在大口径管路下面。

（3）冷热水管（垂直）净距 15cm，且水平高度一致，偏差不得超过 5mm（其中对卫生间淋浴及浴缸龙头严格执行该标准进行检查，其余部位可以放宽至 1cm）。

（4）除设计提升泵外，带坡度的无压水管绝对不能上翻。

（5）给水引入管与排水排出管的水平净距不得小于 1m。室内给水与排水管道平行敷设时，两管之间的最小净间距不得小于 0.5m；交叉铺设时，垂直净距不得小于 0.15m。给水管应铺设在排水管上面，若给水管必须铺设在排水管的下方时，给水管应加套管，其长度不得小于排水管径的 3 倍。

（6）各专业水管尽量平行敷设，最多可出现上下两层敷设。

（7）喷淋管尽量选在下方安装，与吊顶间距保持至少 100mm（无吊顶区域尽量走上方，因为通常是上喷）。

（8）污排、雨排、废水排水等自然（即重力）排水管线不应上翻，其他管线避让重力管线。

（9）给水 PP-R 管道与其他金属管道平行敷设时，应有一定保护距离，净距离不宜小于 100mm，且 PP-R 管宜在金属管道的内侧。

（10）水管与桥架层叠铺设时，要放在桥架下方。

（11）管线不应该挡门、窗，应避免通过电机盘、配电盘、仪表盘上方。

（12）管线外壁之间的最小距离不宜小于 100mm，管线阀门不宜并列安装，应错开位置，若需要并列安装，净距不宜小于 200mm。

（13）水管与墙（或柱）的间距，见表 3.1。

表 3.1　水管与墙（或柱）的间距

管径范围	与墙面的净距/mm	管径范围	与墙面的净距/mm
D≤DN32	≥25	DN75≤*D*≤DN100	≥50
DN32≤*D*≤DN50	≥35	DN125≤*D*≤DN150	≥60

3. 暖通专业

（1）一般情况下，保证无压管（通常指冷凝管）的重力坡度，无压管放在最下方。

（2）风管和较大的母线桥架，一般安装在最上方；风管与桥架之间的距离要不小于 100mm。

（3）对于管道外壁、法兰边缘及热绝缘层外壁等管路最突出的部位，距墙壁或柱边的净距应不小于 100mm。

（4）通常风管顶部距离梁底 50～100mm 的间距，如图 3.27 所示。

（5）如遇到空间不足的管廊，可与设计师沟通，断面尺寸改扁，便于提高标高。

（6）暖通的风管较多时，一般情况下，排烟管应高于其他风管；大风管应高于小风管，两个风管如果只是在局部交叉，可以安装在同一标高，交叉的位置小风管绕大风管，如图 3.28 所示。

（7）空调水平干管应高于风机盘管。

（8）冷凝水应考虑坡度，吊顶的实际安装高度通常由冷凝水的最低点决定。

4. 电气专业

（1）电缆线槽、桥架宜高出地面 2.2m 以上，线槽和桥架顶部距顶棚或其他障碍物不宜小于 0.3m。

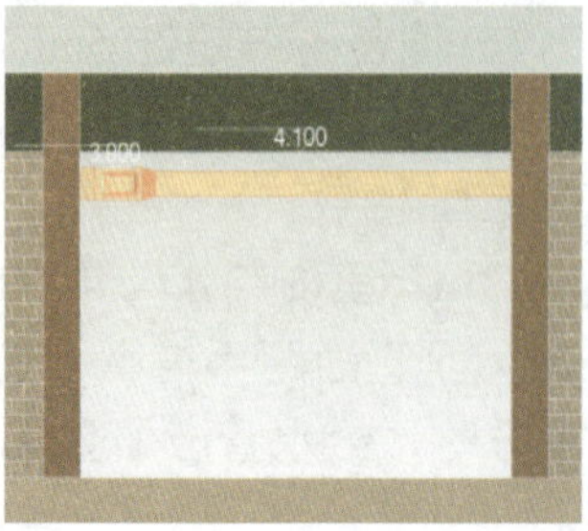

图 3.27 风管顶部距离梁底 100mm

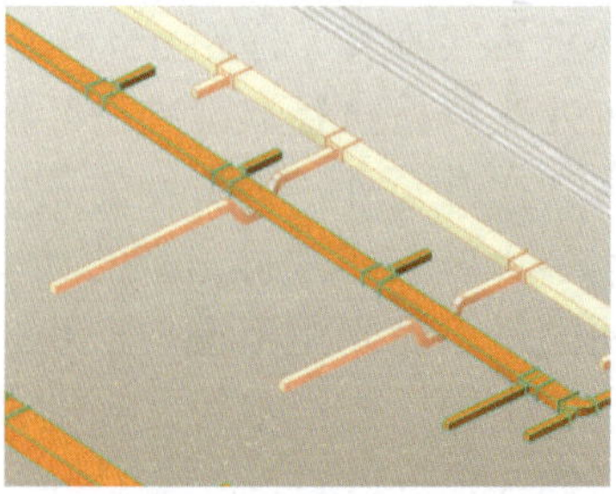

图 3.28 小风管避让大风管

（2）电缆桥架应敷设在易燃易爆气体管和热力管道的下方，当设计无要求时，与管道的最小净距应符合表 3.2 的要求。

表 3.2　　电缆桥架与各管道的最小净距要求

管 道 类 别		平行净距/m	交叉净距/m
一般工艺管道		0.4	0.3
易燃易爆气体管道		0.5	0.5
热力管道	有保温层	0.5	0.3
	无保温层	1.0	0.5

（3）在吊顶内设置时，槽盖开启面应保持 80mm 的垂直净空（即顶部最少与梁保证 80mm 间距），与其他专业之间的距离最好不小于 100mm。

（4）电缆桥架与用电设备交越时，其间的净距不小于 0.5m。

（5）两组电缆桥架在同一高度平行敷设时，其间净距不小于 0.6m，桥架距墙壁或柱边净距不小于 100mm。

（6）电缆桥架内侧的弯曲半径不宜小于 0.3m。

（7）电缆桥架多层布置时，控制电缆间间距不小于 0.2m，电力电缆间间距不小于 0.3m，弱点电缆与电力电缆间间距不小于 0.5m，如有屏蔽盖可减少到 0.3m，桥架上部距顶棚或其他障碍不小于 0.3m。

（8）电缆桥架不宜敷设在腐蚀气体管道和热力管道的上方及腐蚀性液体管道的下方。

（9）通信桥架距离其他桥架水平间距至少 300mm，垂直距离至少 300mm，防止其他桥架磁场干扰。

（10）桥架上下翻时要放缓（即最好不要垂直上下翻），桥架与其他管道的平行间距不小于 100mm。

（11）桥架不宜穿楼梯间、空调机房、管井、风井等，遇到时尽量绕行。

（12）强电桥架要靠近配电间的位置安装，如果强电桥架与弱电桥架上下安装时，优先考虑将强电桥架放在上方。

【课堂练习】

在案例工程中根据管线综合基本原则与方法以及碰撞检查输出结果，基于模型做给排水、暖通、桥架各专业之间的管道避让，图 3.29 为示意自喷支管与框架梁发生碰撞。

图 3.29 自喷支管与框架梁碰撞图（2 轴与 A～C 轴交界处）

3.3.2 管线综合实现方法

通过检查模型碰撞，HiBIM 对管道避让支持的两种模式为手动避让和智能避让。

1. 手动避让

步骤（1）：在“模型优化”选项卡下点击“手动避让”，弹出“手动避让”对话框，如图 3.30 所示。

步骤（2）：选择绕弯方向、绕弯角度、绕弯距离、升降方式。

绕弯方向分为四种，向上绕弯和向下绕弯通常在管道水平交叉的情况下选择（图 3.31、图 3.32），向左绕弯和向右绕弯通常在管道竖直交叉的情况下选择；绕弯角度，有压给水管道可以选择 90°绕弯；暖通管和电缆桥架不宜选择 90°的垂直绕弯，常见的有 60°绕弯和 45°绕弯；绕弯距离，在满足现场安装（包括保温、检修等）的前提下选择合适的绕弯距离。

步骤（3）：在需要绕弯的管道上，点击绕弯的第一位置与第二位置。依据管线综合原则与方法，完成管道避让后的模型图片如图 3.33 所示。

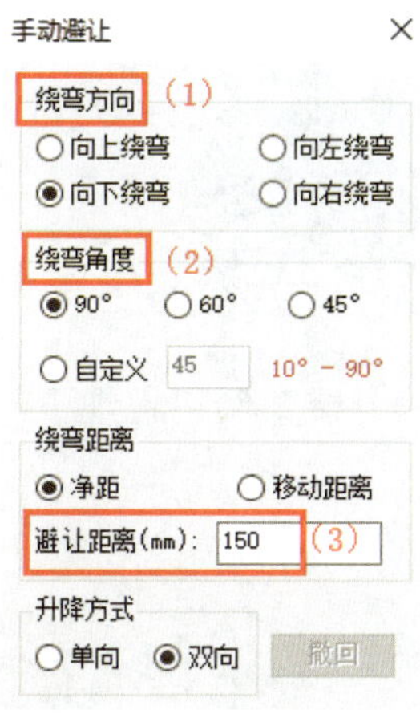

图 3.30 “手动避让”对话框

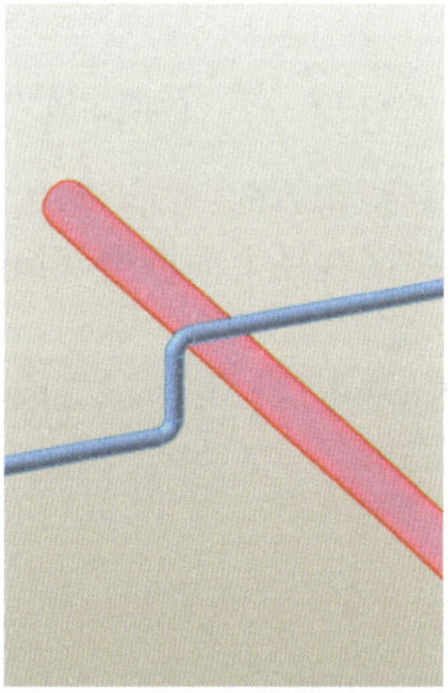

图 3.31 向上单向绕弯

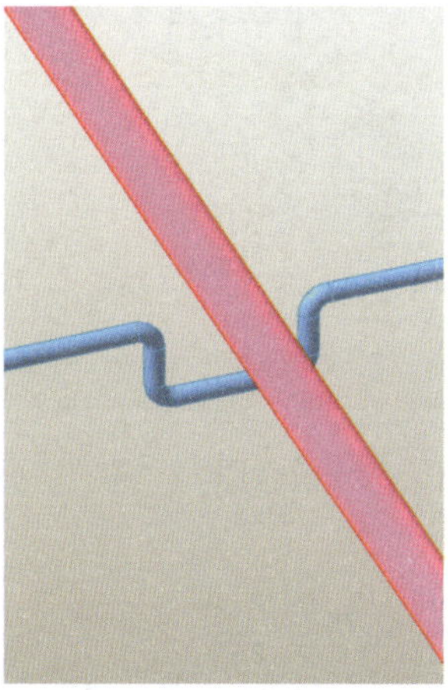

图 3.32 向下双向绕弯

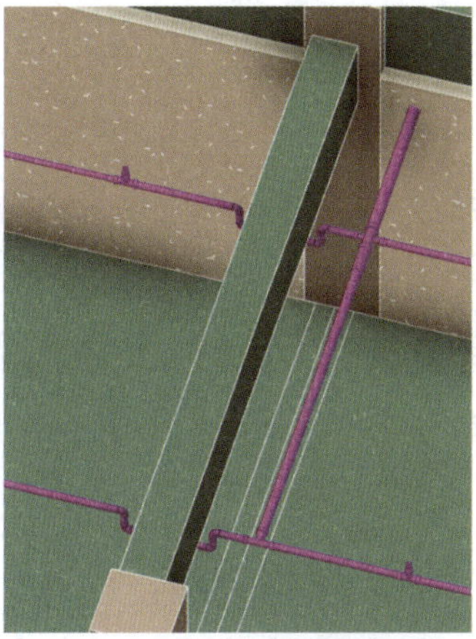

图 3.33 优化后三维模型图

2. 智能避让

步骤（1）：在“模型优化”选项卡下点击“智能避让”图标，弹出“智能避让”对话框，如图 3.34 所示。

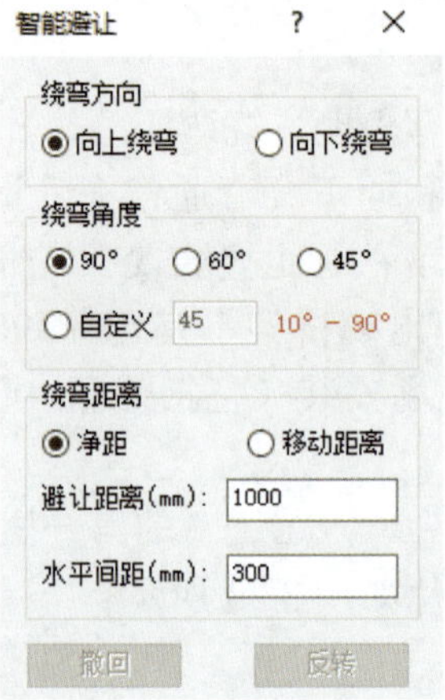

图 3.34　“智能避让”对话框

步骤（2）：选择绕弯方向、绕弯角度、绕弯距离、升降方式。

步骤（3）：在平面视图上面框选碰撞的管线。

【课后练习】

依据管线综合的基本原则与方法完成品茗商业综合楼案例工程地下一层的管道避让，完成后的模型如图 3.35 所示。

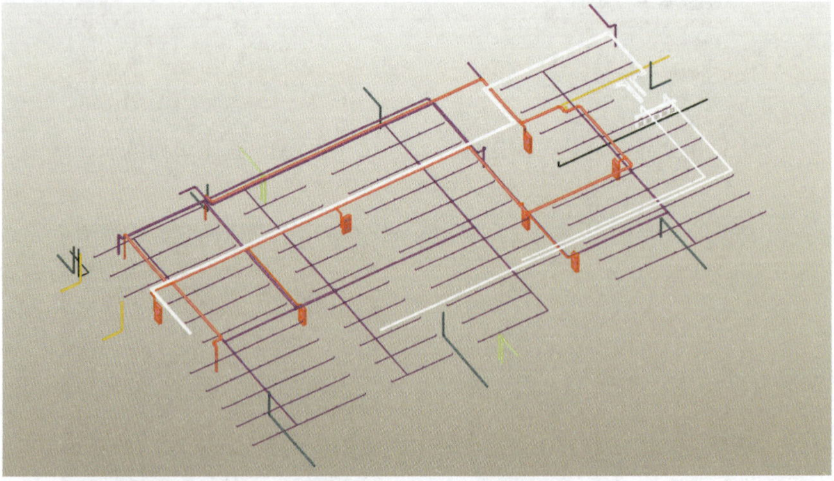

图 3.35　地下一层管道避让三维模型图

3.4　HiBIM 预留洞口布置

预留孔洞是指建筑施工时，建筑主体为供水、暖气等设施管道的埋设预留的孔洞。机电专业施工时往往会因为定位不准确从而需要在施工时进行临时凿洞，从而对结构造成影响。例如暖通等专业中的管道在进行布置时，由于施工图纸是各自绘制在各自的施工图纸上的，真正施工过程中，可能在布置管线预留洞口时正好在此处有结构设计的梁等构件妨碍着管线预留洞口的布置，这就是施工中常常遇到的问题。若要避免这种情况，需要施工人员非常了解图纸，并按照施工图纸给定的坐标和标高，在模板上标注预留孔洞的位置，图 3.36 和图 3.37 为墙体、楼板预留洞口示意图。

图 3.36　墙体管道预留洞口现场示意图

图 3.37　楼板管道预留洞口现场示意图

BIM 的协调服务可以帮助处理这种问题，也就是说 BIM 建筑信息模型可在建筑物建造前对各专业的碰撞问题进行协调，生成协调数据，并根据设计要求，运用 BIM 技术对预埋件、预留孔洞进行测量放线，预埋件、预留孔洞的位置应在基础垫层、模板上用红油漆标出，且选定两根主钢筋来控制预埋件高度、位置及方向，且焊接牢固。预埋件、预留孔洞应以线路中线来控制放线定位，保证位置准确，满足规范和设计要求。

【课堂练习】

根据案例工程模型完成地下一层墙体、楼板的开洞套管，图 3.38 为示意喷淋主管穿墙三维模型示意图。

步骤（1）：在“模型优化”选项卡下点击“
”，弹出“开洞套管”对话框。

步骤（2）：点击选择需要套管的范围、开洞位置、需要套管开洞的管线、管道套管和开洞的选择、外伸尺寸，如图 3.39 所示。

预留洞口的位置适宜选择在墙上或楼板上，施工时一般不会在梁和柱上做预留洞口，管线和梁、柱发生碰撞时需要做避让；外墙、剪力墙和楼板上适宜选择套管的方式，内墙在施工时为了简便可直接选择开洞的方式，不用套管；外伸尺寸，可以根据实际情况自定义，也

图 3.38　喷淋主管穿墙三维模型示意图
（案例图纸为 2 轴与 C 轴交界处）

可以按照管道尺寸大两级去开洞套管。

步骤（3）：点击“选择构件”进入视图界面，框选或点选需要开洞的管道。

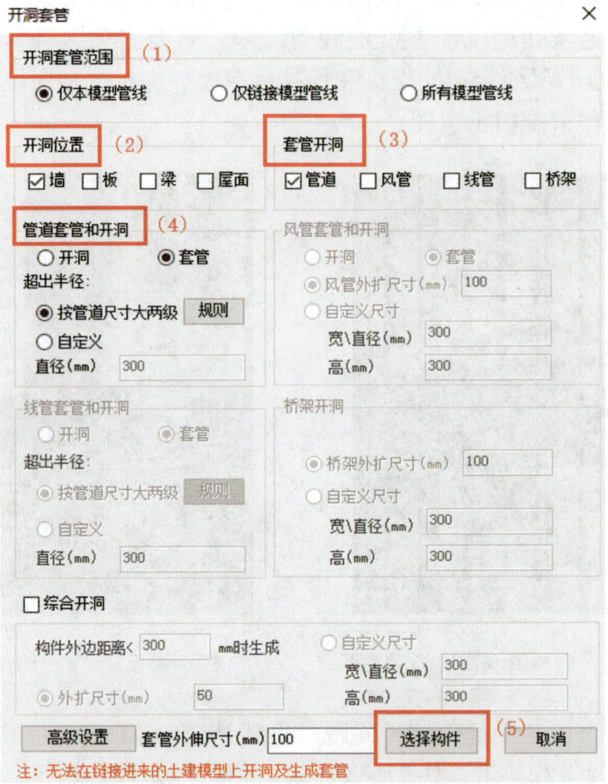

图 3.39　“开洞套管”设置对话框

如果后期管线的位置需要调整，则可点击“套管位置更新”，对调整后的管线进行套管位置的更新。开洞套管后模型如图 3.40 所示。

图 3.40　开洞套管后的模型图

【课后拓展】

在混凝土楼板、梁、墙上预留孔、洞、槽和预埋件时，应有专人按设计图纸将管道及设备的位置、标高尺寸提前测定，标好孔洞的部位，将预制好的模盒、预埋铁件在绑扎钢筋前按标记固定牢，盒内塞入纸团等物。在浇筑混凝土过程中应有专人配合校对，看管模盒、预埋件，以免移位。图 3.41 所示为管道穿楼板做法示意图，图 3.42 所示为管道穿地下室墙预埋套管做法示意图。

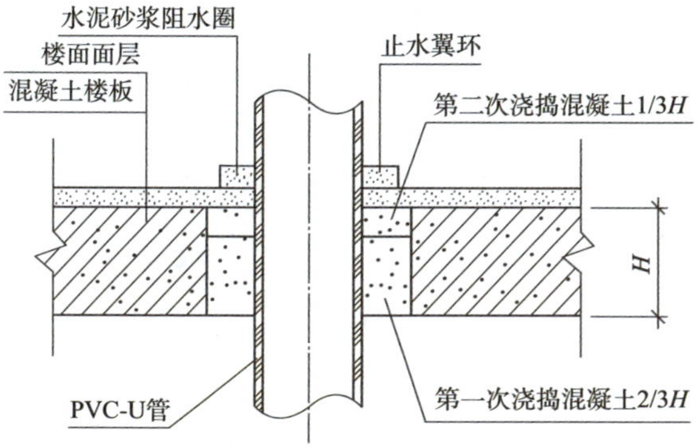

图 3.41 管道穿楼板做法示意图

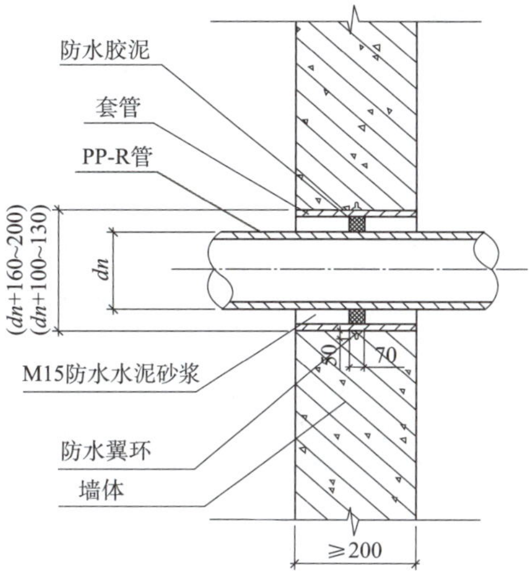

图 3.42 管道穿地下室墙预埋套管做法示意图

【课后练习】

依据品茗商业综合楼案例工程管线综合后的机电模型在土建模型上完成地下一层的开洞套管，完成后的部分模型如图 3.43、图 3.44 所示。

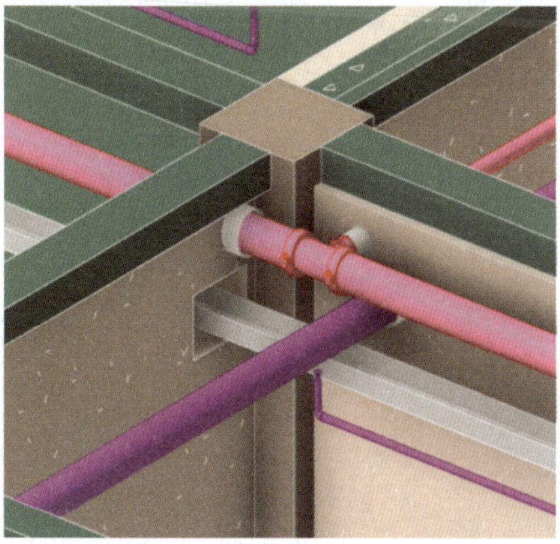

图 3.43 水管开洞套管三维模型图

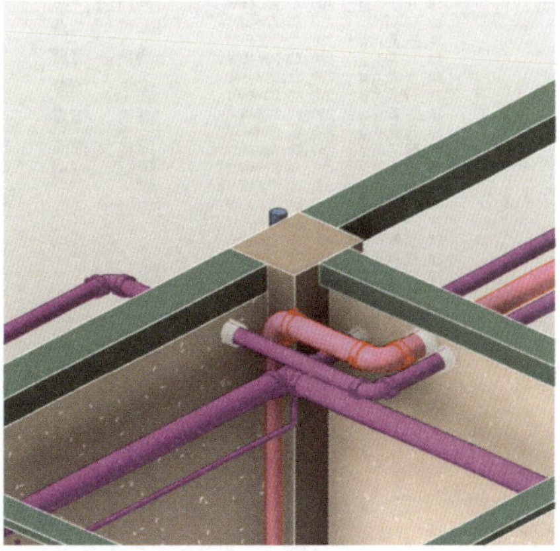

图 3.44 桥架开洞套管三维模型图

3.5 HiBIM 净高分析

室内净高是指楼面或地面至上部楼板底面或吊顶底面之间的垂直距离。其中，根据住建部、国家质量监督检验检疫总局联合发布的《住宅设计规范》（GB 50096—2011）规定，住宅层高宜为 2.80m，卧室、起居室的室内净高不应低于 2.40m，局部净高不应低于 2.10m，且其面积不应大于室内使用面积的 1/3；利用坡屋顶内空间作卧室、起居室时，其 1/2 面积的室内净高不应低于 2.10m；厨房、卫生间的室内净高不应低于 2.20m；厨房、卫生间内排水横管下表面与楼面、地面净距不得低于 1.90m，且不得影响门、窗扇开启。

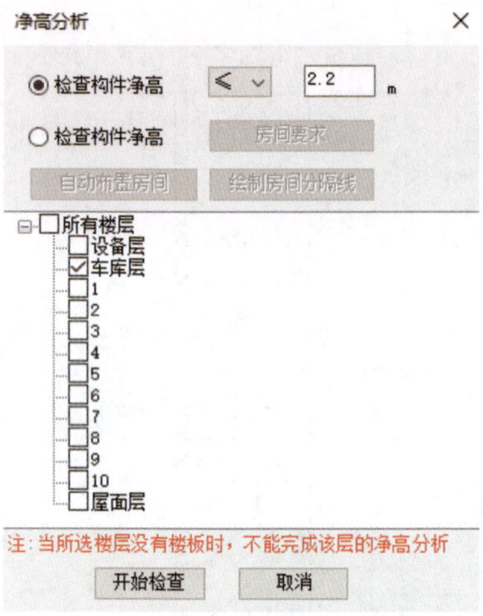

图 3.45　“净高分析”对话框

管线综合净高分析是指分析在管线无碰撞并满足现场安装、检修要求的情况下，管道的下表面与楼面、地面净距是否符合标准。一般是指地下室的管线综合净高分析，主要用于检测风管、桥架、水管是否低于净高设定值。

【课堂练习】

根据品茗商业综合楼案例工程完成的土建与机电模型，做地下一层即车库层的净高分析，操作如下。

步骤（1）：在“模型优化”选项卡下点击图标“运行净高分析”，弹出“净高分析”对话框，如图 3.45 所示。输入需要检查的净高，并勾选楼层。

步骤（2）：点击“开始检查”按钮，弹出如图 3.46 所示界面，选择一个底部构件并点击不满足净高要求的构件名称，点击“查看”按钮可直接定位该构件的局部三维模型，如图 3.47 所示，方便进一步分析和修改。

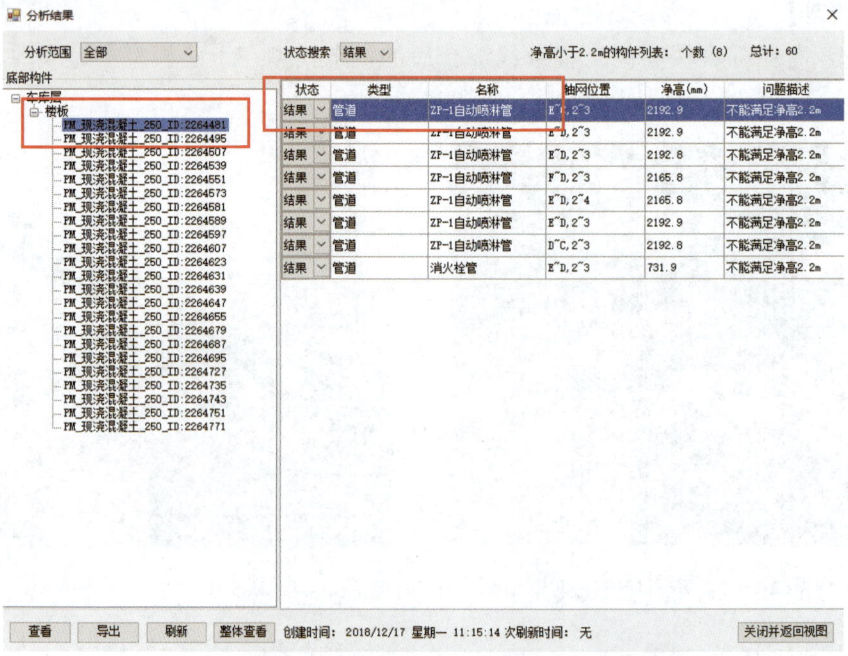

图 3.46　净高分析结果

步骤（3）：点击“关闭并返回视图”按钮，该功能结束。

同样，还可以根据不同房间设置不同的净高，以地上一层为例做净高分析，操作如下：

步骤（1）：点击“检查构件净高”，如图 3.48 所示，选择楼层并点击“自动布置房间”按钮，弹出如图 3.49 所示界面，点击“是”。

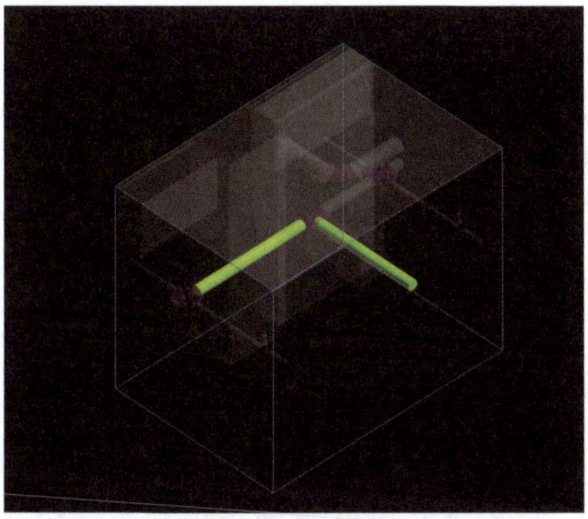

图 3.47　净高分析局部三维视图

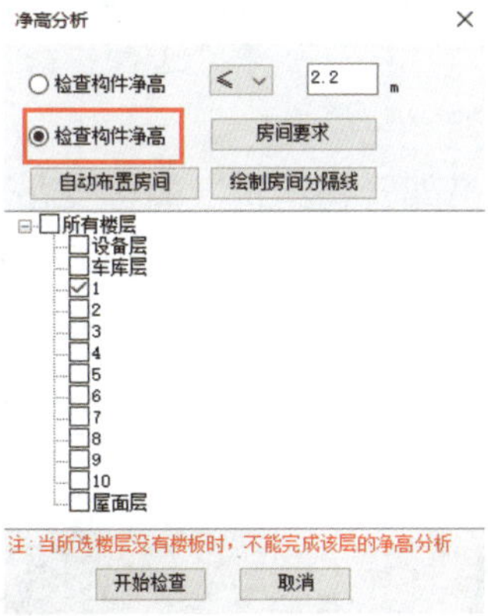

图 3.48　“净高分析”设置

按照房间的用途，双击房间名称，将房间的命名进行对应更改，如图 3.50 所示。

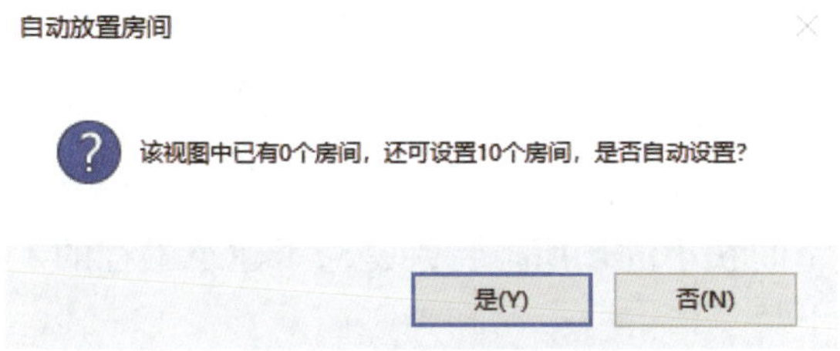

图 3.49　房间标记设置

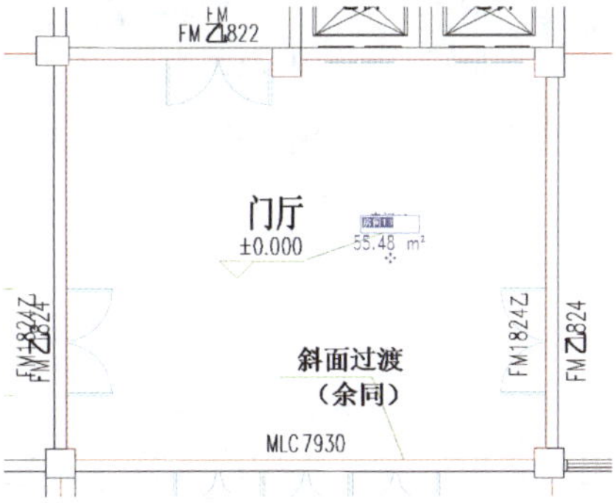

图 3.50　房间名称更改

步骤（2）：回到净高分析的界面，点击“房间要求”命令，弹出“房间要求”对话框，如图 3.51 所示，根据不同房间的净高需求，输入净高检查的数值，点击“确定”，运行“开始检查”命令。

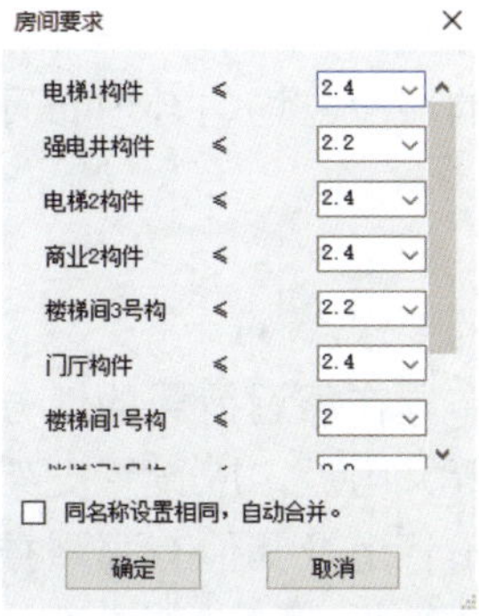

图 3.51　“房间净高”设置

【课后练习】

根据上文所述的净高要求完成品茗商业综合楼案例工程所有房间的净高分析。

3.6　HiBIM 管道卡箍与支吊架

3.6.1　支吊架

管道支吊架管托结构（简称支吊架）的设计和形式选用是管道系统设计中的一个重要组成部分，管托除支撑管道重量外，特制的管托可平衡管道作用力，限制管道位移和吸收震动，在管道系统设计时，正确选择和布置结构合理的管托，能够改善管道的应力分布和对管架的作用力，确保管道系统安全运行，并延长其使用寿命。图 3.52 所示为消防管道支吊架，图 3.53 所示为综合支吊架。

图 3.52　消防管道支吊架

图 3.53　综合支吊架

1. 综合支吊架

综合支吊架适用于有多种管线，而布置空间狭小的场所，特别是对于建筑工程的走道、地下室及走廊等管线集中的部位。其具有以下特点：

（1）施工简便。因为空调水系统、空调风系统、消防平层主管、强弱电桥架，可以采用同一支吊架，在施工前支架均已布置安装完成，省去了穿插安装支吊架的复杂过程，提高工作效率。

（2）节约投资。支吊架的减少，减少了钢材用量，节约了成本。

（3）有效控制标高。综合平衡技术就是怎样有效地利用空间，在满足各种管线布置的前提下，压缩空间，可以有效地控制标高。

（4）使管线布局清晰。支吊架的减少，均匀合理布置综合支吊架，使管线看起来清晰，没有凌乱感。

2. 确定管道支吊架位置的要点

（1）要满足管道最大允许跨度的要求。

（2）在有集中荷载时，支架要布置在靠近荷载的地方，以减少偏心荷载和弯曲应力。

（3）在敏感设备（泵、压缩机等）附近，应设置支架，以防管道荷载作用于设备管口。

（4）往复式压缩机的吸入或排出管道及其他有强烈振动的管道，宜单独设置支架，并与建筑物隔离，以避免将振动传递到建筑物上。

（5）承重支架应安装在靠近设备管口处，以减少管口受力。

（6）除振动管道外，应尽可能利用建筑物、构筑物的梁柱作为支架的生根点，且应考虑生根点所能承受的荷载。

（7）对于需要作应力计算的管道，应根据应力计算结果设置管架。

（8）管道尽量集中布置，如成排布置，便于做联合支架，尽量减少分散独立设置的柱式架。同时达到整齐美观。

（9）管道成组布置时，水平管管托底面和不保温管的管底应取齐，以便设计支架。

（10）支架设在不妨碍管道与设备的连接和检修的部位。

（11）采用弹簧支座或吊架时，管道与生根构件之间应有足够的空间。

【课堂练习】

根据品茗商业综合楼案例工程完成管线综合后的车库层机电模型，按照布置支吊架的相关规范，布置单根支吊架以及综合支吊架，图 3.54 所示为车库层机电三维模型示意图。

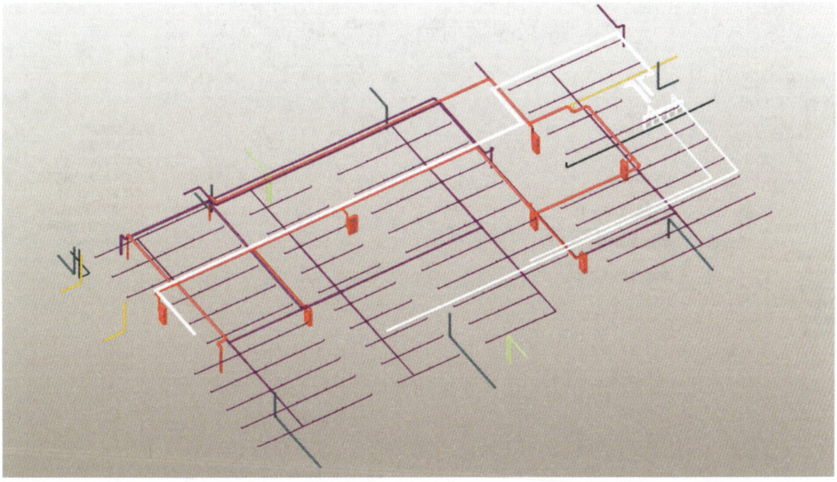

图 3.54　车库层机电三维模型示意图

步骤（1）：在“模型优化”选项卡下点击“支吊架布置”，弹出“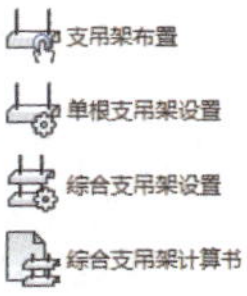
”选项。

步骤（2）：点击“单根支吊架设置”，弹出“管道支架”对话框，如图 3.55 所示，相关参数可根据实际施工情况进行修改。

步骤（3）：点击“综合支吊架设置”，弹出“综合支吊架设置”对话框，如图 3.56 所示。

步骤（4）：设置好相关参数后，点击“支吊架布置”跳转到视图平面，框选需要生成支吊架的管道，点击软件左上角“完成”按钮生成支吊架模型，如图 3.57 所示。

【课后练习】

根据品茗商业综合楼案例工程模型完成案例工程地下一层的管道支吊架布置，如图 3.58 所示。

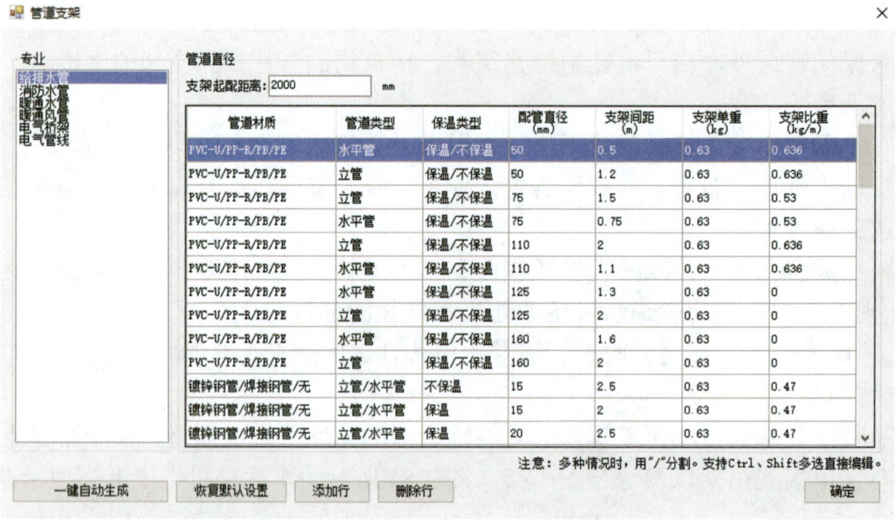

图 3.55 “管道支架”对话框

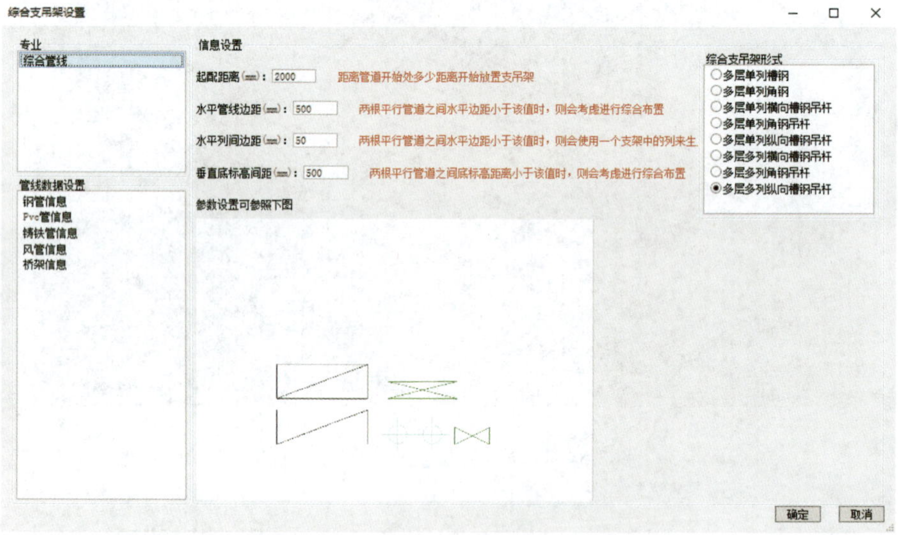

图 3.56 “综合支吊架设置”对话框

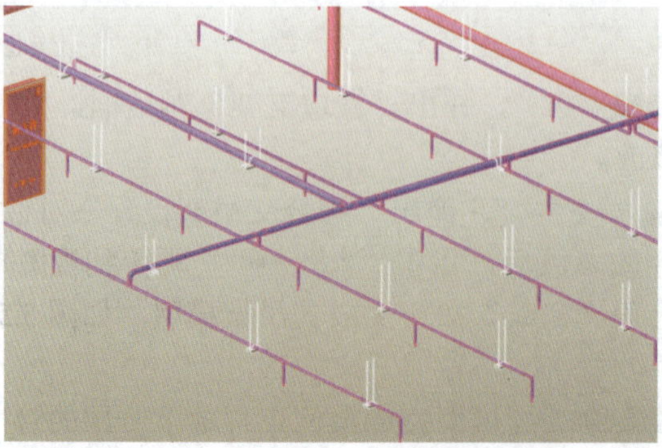

图 3.57　支吊架三维模型示意图

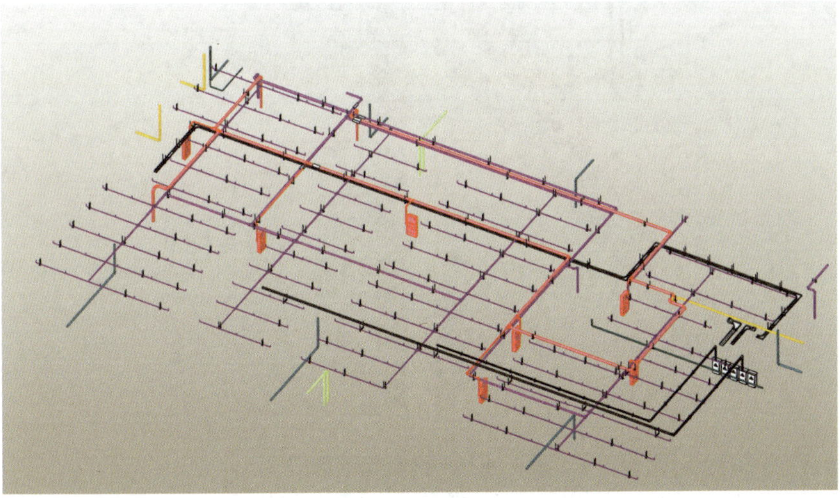

图 3.58 管道支吊架布置三维模型图

3.6.2 卡箍

卡箍是连接带沟槽的管件、阀门以及管路配件的一种连接装置，用在快速接头之间起紧箍作用（图 3.59），一般两个接头带有垫片、橡胶、硅胶和四氟。其性能良好，密封度高，安装简易。

【课堂练习】

根据品茗商业综合楼案例工程管线综合后的车库层机电模型，按照布置卡箍的相关规范，布置卡箍。

步骤（1）：在“模型优化”选项卡点击下“
”，弹出“自动生成卡箍”对话框，如图 3.60 所示。

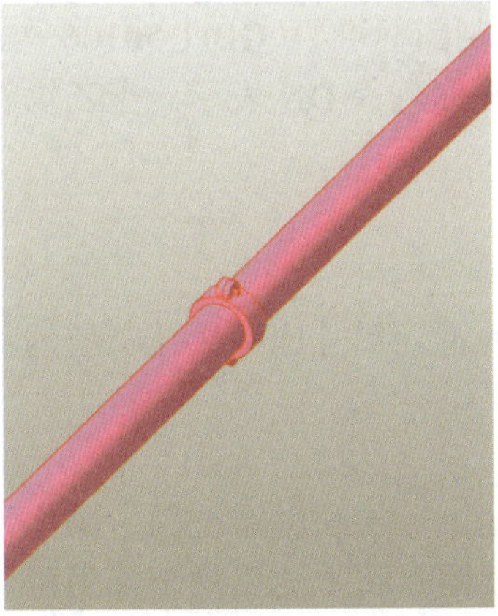

图 3.59 消防管卡箍三维模型图

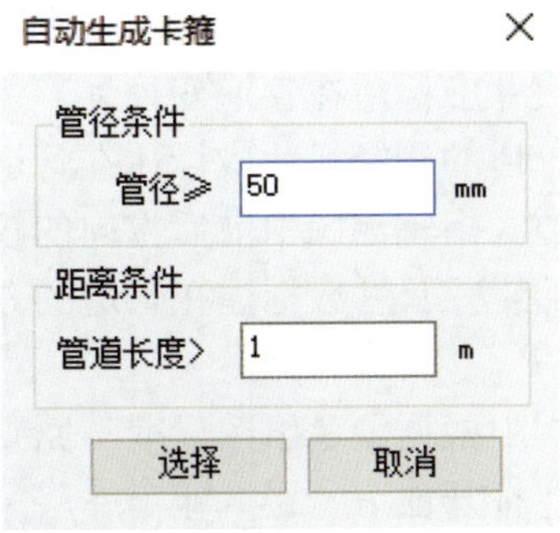

图 3.60 “自动生成卡箍”对话框

步骤（2）：输入需要生成卡箍的管径、管道长度，点击“选择”按钮进入视图平面点选或框选管道后，点击选项栏左上角的“完成”，完成卡箍布置，如图 3.61 所示。

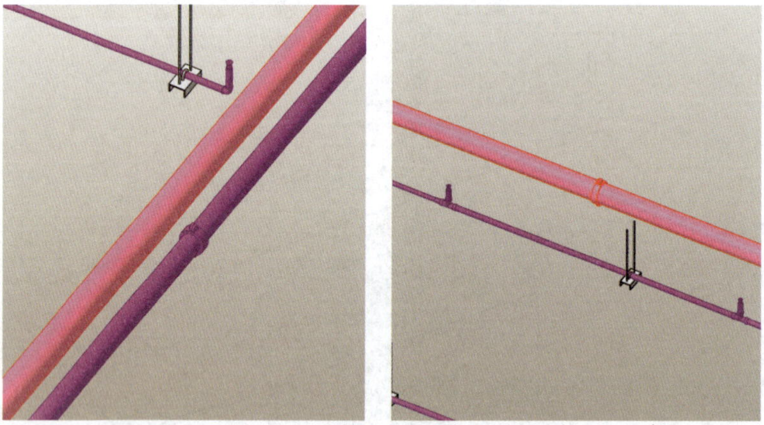

图 3.61　卡箍布置示意图

3.7　HiBIM 管道标注与施工出图

BIM 出图与以往的二维平面图纸不同，是通过对建筑物进行可视化展示、协调、模拟、优化以后，完成下列图纸的出图：

（1）综合管线图（经过碰撞检查和设计修改，消除了相应错误以后）。

（2）综合结构留洞图（预埋套管图）。

（3）碰撞检查侦错报告和建议改进方案。

管道工程图中标注管径的符号有 De、DN。

De——主要指管道外径，一般采用 De 标注的，均需要标注成“外径×壁厚”的形式。常用于表示无缝钢管、焊接钢管、铜管、不锈钢管、PPR、PE 管、高密度聚乙烯管、聚丙烯管管径及壁厚。

DN——公称直径，一般来说《建筑给水排水制图标准》（GB/T 50106—2010）上都有规定，水煤气输送钢管、铸铁管等管材，管径宜以公称直径 DN 表示。聚乙烯管、钢塑复合管管径也常用公称直径表示，管道标注要求如下：

（1）管径尺寸应标注在管道变径处。

（2）水平管道的管径尺寸应标注在管道上方。

（3）斜管道（指轴测图中前后方向的管道）的管径尺寸应标注在管道的斜上方。

（4）竖管的管径尺寸应标注在管道的左侧。

【课堂练习】

在案例工程中根据管道出图标准与原则完成地下一层喷淋系统图。操作如下：

步骤（1）：打开地下一层（即车库层）平面视图，将土建模型全部隐藏，只留机电专业模型。在“主体建模”选项卡下找到“
”，弹出“显隐控制”对话框，如图 3.62 所示，将土建模型的勾选去掉，只留下机电专业模型。

步骤（2）：对除了喷淋系统以外的管道和桥架全部进行隐藏。将鼠标放在消防管道上，不需要点击，按键盘上的“Tab 键”进行切换（可多次按 Tab 键），整个消防系统被选中后，鼠标左键单击选中的消防系统，所有的消防管道会被选中，使用临时隐藏命令可将消防管道全部隐藏（快捷键为“HH”或“hh”），如图 3.63 所示。

图 3.62　“显隐控制”对话框

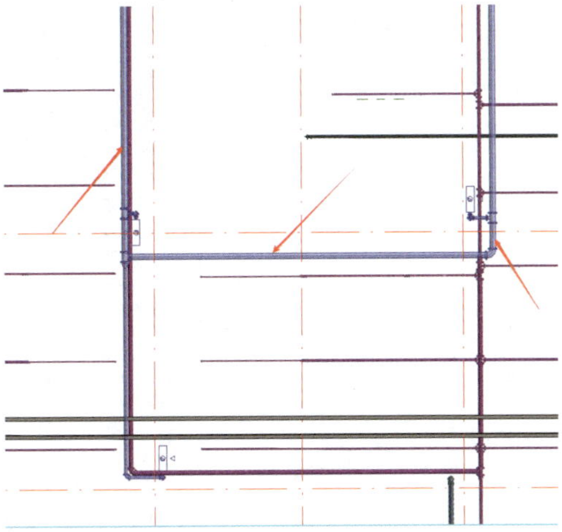

图 3.63　消防系统示意图

其余管道和机电设备也按同样步骤进行临时隐藏，隐藏完成后的模型如图 3.64 所示。

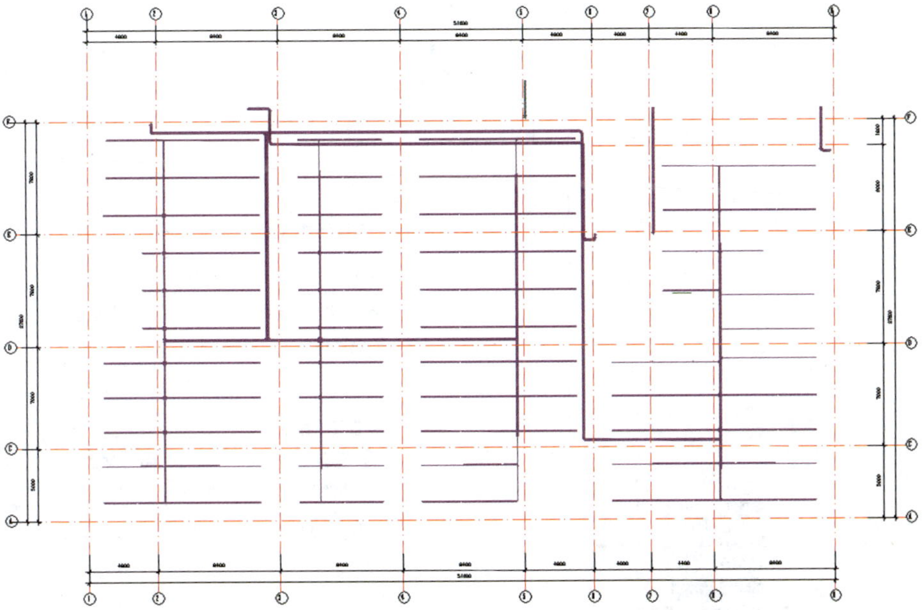

图 3.64　机电专业平面图

步骤（3）：选中一根轴网，在属性栏将轴网类型属性的“轴线中段”改为“无”，如图 3.65 所示。

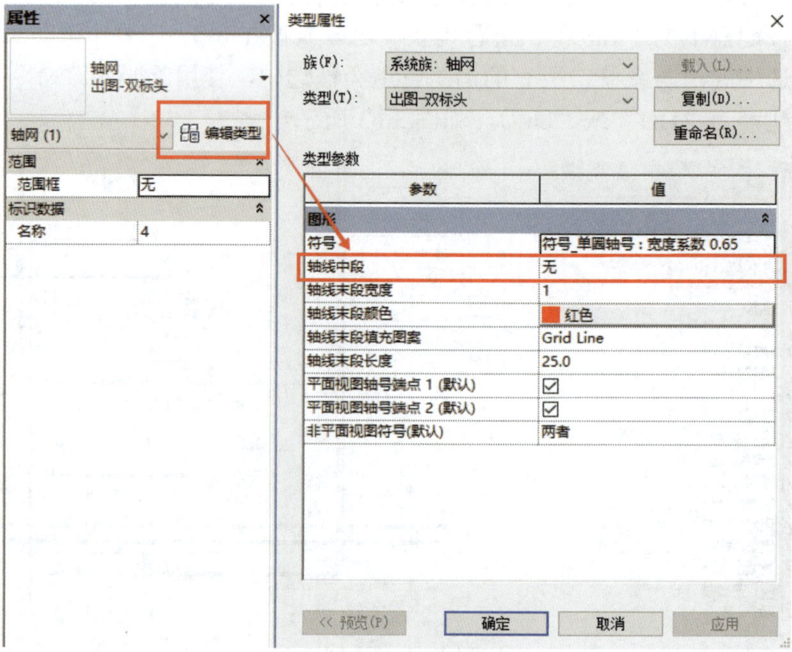

图 3.65　轴网属性设置示意图

步骤（4）：在楼层平面中，右键点击地下一层（即车库层）“复制视图”“带细节复制”，即可复制出来一个车库层的副本，如图 3.66 所示。

步骤（5）：在“标注出图”选项卡下“

”，弹出“管道尺寸标注”对话框，如图 3.67 所示。

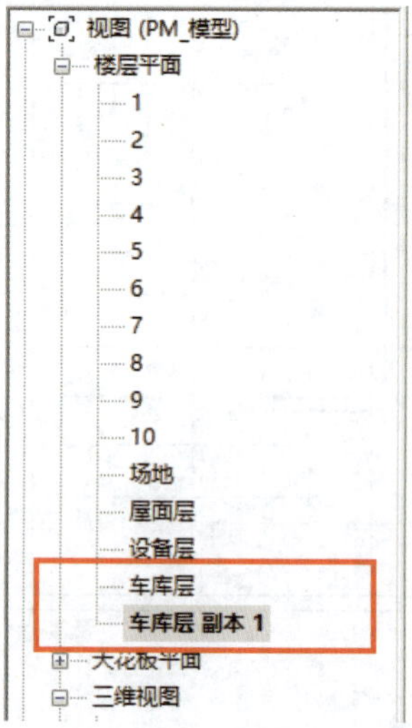

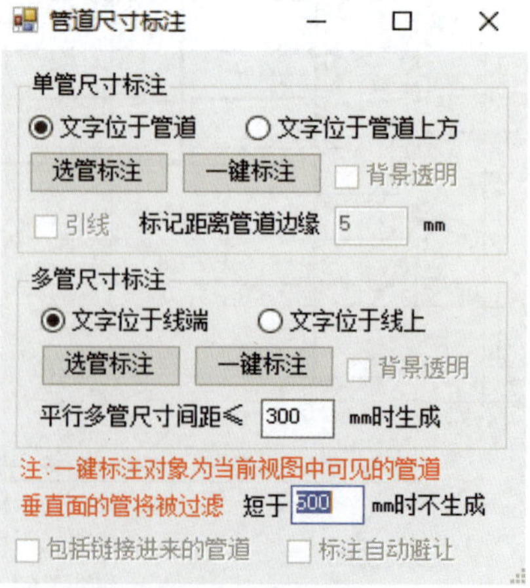

图 3.66　新建车库平面图副本示意图　　　　图 3.67　“管道尺寸标注”对话框

步骤（6）：点击“选管标注”选择管道进行标注，或者点击“一键标注”按钮对视图中能见的所有管道进行标注，标注后的部分管道如图 3.68 所示。

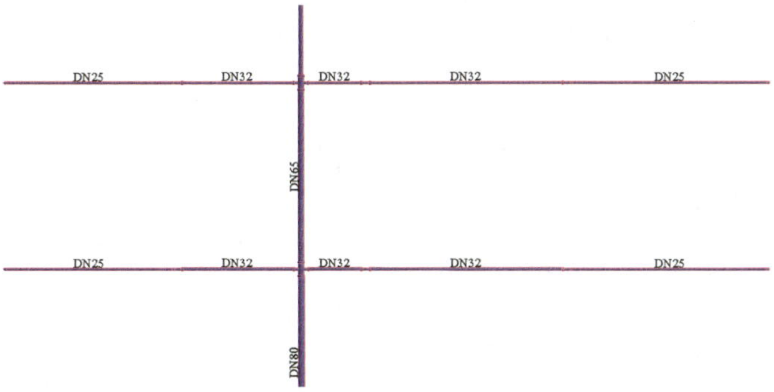

图 3.68　地下一层喷淋系统局部平面图

步骤（7）：在项目浏览器找到“图纸（楼层平面）”，右键选择“新建图纸”，点击“确定”，如图 3.69 所示。

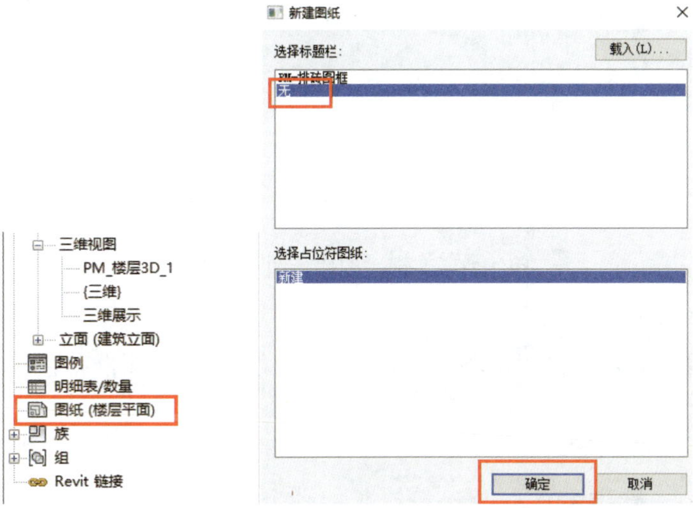

图 3.69　“新建图纸”对话框

步骤（8）：回到项目浏览器找到新建好的图纸，右键重命名为喷淋系统图，如图 3.70 所示。

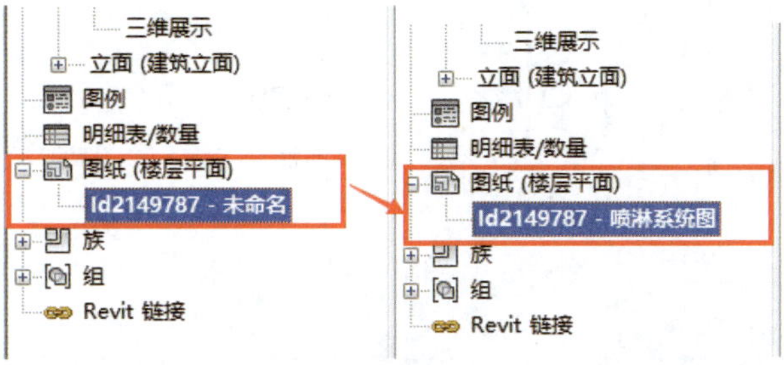

图 3.70　楼层平面图名修改示意图

步骤（9）：双击喷淋系统图，将“车库层副本 1”直接拖至视图窗口，点击视图窗口出现黑框，将“车库层 副本 1”更改为“喷淋系统图”，并将该标题拖至中间合适的位置，如图 3.71 所示。

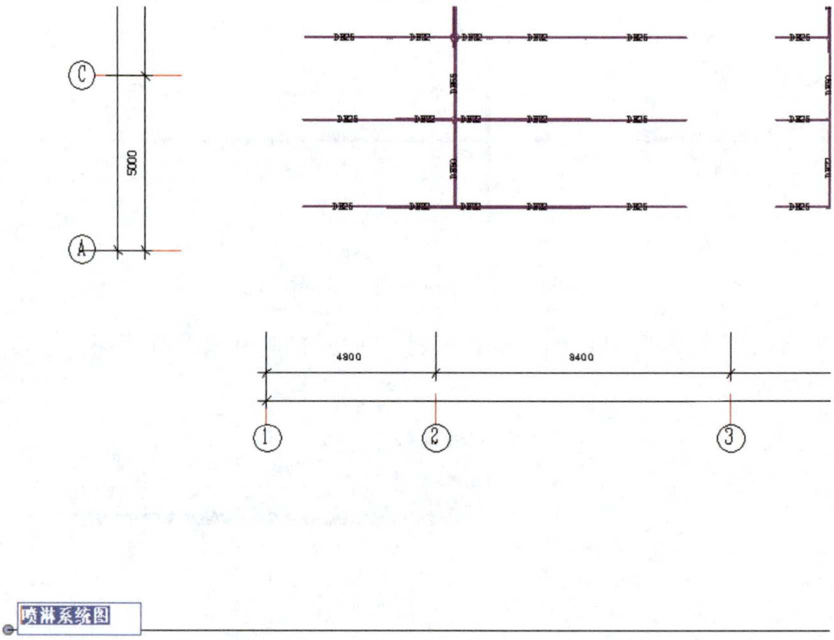

图 3.71 平面视图修改图名示意图

步骤（10）：在“标注出图”选项卡下点击“
”，弹出“图框布置”对话框，如图 3.72 所示。

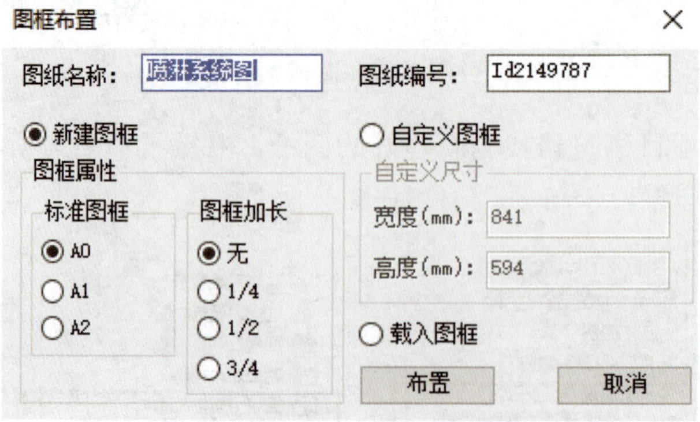

图 3.72 “图框布置”对话框

步骤（11）：点击“布置”，在识图窗口将图框拖至合适位置，即完成喷淋系统的出图，如图 3.73 所示。

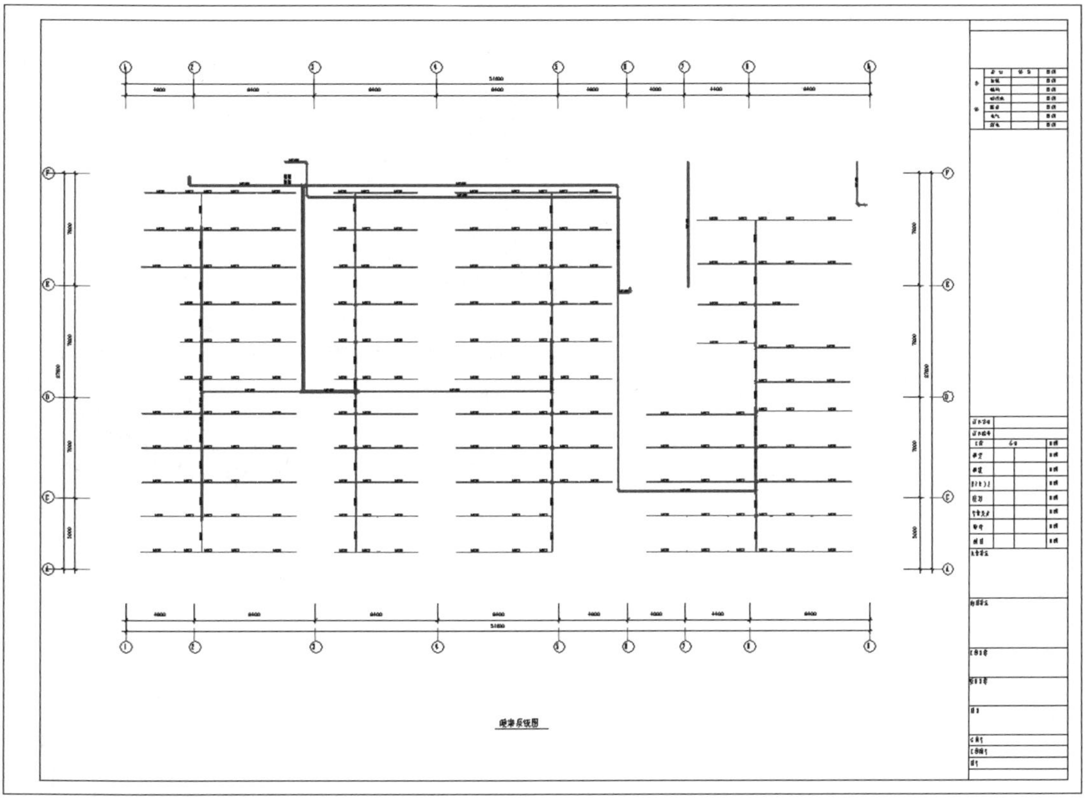

图 3.73 喷淋系统图

【课后练习】

根据品茗商业综合楼案例工程喷淋模型，完成案例工程中地下一层（即车库层）的喷淋系统出图。

参 考 文 献

［1］ 中华人民共和国住房和城乡建设部．GB/T 51235—2017 建筑信息模型施工应用标准［S］．北京：中国建筑工业出版社，2017.

［2］ 郭进保．中文版 Revit2016 建筑模型设计［M］．北京：清华大学出版社，2016.

［3］ 吴文勇，杨文生，焦柯．结构 BIM 应用教程［M］．北京：化学工业出版社，2016.

普通高等教育“十二五”规划教材

电气工程制图

主编　刘皓明　赵恒文

中国水利水电出版社
www.waterpub.com.cn

内 容 提 要

本书以工程制图和电气识图为主线，介绍了电气工程制图与识图的基础知识。其中，工程制图部分主要包括制图基本知识，正投影法，机件形状表达方法，零件图，装配图等；电气识图部分主要包括电气制图基本知识，图形符号与文字符号，各种电气图表示方法，识读电气图等；最后介绍了 AutoCAD 的基本应用。

本书可作为电气工程及其自动化专业、自动化专业及其他相近专业本科生教材，亦可供相关专业的科技人员参考或作为岗位培训教材。

图书在版编目（CIP）数据

电气工程制图 / 刘皓明，赵恒文主编. -- 北京 : 中国水利水电出版社，2011.3(2024.9重印).
普通高等教育“十二五”规划教材
ISBN 978-7-5084-8464-8

Ⅰ. ①电… Ⅱ. ①刘… ②赵… Ⅲ. ①电气工业－工程制图－高等学校－教材 Ⅳ. ①TM02

中国版本图书馆CIP数据核字(2011)第041538号

书　　名	普通高等教育“十二五”规划教材 **电气工程制图**
作　　者	主编　刘皓明　赵恒文
出版发行	中国水利水电出版社 （北京市海淀区玉渊潭南路 1 号 D 座　100038） 网址：www.waterpub.com.cn E-mail：sales@mwr.gov.cn 电话：（010）68545888（营销中心）
经　　售	北京科水图书销售有限公司 电话：（010）68545874、63202643 全国各地新华书店和相关出版物销售网点
排　　版	中国水利水电出版社微机排版中心
印　　刷	清淞永业（天津）印刷有限公司
规　　格	184mm×260mm　16 开本　13.25 印张　314 千字
版　　次	2011 年 3 月第 1 版　2024 年 9 月第 7 次印刷
印　　数	17001—18000 册
定　　价	**48.00** 元

前言

QIANYAN

工程制图是许多高等院校电气工程及其自动化专业或者自动化专业本科生的一门必修课，要求掌握阅读和手工尺规绘制机械图纸的理论和方法的基本技能。然而，所学知识偏重于机械制图，知识要点略显冗余，且没有涉及电气识图。为此，需另开设课程，以使得相关专业培养的本科毕业生具备一定的识读电力系统、电气设备以及电子电路的接线方式或控制原理图纸的能力。

本书结合相关专业需求，对传统工程制图部分适度简化，增加电气识图知识，在保留工程制图基本知识、正投影法、机件形状表达方法、零件图、装配图的基础上，增加电气制图基本知识、电气图形符号与文字符号、电气图表示方法、如何识读电气图等知识要点，并简单介绍了AutoCAD在电气制图中的基本应用。

本书内容由浅入深，前后有机结合、融会贯通，许多图例来自于工程实例，采用最新国际和国家标准及规范，通俗实用，理论与实践相结合，集电气、工程制图于一体。

本书主要编写分工如下：工程制图基础部分和电气制图部分（第一章、第二章、第六章至第十章）由刘皓明编写，机件形状的表达方法、零件图和装配图部分（第三章至第五章）由赵恒文编写，全书由刘皓明统稿和组织。

本书的编写得到了河海大学能源与电气学院的倾力支持。秦战生副教授和林霞博士给予作者许多帮助，特此表示感谢。

由于作者的学识和经验有限，书中错误和不妥之处在所难免，恳请读者批评指正。

作　者

2011年1月

目 录

MULU

第一章　工程制图基本知识

第一节　国家标准《技术制图》和《机械制图》

图样作为“工程界的语言”，必须有统一的规定，才能用来交流技术思想，顺利地组织工程产品的生产。我国于1959年首次发布了机械制图国家标准，随着生产技术和经济建设的不断进步和对外技术交流发展的需要，先后几次发布了修订的《机械制图》国家标准，之后又陆续发布了一些技术制图国家标准。本节简要介绍新的国家标准中有关图纸幅面及格式、比例、字体、图线和尺寸注法等部分，其余部分将在后面有关章节中介绍。每一个工程技术人员必须以严肃认真的态度遵守标准规定。

一、图纸幅面和格式

1. 图纸幅面和图框格式

绘制图样时，应优先采集表1-1中规定的基本幅面，必要时允许选用加长幅面。加长幅面的尺寸特点是：长边和短边的尺寸比是$\sqrt{2}$：1。大于A4图纸的每一号图纸，可以裁成两张比它小一号的图纸。

表1-1　　**基本图纸幅面及图框尺寸**　　单位：mm

幅面代号	A0	A1	A2	A3	A4
$B\times L$	841×1189	594×841	420×594	297×420	210×297
e	20		10		
c	10			5	
a	25				

在图纸上，必须用粗实线画出图框，用来限定绘图区域，其格式分为不留装订边（图1-1）和留有装订边（图1-2）两种。同一产品的图样只能采用一种格式。加长幅面的图框尺寸按所选定基本幅面大一号的图框尺寸确定。

2. 标题栏及其方位

每张图纸上都必须画出标题栏，它的基本要求、内容、尺寸和格式应按GB/T 10609.1—2008《技术制图　标题栏》的规定。本教材将标题栏作了简化，如图1-3所示，建议作业中采用图中A栏的格式和内容，如图1-4所示。

根据视图的布置需要，图纸可以横放或竖放，标题栏应位于图框右下角，如图1-1和图1-2所示，这时看图与看标题栏的方向一致。但有时为了利用预先印刷好图框和标

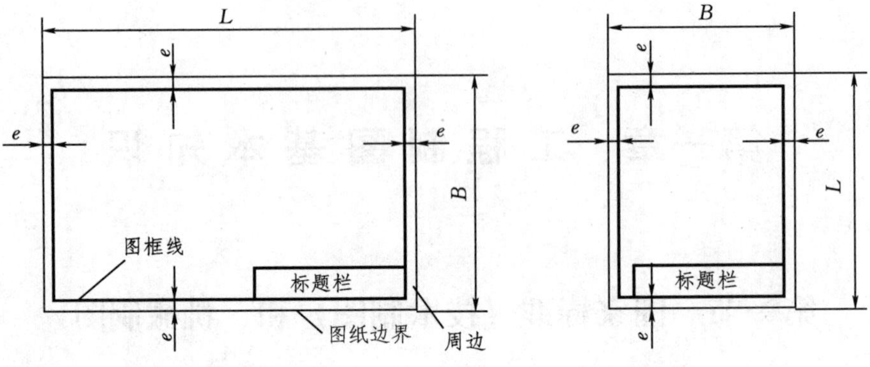

(a)　　　　(b)

图 1-1　不留装订边的图框格式

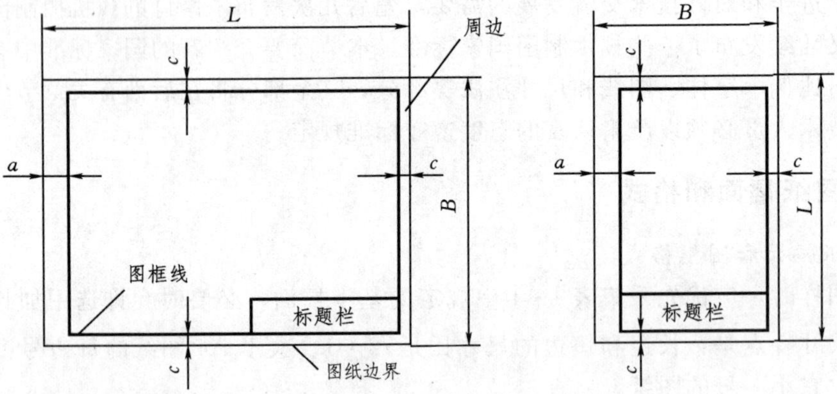

(a)　　　　(b)

图 1-2　留有装订边的图框格式

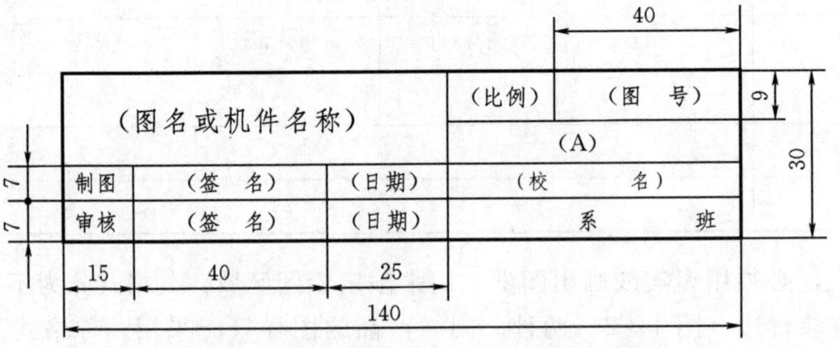

图 1-3　简化的标题栏（单位：mm）

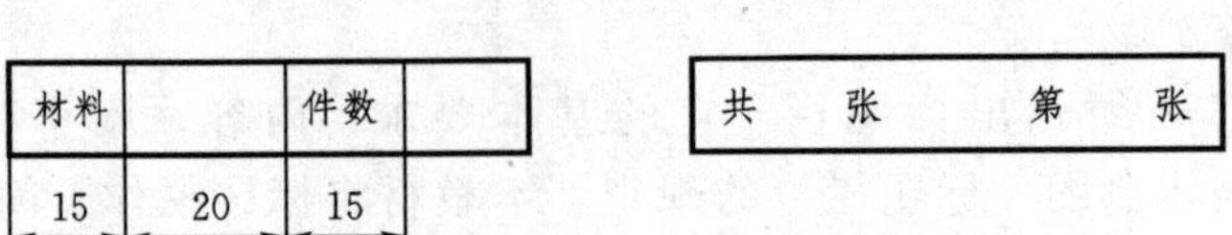

(a)　　　　(b)

图 1-4　标题栏中“A”栏的格式（单位：mm）

(a) 零件图；(b) 装配图

题栏的图纸，允许将图纸逆时针旋转，标题栏位于图框右上角，如图 1－5 所示，此时看图方向与看标题栏的方向不一致。为了明确绘图与看图时的图纸方向，应在图框下边的中间位置画一个方向的符号——细实线的等边三角形。

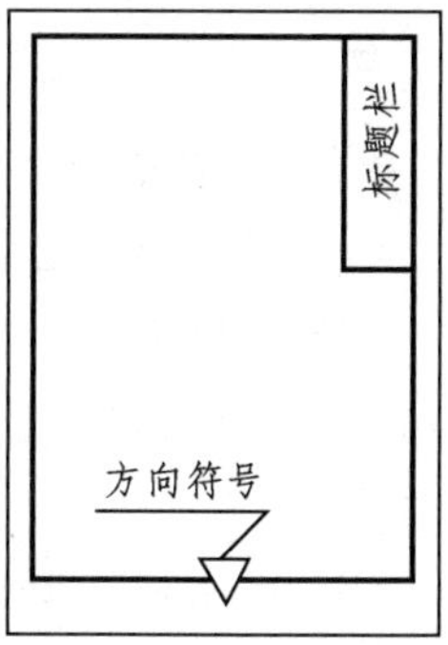

图 1－5　允许设置标题栏的位置

二、比例

图中图形与其实物相应要素的线性尺寸之比称为比例。比值为 1 的比例称为原值比例，比值大于 1 的比例称为放大比例，比值小于 1 的比例称为缩小比例。

需要按比例绘制图形时，应由表 1－2 的左半部规定的系列中选取适当的比例，必要时也允许选用此表右半部的比例。

表 1－2　　标准比例系列

种类	优先选用比例	允许选用比例
原值比例	1∶1	
放大比例	5∶1、2∶1	4∶1、2.5∶1
	5×10^n∶1、2×10^n∶1、1×10^n∶1	4×10^n∶1、2.5×10^n∶1
缩小比例	1∶2、1∶5	1∶1.5、1∶2.5、1∶3、1∶4、1∶6
	1∶2×10^n、1∶5×10^n、1∶1×10^n	1∶1.5×10^n、1∶2.5×10^n、1∶3×10^n、1∶4×10^n、1∶6×10^n

注　n 为整数。

绘制同一机件的各个图形一般应采用相同的比例，并在标题栏的“比例”栏内填写，如“1∶1”、“2∶1”等。当某个图形需要不同的比例时，必须按规定另行标注。

图 1－6 所示为同一五角星采用不同比例所画的图形。在图 1－6（a）中，比例为 1∶1，外接圆直径画出实际大小 20mm，而在图 1－6（b）中，比例为 2∶1，外接圆直径画成 40mm，但两个图形所注的尺寸都是实际尺寸“20mm”。

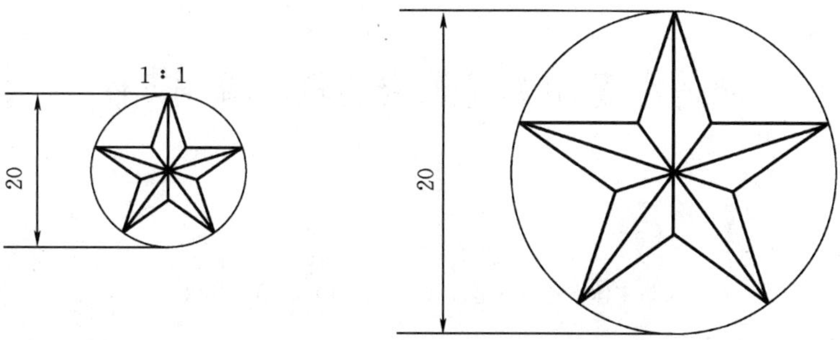

(a)　　(b)

图 1－6　用不同比例画出的图形
(a) 1∶1；(b) 2∶1

三、字体

1. 技术图形及其有关技术文件中字体的基本要求

（1）书写字体必须做到：字体工整、笔画清楚、间隔均匀、排列整齐。

（2）字体高度（用 h 表示）的公称尺寸系列为：1.8，2.5，3.5，5，7，10，14，20mm（次系数的公比为$\sqrt{2}$）。如有所需，字高可按$\sqrt{2}$的比率递增。字体的高度代表字体的号数。

（3）汉字应写成长仿宋体，并应采用国务院正式公布推行的简化汉字。汉字的高度 h 不应小于 3.5mm，其宽一般为 $h/\sqrt{2}$。

（4）字母和数字分 A 型和 B 型。A 型字体的笔画宽度（d）为字高（h）的 1/14，B 型字体的笔画宽度为字高的 1/10。在同一图样上，只允许选用一种型式的字体。

（5）字母和数字可写成斜体和直体。斜体字字头向右倾斜，与水平线成 75°。

（6）汉字、拉丁字母、数字等组合书写时，其排列格式和间距都应符合标准规定。

2. 常用字体示例

（1）汉字。写长仿宋体汉字的要领是：横平竖直，注意起落，结构均匀，填满方格。长仿宋体字的基本笔画写法和字体示例如图 1-7 所示。

(a)

字体工整 笔画清楚

间隔均匀 排列整齐

横平竖直 注意起落 结构均匀 填满方格

(b)

图 1-7 汉字

(a) 长仿宋体字的基本笔画及写法；(b) 长仿宋体汉字示例

（2）拉丁字母和数字。表 1-3 列出了斜体大写、小写拉丁字母和数字的结构型式，初学者要通过分格线弄清每个字的各部分宽度和高度的比例关系，以求写得正确。

（3）用作指数、分数、注脚等的数字及字母。一般应采用小一号的字体，如图 1-8 所示。

表 1－3　　斜体字母和数字示例

拉丁字母	A 型	大写	ABCDEFGHIJKLMN OPQRSTUVWXYZ
		小写	abcdefghijklmn opqrstuvwxyz
阿拉伯数字和直径符号	A 型		0123456789 Φ
	B 型		0123456789 Φ
罗马数字	A 型		I II III IV V VI VII VIII IX X

$$10^{3} \quad S^{-1} \quad D_{1} \quad T_{d} \quad 7^{\circ}{}^{+1^{\circ}}_{-2^{\circ}} \quad \frac{3}{5}$$

图 1－8　字体示例

四、图线及其画法

图线是图中所采用的各种形式的线。国家标准规定图线的基本线型有 15 种，所有线型的凸显宽度（d）应按照图样的类型、图的大小和复杂程度在数系 0.13，0.18，0.25，0.35，0.7，1，1.4，2mm 中选取，此数系的公比为$\sqrt{2}$（≈1.4）。

机械图样通常采用表 1－4 列出的 9 种图线；按线宽分为粗线和细线两种，宽度比为 2∶1。在本课程中粗线宽度（b）一般以 0.7mm 为宜。

表 1－4　　机械图样中采用的图线

图线名称	图线型式	图线宽度	应用举例
粗实线		b	可见轮廓线，相贯线，可见棱边线
细实线		$b/2$	尺寸线，尺寸界线，剖面线，重合断面的轮廓线，引出线

续表

图线名称	图线型式	图线宽度	应用举例
波浪线		$b/2$	断裂处的边界线，视图和剖视图的分界线
双折线		$b/2$	断裂处的边界线，视图和剖视图的分界线
细虚线		$b/2$	不可见轮廓线，不可见棱边线
粗虚线		b	允许表面处理的表示线
细点画线		$b/2$	轴线，对称中心线
粗点画线		b	限定范围表示线
细双点画线		$b/2$	相邻辅助零件的轮廓线，极限位置的轮廓线，轨迹线，中断线

注　波浪线和双折线一般在一张图中只采用其一。

图 1－9 所示为图线的应用举例。

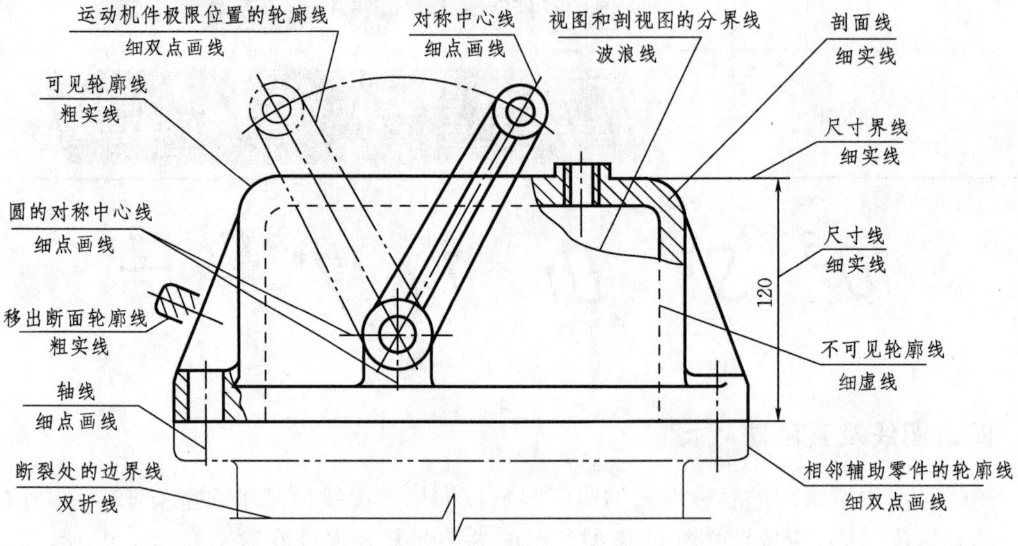

图 1－9　图线应用举例

图线的画法有如下要求：

（1）在同一图样中，同类图线的宽度应该基本一致。虚线、点画线及双点画线的线段宽度和间隔应各自大致相等。点画线和双点画线中的“点”应圆成长约 1mm 的短画线，点画线和双点画线的首尾两端应是长画线而不是点。

（2）绘制圆的对称中心线时，圆心应为线段的交点，点画线两端应超出圆弧或相应图形 3～5mm，如图 1－10（a）所示。

（3）在较小的圆弧上绘制点画线或者双点画线有困难时，可用细实线代替。

（4）当图线相交时，必须是线段相交。当虚线成为粗实线的延长线时，在虚线、实线的连接处，虚线应留出空隙，如图 1-10（b）所示。

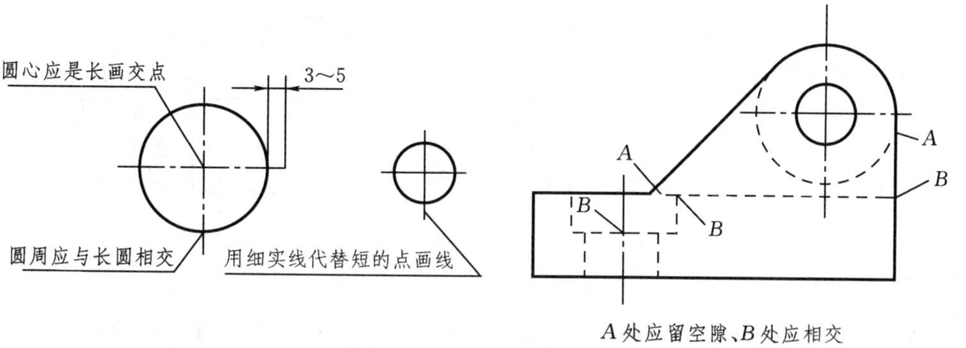

(a) (b)

图 1-10 图线画法举例

(a) 圆的对称中心线画法；(b) 虚线连接处的画法

五、尺寸注法

1. 基本规则

（1）机件的真实大小应以图样上所注的尺寸数值为依据，与图形的大小及绘图的准确度无关。

（2）图样中（包括技术要求和其他说明）的尺寸以 mm 为单位时，不需标注计量单位的代号或名称，如采用其他单位，则必须注明相应的计量单位的代号或名称。

（3）图样中所标注的尺寸，为该图样所示机件的最后完工尺寸，否则应另加说明。

（4）机件的每一尺寸，一般只标注一次，并应标注在反映该结构最清楚的图形上。

2. 标注尺寸的基本规定

图样上标注的每一个尺寸，一般由尺寸界线、尺寸线和尺寸数字（包括计量单位）三个部分组成，其相互间的关系如图 1-11 所示。

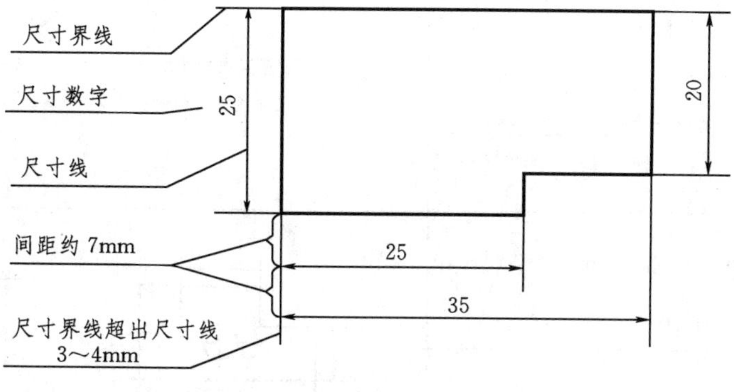

图 1-11 尺寸的三个组成部分

有关尺寸数字、尺寸线、尺寸界线以及标注尺寸的符号的各项规定见表 1-5。

表 1-5　　标注尺寸的基本规定

项目	说　明	图　例
尺寸数字	(1) 线性尺寸的数字一般应注写在尺寸线的上方，也允许注写在尺寸线的中断处	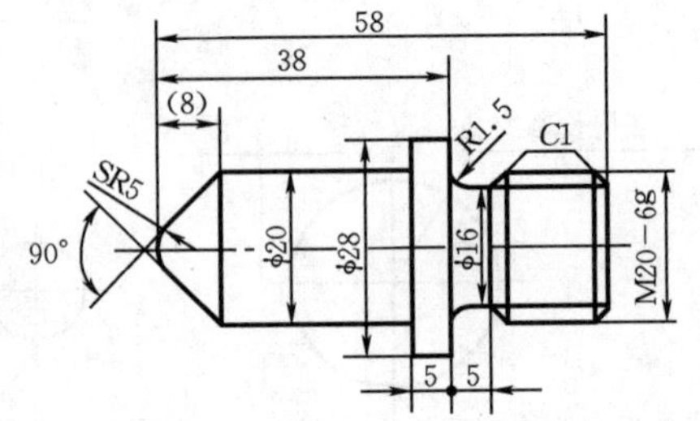
	(2) 标注参考尺寸时，应将尺寸数字加上圆括弧	
	(3) 线性尺寸数字的方向，一般应按图 (a) 所示的方向注写，并尽可能避免在图示 30° 范围内标注尺寸。当无法避免时，可按图 (b) 或图 (c) 或图 (d) 的形式标注。但在同一张图样中，应尽可能采用用一种形式注写	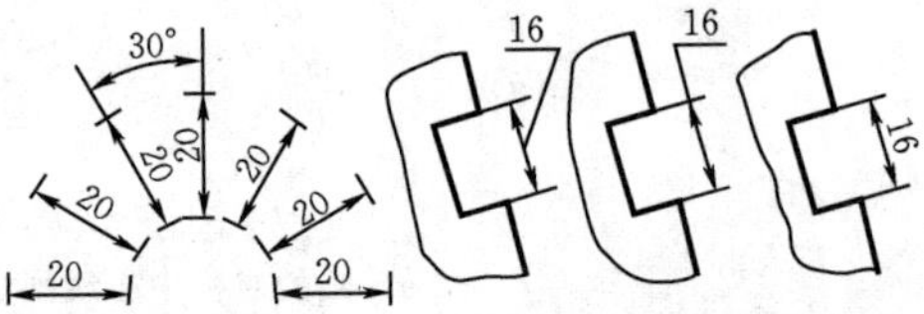(a)　(b)　(c)　(d)
	(4) 尺寸数字不可被任何图线所通过，否则必须将该图线断开。	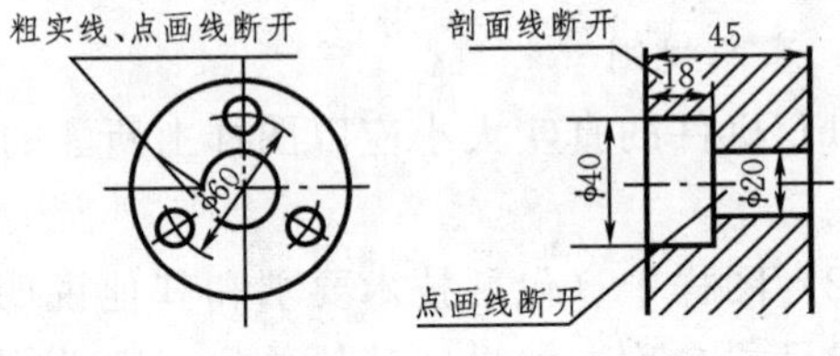(a)　(b)
尺寸线	(1) 尺寸线用细实线绘制，其终端有两种形式。 1) 箭头：箭头的形式和大小如图 (a) 所示。适用于各种类型的图样。 2) 斜线：斜线用细实线绘制，其方向和画法如图 (b) 所示。采用这种形式时，尺寸线与尺寸界限必须相互垂直	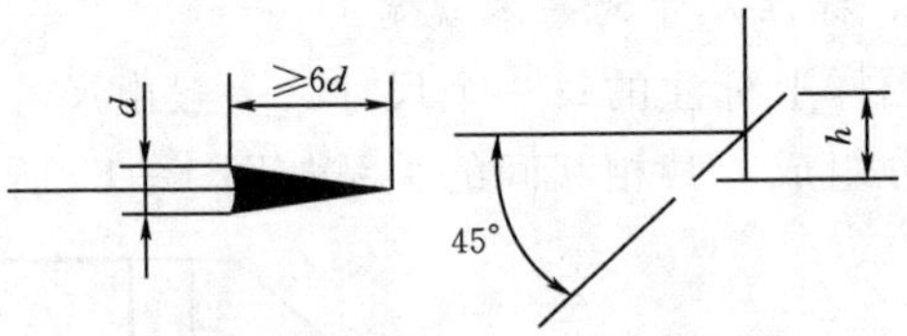*d*—粗实线的宽度　*h*—字体高度 (a)尺寸线终端的箭头　(b)尺寸线终端的斜线
	(2) 当尺寸线和尺寸界线相互垂直时，同一张图样中只能采用一种尺寸线终端的形式	
	(3) 标注线性尺寸时，尺寸线必须与所标注的线段平行	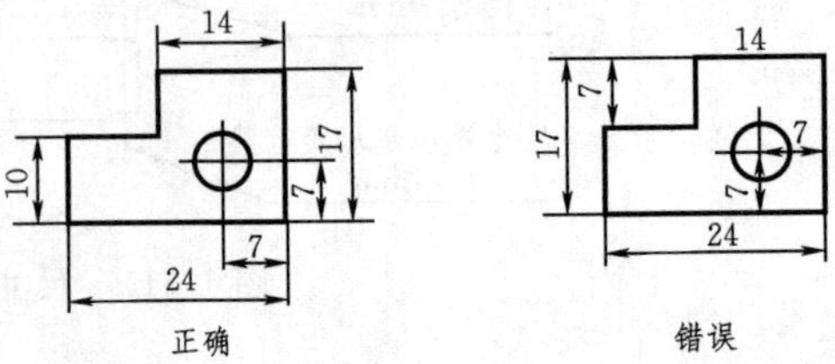正确　错误
	(4) 尺寸线不能用其他图线代替，一般也不能与其他图线重合或画在其延长线上	

续表

项目	说　明	图　例
尺寸界线	（1）尺寸界线用细实线绘制，并应由图形的轮廓线、轴线或对称中心线处引出，也可利用轮廓线、轴线或对称中心线作尺寸界线	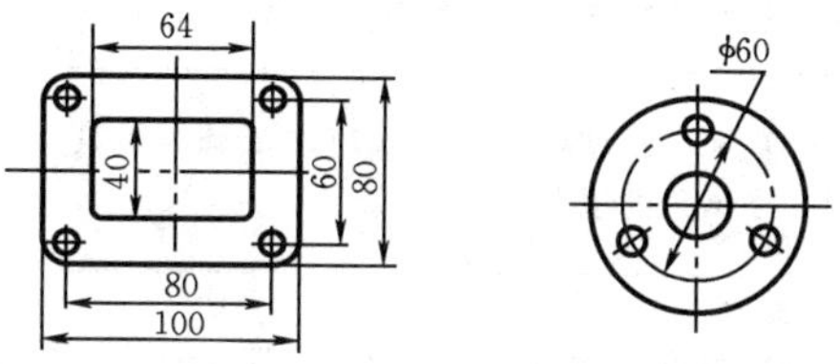 (a)　(b)
	（2）尺寸界线一般应与尺寸线垂直，必要时才允许倾斜	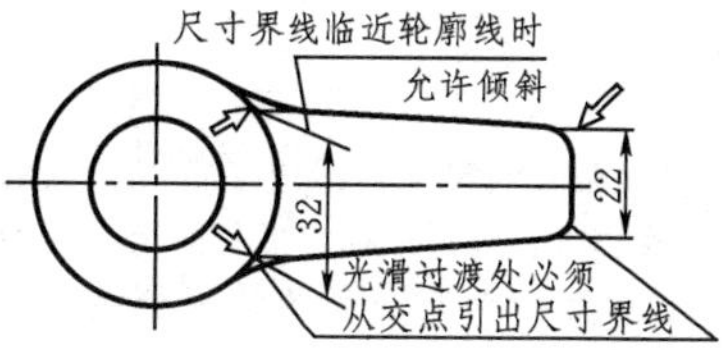
	（3）在光滑过渡处标注尺寸时，必须用细实线将轮廓线延长，从它们的交点处引出尺寸界线	
直径与半径	（1）标注直径时，应在尺寸数字前加注符号“ϕ”；标注半径时，应在尺寸数字前加注符号“R”；半径尺寸线和圆的直径尺寸线应通过圆心，尺寸线的终端应画成箭头	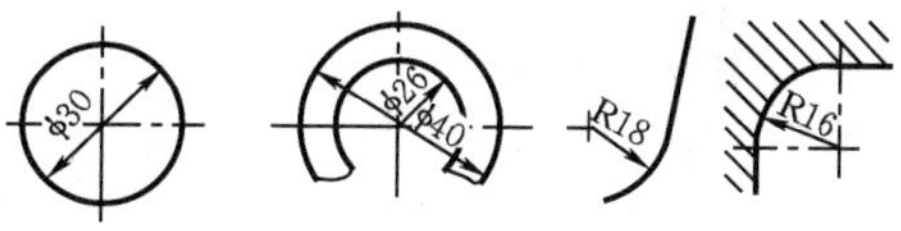
	（2）当圆弧半径过大或在图纸范围内无法标出其圆心位置时，可按图（a）的形式标注。若不需要标出其圆心位置时，可按图（b）的形式标注	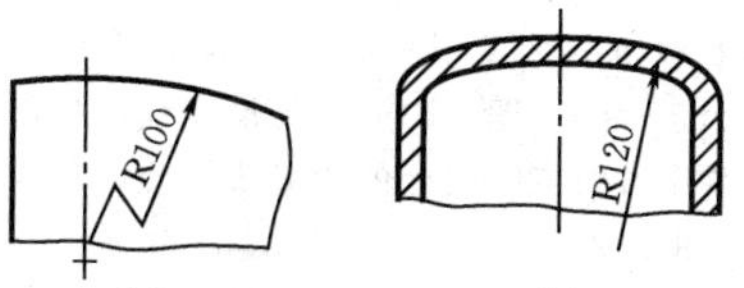 (a)　(b)
	（3）标注球面的直径或半径时，应在符号“ϕ”或“R”前再加注符号“S”［图（a）、（b）］。对于螺钉、铆钉的头部、轴（包括螺杆）的端部以及手柄的端部等，在不致引起误解的情况下可省略符号“S”［图（c）］	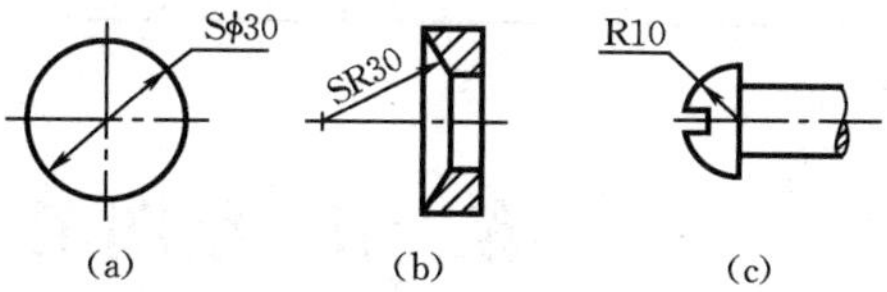 (a)　(b)　(c)
狭小部位	（1）在没有足够的位置画箭头或注写尺寸数字时，可将其中之一布置在外面。当位置更小时，箭头和数字都可以布置在外面	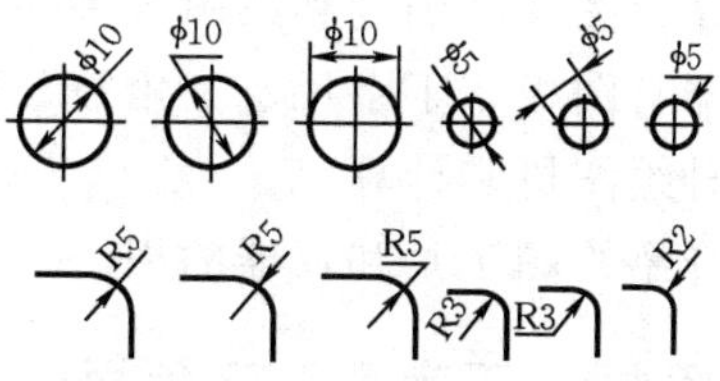
	（2）几个小尺寸连续标注时，中间的箭头可用圆点或斜线代替	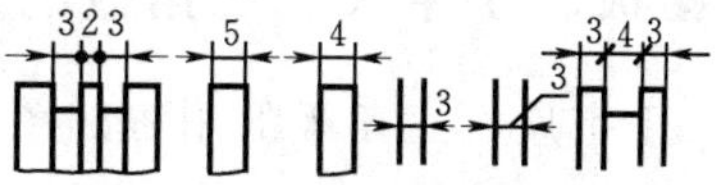

续表

项目	说　明	图　例
角度	(1) 标注角度的尺寸界线应沿径向引出	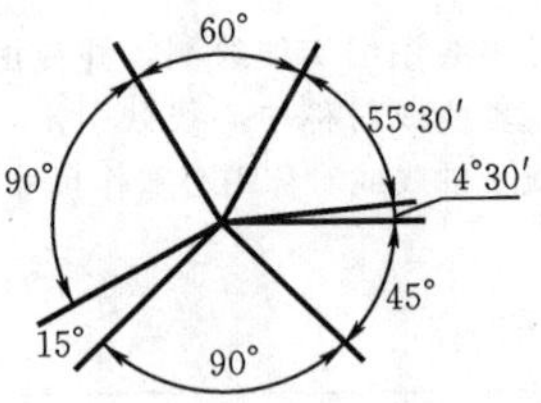
	(2) 标注角度时，尺寸线应画成圆弧，其圆心是该角的顶点	
	(3) 角度的数字一律写成水平方向，一般注写在尺寸线的中断处。必要时也可注写在尺寸线的上方或外面，狭小处可引出标注	
弦长与弧长	(1) 标注弦长的尺寸界线应平行于该弦的垂直平分线［图 (a)］；标注弧长的尺寸界线应平行于该弧所对圆心角的角平分线［图 (b)］，但当弧度较大时，可沿径向引出［图 (c)］	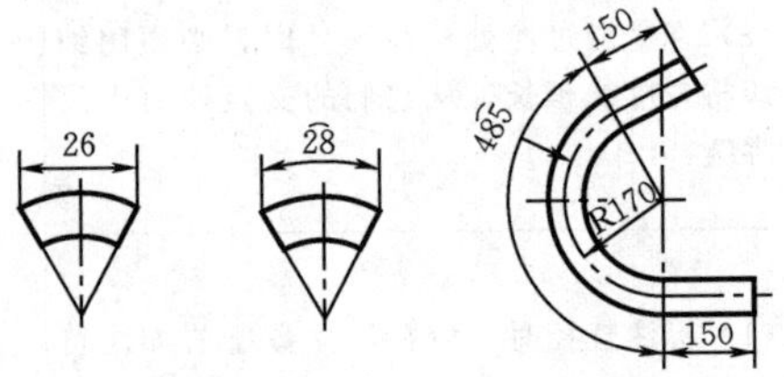(a)　(b)　(c)
	(2) 标注弧长时，应在尺寸数字上方加注符号"⌒"［图 (b)、(c)］	
对称图形	当对称机件的图形只画出一半［图 (a)］或略大于一半［图 (b)］时，尺寸线应略超过对称中心线或断裂处的边界线，此时仅在尺寸线的一端画出箭头	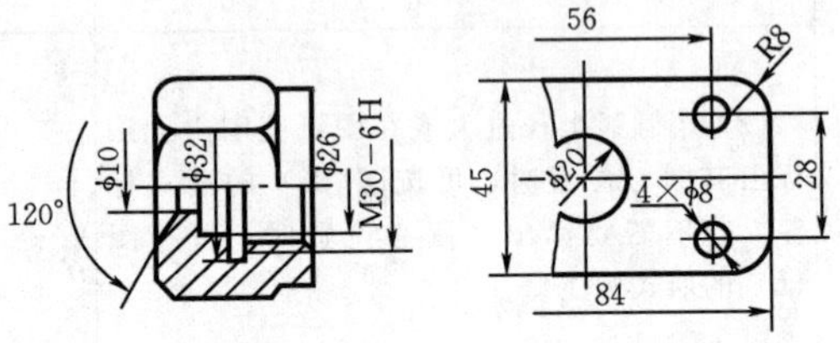(a)　(b)

第二节　绘图工具和仪器的使用方法

要提高绘图的准确度和绘图效率，必须正确地使用各种绘图工具和仪器。常用的绘图工具和仪器有图板、丁字尺、三角板、比例尺、圆规、分规、直线笔、曲线板等，效率高的还有各种绘图机和计算机。

下面介绍绘图工具和仪器的用法。

一、图板、丁字尺、三角板的用法

图板、丁字尺、三角板的用法如图 1－12～图 1－15 所示。

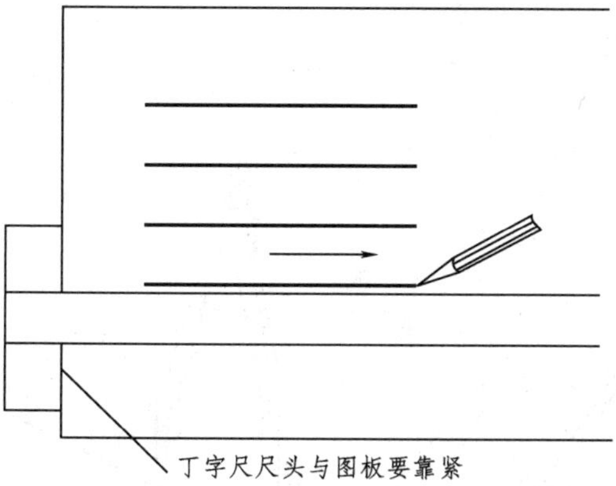

图 1－12　用丁字尺画水平线

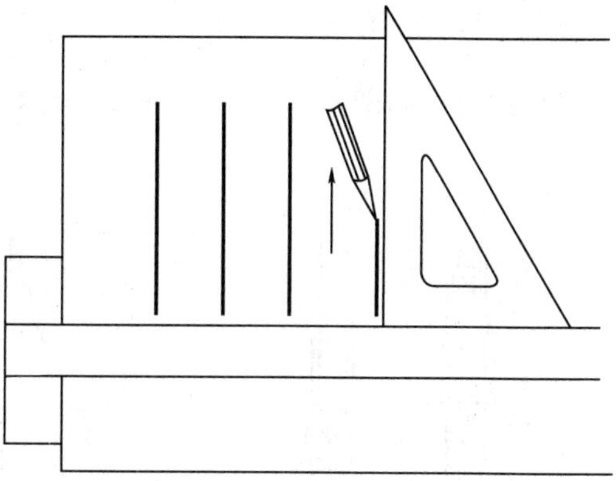

图 1－13　用丁字尺和三角板配合画铅垂线

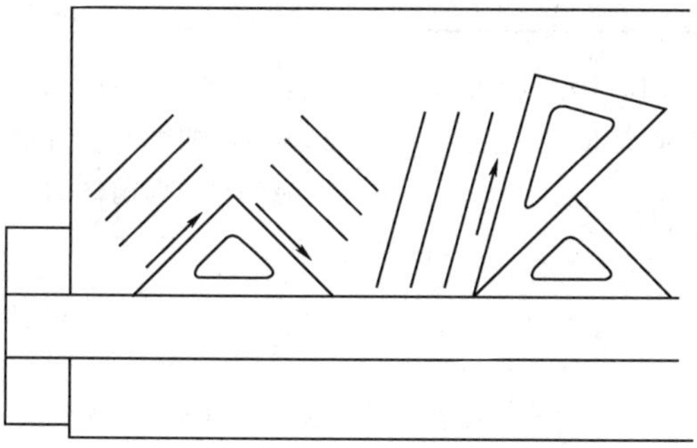

图 1－14　用丁字尺和三角板配合画 15°整数倍斜线

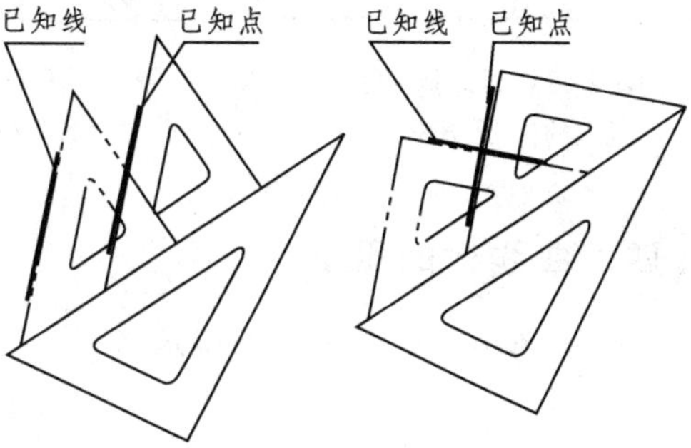

图 1－15　用两块三角板配合作已知线段的平行线或垂线

二、分规、比例尺的用法

分规、比例尺的用法如图 1－16、图 1－17 所示。

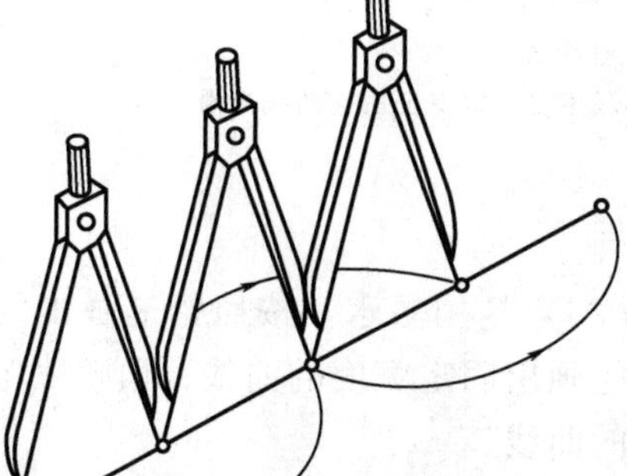

图 1－16　用分规连续截取等长线段

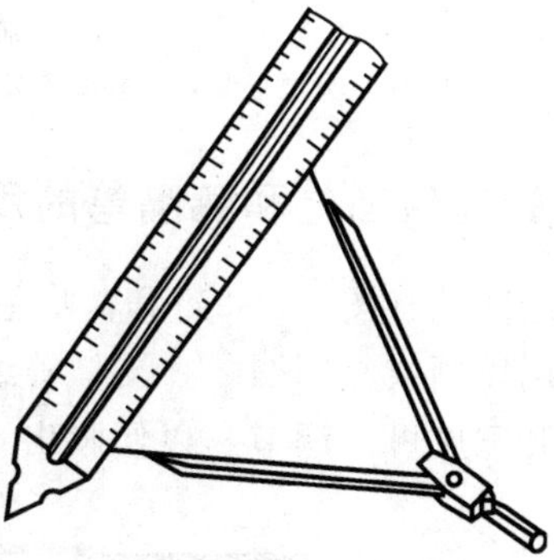

图 1－17　用分规从比例尺量取尺寸

三、圆规的用法

圆规的用法如图 1-18～图 1-20 所示。

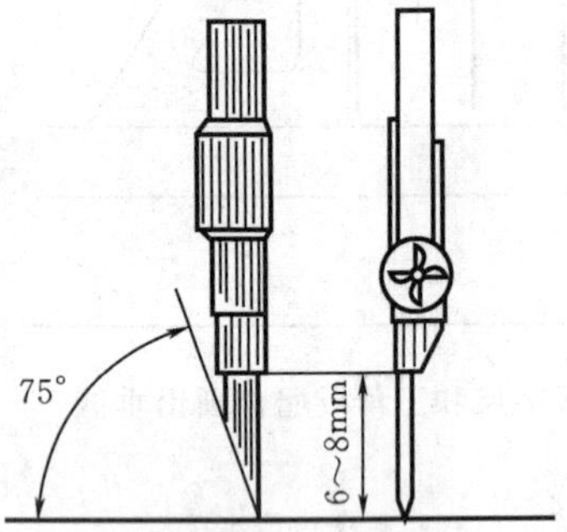

图 1-18　铅芯脚和针脚的高低调整

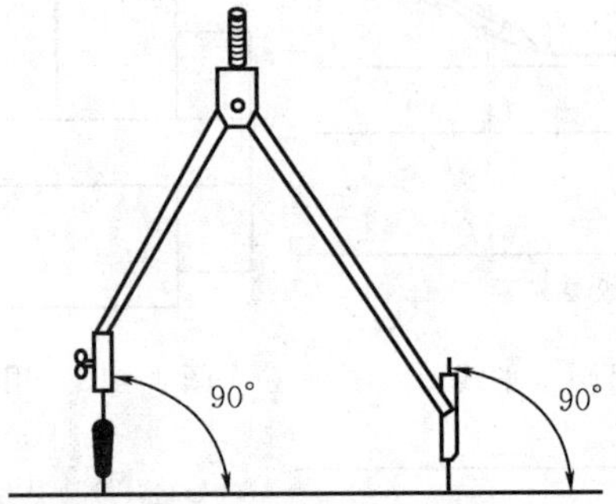

图 1-19　画圆时，铅芯脚和针脚都应垂直纸面

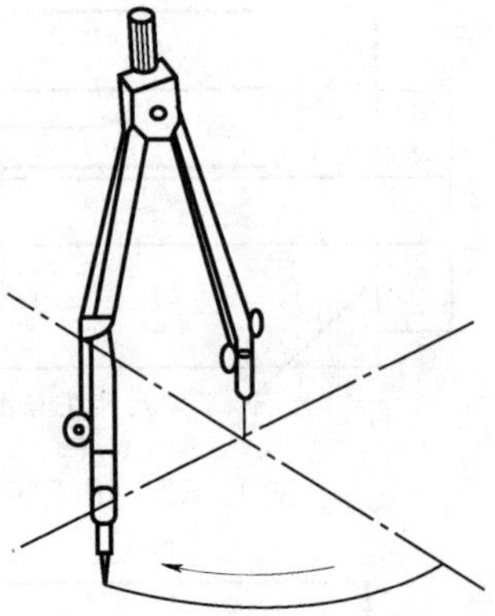

图 1-20　画圆时，圆规应按照顺时针方向旋转并稍向前倾斜

四、曲线板的用法

曲线板的用法如图 1-21 所示。

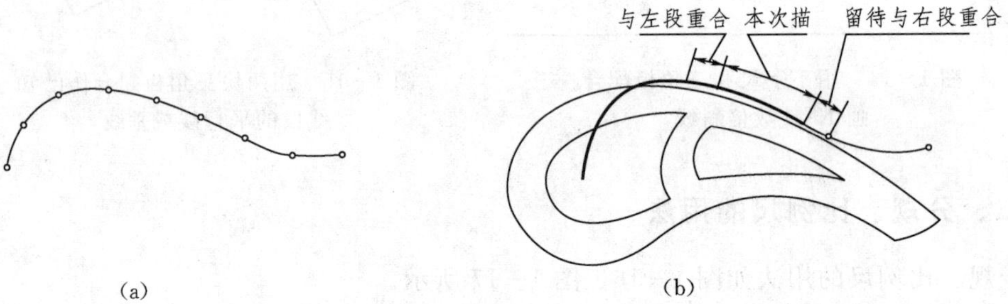

(a)　(b)

图 1-21　曲线板的用法

(a) 用细线通过各点徒手连成曲线；

(b) 分段描绘，在两段连接处要有一小段重复，以保证所连曲线光滑过渡

五、针管绘图笔和鸭嘴笔的用法

针管绘图笔（图 1-22）和鸭嘴笔（图 1-23）是用墨水，按照铅笔画出的原图绘制成底图，用以制成复制图。一支针管绘图笔只能画出固定宽度的曲线；而鸭嘴笔笔头两片钢片的张开宽度可以调节，以便画出不同宽度的曲线。

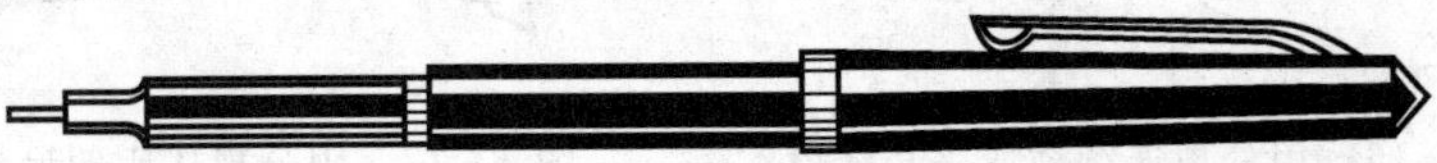

图 1-22　针管绘图笔

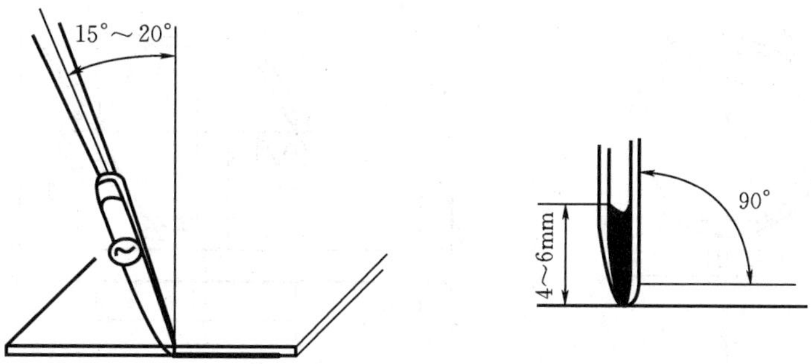

(a)　　　　(b)

图 1-23　鸭嘴笔的用法

(a) 用鸭嘴笔画墨线图。画图时，鸭嘴笔要向前进方向稍作倾斜；

(b) 鸭嘴笔的两片都要和纸面接触，才能保证画出的图线光滑

六、铅笔的削法

铅笔的削法如图 1-24 所示。一般将 H、HB 型的铅笔的铅芯削成锥形用来画细线和写字；将 B 型铅笔削成楔形，用来画粗线。

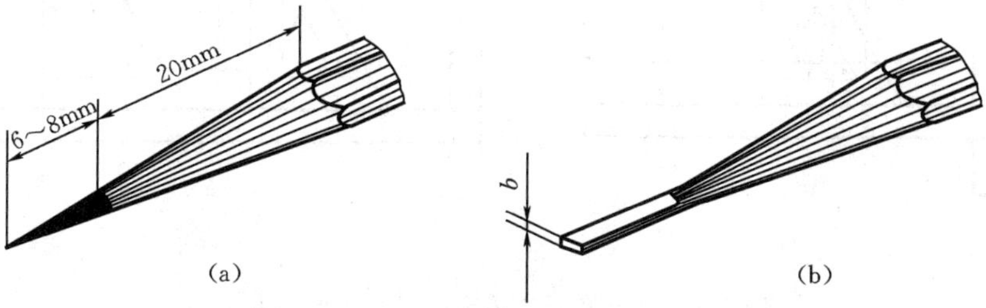

(a)　　　　(b)

图 1-24　铅笔的削法

(a) 锥形；(b) 楔形

第三节　几　何　作　图

在绘制几何图形时，经常遇到正多边形、圆弧连接、非圆曲线以及锥度和斜度等几何作图问题，现将其中常用的作图方法介绍如下。

一、正多边形画法

1. 正六边形

(1) 根据对角线长度作图。由于正六边形的对角线长度就是其外接圆的直径 D，且正六边形的边长等于这个外接圆的半径，因此，以边长在外接圆上截取一个顶点，即可画出正六边形，如图 1-25 (a) 所示。正六边形也可以用丁字尺与 30°—60°三角板配合作出，如图 1-25 (b) 所示。

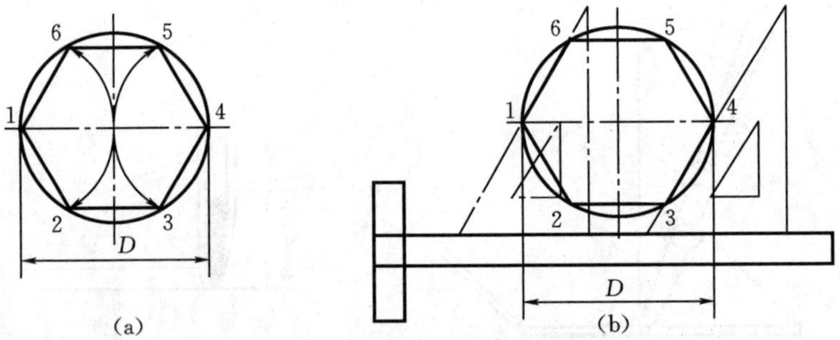

图 1-25 已知对角线长度画正六边形的方法

(2) 根据对边的距离作图。先从正六边形的中心线画出对称中心线，根据对边距离 s 作出一对平行边，再用 30°—60°三角板配合丁字尺，三角板的斜边通过正六边形的中心，就可在这对对边上得到四个顶点，如图 1-26 (a) 所示，然后完成正六边形，如图 1-26 (b) 所示。

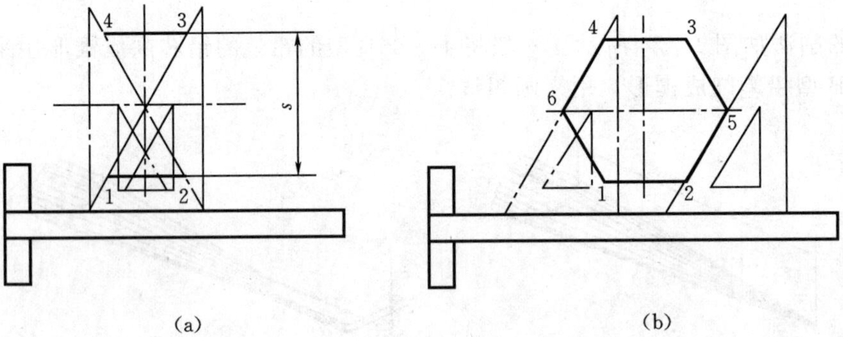

图 1-26 已知对边距离画正六边形的方法

(a) 根据尺寸，求得四个顶点；(b) 完成正六边形

2. 正五边形

已知正五边形的外接圆，其作图方法如图 1-27 所示。

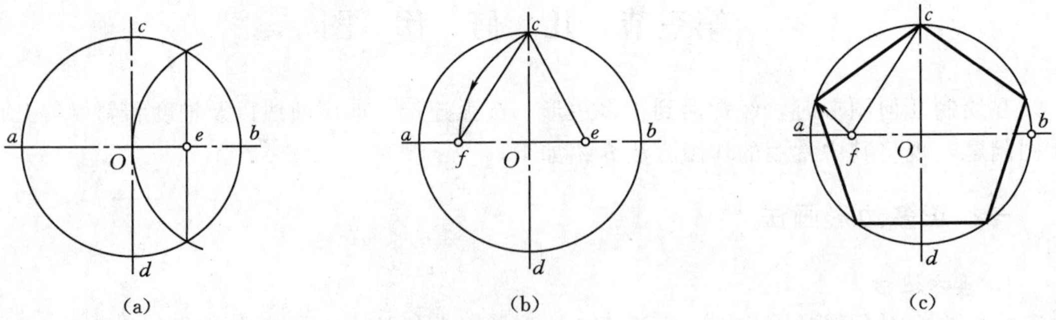

图 1-27 已知外接圆作内接正五边形的方法

(a) 平分半径 Ob 得 e 点；

(b) 以 e 为圆心，ce 为半径，画圆弧交 Oa 于 f 点，直线段 cf 即为正五边形的边长；

(c) 以 cf 为边长，用分规在圆周上截取正五边形的顶点后连线

3. 正 n 边形

已知正 n 边形的外接圆作正 n 边形的方法，一般可用试分法，就是在画出外接圆之后，估计正 n 边形的边长，用分规在圆上进行试分，试分准确后即可找到各顶点，然后画出正 n 边形。

二、椭圆的近似画法

椭圆有各种不同的画法，为了作图方便，这里只介绍根据长轴、短轴用圆规画椭圆的近似方法——“四心圆弧法”，具体作图方法如图 1-28 所示。

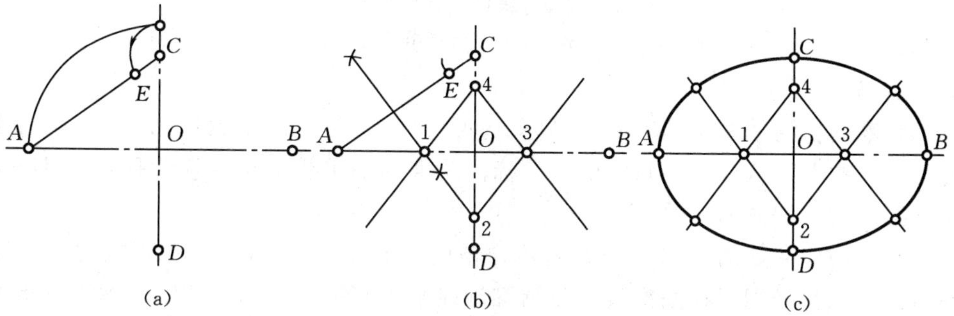

图 1-28 用四心圆弧法画近似椭圆

(a) 画长轴、短轴 AB、CD，连接 AC，并取 $CE=OA-OC$；

(b) 作 AE 的中垂线，与长、短轴交于 1、2 两点，在轴上取 1、2 的对称点 3、4，得四个圆心；

(c) 以 $2C$（或 $4D$）为半径，画两个大圆弧，以 $1A$（或 $3B$）为半径，画两个小圆弧，四个切点在有关圆心的连线上

三、斜度和锥度

1. 定义及图形符号

(1) 斜度。斜度是指一条直线（或平面）对另一条直线（或平面）的倾斜程度，斜度就是它们夹角的正切值，如图 1-29 (a) 所示。

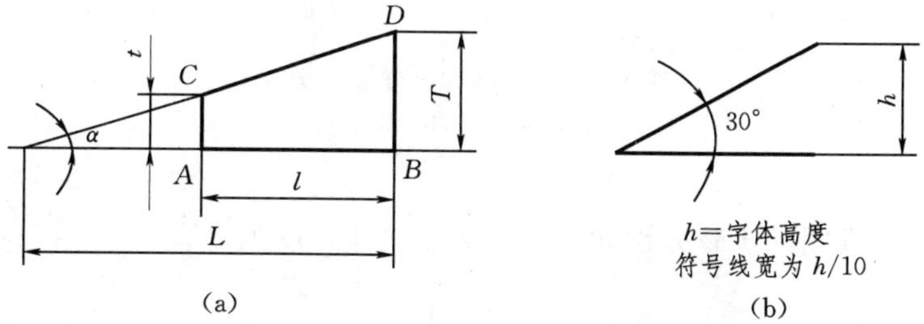

图 1-29 斜度及其图形符号

(a) 斜度；(b) 斜度图形符号

(2) 锥度。正圆锥底直径与圆锥长度之比称为锥度。正圆锥台的锥度可用两底圆直径差与圆锥台长度之比算出。锥度取决于圆锥角的大小，如图 1-30 (a) 中，正圆锥与圆锥台的锥度$=D/L=(D-d)/l=2\tan(\alpha/2)$。锥度图形符号如图 1-30 (b) 所示。

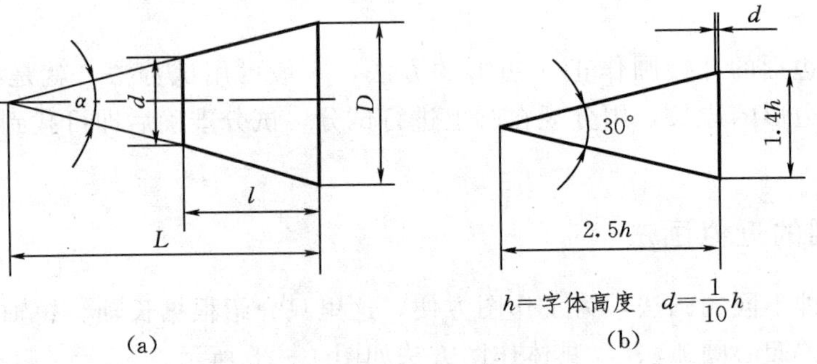

图 1-30 锥度及其图形符号

(a) 锥度；(b) 锥度图形符号

2. 标注方法

(1) 斜度的标注如图 1-31 (a) 所示。斜度一般以 1∶x 的形式表示，写在斜度图形符号的后面。指引线从标注的斜线引出，标注斜度的细实线则和参考线平行。图形符号的方向应与图形的斜度方向一致。

(2) 锥度的标注如图 1-31 (b) 所示。锥度一般以 1∶x 或 $1/x$ 的形式写在锥度图形符号的后面，该符号配置在基准线（与圆锥轴线平行）上，并靠近圆锥轮廓线，指引线从圆锥轮廓线引出，图形符号的方向应与圆锥方向一致。

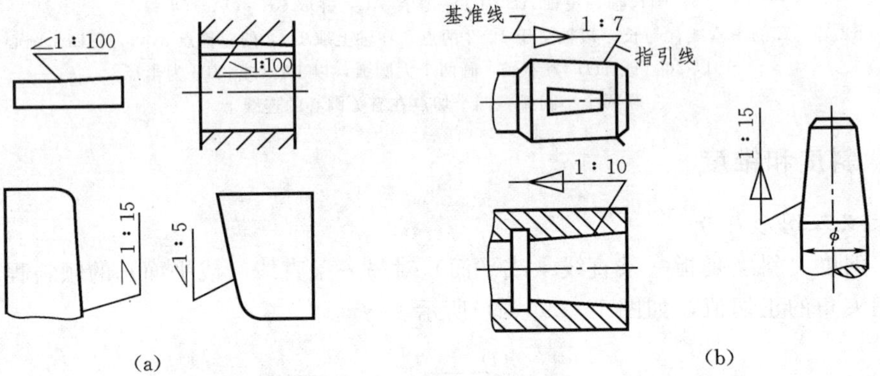

图 1-31 斜度和锥度标注方法

(a) 斜度；(b) 锥度

3. 画法

按斜度和锥度画图的步骤分别如图 1-32 和图 1-33 所示。

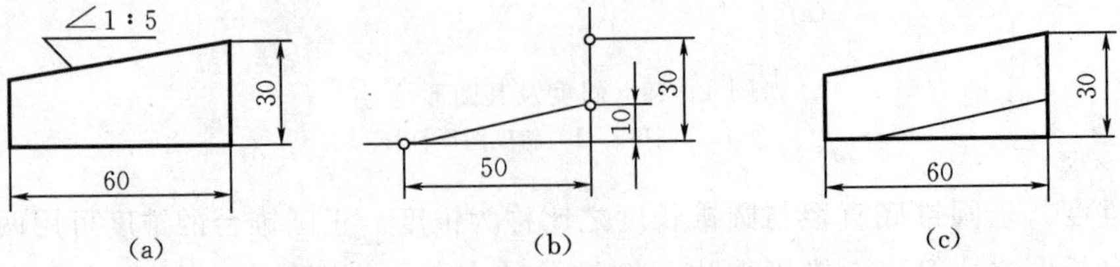

图 1-32 斜度的作图步骤

(a) 给出图形；(b) 作斜度 1∶5 的辅助线；(c) 完成作图

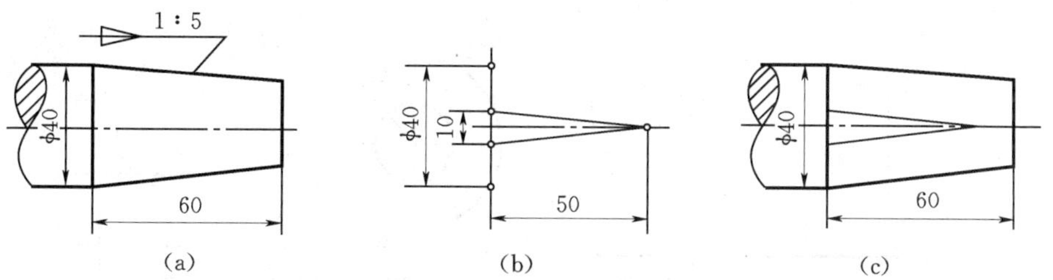

图 1－33　锥度的作图步骤

(a) 给出图形；(b) 作锥度 1∶5 的辅助线；(c) 完成作图

第四节　平面图形的画法和尺寸注法

一个平面图形常由一个或多个封闭图形组成，而每一个封闭图形一般又由若干个线段（直线、圆弧）组成。相邻线段彼此相交或相切连接。

要正确绘制一个平面图形，必须掌握平面图形的线段分析和尺寸注法。

一、平面图形的线段分析

由若干线段组成的平面图形，根据图形中所标注的尺寸和各线段间的连接关系，图形中的线段可以分为以下三种：

（1）已知线段。根据图形中所注的尺寸，可以独立画出的圆、圆弧或者直线。

（2）中间线段。除图形中所注的尺寸，还需根据一个连接关系才能画出的圆弧或直线。

（3）连接线段。需根据两个连接关系才能画出的圆弧或直线。

如图 1－34 中，圆 ϕ12、圆弧 R13、直线 *AB*、*BC* 和 L1 都是已知线段；圆弧 R26 和 R8 则是中间线段；而圆弧 R7 和直线 L2，都是连接线段。

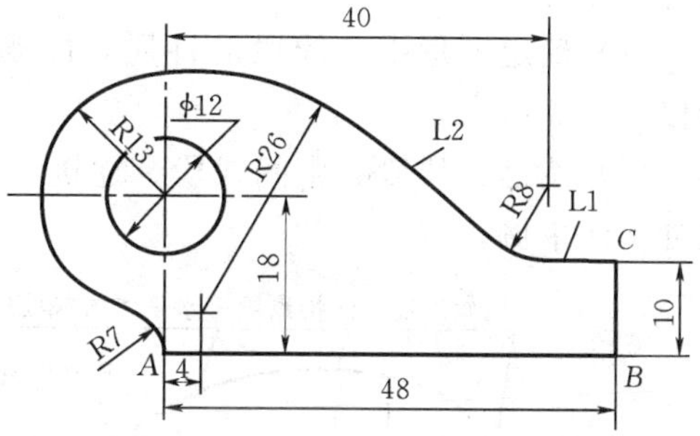

图 1－34　平面图的线段分析

二、平面图形的画图步骤

通过平面图形的线段分析，显然可以得出如下结论：绘制平面图形时，必须先画出各已知线段，再依次画出各中间线段，最后画出各连接线段。图 1－35 即表示图 1－34 的作图步骤。

三、平面图形的尺寸注法

平面图形中的标注尺寸，必须能唯一地确定图形的形状和大小，即不遗漏也不多余地标注出确定各线段的相对位置及其大小的尺寸。标注尺寸的方法和步骤是：

（1）先在水平及铅垂方向各选定一条直线，由此出发标注尺寸，以确定已知线段和中

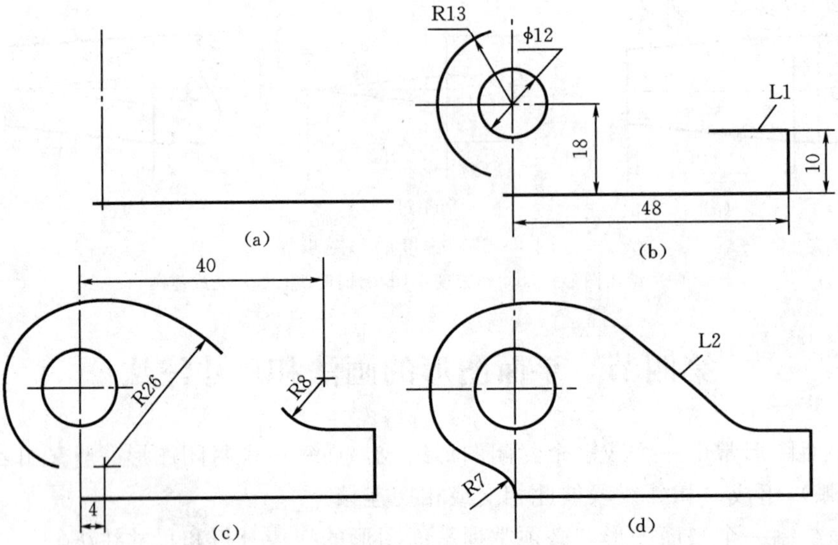

图 1-35　平面图形的作图步骤

(a) 画出图形的两条基准线；(b) 画出各已知线段；(c) 画出各中间线段；(d) 画出各连接线段

间线段的位置（或直线的方向），这两条直线为基准线。一般选用图形中的主要中心线和轮廓线作为基准线。

(2) 确定图形中各线段的性质，即哪些是已知线段，哪些是中间线段，哪些是连接线段。

(3) 按已知线段、中间线段、连接线段的次序逐个标注尺寸。图 1-36 为平面图形的尺寸注法举例。

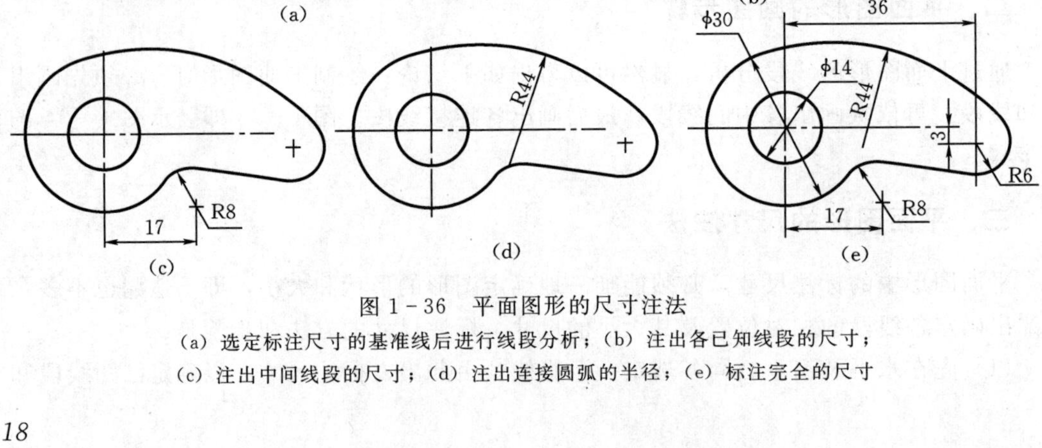

图 1-36　平面图形的尺寸注法

(a) 选定标注尺寸的基准线后进行线段分析；(b) 注出各已知线段的尺寸；

(c) 注出中间线段的尺寸；(d) 注出连接圆弧的半径；(e) 标注完全的尺寸

第二章　正　投　影　法

第一节　投影的基本知识

一、投影

在灯光或太阳光照射物体时，在地面或墙上就会产生与原物体相同或相似的影子，人们根据这个自然现象，总结出将空间物体表达为平面图形的方法，即投影法。

在投影法中：

投影线——向物体投射的光线。

投影面——出现影像的平面。

投影图——所得影像的集合轮廓（或称为投影）。

二、投影法的分类

投影法依投影线性质的不同可分为两类。

1. 中心投影法

投影线由投影中心的一点射出，通过物体与投影面相交所得的图形称为中心投影。投影线的出发点称为投影中心。这种投影方法称为中心投影法；所得的单面投影图称为中心投影图，如图2-1所示。

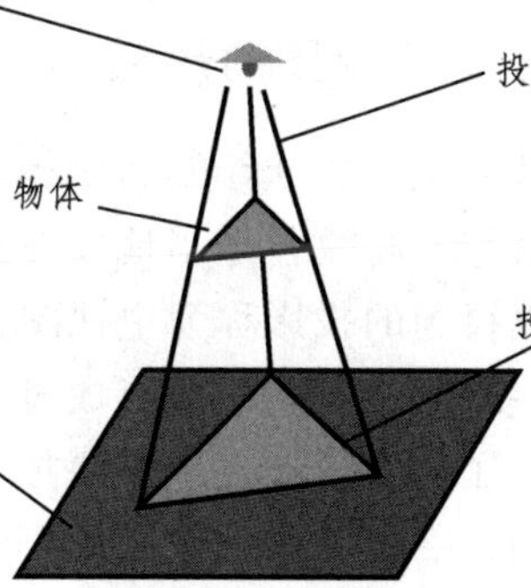

图 2-1　中心投影法

由于投影线互不平行，所得图形不能反映物体的真实大小，因此，中心投影不能作为绘制工程图样的基本方法。

中心投影法的投影特性：投射中心、物体、投影面三者之间的相对距离对投影的大小有影响；度量性较差。

2. 平行投影法

如果将投影中心移至无穷远处，则投影线互相平行，它们通过物体与投影面相交，所得的图形称为平行投影；用平行投影线进行投影的方法称为平行投影法。根据投影方向是否垂直投影面，平行投影法可分为如下两种：

(1) 斜投影法。投影方向（投影线）倾斜于投影面称为斜角投影法，简称斜投影法，如图 2-2 所示。

（2）正投影法。投影方向（投影线）垂直于投影面称为直角投影法，简称正投影法，如图 2-3 所示。

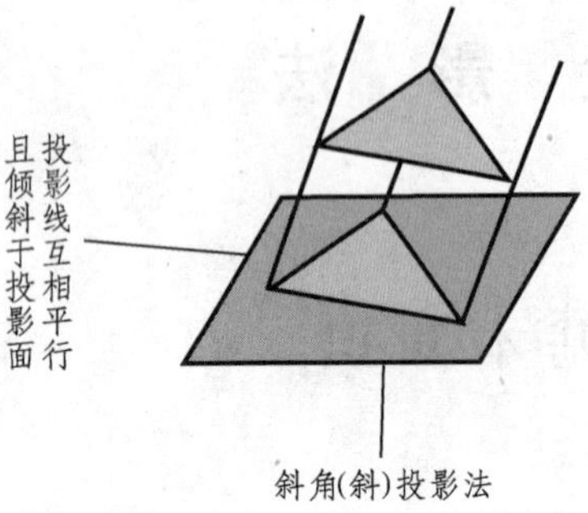

图 2-2　斜投影法

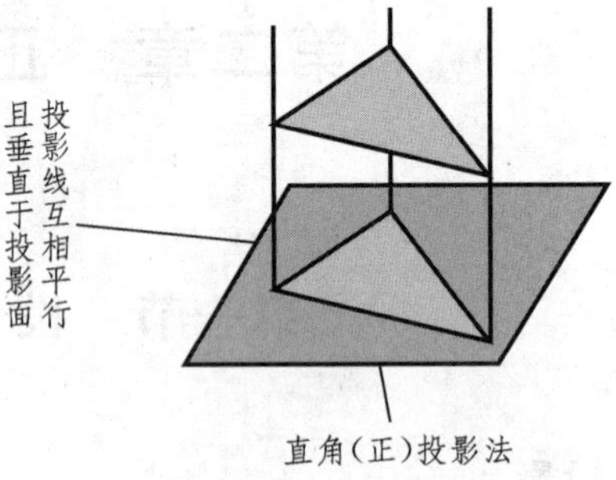

图 2-3　正投影法

投影特性：投影大小与物体和投影面之间的距离无关，度量性较好。工程图样多数采用正投影法绘制。

平面和直线的投影特点：①物体上与投影面平行的平面的投影反映实形，与投影面平行的线段的投影反映其实长；②物体上与投影面垂直的平面的投影为一直线，与投影面垂直的直线的投影为一点；③物体上倾斜于投影面的平面的投影为缩小的类似形，倾斜于投影面的直线的投影比实长短。

第二节　三视图的形成及其投影规律

一、三视图的形成

按照正投影法绘制出物体的投影图，又称为视图。为了得到能反映物体真实形状和大小的视图，将物体适当地放在三投影面体系中，分别向 V 面、H 面、W 面进行投影，在 V 面上得到的投影称为主视图；在 H 面上得到的投影称为俯视图；在 W 面上得到的投影称为左视图。三视图的形成过程如图 2-4（a）所示。

为了符合生产要求需要把三视图画在一个平面内，即把三个投影面展开，如图 2-4（b）所示。展开方法：V 面不动，H 面绕 OX 轴旋转 90°，W 面绕 OZ 轴旋转 90°，使 H、W 面与 V 面形成同一平面。在旋转过程中，需将 OY 轴一分为二，随 H 面的称为 OY_H，随 W 面的 OY_W。展开后的三视图，如图 2-4（c）所示。值得注意的是：在生产中不需要画出投影轴和表示投影面的边框，视图按上述位置布置时，不需注出视图名称，如图 2-4（d）所示。

二、三视图的投影关系

从三视图的形成过程和投影面展开的方法中，可明确以下关系。

1. 位置关系

俯视图在主视图的下边，左视图在主视图的右边。

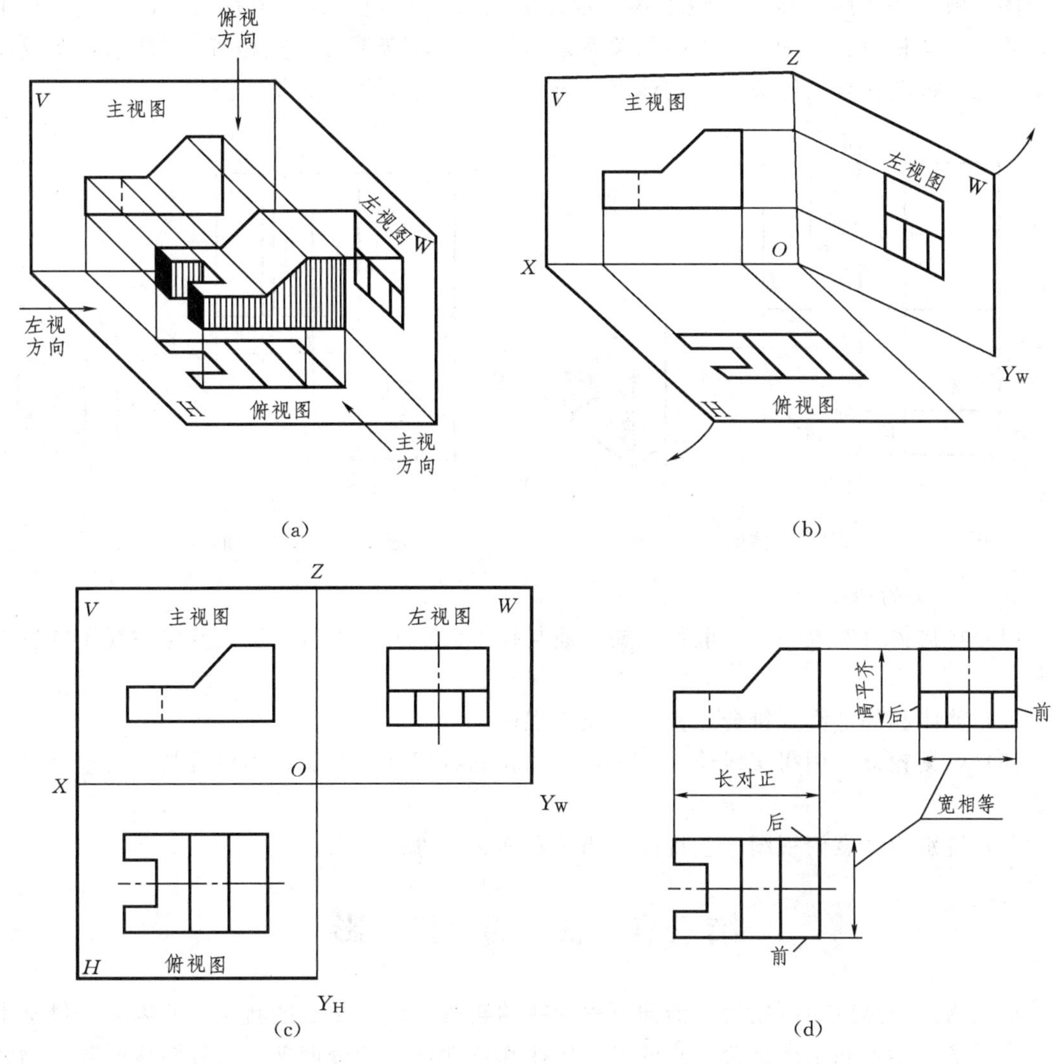

图 2－4　三视图的形成

(a) 物体在三投影面体系中的投影；(b) 三投影面的展开方法；
(c) 展开后的三视图；(d) 三视图之间的投影规律

2. *方位关系*

任何物体都有前后、上下、左右六个方位。而每个视图只能表示其四个方位，如图2－5所示。在三视图中，主视图、左视图表示物体的上、下；主视图、俯视图表示物体的左、右；俯视图、左视图表示物体的前、后。靠近主视图的一面是物体的后面，远离主视图的一面是物体的前面。

3. *三等关系*

任何物体都有长、宽、高三个尺度，若将物体左右方向（X 方向）的尺度称为长，上下方向（Z 方向）尺度称为高，前后方向（Y 方向）尺度称为宽，则在三视图上（图2－6)主视图、俯视图反映了物体的长度，主视图、左视图反映了物体的高度，俯视图、左视图反映了物体的宽度。归纳上述三视图的三等关系是：主、俯长对正，主、左高平齐，俯、左宽相等。简称为三视图的关系是：长对正，高平齐，宽相等。（注意：不仅物体整体的三视图符合三等关系，物体上的每一部分都应符合三等关系。）

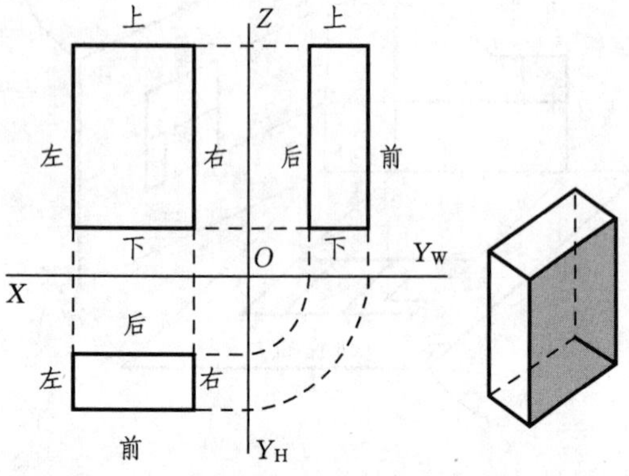

图 2-5 三视图与物体的方位关系

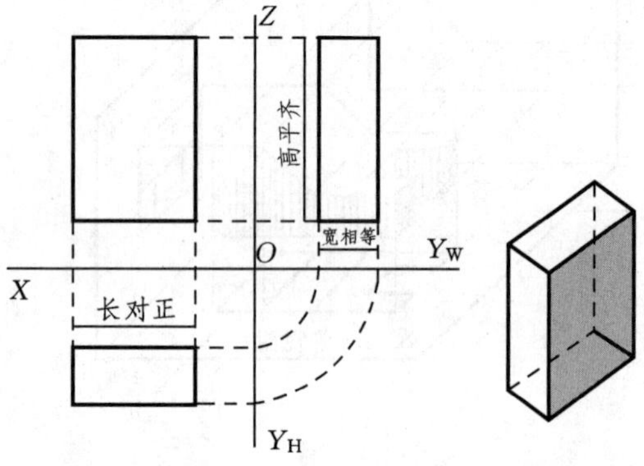

图 2-6 三视图的三等关系

4. 三视图的绘制

（1）将物体自然放平，一般使主要表面与投影面平行或垂直，进而确定主视图的投影方向。

（2）整体和局部都要符合三视图的投影规律。

（3）可见轮廓线用粗实线绘制，不可见的轮廓线用虚线绘制，当虚线与实线重合时画实线。

（4）特别应注意俯视图、左视图宽相等和前、后方位关系。

第三节 点 的 投 影

空间物体都是由面围成的，而面可视为线的轨迹，线则是点的轨迹，所以点是最基本的集合元素。学习和掌握集合元素的投影规律和特性，才能透彻理解工程图样所表示物体的具体结构形状。

一、点的投影和三面投影规律

点的投影仍然是点，如图 2-7（a）所示。规定空间点用大写字母，投影点用小写字母。空间点 A 在 H 面上的投影为 a，在 V 面上的投影记为 a'，在 W 面上的投影记为 a''。

根据投影法，$Aa \perp H$ 面，$Aa' \perp V$ 面，则 Aa 与 Aa' 组成的平面 $\perp X$ 轴，由此可得，$a'a \perp X$ 轴，$aa_X \perp X$ 轴。投影面展开后，a' 和 a 的连线 $a'a \perp X$ 轴。同理可以得出 $a'a'' \perp Z$ 轴；$aa_{YH} \perp Y_H$，$a''a_{YW} \perp Y_W$，即 $aa_X = a''a_Z$。如图 2-7（b）所示，点的投影的连接垂直于投影轴。

图 2-7（c）为展开后三面投影图。展开时 V 面的不动，H 面和 W 面沿 OY 轴分开而形成 OY_H 和 OY_W，展开后它们分别与 OZ 轴和 OX 轴在同一直线上。从投影图上可以得出下列点的投影规律：

$aa' \perp OX$ （因为 a 和 a' 反映同一 x 坐标）

$aa'' \perp OY$ （因为 a 和 a'' 反映同一 y 坐标）

$a'a'' \perp OZ$ （因为 a' 和 a'' 反映同一 z 坐标）

点的投影规律表明点的任一投影和其余两个投影之间的联系。可以得出：过 a 的水平线和过 a'' 的铅垂线必定交于过原点 O 的 45°斜线上，如图 2-7（c）所示。

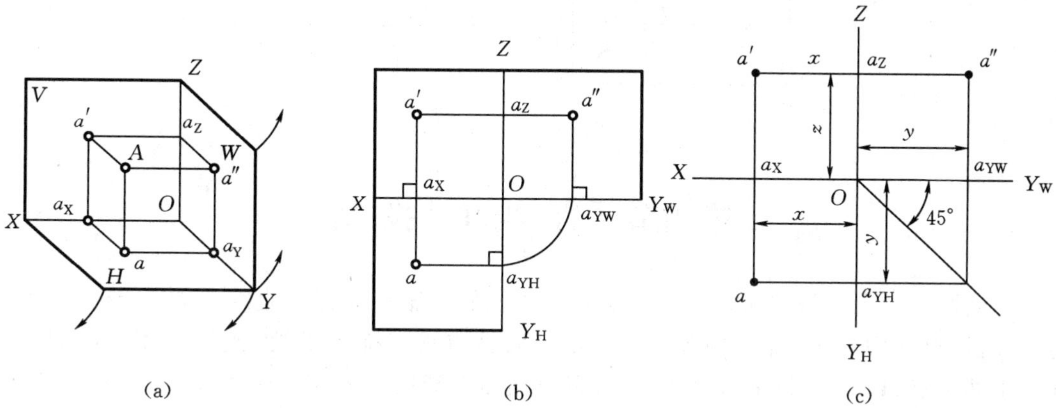

图 2-7 点的三面投影

应用：

（1）根据点的投影规律，可由点的三个坐标值 x、y、z 画出其三面投影图。

（2）也可根据点的两面投影图作出第三面投影图。

二、两点的相对坐标和重影点

1. 两点的相对坐标

图 2-8 中画出了 A、B 两点的三个投影。点的投影既能反映点的坐标，也能反映出两点的坐标差，即反映两点间的相对坐标，图中的 Δx、Δy、Δz 就是 A、B 两点的相对坐标。因此，由点 A 的三个投影（a、a'、a''）和点 B 对点 A 的三个相对坐标，可确定点 B 的三个投影。

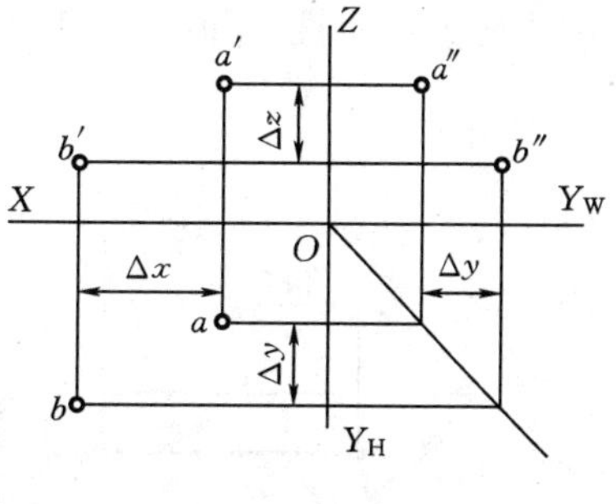

图 2-8 两点的相对坐标

2. 重影点

若两点位于同一条垂直某投影面的投影线上，则这两点在该投影面上的投影重合，这两点称为该投影面的重影点。

对于重影点需判别其可见性，并规定将不可见的点加括号。根据正投影的特性，可见性的区分应是前遮后、上遮下、左遮右。图 2-9 中的重影点是 H 面投影方向上的 A 点遮挡 B 点，B 点的 H 面投影为不可见，所以 b 应加括号为 (b)。

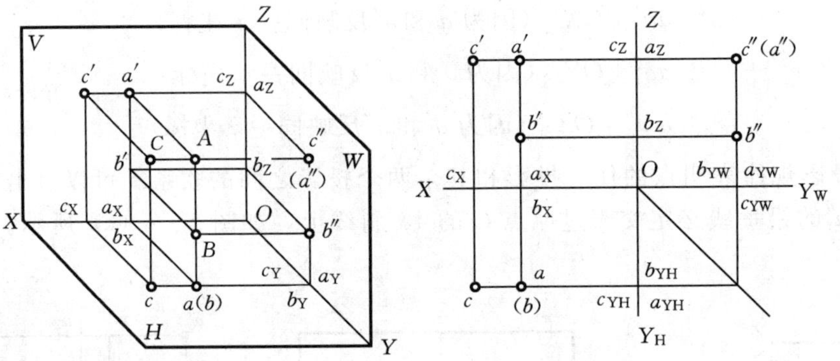

图 2-9　重影点

第四节　直 线 的 投 影

空间两点确定一条空间直线段，空间直线段的投影一般仍为直线，如图 2-10 所示，将直线段 AB 向 H 面投影，因为线段上的任意两点可以确定线段在空间的位置，所以直线段上两端点 A、B 的同面投影点 a、b 的连线就是线段在 H 面的投影。

一、直线段相对于一个投影面的投影

空间直线段相对于一个投影面的位置有倾斜、平行、垂直三种。三种不同的位置具有不同的投影特性：

(1) 收缩性。当直线段 AB 倾斜于投影面时，它在该投影面上的投影 ab 的长度比空间 AB 线段缩短了，这种性质称为收缩性，如图 2-10 (a) 所示。

(2) 真实性。当直线段 AB 平行于投影面时，它在该投影面上的投影与空间 AB 线段相等，这种性质称为真实性，如图 2-10 (b) 所示。

(3) 积聚性。当直线段 AB 垂直于投影面时，它在该投影面上的投影重合于一点，这种性质称为积聚性，如图 2-10 (c) 所示。

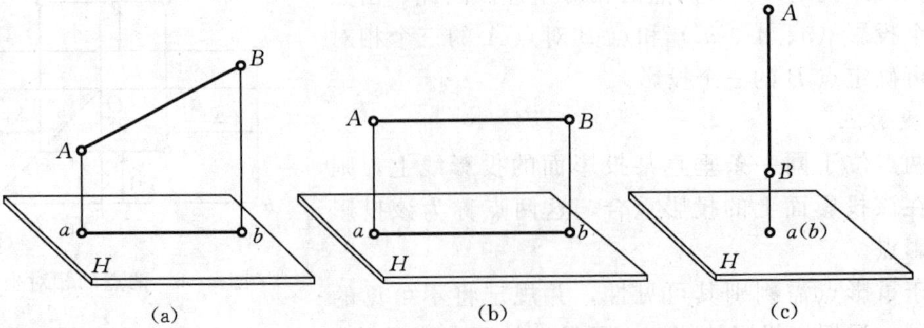

图 2-10　直线段的投影特性

二、直线段在三投影面体系中的投影特性

在三投影面体系中，直线有三种位置：投影面平行线、投影面垂直线、一般位置直

线。投影面平行线和投影面垂直线统称为特殊位置直线。

1. 投影面平行线

平行于 H 面的直线称为水平线，平行于 V 面的直线称为正平线，平行于 W 面的直线称为侧平线。它们的投影图及投影特性见表 2－1。

表 2－1　　投影面平行线的投影特性

平行线	正平线	水平线	侧平线
空间情况	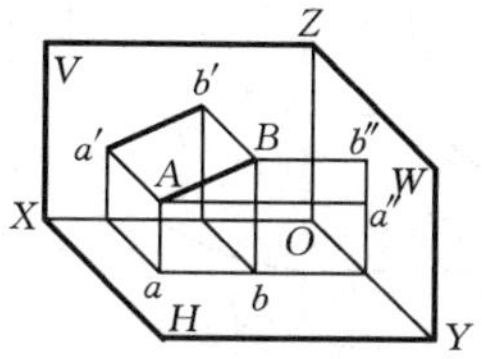	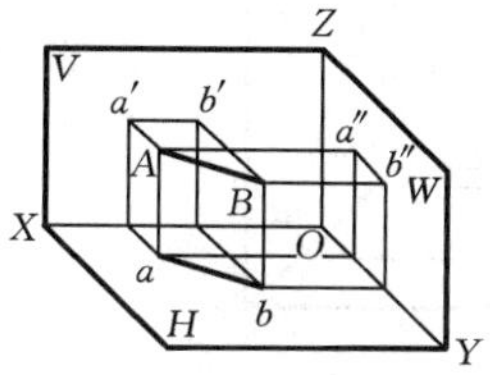	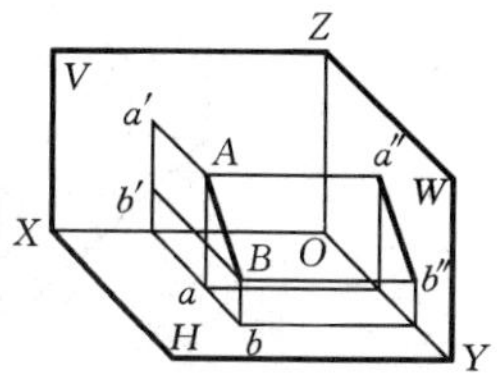
投影图	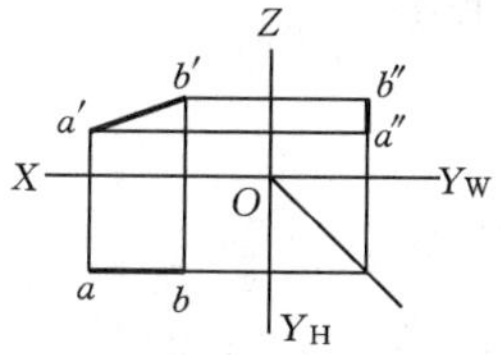	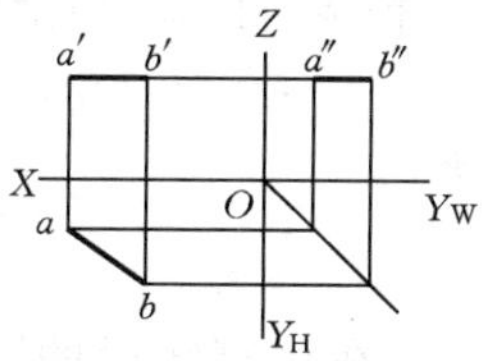	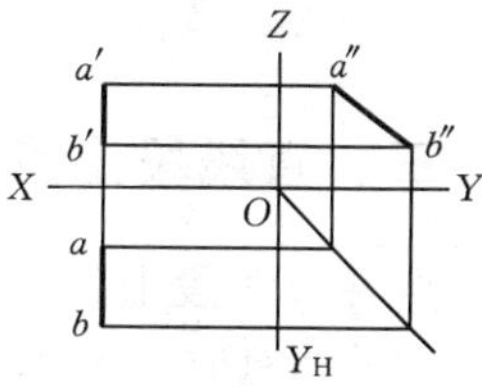
投影特性	(1) 在与线段平行的投影面上，该线段的投影为倾斜线段，反映实长。 (2) 其余两个投影分别平行于相应的投影轴，且都小于实长		

2. 投影面垂直线

垂直于 H 面的直线称为铅垂线，垂直于 V 面的直线称为正垂线，垂直于 W 面的直线称为侧垂线。它们的投影图及投影特性见表 2－2。

表 2－2　　投影面垂直线的投影特性

垂直线	正垂线	铅垂线	侧垂线
空间情况	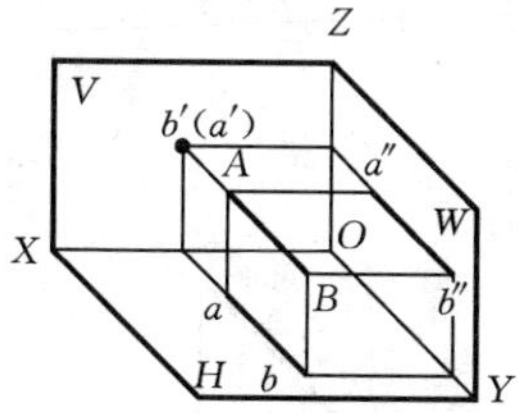	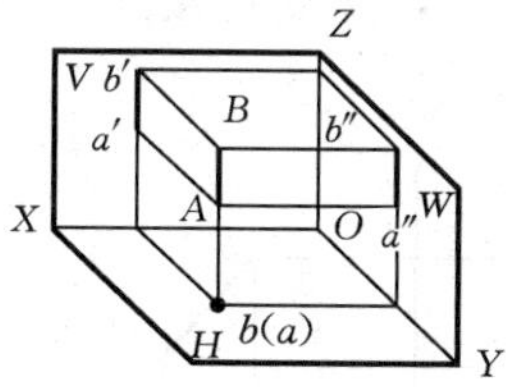	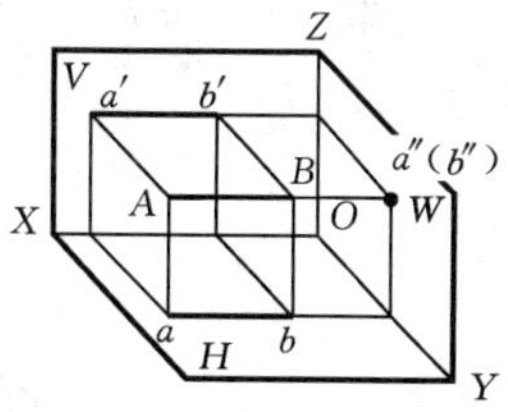
投影图	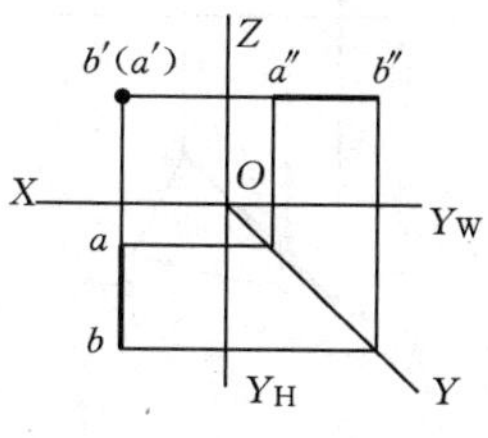	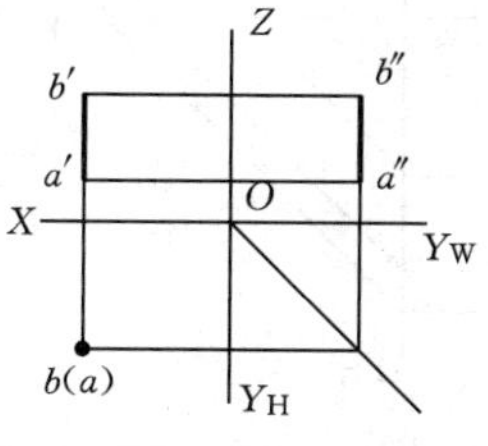	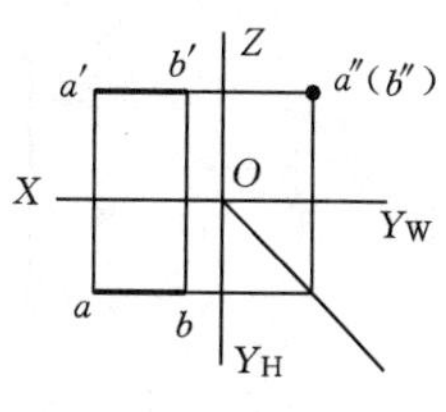
投影特性	(1) 在与线段垂直的投影面上，该线段的投影积聚为一点。 (2) 其余两个投影分别垂直于相应的投影轴，且都反映实长		

3．一般位置直线

一般位置直线与三个投影面都倾斜，因此在三个投影面上的投影都小于实长，投影与投影轴之间的夹角也不反映直线与投影面之间的夹角，如图 2-11 所示。

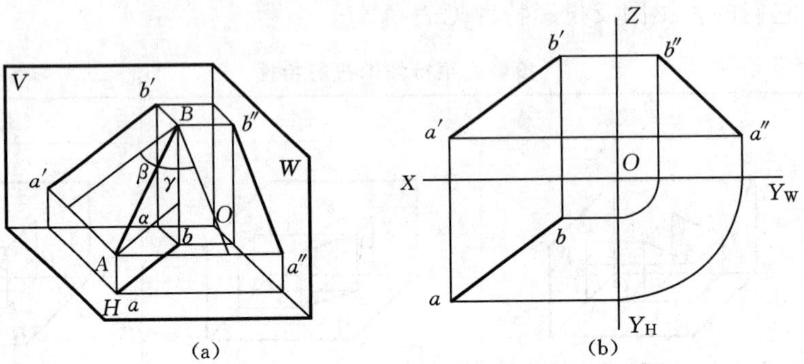

图 2-11　一般位置直线的投影

三、直线段上点的投影

点在直线段上的投影特性如下：

(1) 直线段上点的投影必定在该直线段的同面投影上。例如图 2-12 (a) 中，K 点的投影 k、k'、k''分别在 ab、$a'b'$、$a''b''$上。

(2) 同一直线段上两线段长度之比等于其投影长度之比称为定比性，因此有

$$\frac{AK}{KB}=\frac{ak}{kb}=\frac{a'k'}{k'b'}=\frac{a''k''}{k''b''}$$

由直线段有积聚性的投影面特性可知：

(1) 如果点在已知直线段上，则根据点的一个投影面（有积聚性的投影面除外），可求出它的另外两个投影面，如图 2-12 (a) 所示。

(2) 通过作辅助线的方法求得，如图 2-12 (b) 所示，通过点 a 作一辅助线，在该线上量取 $ak_0=a'k'$，$ab_0=a'b'$，然后连接 b_0b，并通过 k_0 作 $k_0k//b_0b$，交于 ab 上的 k 点，即为所求。

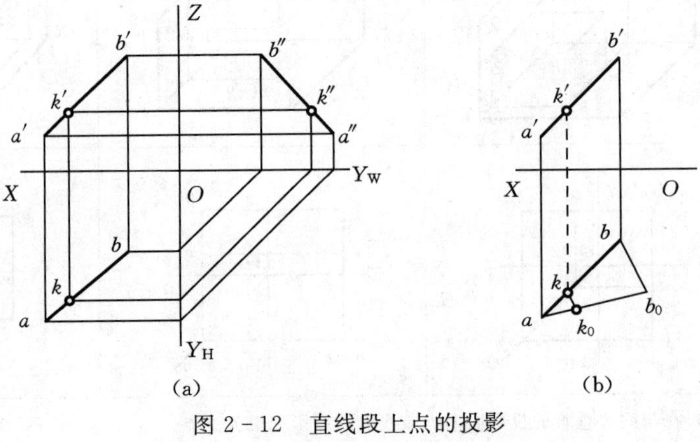

图 2-12　直线段上点的投影

四、两直线的相对位置

两直线的相对位置见表 2－3。

1. 平行两直线

（1）平行两直线的所有同面投影都互相平行。

（2）反之，若两直线的同面投影均互相平行，则空间两直线必定互相平行。

判定方法：①一般情况下，只需看它们的两个同面投影是否平行即可；②特殊情况下，当两直线为某一投影面平行线时，需根据它们在所平行的那个投影面上的投影是否平行才能判定。

2. 相交两直线

（1）若空间两直线相交，则它们的所有同面投影都相交，且各同面投影的交点之间的关系符合点的投影规律。

（2）反之，若两直线的各同面投影都相交，且交点的投影符合点的投影规律，则这两直线必相交。

（3）特殊情况：当两直线为某一投影面平行线时，它们是否相交需作进一步判断。通常根据两条直线在另外两个投影面上的投影是否是一条直线来判定。

3. 交叉两直线

两直线既不平行又不相交称为交叉直线。交叉直线可能有一个或两个同面投影相互平行，也可能有一个、两个或三个同面投影相交，但其交点不符合点的投影规律。根据交叉两直线上对该投影面的一对重影点的投影，可判断两直线的相对位置。

表 2－3　　两直线的相对位置

相对位置	立体图	投影图
平行	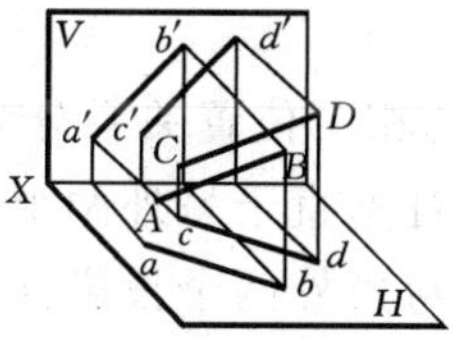	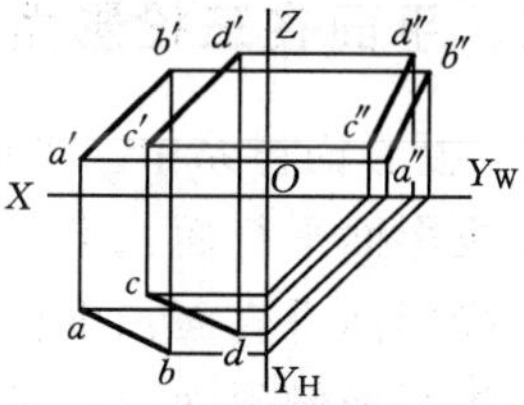
相交	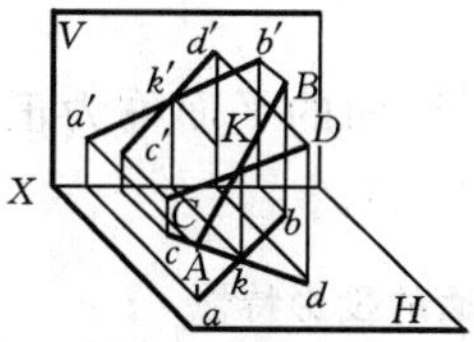	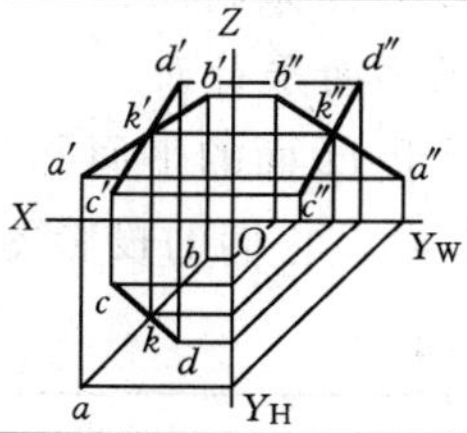
交叉	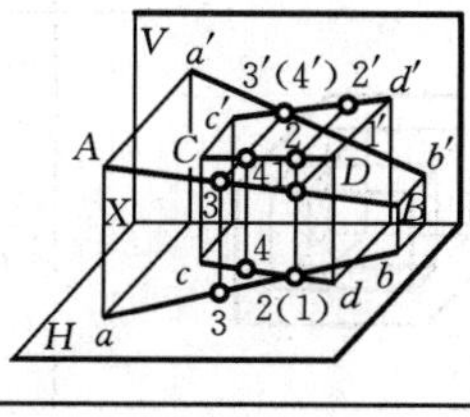	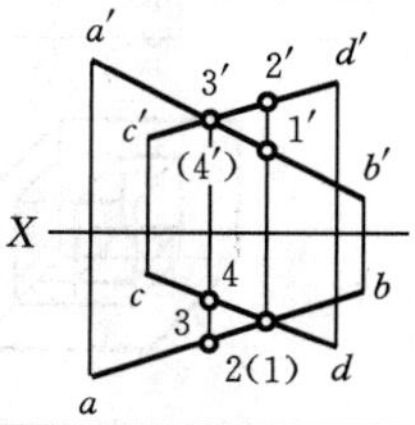

第五节　平 面 的 投 影

平面的投影是点、线投影的综合，也应符合“长对正，高对齐，宽相等”的投影规律。

一、平面的表示方法

（1）不在同一条直线上的三点，如图 2-13（a）所示。

（2）一条直线和该直线外一点，如图 2-13（b）所示。

（3）相交两直线，如图 2-13（c）所示。

（4）平行两直线，如图 2-13（d）所示。

（5）任意平面图形，如图 2-13（e）所示。

分别作出这些几何元素的投影，即可表示一个平面的投影。

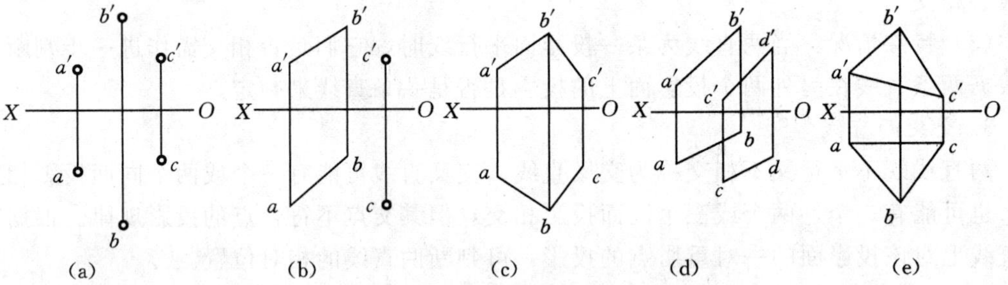

图 2-13　几何元素表示的平面

二、平面在三投影面体系中的特性

在三投影面体系中，平面与投影面之间的相对位置关系分为三类：

1）投影面平行面：平行于一个投影面，且垂直于另外两个投影面的平面。

2）投影面垂直面：垂直于一个投影面，与另外两个投影面都倾斜的平面。

3）投影面倾斜面：与三个投影面都倾斜的平面，也叫一般位置平面。

1. 投影面平行面

平行于 H 面的平面称为水平面，平行于 V 面的平面称为正平面，平行于 W 面的平面称为侧平面。它们的投影图及投影特性见表 2-4。

表 2-4　**投影面平行面的投影特性**

平行面	正平面	水平面	侧平面
空间情况	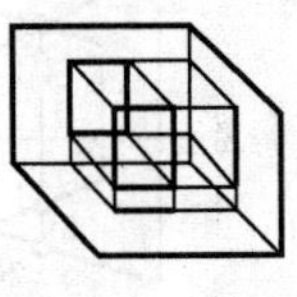	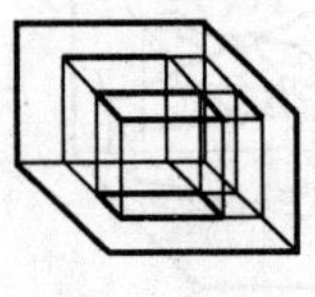	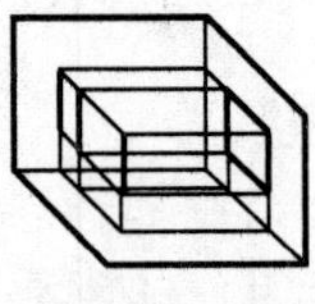

续表

平行面	正平面	水平面	侧平面
投影图	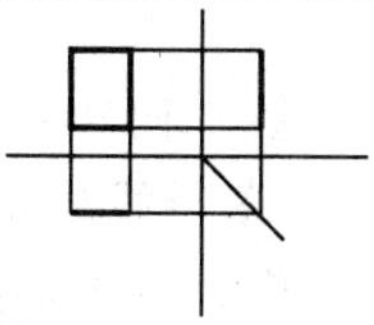	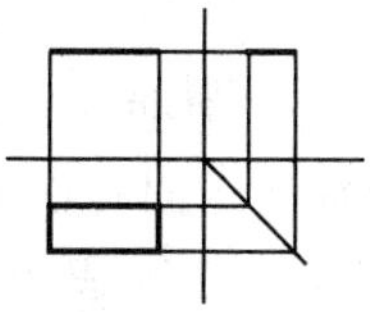	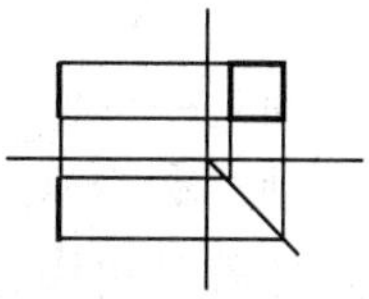
投影特性	（1）在与平面平行的投影面上，该平面的投影反映实形。 （2）其余两个投影分别平行于相应的投影轴，且都具有积聚性		

2. 投影面垂直面

垂直于 H 面的平面称为铅垂面，垂直于 V 面的平面称为正垂面，垂直于 W 面的平面称为侧垂面。它们的投影图及投影特性见表 2－5。

表 2－5　　投影面垂直面的投影特性

垂直面	正垂面	铅垂面	侧垂面
空间情况	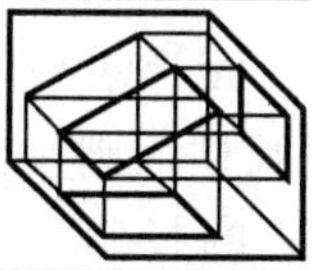	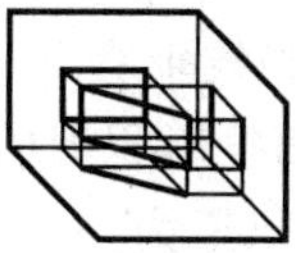	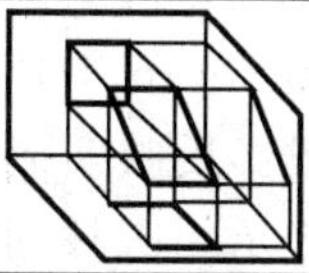
投影图	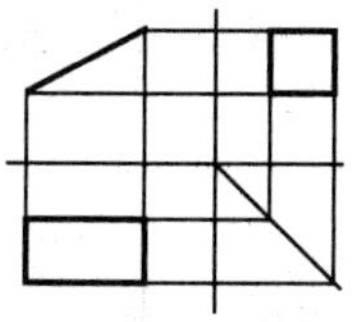	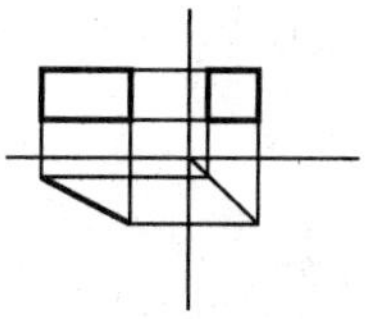	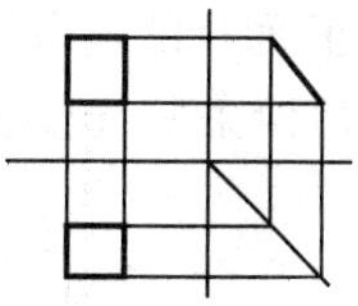
投影特性	（1）在与平面垂直的投影面上，该平面的投影为一倾斜线段，有积聚性。 （2）其余两个投影都是缩小的类似形		

3. 一般位置平面

一般位置平面与三个投影面都倾斜，因此，它在三个投影面上的投影都是缩小了的类似形，如图 2－14 所示。

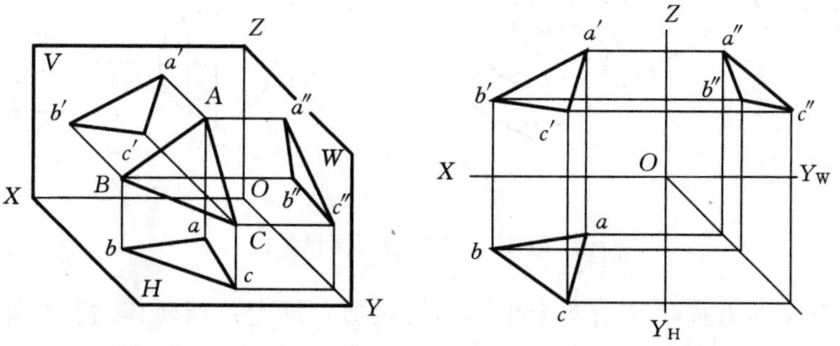

(a)　　(b)

图 2－14　一般位置平面的投影

（a）直观图；（b）三面投影图

其投影特性是：三面投影均是与原平面形状类似的平面图形，并且面积均小于实形。

第六节　回　　转　　体

回转面是一动线（直线、圆弧或其他曲线）绕一定线（直线）回转一周后形成的曲面。其中动线称为母线，定线称为轴线，回转面上任意位置的一条母线被称为素线。

回转体就是由回转面或回转面与平面围成的立体。在工程中常用的回转体主要有圆柱、圆球、圆环、圆锥等。

一、圆柱

1．形成

圆柱由圆柱面和上下底面所围成。如图 2－15（a）所示，圆柱面可以看做由直线 AA_1 绕与它平行的轴线 OO_1 回转而成。直线 AA_1 为母线，圆柱面上的素线都是平行于轴线 OO_1 的直线。

2．投影

如图 2－15（b）所示。圆柱的轴线垂直于 H 面，上、下底面为水平面，其水平投影面上的投影反映实形，其正面和侧面投影积聚成一直线段，而圆柱面则用曲面投影的转向轮廓线表示。圆柱面的水平投影也积聚为一个圆——外形轮廓的投影。如图 2－15（b）所示，正面上投影为最左、最右两条竖线 AA_1、BB_1 的投影 $a'a_1'$、bb_1'，侧面上投影为最前和最后两条竖线投影 $c''c_1''$和 $d''d_1''$。

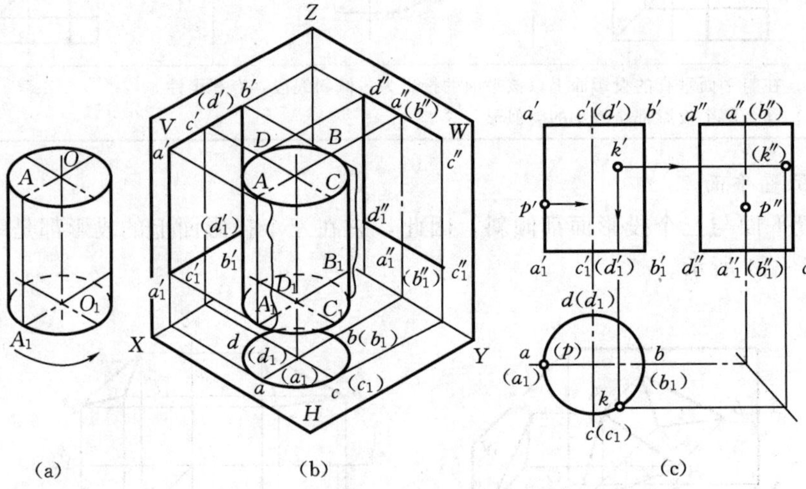

图 2－15　圆柱的三面投影图

圆柱的一个投影为圆，其余两个投影均为矩形。规定：回转体对某投影面的转向轮廓线，只能在该投影面上画出，而在其他投影面上则不再画出，如图 2－15（c）所示。

圆柱投影图的绘制：

（1）先绘出圆柱的对称线、回转轴线。

（2）绘出圆柱的顶面和底面。

(3) 绘出正面转向轮廓线和侧面转向轮廓线，如图 2-16 所示。

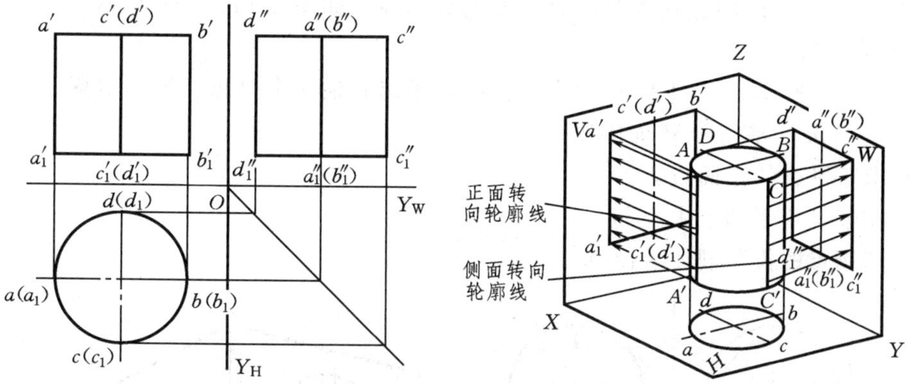

图 2-16　圆柱投影图的绘制

3. 圆柱表面上取点的投影

已知圆柱表面上点 A、B、M 及 N 的正面投影 a'、b'、m'、n'，求它们的其余两面投影，如图 2-17 所示。

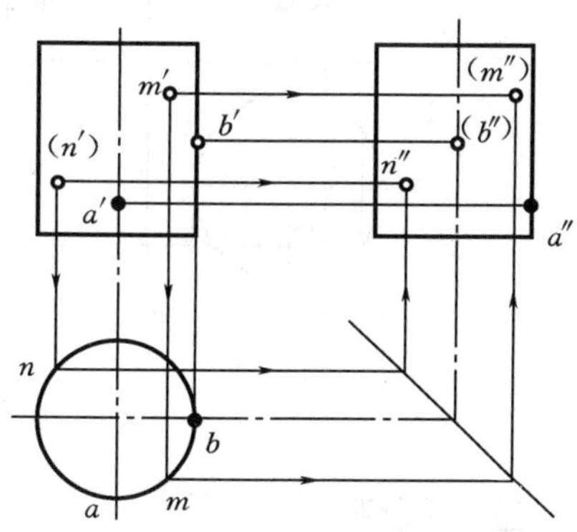

图 2-17　圆柱表面上取点的投影

二、圆球

1. 圆球的形成

圆球是由圆球面围成的立体。如图 2-18 (a) 所示，圆球面可以看做一半圆弧母线绕其直径 OO_1 为轴回转一周而成。

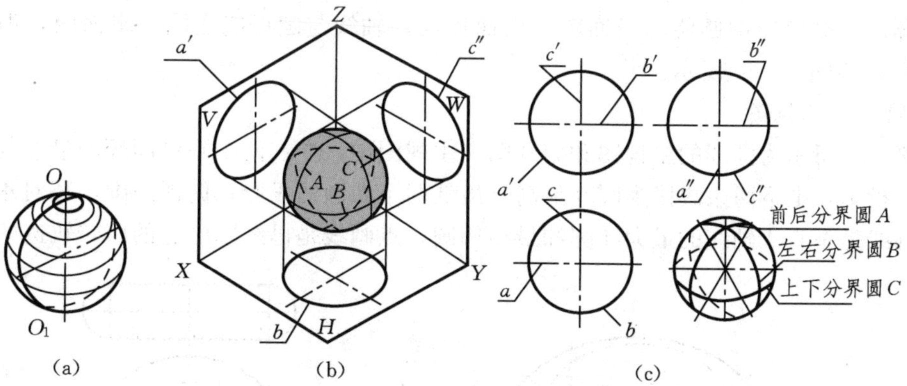

图 2-18　圆球的三面投影图

2. 球的投影

如图 2-18 (b) 所示，圆球的其三面投影均为直径等于圆球直径的圆。其中，正面投影 a' 是圆球正视转向线（前后半球面分界线）A 的投影，侧面投影 c'' 是侧视转向线（左右半球面分界线）C 的投影，水平投影 b 是俯视转向线（上下半球面分界线）B 的投影。转向线只有在其所视方向的投影面上才画线，在另两个投影面上，它均与对应的点画线重合，不画其投影。如正视转向线 A 在 V 面上的投影为圆 a'，在 H 面、W 面上，其投影 a，a''分别是水平方向的点画线和垂直方向的点画线，如图 2－18（c）所示。

3. 球面上取点的投影

如图 2－19 所示，已知 M 点的水平投影，求出其他两个投影。投影步骤：

（1）过点 m 作平行于 V 面的正平圆。

（2）求正平圆的正面投影。

（3）在辅助正平圆上求出 m'。

（4）利用点的投影规律求出 m''。

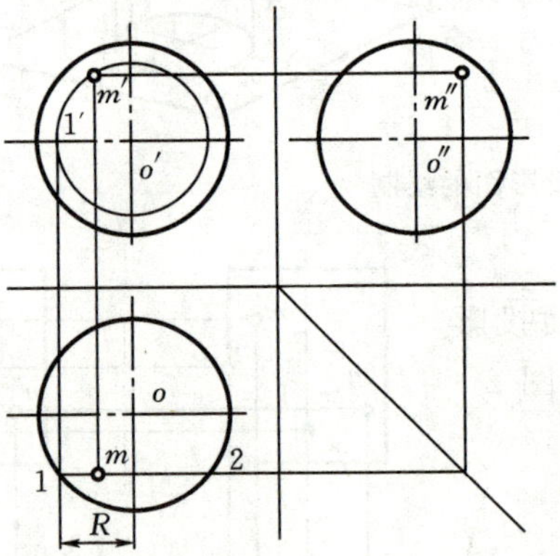

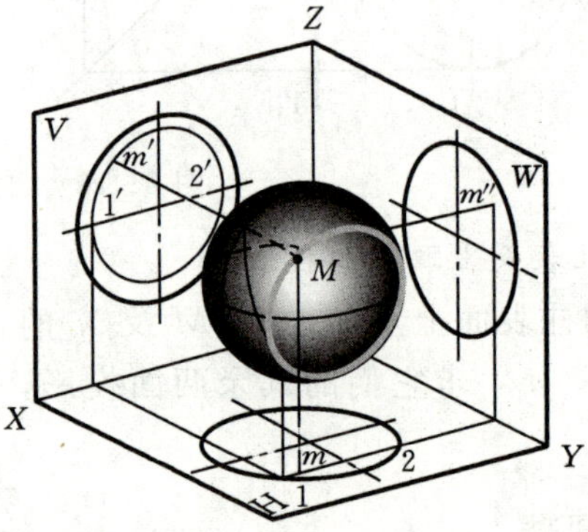

图 2－19　球面上取点的投影

三、圆环

1. 圆环的形成

圆环由一个完整的圆绕轴线回转一周而形成，轴线与圆母线在同一平面内，但不与圆母线相交，如图 2－20 所示。

2. 圆环的三视图

图 2－21 所示为圆环的主视图和俯视图。主视图中，左右两个圆是圆环的最左与最右两个素圆的投影，上下两条线段为圆环最高、最低两个纬圆的投影；俯视图中，环对水平面的转向轮廓线是垂直于轴线的最大纬圆和最小纬圆，点画线是母线圆中心的回转轨迹的投影。

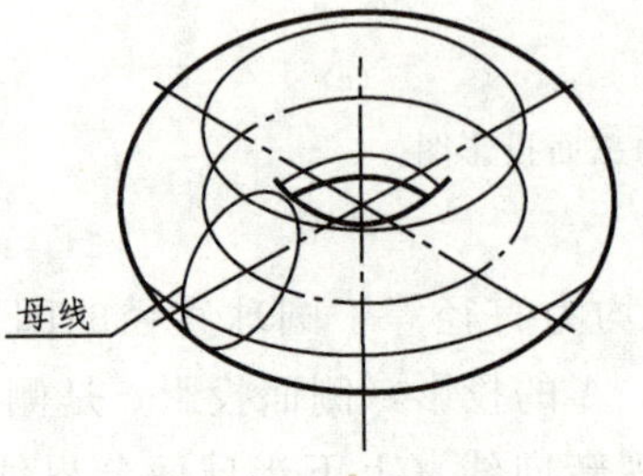

图 2－20　圆环

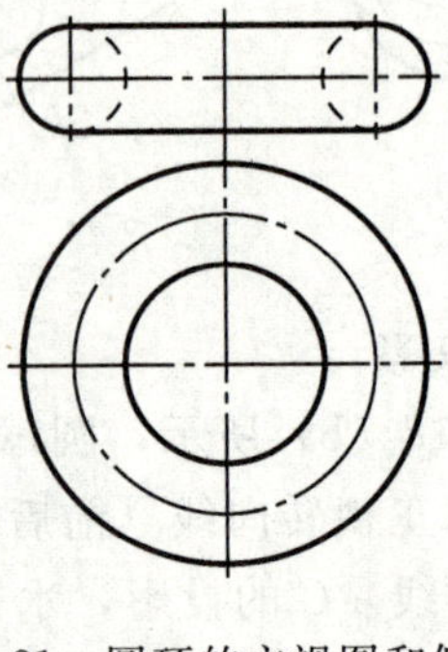

图 2－21　圆环的主视图和俯视图

第三章　机件形状的表达方法

由于零件的作用不同，其结构形状是多种多样、千变万化的。为能把各种零件的结构形状（内、外）正确、完整、清晰地表达出来，以便于看图，需要各种不同的表达方法。

绘制工程图样时，应首先考虑看图方便。根据零件的结构特点，选择适当的表达方法，在完整、清晰地表达零件各部分结构形状的前提下，力求绘图方便。

第一节　视　　图

视图：机件向投影面投影所得的图形（一般只有可见部分，必要时才画视图不可见部分）。视图主要用来表达机件的外部结构形状。

视图分为基本视图和辅助视图（局部视图、斜视图、旋转视图）。

一、基本视图

机件向基本投影面投影所得的视图称为基本视图。

当机件的外部形状比较复杂并在上下、左右、前后各个方向形状都不同时，用三个视图往往不能完整、清晰地把它们表达出来。

因此采用正六面体的六个面作为基本投影面，将物体放在其中，分别向六个投影面投影，如图 3－1、图 3－2 所示，得到六个视图：主视图、俯视图、左视图、右视图、仰视图、后视图。这六个视图称为基本视图。

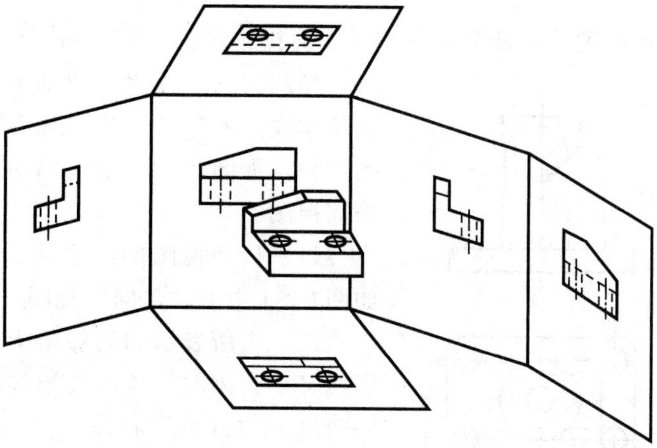

图 3－1　六个基本视图的展开方法

展开方法：

（1）正立面不动（第一角投影法），如图 3-1 所示。

（2）其他视图应按投影展开位置配置，此时不必标注视图的名称，如图 3-2 所示。

（3）若不能按规定位置配置视图，则应在该视图上方标注视图名称“×向”（“×”是大写拉丁字母的代号），并在相应视图的附近用箭头标明投影方向，同时注上同样字母，这种视图称为向视图，如图 3-3 所示。

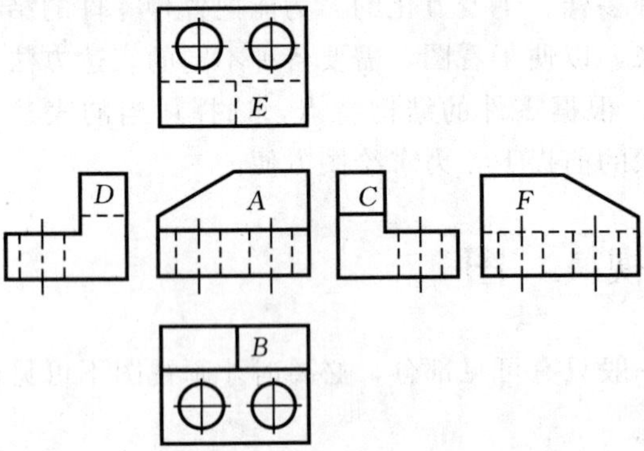

图 3-2　六个基本视图的配置

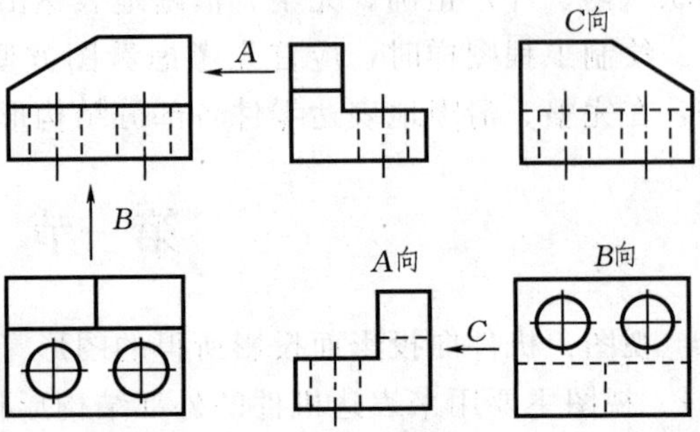

图 3-3　向视图

注：主视图、俯视图、左视图必须按规定位置配置。

（4）六个基本视图的关系：主、俯、仰、后长对正；主、左、右、后高平齐；俯、左、仰、右宽相等。

（5）虽然有六个基本视图，但在绘图时应根据零件的复杂程度和结构特点选用必要的几个基本视图。一般而言，在六个基本视图中，应首先选用主视图，然后是俯视图或左视图，再视具体情况选择其他三个视图中的一个或一个以上的视图。

二、局部视图

局部视图：将机件的某一部分向基本投影面投影的视图称为局部视图。

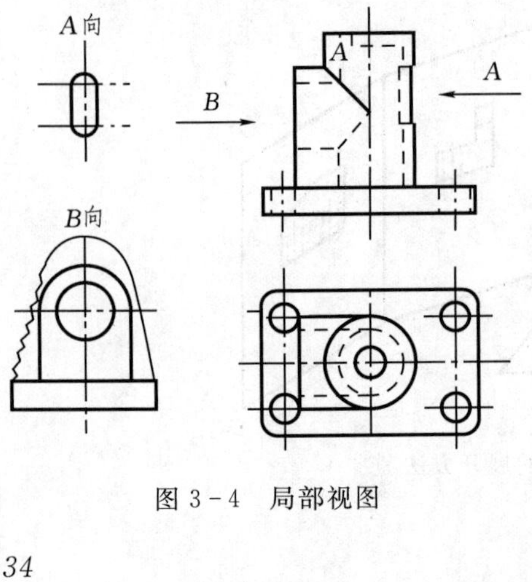

图 3-4　局部视图

局部视图是不完整的基本视图，利用它可减少基本视图的数量，补充基本视图尚未表达清楚的部分。如图 3-4 中的“*A* 向”和“*B* 向”即为局部视图。

（1）局部视图的断裂边界线以波浪线表示，如图 3-4 中的“*B* 向”视图。

（2）当所表示的局部结构是完整的，其外轮廓线又是封闭的，这时波浪线可省略不画，如图 3-4 中的“*A* 向”视图。

（3）局部视图的位置应尽量配置在投影方向上，并与原视图保护投影关系。但有时为合理布图，也可将局部视图放置在其他适当位置。

（4）局部视图上方应标出视图的名称“×向”并在相应视图附近用箭头指明投影方向和注上相应字母；当局部视图按投影关系配置，中间又无其他视图隔开时，允许省略标注。

三、斜视图

1. 斜视图

机件向不平行于任何基本投影面的平面投影所得的视图称为斜视图。

当机件上的倾斜部分在基本视图中不能反映出真实形状时，可重新设立一个与机件倾斜部分平行的辅助投影面（辅助投影面又必须与某一基本投影面垂直）。将机件的倾斜部分向辅助投影面进行投影，即可得到机件倾斜部分在辅助投影面上反映实形的投影——斜视图，如图 3－5 所示。

2. 斜视图的画法

（1）斜视图的画法与标注基本上与局部视图相同，在不致引起误解时，可不按投影关系配置；还可将图形旋转摆正，此时应在图形上方标注“×向旋转”。

（2）斜视图一般只要求表达出机件倾斜部分的局部形状。因此在画出它的实形后，对机件的其他部分应断开不画，在断开处用波浪线表示，如图 3－5 所示。

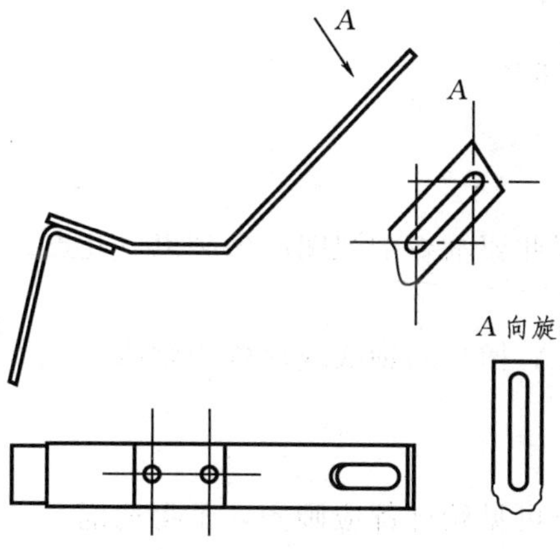

图 3－5　斜视图

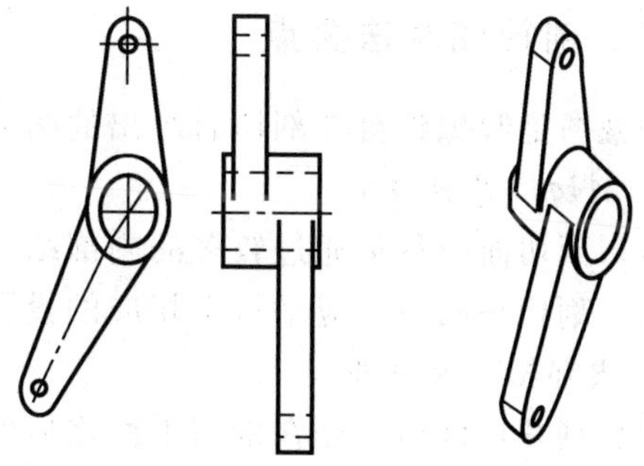

图 3－6　旋转视图

四、旋转视图

（1）旋转视图：假设将机件的倾斜部分旋转到与某一选定的基本投影面平行后，向该投影面投影所得到的视图称为旋转视图。

（2）当机件上的倾斜部分有明显的回转轴线时，如图 3－6 所示的摇臂，为了在左视图表示出下臂的实长，可假想把倾斜的下臂绕回转轴线旋转到与侧平面平行后，再连同上臂一起画出它的左视图，即得到旋转视图。

（3）旋转视图不必标注，如图 3－6 所示。

第二节　剖　视　图

当机件的内部结构比较复杂时，视图上会出现较多虚线，这样既不便于看图，也不便于标注尺寸。为了解决这个问题，常采用剖视图来表示机件的内部结构。

一、剖视图的形成

假想用剖切平面剖开机件，将处在观察者和剖切平面之间的部分移去，将其余部分向投影面投影，所得到的投影图称为剖视图（简称剖视），如图 3－7 所示。采用剖视后，机件上原来一些看不见的内部形状和结构变为可见，并用粗实线表示，这样便于看图和标注尺寸。

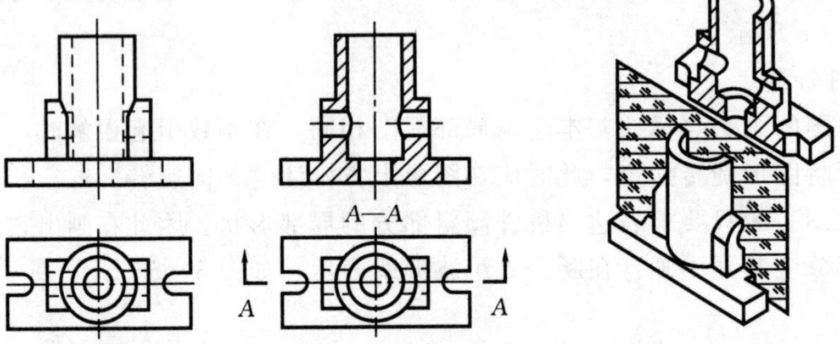

图 3－7　剖视图

二、剖视图画法要点

剖视图是假想将机件剖切后画出的图形，因此要画好剖视图应做到以下几点。

1. 剖切位置应适当

（1）剖切面应尽量通过较多的内部结构（孔、槽）的轴线或对称中轴线。

（2）剖切平面一般应平行于相应的投影面。

2. 内部轮廓要画齐

假想剖开机件后，处在剖切平面之后的所有可见轮廓都应画齐，不得遗漏。

3. 视图应保持完整

剖视图是假想剖切画出的，所以与其相关的视图仍应保持完整。通过剖视图已表达清楚的结构，视图中的虚线可省略。

4. 剖面符号要画好

用粗实线画出机件被剖切后截面的轮廓线及机件上处于截断面后面的可见轮廓线，并且在截断面上画出相应材料的剖面符号。

三、剖视图的标注

一般应在剖视图的上方用字母标注出剖视图的名称“×—×”（“×”是大字拉丁字母的代号），在相应视图上用剖切符号表示剖切位置，用箭头表示投影方向，并注上同样的字母，如图 3－7 所示。

四、几种常用的剖视图

按剖切范围的大小，剖视图可分为全剖视图、半剖视图和局部剖视图。

1. 全剖视图

用剖切平面（可以是单一平面或是相交两平面，或是一组相平行的平面，或是柱面）来完全剖开机件，所得的剖视图称为全剖视图，如图 3－8 所示。

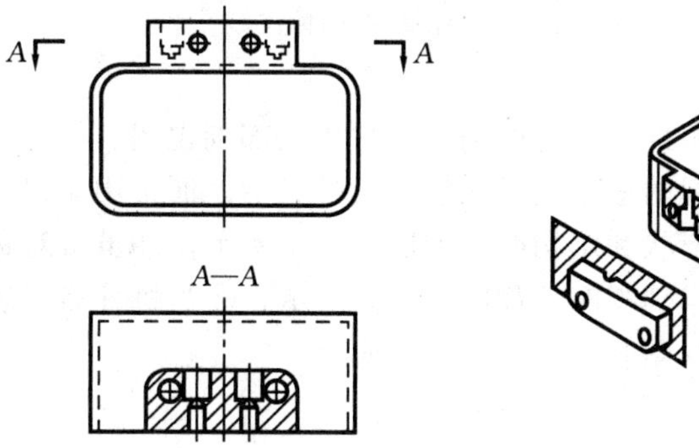

图 3－8 全剖视图

（1）适用范围：机件外形较简单，内形较复杂，且该视图又不对称时，常采用全剖视画法，如图 3－8 所示。

（2）剖视图的标注分不同情况对待：①当剖切平面通过机件对称平面，且剖视图按投影关系配置，中间又无其他视图隔开时，可省略标注，如图 3－8 的情况即可省略标注；②除此之外均应该标注，但可根据剖视图是否按投影关系配置而决定可否省略箭头指示。

2. 半剖视图

以对称中线为界一半画成剖视图，另一半画成视图，称为半剖视图，如图 3－9中的主视图所示。

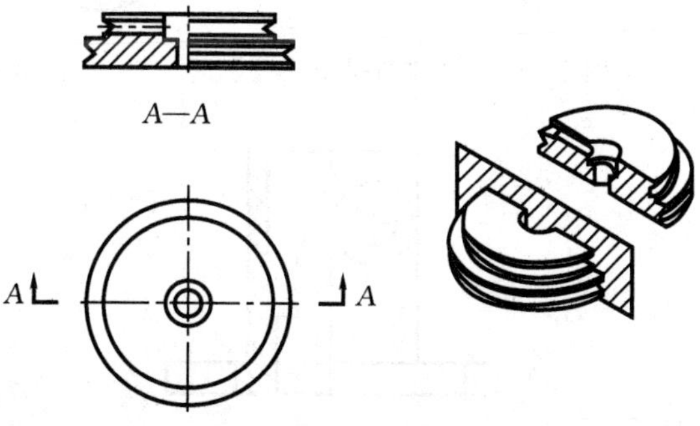

图 3－9 半剖视图

（1）适用范围：内、外形都较复杂的对称机件（或基本对称的机件）。

（2）半剖视图的标注：①与全剖视图相同，当剖切平面未通过机件对称平面时，必须标出剖切位置和名称，箭头可省略；②标注尺寸时，尺寸线上只能画出一端箭头，而另一端只需超过中心线而不画箭头；③基本对称机件也可画成半剖视图，如图 3－10 所示。

（3）应注意的问题：①在半剖视图中，半个视图（表示机件外部）和半个剖视图（表示机件内部）的分界线是对称中心线，不能画成粗实线；②在半个视图中应省略表示内部形状的虚线（如图形对称），因机件的内部形状已在半个剖视图中表达清楚。

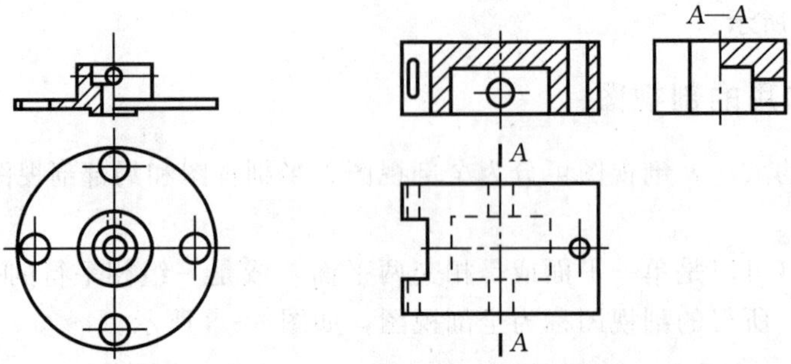

图 3－10　半剖视图的标注

3. *局部剖视图*

用剖切平面局部地剖开机件，所得的剖视图称为局部剖视图。

（1）适用范围：局部剖视的适用范围比较广泛且灵活。通常用于以下情况：①当同时需要表达不对称机件的内外形状和结构时，如图 3－11 所示；②虽有对称平面但轮廓线与对称中心线重合，不宜采用半剖视时，如图 3－12 所示；③当机件需要表达局部内部形状和结构，而又不宜采用全剖视图时，如图 3－13 所示。

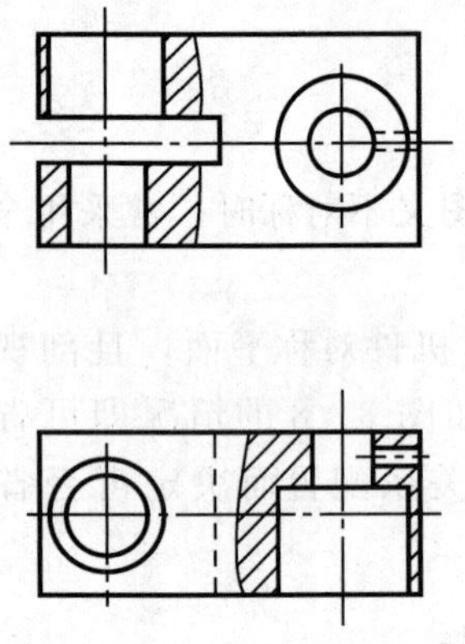

图 3－11　局部剖视图

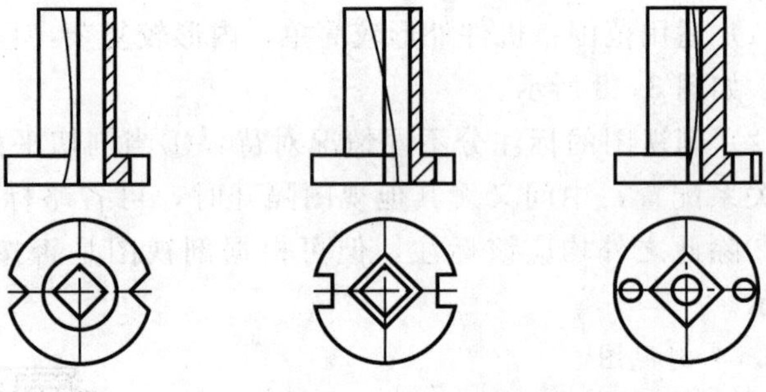

图 3－12　不宜采用半剖视的局部剖视图

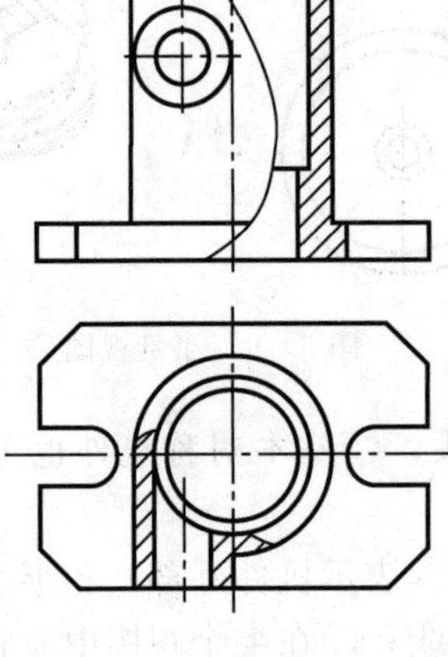

图 3－13　不宜采用全剖视的局部剖视图

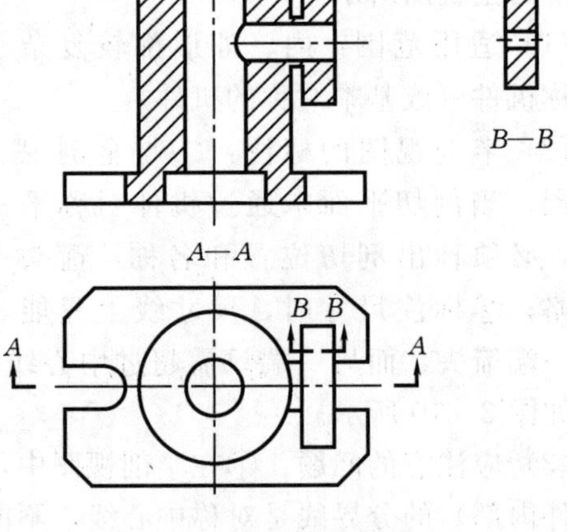

图 3－14　局部剖视图的标注

（2）局部剖视图的标注：当单一剖切平面位置明显时，可省略标注，当剖切平面位置不明显时，必须标注剖切符号、投射方向和剖视图的名称。如图 3－14 所示，主视图位置所示的局部视图应进行标注；俯视图位置所示的视图就可省略标注。

第三节 断 面 图

一、断面图的概念

假想用剖切面将机件的某处切断，仅画出其断面的图形，称为断面图，简称断面。

如图 3－15（a）所示的轴，为了表示键槽的深度和宽度，假想在键槽处垂直于轴线的剖切平面将轴切断，只画出断面的形状，并在断面上画出剖面线，如图 3－15（b）所示。

断面图和剖视图是两种不同的表示法，两者虽然都是先假想剖开机件后再投射，但是，剖视图不仅要画出被剖切面切开的部分，一般还应画出剖切面后的可见部分，而断面图则仅画出被剖切面切断的断面形状，如图 3－15 所示。

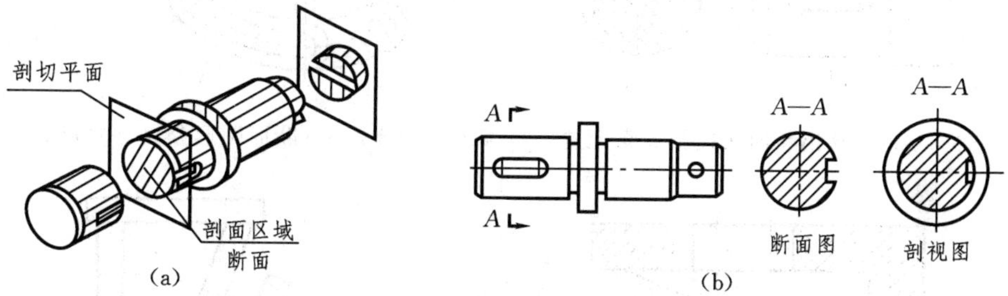

图 3－15　断面图与剖视图的比较

二、断面图的种类及画法

断面图分移出断面和重合断面两种。

1. 移出断面图

画在被剖切结构的投影轮廓外面的断面图称为移出断面图。

（1）移出断面的画法。

1）移出断面的轮廓线用粗实线绘制，剖面区域内一般要画剖面符号。

2）当剖切面通过回转面形成的孔或凹坑的轴线时，这些结构均按剖视绘制，即孔口或凹坑口画成闭合，如图 3－16（a）所示的右边断面和图 3－17 所示的 *A*—*A* 断面。当剖切平面通过非圆形通孔，会导致断面图出现完全分离的两部分时，这些结构也应按剖视绘制，如图 3－18 所示。

3）断面图应表示结构的正断面形状，因此剖切面要垂直于机件结构的主要轮廓线或轴线，如图 3－18～图 3－20 所示。

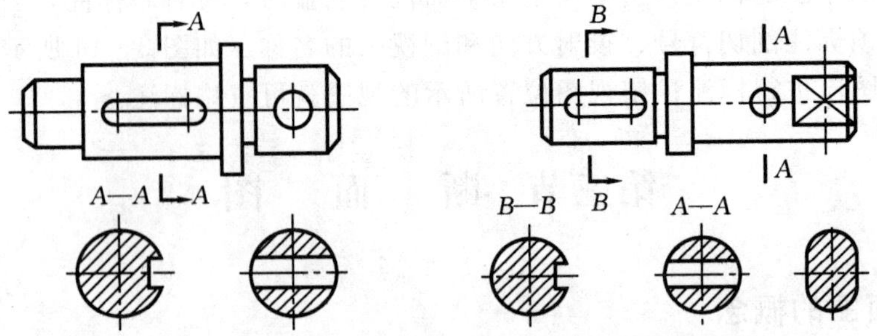

(a)　　　　(b)

图 3-16　移出断面的常用配置方法

(a) 断面配置在剖切符号或剖切线的延长线上；

(b) A—A、B—B 断面不配置在剖切符号的延长线上

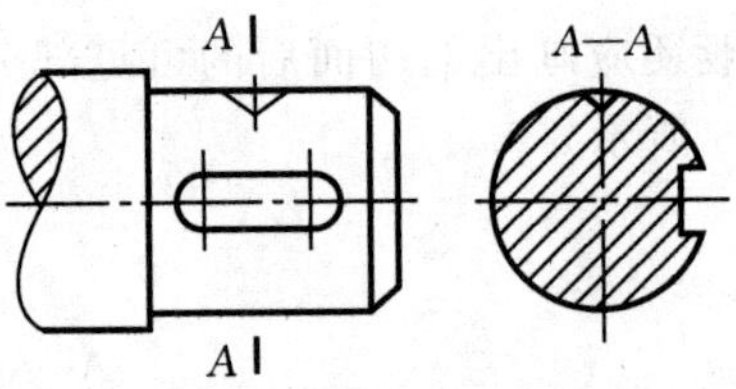

图 3-17　移出断面按投影关系配置

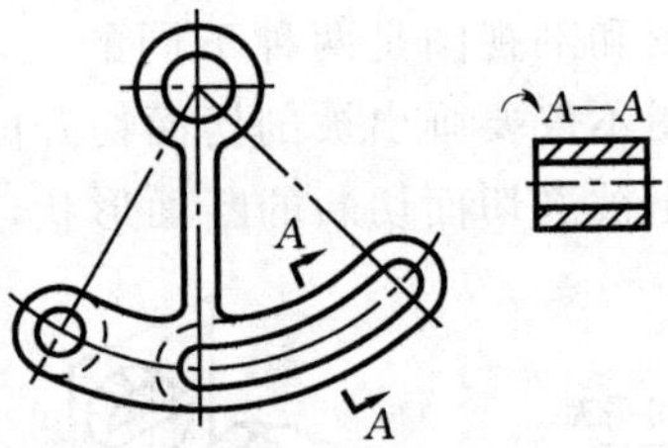

图 3-18　断面图形分离时的画法

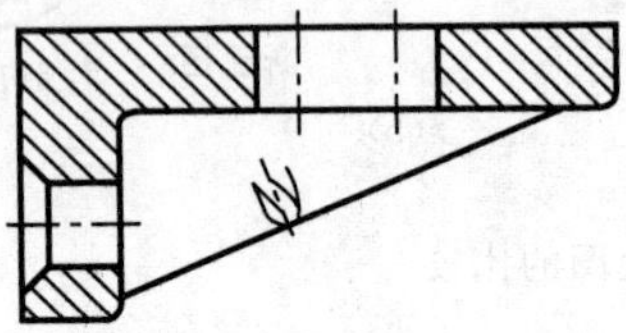

图 3-19　剖切平面必须垂直于被剖切部分的轮廓线

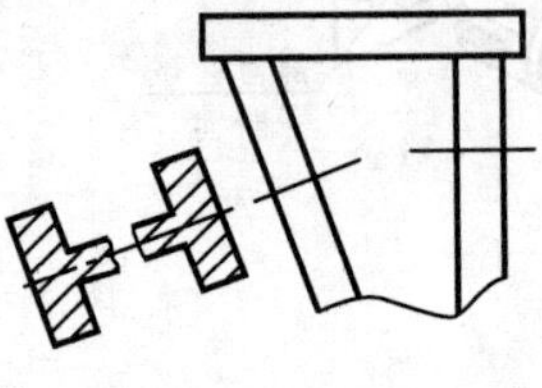

图 3-20　相交两剖切平面剖切得到的移出断面，中间应断开

(2) 移出断面的配置。

1) 按投影关系配置如图 3-15 (b) 和图 3-17 所示。

2) 配置在剖切符号或剖切线（指示剖切面位置的线，用点画线表示）的延长线上，如图 3-16 (a) 中的两个断面。这种配置便于看图，应尽量采用。

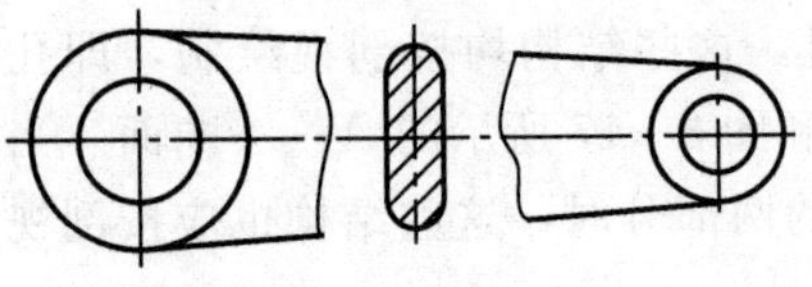

图 3-21　移出断面画在视图中断面

3) 当断面图对称（即断面图存在一根与剖切符号或剖切线平行的对称中心线）时，可将断面图画在视图的中断处，如图 3-21 所示。

4) 配置在其他位置，如图 3-16 (b) 中的 A—A和 B—B 两个断面图。

5) 在不致引起误解时，允许将倾斜剖切面切出的断面转正配置；其标注方法如图 3-18 所示。

(3) 移出断面的标注。

1) 标注方法。移出断面的标注与用单一剖切面获得剖视图的标注基本相同，一般在断面图上方标出名称“×—×”，在视图的相应部位标出剖切符号表示剖切位置和投射方向，并写上相同字母，如图 3-16 (b) 中的 $B—B$ 断面所示。

2) 可省略的标注。这与断面图形是否对称及其配置有关，以下情况可省略标注。

a. 配置在剖切符号延长线上的不对称移出剖面，可省略字母，如图 3-16 (a)、图 3-19 和图 3-20 所示。

b. 不配置在剖切符号延长线上的对称移出剖面，以及按投影关系配置的不对称移出剖面，均可省略箭头，如图 3-16 (b) 中的 $A—A$ 断面和图 3-17 中的 $A—A$ 断面所示。

c. 配置在剖切平面迹线延长线上的对称移出断面，用细点划线表示剖切平面的位置，并省略字母和箭头，如图 3-16 (a) 中右边的断面所示。

d. 配置在视图中断处的移出断面不作标注，如图 3-21 所示。

2. 重合断面

将断面图形画在视图之内的断面图称为重合断面图，如图 3-22 (a) 所示。重合断面的轮廓线画细实线。当视图中的轮廓线与重合断面的图形重叠时，视图中的轮廓线仍应连续画出，不可间断，如图 3-22 (b) 所示。

重合断面的标注规定不同于移出断面。对称的重合断面不必标注，如图 3-22 (a) 所示；不对称的重合断面，在不致引起误解时也可省略标注，如图 3-22 (b) 所示。

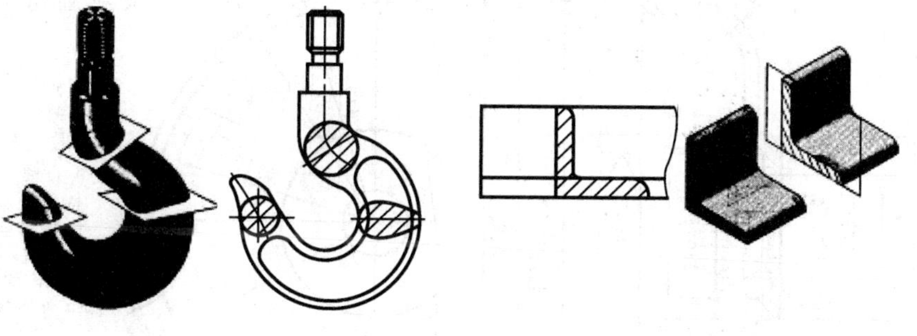

(a) (b)

图 3-22 重合断面

第四章 零 件 图

第一节 零件图的作用和内容

制造机器时，必须先制造零件。表达单个零件的图样称为零件图。零件图用以表达零件的结构形状、尺寸大小及技术要求等，以便生产、管理部门据此组织生产和检验成品质量。零件图是制造和检验零件的依据，也是设计和生产过程中的主要技术材料。零件图根据零件在机器或部件中的作用，大致可分成三类，即标准件、传动件和一般零件。除标准件外，一般零件和传动零件在生产上都要求画出它们的零件图。如图 4－1 所示为分马力电动机前端盖的零件图。

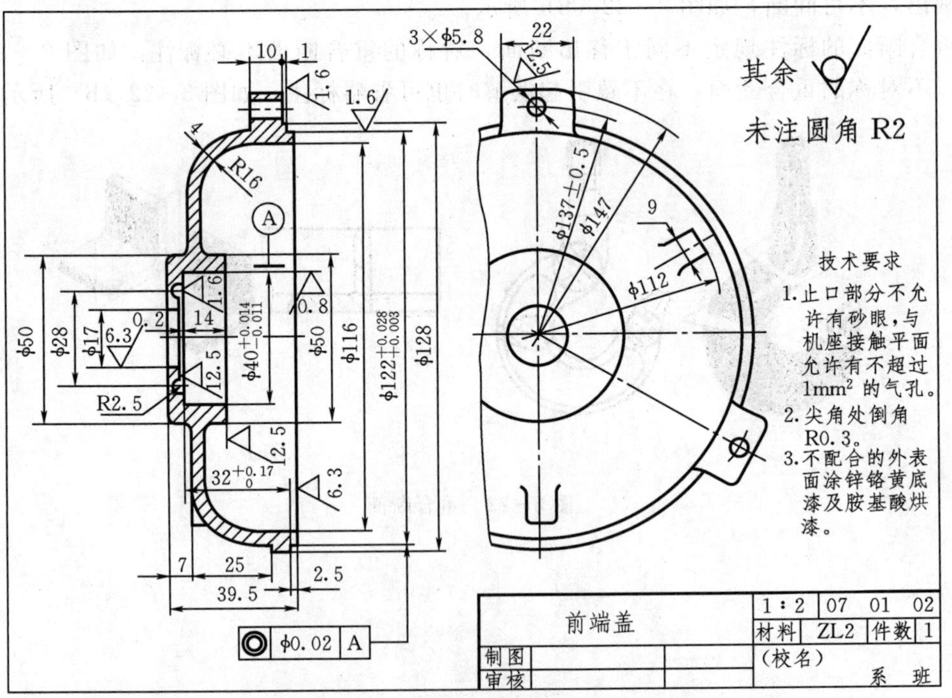

图 4－1 分马力电动机前端盖零件图

一张完整的零件图，一般应包括以下基本内容：

(1) 表达零件内、外结构形状的视图。

(2) 制造零件所需的尺寸。

(3) 零件的技术要求，如表面粗糙度、尺寸公差、形位公差、热处理、表面处理等。

（4）标题栏，说明零件的名称、材料、数量、图样比例、图号等内容。

第二节 零件常见结构

在表达零件之前，必须先了解零件的结构形状，零件的结构形状是根据零件在机器中的作用和制造工艺上的要求确定的。为了对它们有所了解，下面介绍它们的基本知识和表示方法。

一、螺纹

1. 螺纹的基本知识

螺纹是指在圆柱或圆锥表面上，沿着螺旋线形成的、具有规定牙形的连续凸起（凸起是指螺纹两侧面间的实体部分，又称牙）。凹陷部分称螺纹沟槽。在外表面上形成的螺纹称为外螺纹，在内表面上形成的螺纹称为内螺纹。

由于圆柱螺纹应用广泛，因此下面主要介绍圆柱螺纹。螺纹由牙形、大径、导程、线数、旋向五个螺纹要素确定。相关的常见术语如下：

（1）牙形。在通过螺纹轴线的断面上，螺纹的轮廓形状称为螺纹牙形。常见的螺纹牙形如图 4－2 所示。

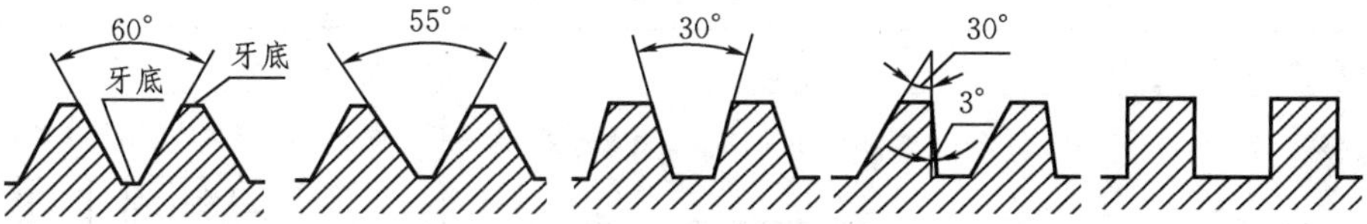

图 4－2 常见的螺纹牙形

(a) 普通螺纹（M）；(b) 管螺纹（G 或 R_p）；

(c) 梯形螺纹（T_r）；(d) 锯齿形螺纹（B）；(e) 矩形螺纹

（2）直径。螺纹直径有大径（d、D）、小径（$d1$、$D1$）和中径（$d2$、$D2$）（外螺纹的符号用小写，内螺纹用大写）之分。如图 4－3 所示，与外螺纹的牙顶或内螺纹的牙底相切的假想圆柱面的直径（即螺纹的最大直径）称为大径。与外螺纹的牙底或内螺纹的牙顶相切的假想圆柱面的直径（即螺纹的最小直径）称为小径。在大径和小径之间假想有一圆柱，其母线通过牙形上沟槽宽度和凸起宽度相等的地方，此假想圆柱称为中径圆柱，其直径称为螺纹中径。

（3）导程（P_h）和螺距（P）。沿同一条螺旋线形成的螺纹上的相邻两牙，在中径线上对应两点间的轴向距离，称为导程。相邻两牙在中径线上对应两点的轴向距离称为螺距。对于单线螺纹，螺距＝导程；对于多线螺纹，螺距＝导程/线数，如图 4－4 所示。

（4）线数。圆柱端面上的螺纹的数目，以 n 表示。沿一条螺旋线所形成的螺纹，称为单线螺纹；沿两条或两条以上，在轴向等距离分布的螺旋线所形成的螺纹，称为多线螺纹，如图 4－4 所示。

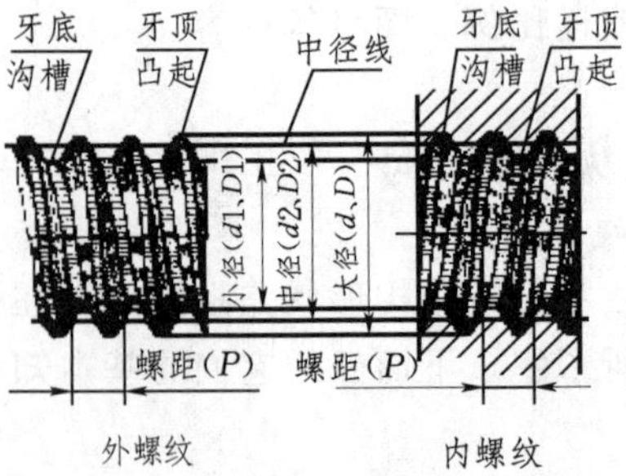

图 4-3 螺纹直径

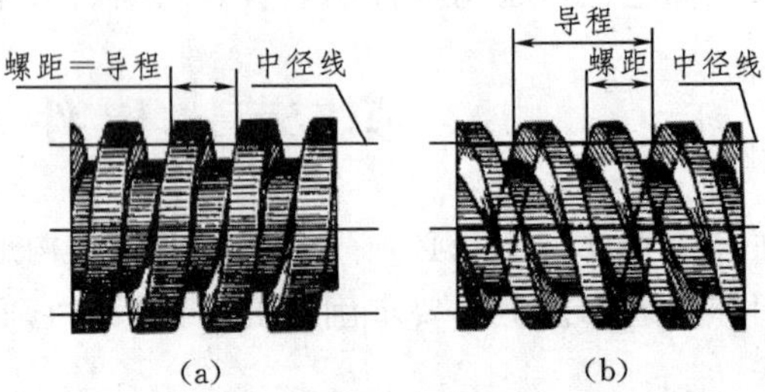

图 4-4 导程和螺距

(a) 单线左旋螺纹；(b) 双线右旋螺纹

(5) 旋向。顺时针旋转时旋入的螺纹称为右旋螺纹；逆时针旋转时旋入的螺纹称为左旋螺纹，如图 4-4 所示。在机器中右旋螺纹用得较多。

内、外螺纹是配合使用的，只有五个螺纹要素完全相同的外螺纹和内螺纹才能互相旋合。

2. 螺纹的规定画法

螺纹通常采用专业刀具在机床或专用机床上制造，且螺纹可用五要素来确定，所以生产图纸上也没有必要将螺纹的真实投影画出。为了便于看图，GB/T 4459.1—1995《机械制图螺纹及螺纹紧固件表示法》对螺纹的表示法作了规定。螺纹的规定画法见表 4-1。

表 4-1　　螺纹的规定画法

<table>
<tr><th colspan="2">各种情况</th><th colspan="2">图例</th></tr>
<tr><td rowspan="2">外、内螺纹</td><td>不剖</td><td rowspan="2">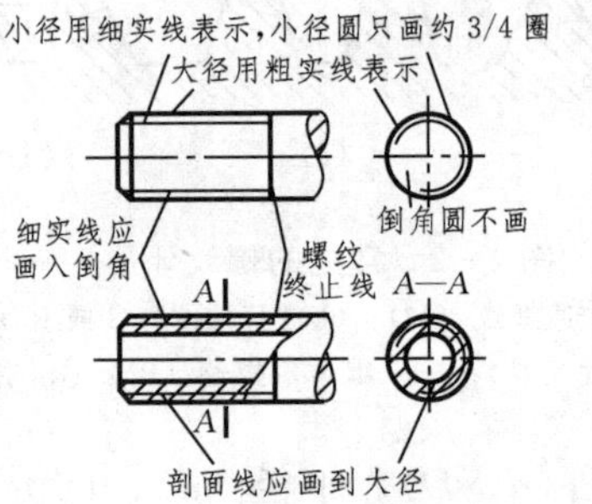
</td><td rowspan="2">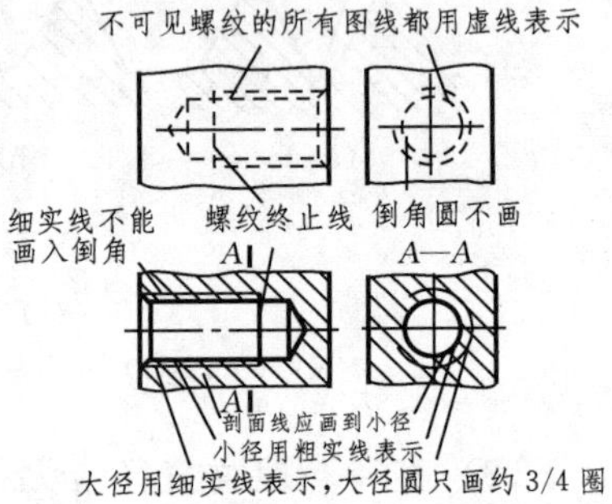
</td></tr>
<tr><td>剖开
（如果只是表达螺纹，一般不需要从垂直于螺纹轴线的方向剖开）</td></tr>
<tr><td colspan="2">螺纹牙型表示法</td><td colspan="2">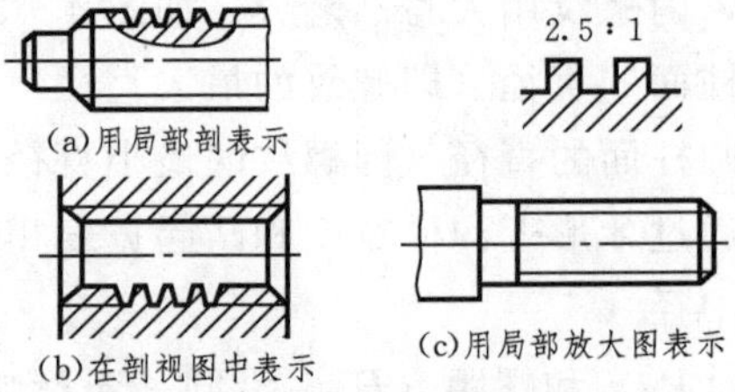
</td></tr>
<tr><td colspan="2">内、外螺纹连接的画法</td><td colspan="2">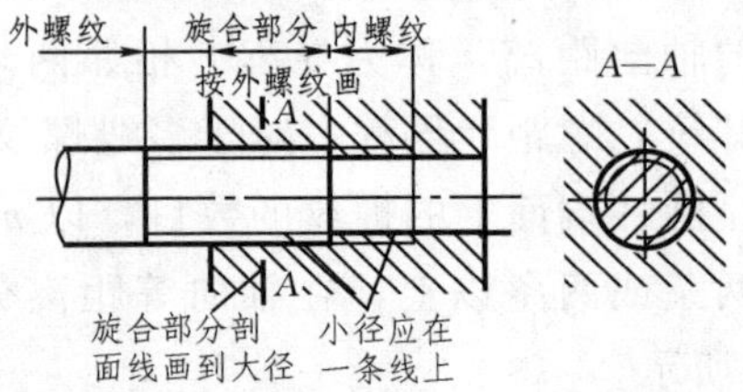
</td></tr>
</table>

3. 有关螺纹的各种结构及其表示法

（1）倒角。为了便于内、外螺纹旋合，并防止端部螺纹碰伤，一般在螺纹端部做出倒角（即圆台），倒角两端底圆的直径差应略大于螺纹大径与小径之差。图 4－5 中的尺寸 Ch1 为 45°倒角（即圆锥角 $\alpha=90°$）的尺寸注法，“C”表示 45°倒角，h1 为倒角的轴向长度，例如 C2。

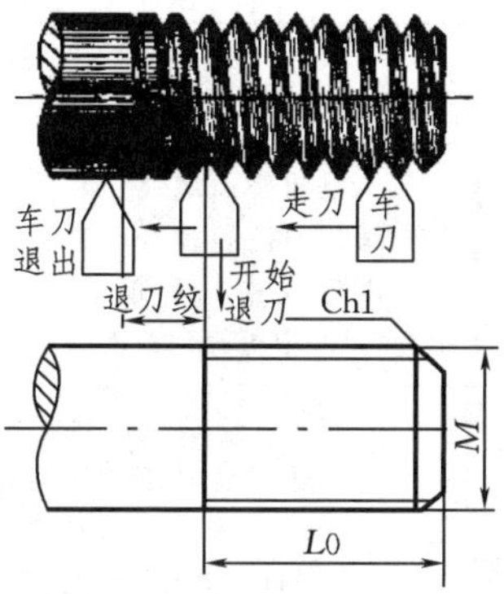

图 4－5　车制外螺纹时螺尾（退刀纹）的形成

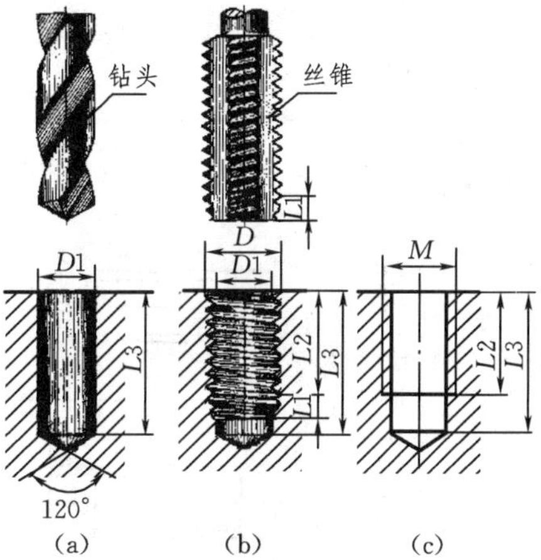

图 4－6　用丝锥加工时，螺尾的形成、螺孔的画法和尺寸标注

（a）钻孔；（b）攻螺纹；（c）画法

（2）有效螺纹、螺尾和退刀槽。牙顶和牙底均具有完整形状的螺纹称为完整螺纹；牙底完整和牙顶不完整的螺纹称为不完整螺纹，倒角部分的螺纹就是不完整螺纹。由完整螺纹和不完整螺纹组成的螺纹称为有效螺纹。向光滑表面过渡的牙底不完整的螺纹称为螺尾。它是由于加工工艺上的原因而形成的。

图样中标注的螺纹长度尺寸均指不包括螺尾在内的螺纹有效长度，如图 4－5 和图 4－6（c）中的 $L0$ 和 $L2$。螺尾是不能旋合的，为了消除螺尾，可在螺纹终止处做出比螺纹稍深的退刀槽，如图 4－7 和图 4－8 所示。螺纹退刀槽的形状和尺寸由标准规定。

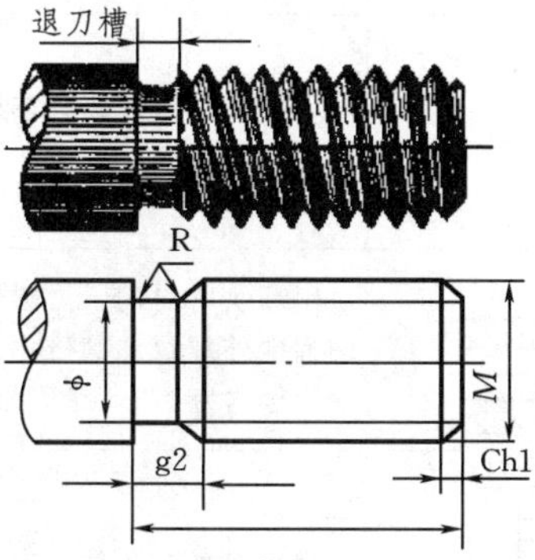

图 4－7　具有退刀槽的外螺纹及其尺寸标注

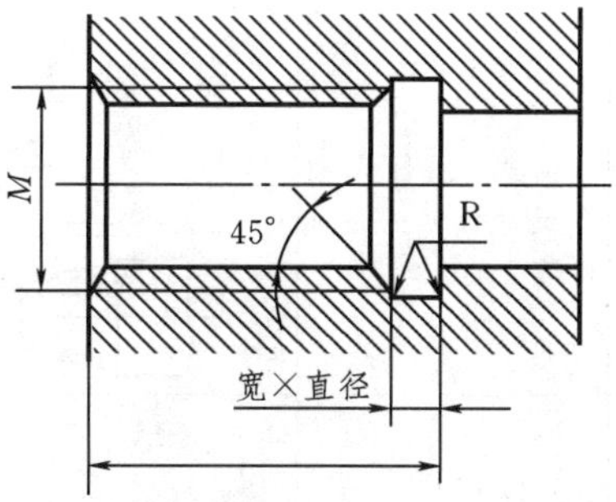

图 4－8　具有退刀槽的螺孔画法及尺寸标注

（3）不通螺孔。一般加工不通螺孔时，先按螺纹小径选用钻头，加工出圆孔，再用丝

锥攻出螺纹，如图 4－6（a）、（b）所示。由于钻头头部有 118°锥面，所以钻孔底部也有一个 118°锥孔，在图上简画成 120°。用丝锥加工不通螺孔也有螺尾部分。标注不通螺孔时，一般应将钻孔深度 $L3$ 与螺孔深度 $L2$ 分别标出，如图 4－6（c）所示。

4. 螺纹的标注法

普通螺纹、梯形螺纹和锯齿形螺纹的标记应注在大径的尺寸线或其引出线上；管螺纹的标记必须注在引出线上，指引线一般指向大径，见表 4－2。

表 4－2　　螺纹的标注法

螺纹类别		螺纹代号及格式	标注示例	标记说明
普通螺纹	粗牙	代号：M 格式：螺纹代号—中径公差带代号顶径公差带代号—旋合长度代号	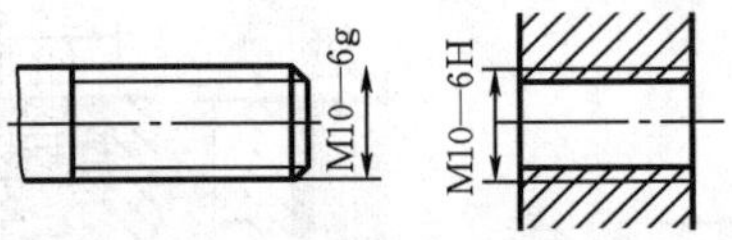	粗牙普通螺纹，大径 10，右旋；外螺纹中径和顶径公差带代号都是 6g；内螺纹中径和顶径公差带代号都是 6H；中等旋合长度
	细牙		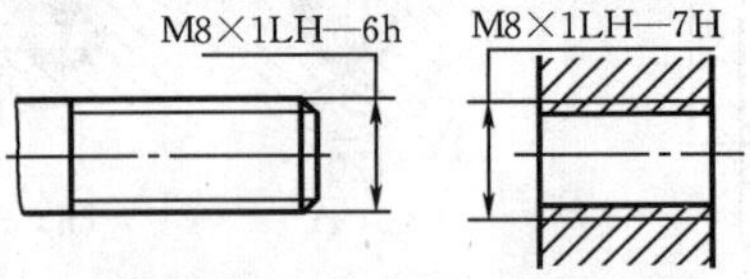	细牙普通螺纹，大径 8，螺距 1，左旋；外螺纹中径和顶径公差带代号都是 6h；内螺纹中径和顶径公差带代号都是 7H；中等旋合长度
梯形螺纹		代号：Tr 格式：螺纹代号—中径公差带代号—旋合长度代号	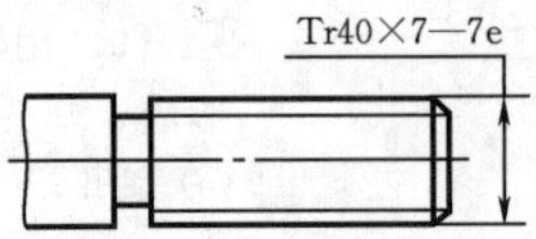	梯形螺纹，大径 40，单线，螺距 7，右旋，外螺纹，中径公差带代号 7e，中等旋合长度
锯齿形螺纹		代号：B 格式：螺纹代号—中径公差带代号—旋合长度代号	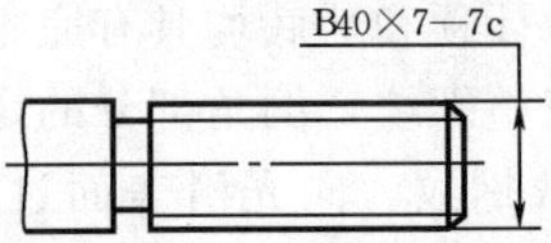	锯齿形螺纹，大径 40，单线，螺距 7，右旋，外螺纹，中径公差带代号 7c，中等旋合长度
管螺纹	非螺纹密封管螺纹	代号：G 格式：特征代号　尺寸代号　公差等级代号—旋向代号	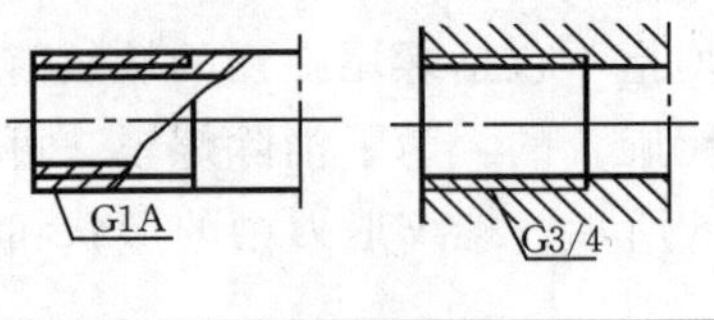	非螺纹密封的管螺纹，外螺纹的尺寸代号为 1，A 级；内螺纹的尺寸代号为 3/4，都是右旋
	用螺纹密封管螺纹	代号：Rp、Rc、R1、R2 格式：特征代号　尺寸代号—旋向代号	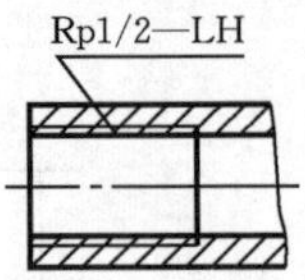	用螺纹密封的圆柱内螺纹，尺寸代号为 1/2，左旋
			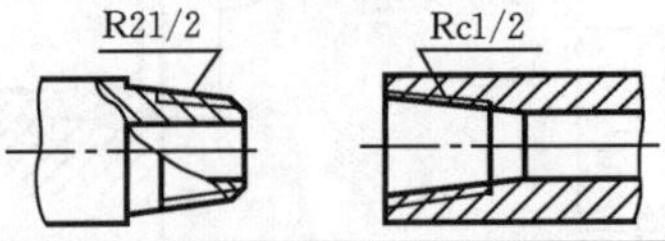	用螺纹密封的、与圆锥内螺纹配合的圆锥外螺纹和圆锥内螺纹，它们尺寸代号均为 1/2，都是右旋
矩形螺纹（非标准螺纹）			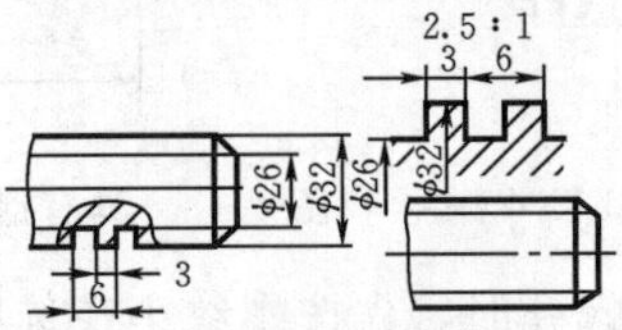	矩形螺纹，单线，右旋。螺纹尺寸如图所示

各项内容说明如下：

（1）顶径——内、外螺纹牙顶相切的圆柱面的直径。

（2）公差带代号——尺寸的允许变动范围，由数字后加字母组成，内螺纹字母用大写，外螺纹则用小写，如“7H”、“6g”。

（3）LH——左旋螺纹，若为右旋则不标。

（4）3/4——尺寸代号，近似等于管子的孔径，单位：英寸。

（5）“S”、“N”、“L”——螺纹旋合长度的短、中和长旋合长度。“N”一般不标注。

（6）Rp、Rc、R1、R2——圆柱内螺纹，圆锥内螺纹，与圆柱内螺纹相配合的圆锥外螺纹，与圆锥内螺纹相配合的圆锥外螺纹的特征代号。

（7）A、B——外螺纹的中径公差有 A 级和 B 级之分。

二、铸件和压塑件的工艺结构、过渡线

为了保证零件质量，便于加工制造，铸件和压塑件上有一些工艺结构，如壁厚应均匀或逐渐地变化、圆角、拔模（或脱模）斜度、凸台和凹槽等，它们的作用、特点和表示方法，见表 4－3。

当零件表面的相交处用小圆角过渡时，交线就不明显了，但为了区分不同表面，便于看图，仍需画出没有圆角时的交线的投影，这种线称为过渡线。过渡线的画法与原有交线投影画法的主要区别如下：

表 4－3　压塑件和铸件的工艺结构及其表示方法

结构名称	作用及特点	图例
壁厚	零件的壁厚应基本均匀或逐渐地过渡，以免压制或浇铸后在凝固过程中造成缩孔、变形和裂纹	
圆角	为便于铸件造型，避免浇铸时铁水将砂型转角处冲毁，或在铸件转角处产生裂纹，并保障铁水充满砂型转角处，零件上相邻表面的相交处均应以圆角过渡；压制压塑件时，圆角能保证原料充满压模，并便于将零件从压模中取出	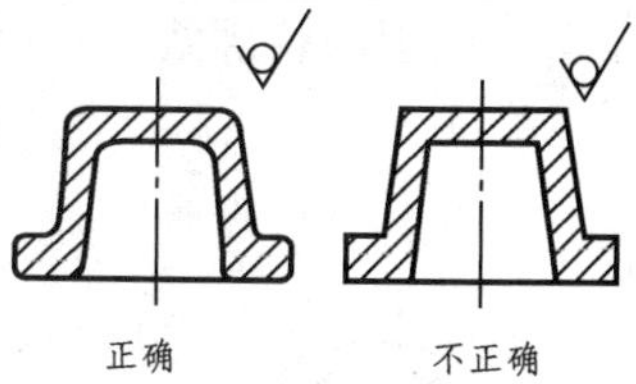
拔模（或脱模）斜度	为了使铸件在造型时拔模方便，使压塑件容易脱模，零件表面沿拔模或脱模方向应有适当的斜度，当这种斜度无特殊要求时，图上可以不表示	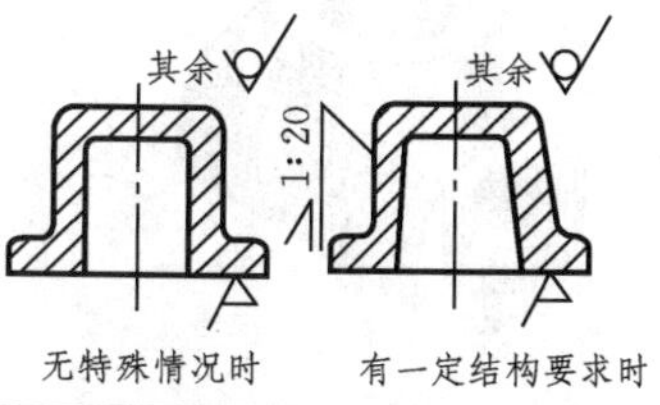
箱座类零件底面上的凹槽	为了使箱座类零件的底面在装配时接触良好，应合理地减少接触面积，这样的结构对铸件还可减少加工面积，节省加工费用	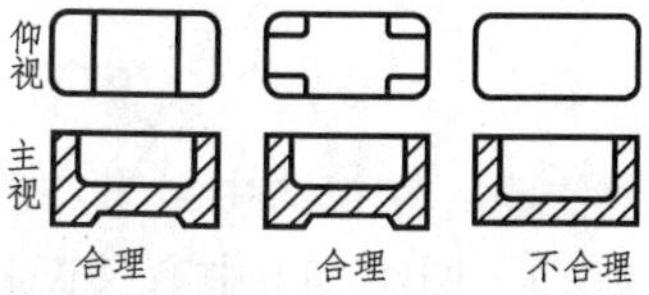

续表

结构名称	作用及特点	图　例
铸件上的凸台和凹坑	装配时为了使螺栓、螺母、垫圈等紧固件或其他零件与相邻铸件表面接触良好，并减少加工面积，或为了使钻孔时钻头不致偏斜或折断，常在铸件上制出凸台、沉孔或锪平等结构	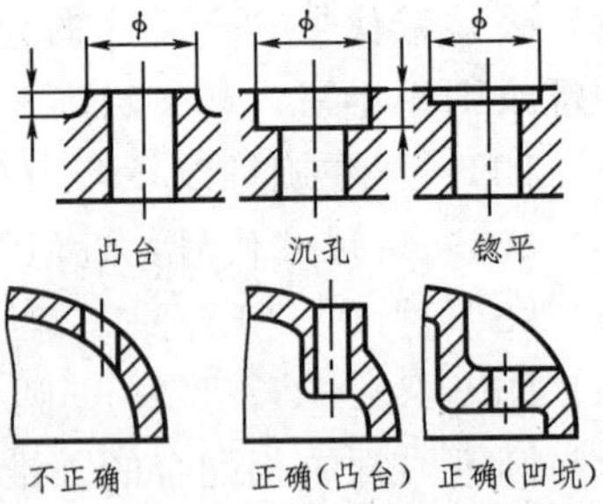

(1) 当两个面相交时，过渡线两端不应与轮廓线接触，如图 4-9 和图 4-10 所示。

在图样中，一般不要求将图 4-9 主视图中所示两圆柱面的过渡线画得很准确，为了简化作图，可以用过三个特殊点的圆弧来代替，该圆弧的半径 R 等于大圆柱面的半径。

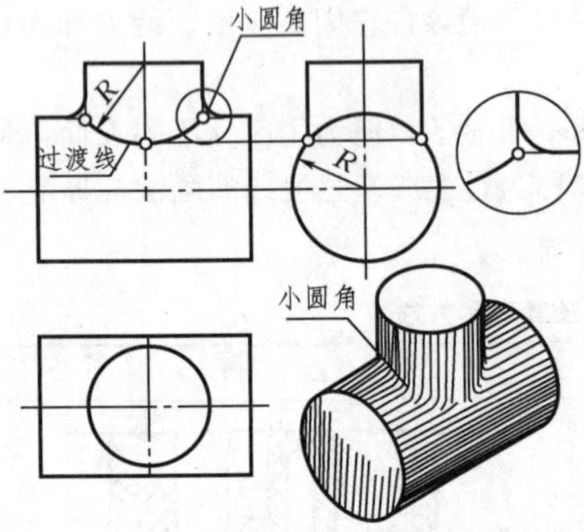

图 4-9　两圆柱面的过渡线

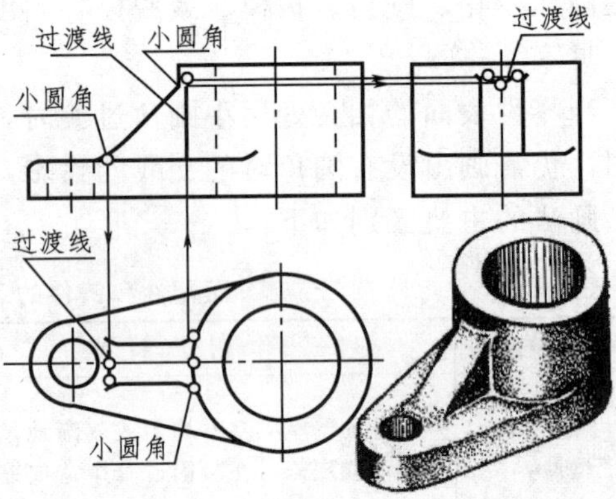

图 4-10　平面所产生的过渡线

(2) 当两曲面的轮廓线相切时，过渡线在切点处应断开，如图 4-11 所示。

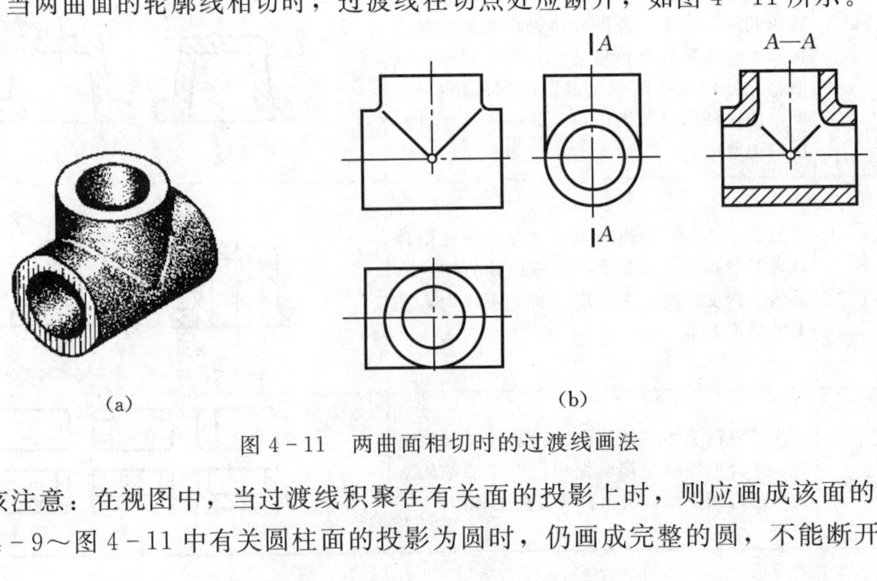

(a)　　(b)

图 4-11　两曲面相切时的过渡线画法

应该注意：在视图中，当过渡线积聚在有关面的投影上时，则应画成该面的投影；例如，图 4-9～图 4-11 中有关圆柱面的投影为圆时，仍画成完整的圆，不能断开。

三、其他常见结构及其尺寸注法

零件上其他常见结构的作用和尺寸注法见表 4 - 4。

表 4 - 4　　零件上的一些常见结构及其尺寸注法

结构名称	说　明	图　例
平键槽[1]	当轴和轮子用键连接时，为了安装键，在轴和轮子上，必须分别加工出键槽	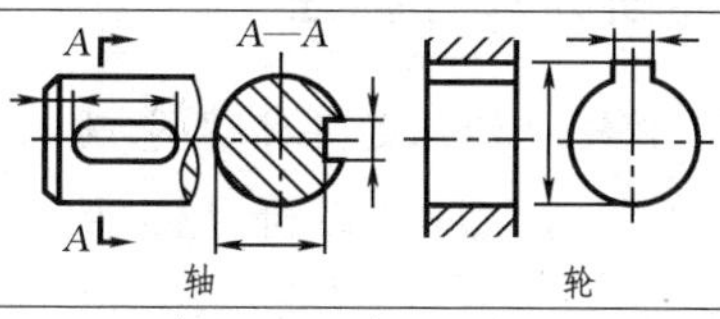
砂轮越程槽[2]	为了避免零件表面转折处磨削后产生圆角，保证相关零件的平面装配时能紧密接触，常在接触面根部预先制出砂轮越程槽	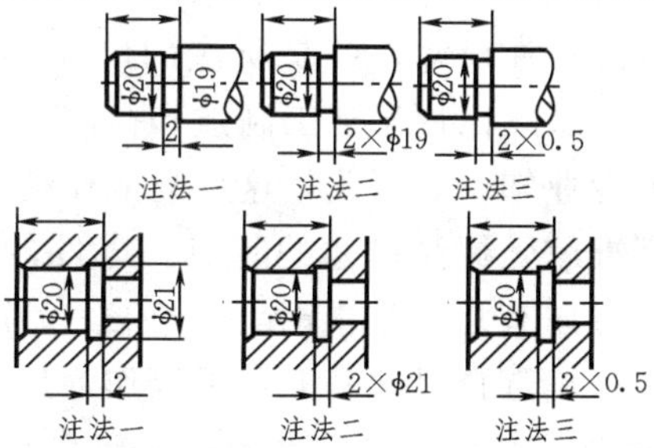
钻孔	用钻头加工的不通孔或阶梯孔，其末端锥坑画成 120°，但在图上不必注明角度尺寸。孔的深度尺寸不应包括锥坑	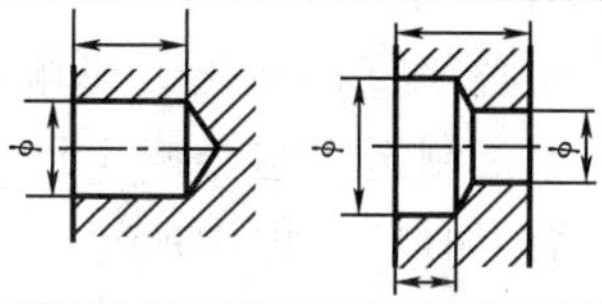
几种直径大小相近而又重复出现的孔	由于结构上的需要，在同一零件上出现几种直径相近而又重复的孔时，可以采用涂色或作标记的方法来区别不同直径的孔	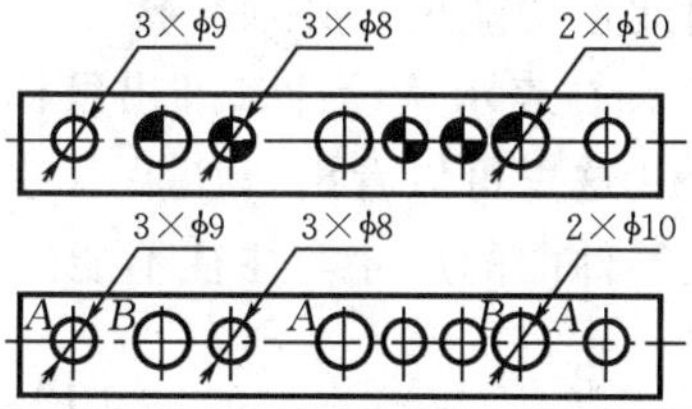
倒角[3]	为了便于装配和安全，零件的尖角处要倒角。当倒角为 45°时，尺寸注法可以简化，如图所示	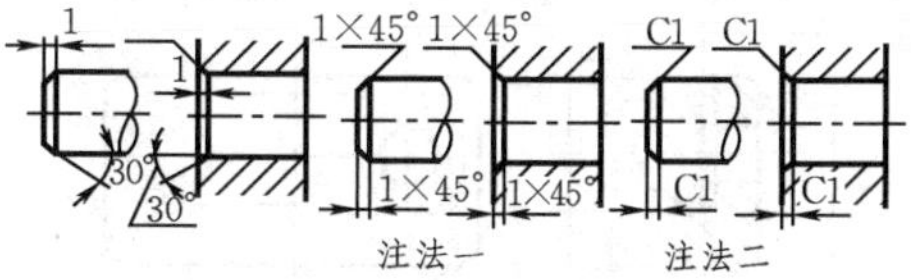
方头（简化画法）	为了转动轴件，常将轴端制成方头，方头的平面在视图中可用相交的细实线来表示。图中列举了方头尺寸的两种简化注法，尺寸“a”表示方头两对边的距离	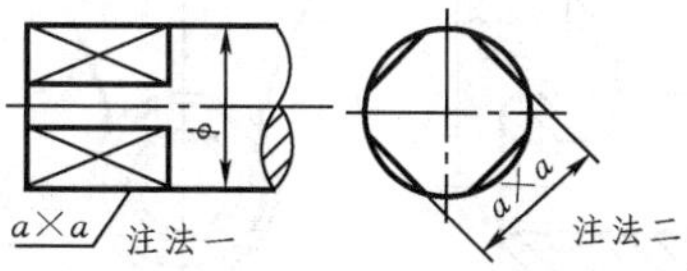
滚花（简化画法）[4]	在用手转动的圆形零件表面上，或压塑件中的嵌装件的外表面上，常加工出网纹或直纹滚花。在图中除应注明“网纹”或“直纹”外，后面还应注出 m 和模数数值	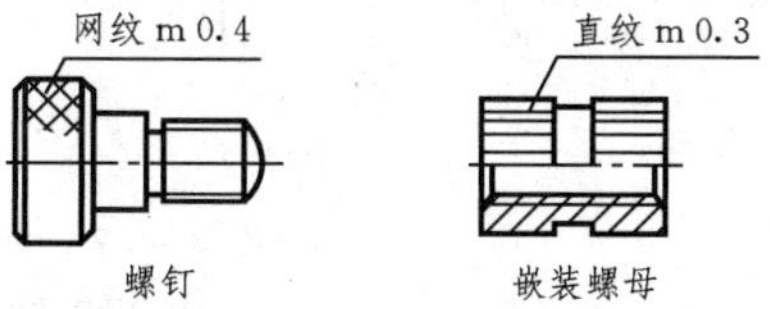

注　1. 可参见 GB/T 1095—2003《平键　键槽的剖面尺寸》。
2. 可参见 GB/T 64035—1986《砂轮越程槽》。
3. 可参见 GB/T 6403.4—2008《零件倒圆与倒角》和 GB/T 16675—1996《技术制图 简化表示法》。
4. 可参见 GB/T 6403.3—2008《滚花》和 GB/T 16675—1996。

第三节　零件图的尺寸标注及技术要求

一、零件图的尺寸标注

1. 零件图中尺寸标注的基本要求及基准的选择

零件图中的尺寸，应注得符合标准、齐全、清晰和合理。这里主要介绍合理标注尺寸的基本知识。

所谓合理标注尺寸，就是所注的尺寸必须：①满足设计要求，以保证机器的质量；②满足工艺要求，以便于加工制造和检测。要达到这些要求，必须掌握一定的生产实际知识和有关的专业知识。因此，这里只能作初步介绍，使初学者明确努力方向。

尺寸基准就是标注尺寸的起点。零件的长、宽、高三个方向都至少要有一个尺寸基准，当同一方向有几个基准时，其中之一为主要基准，其余为辅助基准。要合理标注尺寸，一定要正确选择尺寸基准，可以作为尺寸基准的有设计基准和工艺基准。

2. 合理标注尺寸时应注意的一些问题

（1）功能尺寸必须直接注出。影响产品工作性能和装配技术要求的尺寸称为功能尺寸。由于零件在加工制造时总会产生尺寸误差，为了保证零件质量，而又避免不必要地增加产品成本，在加工时，图样中所标注的尺寸都必须保证其精确度要求，没有注出的尺寸则不检测。因此，功能尺寸必须直接注出。

图 4－12（a）表示从设计基准出发标注轴承架的功能尺寸，图 4－12（b）所示的注法是错误的。从这里可以看出，如果不考虑零件的设计和工艺要求，按前几章所介绍的尺寸注法来标注零件图的尺寸，往往不能达到“合理”的要求。

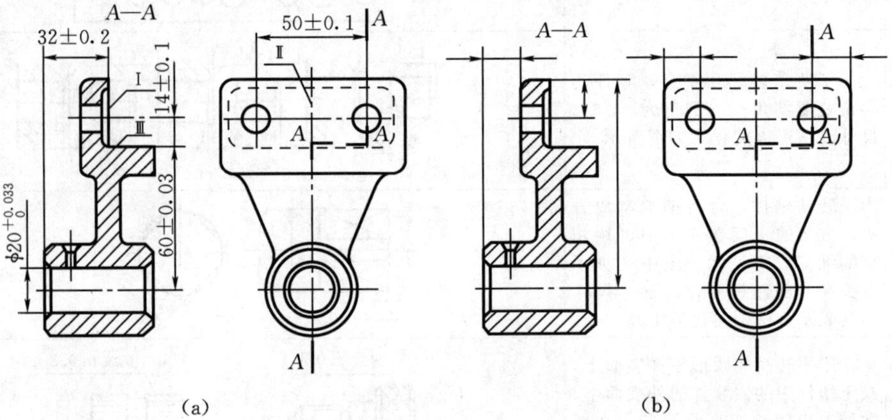

图 4－12　轴承架的功能尺寸

（a）正确注法；（b）错误注法

（2）非功能尺寸的注法要符合制造工艺要求。零件的制造工艺取决于它的材料、结构形状、设计要求、产量大小和工厂设备条件等，因此，按制造工艺标注尺寸时，必须根据具体情况来处理。以下举例说明。

1）用木模造型的铸件，要符合木模制造工艺。轴承架的非功能尺寸标注如图 4－13 所示。

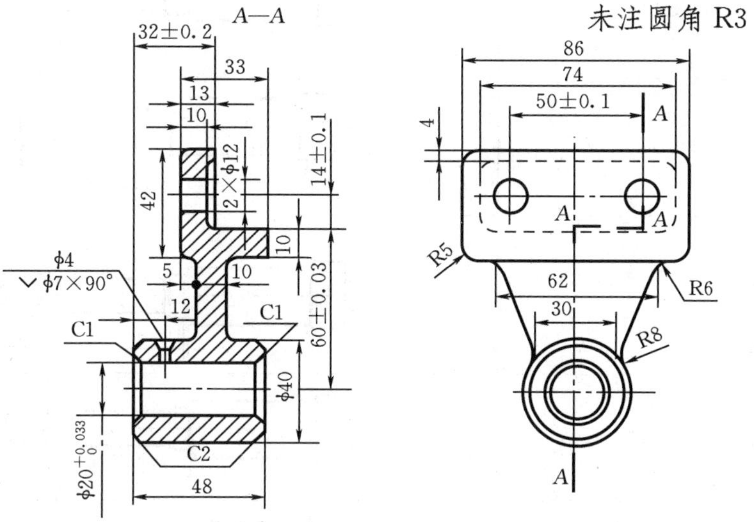

图 4－13　轴承架的尺寸

对于零件上半径相同的一种小圆角半径尺寸，应在图样右上角做统一说明。

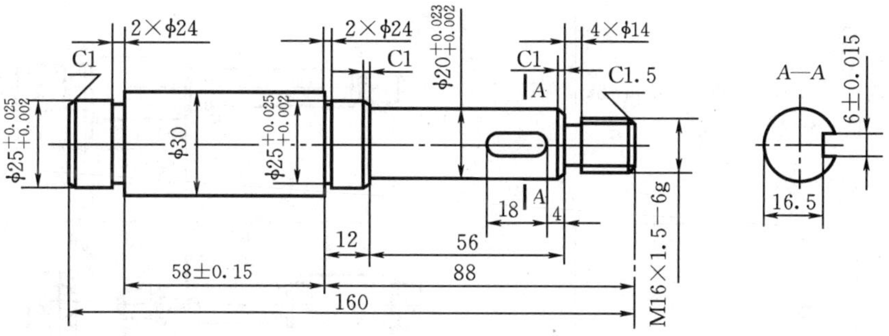

图 4－14　轴的尺寸注法举例

2）轴套类零件要符合加工顺序和检测方法。图 4－14 为一根轴的尺寸注法，表 4－5 表示该轴的车削加工顺序，车削加工后即铣键槽。两者对照即可看出，图 4－14 中的尺寸就是表 4－5 中所有尺寸的总和。

表 4－5　　　轴的车削顺序和键槽加工

序号	说　明	加 工 简 图
1	车 ϕ30，长 164（比总长多 4mm，是考虑到割断时的需要），再车 ϕ25，长 88	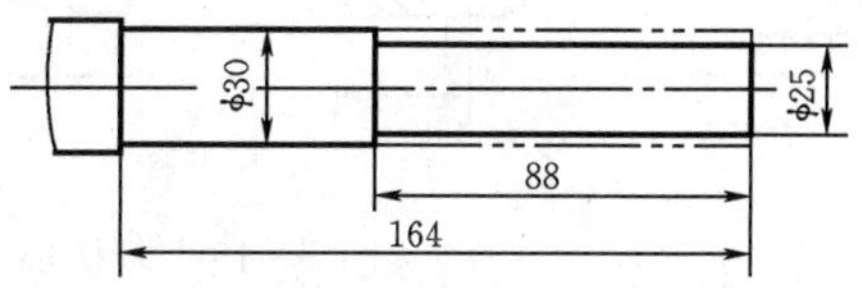

续表

序号	说　明	加 工 简 图
2	车 ϕ20，留长 12	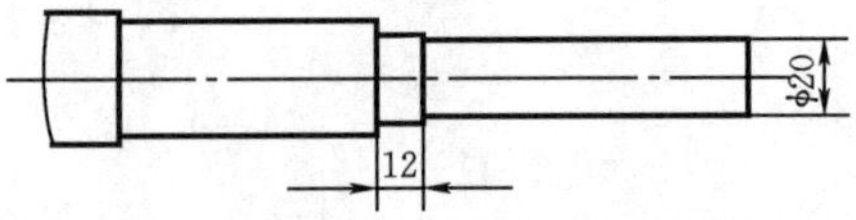
3	车 ϕ16，留长 56	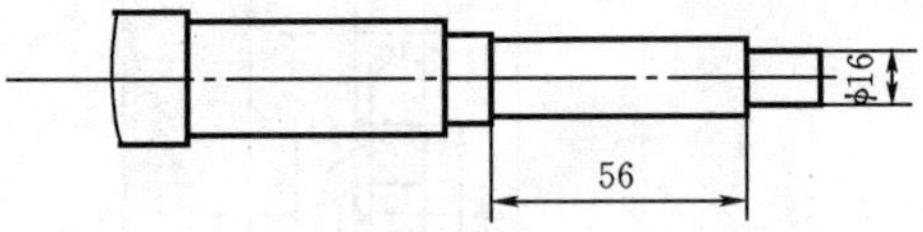
4	车槽 2×ϕ24，车槽 4×ϕ14，车倒角 C1、C1、C1.5	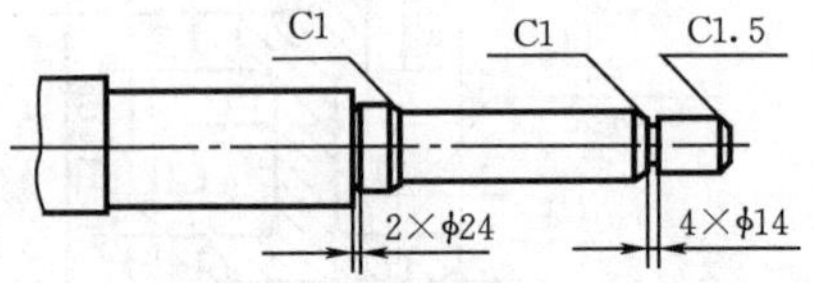
5	车螺纹 M16×1.5−6g	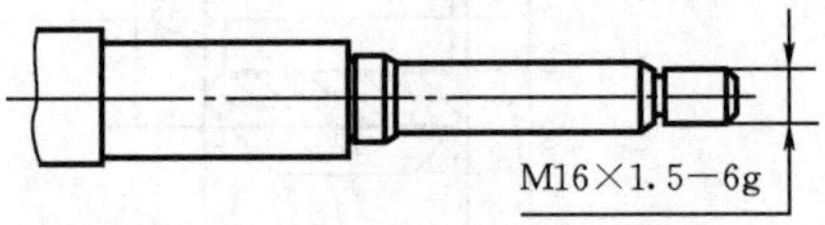
6	按总长 160 割断	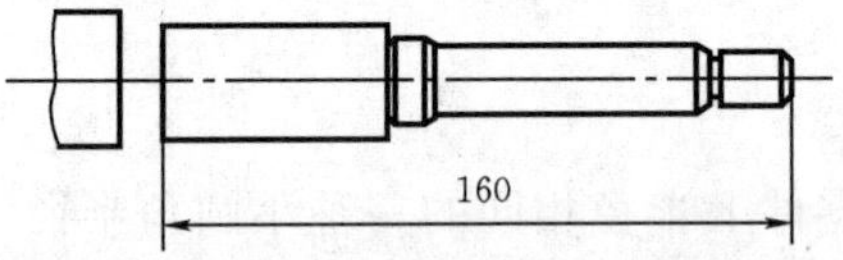
7	调头，车 ϕ25，留长 58±0.15，再车槽 2×ϕ24 和倒角 C1	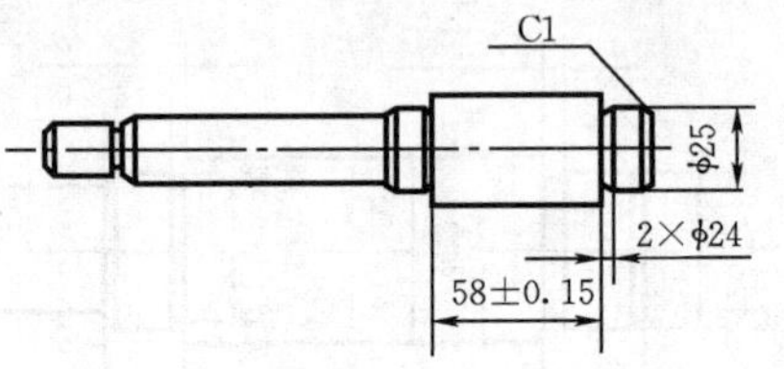
8	加工键槽	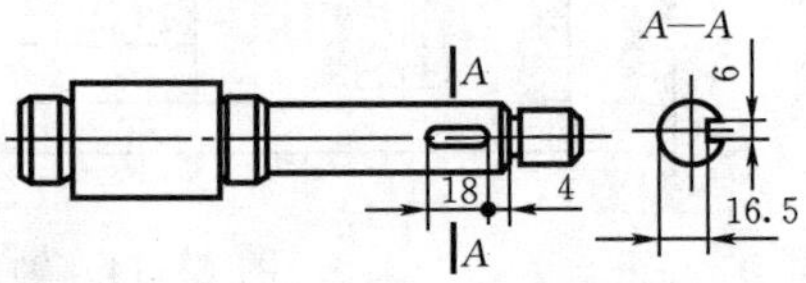

阶梯轴及套类零件常制有退刀槽（或砂轮越程槽）和倒角，在标注有关孔或轴的分段的长度尺寸时，必须把这些工艺结构包括在内，才符合工艺要求，如图 4－15（a）所示，而图 4－15（b）的注法是错误的。

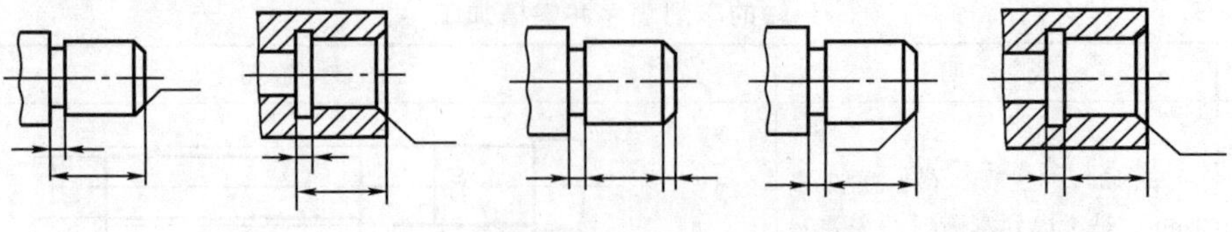

图 4－15　阶梯轴及套类零件的注法

(a) 正确注法；(b) 错误注法

3）阶梯孔的尺寸注法。在加工阶梯孔时，一般是从端面起按相应深度先做成小孔，然后依次加工出大孔。因此，在标注轴向尺寸时，应从端面标注大孔的深度，以便测量，如图 4－16（a）所示。

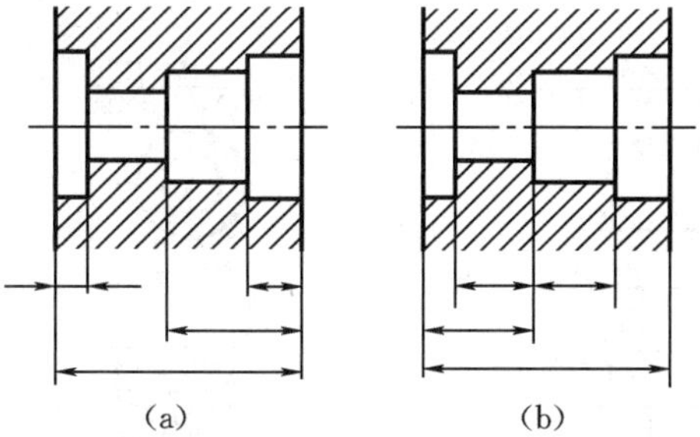

图 4－16　一般阶梯的尺寸注法

（a）正确注法；（b）错误注法

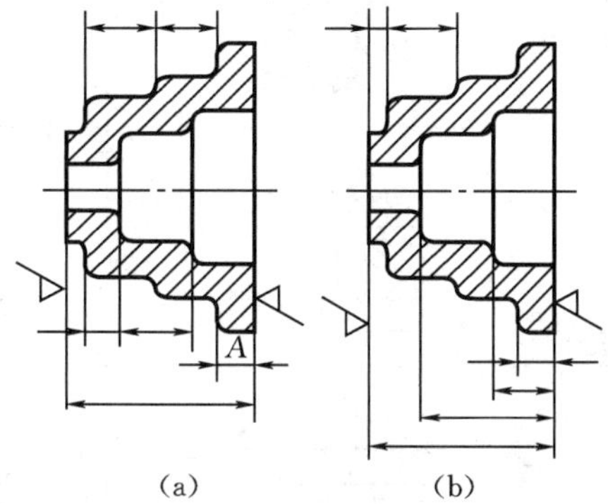

图 4－17　毛面的尺寸注法

（a）正确注法；（b）错误注法

4）毛面的尺寸注法。标注零件上毛面的尺寸时，加工面与毛面之间，在同一个方向上，只能有一个尺寸联系，其余则为毛面与毛面之间或加工面与加工面之间联系。图 4－17（a）表示零件的左、右两个端面为加工面，其余都是毛面，尺寸 A 为加工面与毛面的联系尺寸。图 4－17（b）的注法是错误的，这是由于毛坯制造误差大，加工面不可能同时保证对两个及两个以上毛面的尺寸要求。

（3）不能注成封闭尺寸链。封闭尺寸链是首尾相接，形成一整圈的一组尺寸，每个尺寸叫尺寸链中的一环。图 4－18（a）中，尺寸 a、b、c、d 就是一组封闭尺寸，这样标注的问题在于存在一个多余尺寸。加工时，由于要保证每一个尺寸的精确度要求，从而会增加加工成本，如果只保证其中任意三个尺寸，例如 b、c、d，则尺寸 a 的误差为另外三个尺寸误差的总和，可能达不到设计要求。因此，尺寸一般都应注成开口的，如图 4－18（b）所示，即不能有多余尺寸，这时对精确度要求最低的一环不注尺寸，称为开口环。这样既保证了设计要求，又可节约加工费用。在某些情况下，为了避免加工时作加、减计算，把开口环尺寸加上括号标注出来，称为“参考尺寸”，如图 4－18（c）中的尺寸（d），生产中对参考尺寸一般不进行检验。

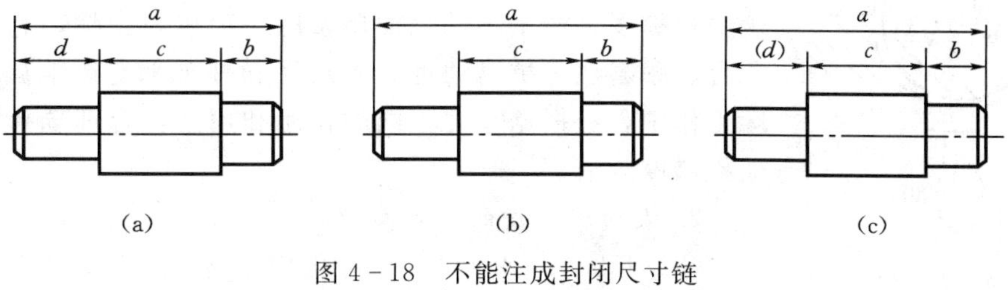

图 4－18　不能注成封闭尺寸链

（a）封闭尺寸链；（b）有开口环的尺寸注法；（c）参考尺寸注法

（4）零件上各种孔的尺寸，除采用普通注法外，还可采用简化注法，见表 4－6。

表 4-6　　各种孔的尺寸注法

类型	普通注法	简化注法	
不通光孔	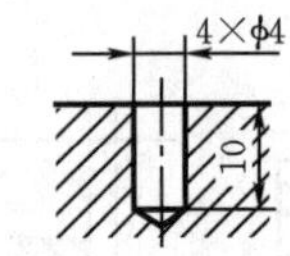	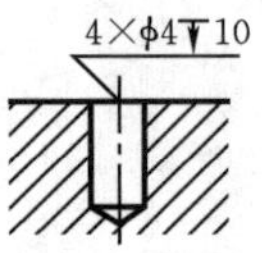	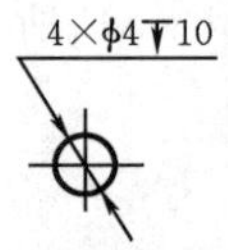
埋头孔和沉孔	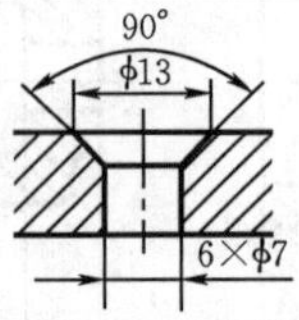	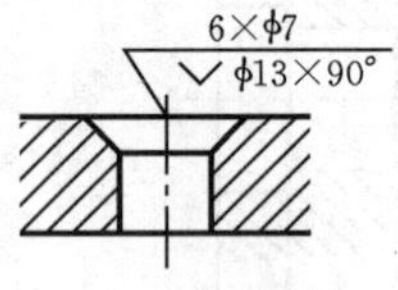	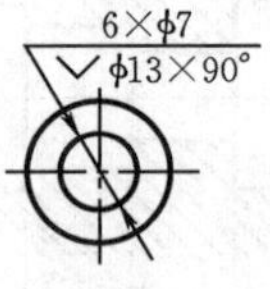
	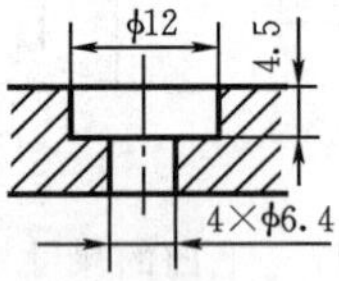	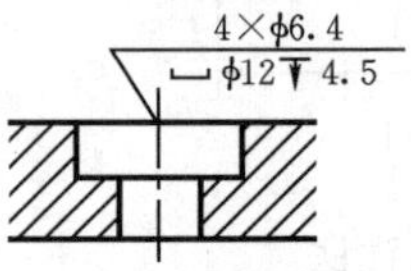	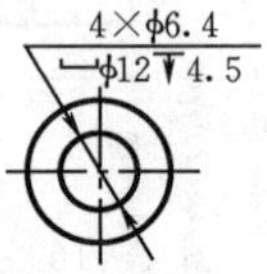
锪平	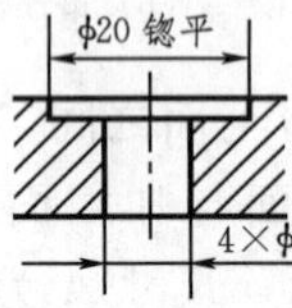	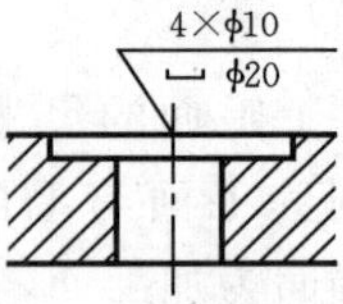	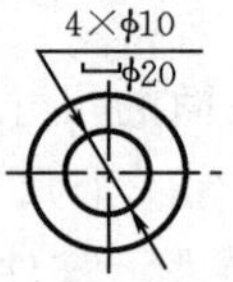
不通螺孔	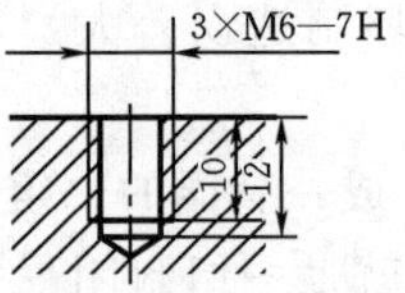	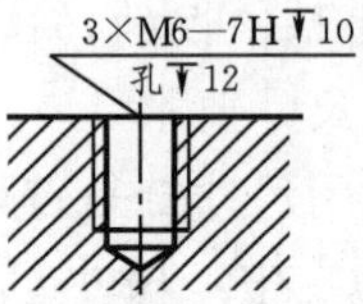	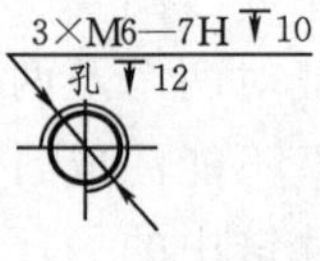

注 ↧ 表示孔深度；⌴ 表示沉孔或锪平；∨ 表示埋头孔。

二、表面粗糙度符号、代号及其注法

1. *表面粗糙度的概念*

零件的表面无论加工得多么光滑，微观上都是起伏不平的，如图 4-19 所示。因此，称加工表面上具有的较小间距和峰谷组成的微观几何形状特性为表面粗糙度，即零件加工后，微小区域内表面高低不平度。表面粗糙度是衡量零件表面质量的一项重要指标，它对零件的配合、耐磨性、抗腐蚀性、密封性和外观都有影响。所以，实际工作中，应根据零件不同的作用和用途，合理选择零件的表面粗糙度数值。

图 4-19　表面粗糙度

2. *表面粗糙度的评定参数*

GB/T 3505—2009《产品几何技术规范（GPS）表面结构　轮廓法　术语、定义及表面结构参数》中规定了评定表面粗糙度的各种参数，其中常用的为评定轮廓的算术平均偏差 Ra 和轮廓的最大高度 Rz。它们的定义如图 4-20 和图 4-21 所示。表 4-7 说明参数 Ra 的值在不同范围内的表面状况，以及获得它们一般所采用的加工方法和应用举例，以供参考。

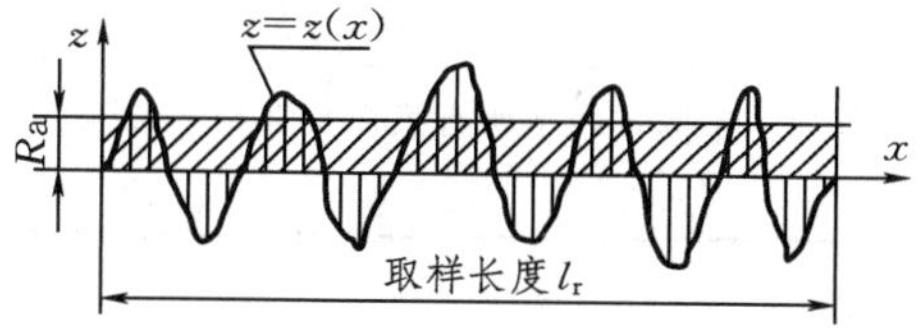

图 4-20 算术平均偏差 *Ra*

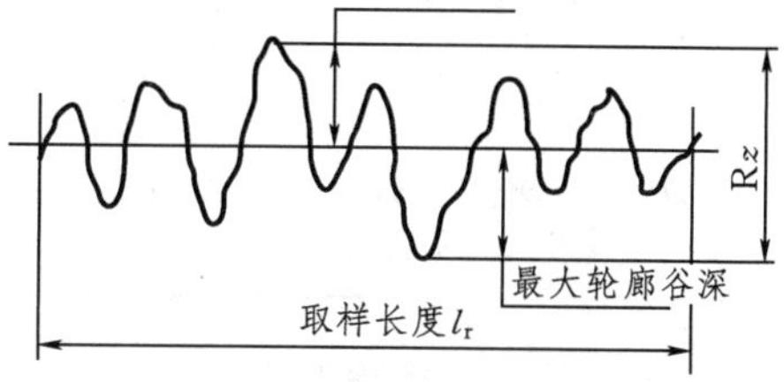

图 4-21 轮廓的最大高度 *Rz*

表 4-7　　各种 *Ra* 值下的表面状况、加工方法和应用举例

Ra（μm）	表面状况	加工方法	应　用　举　例
100	可见刀纹	粗车、粗铣、粗刨、钻孔、粗锉等	不接触表面，如螺钉通孔、倒角、退刀槽表面等
50			
25			
12.5			
6.3	可见加工痕迹	细锉、精车、精铣，粗磨，粗铰等	静止的接触面或零件间相对运动速度较低的接触面。如凸台、沉孔的加工面，轴肩的端面，键和键槽的表面，以及机座、端盖的配合面、接触面等
3.2			
1.6			
0.80	看不见加工痕迹	精铰、精磨、精拉等	要求密合很好的接触面或相对运动速度较高的接触面。如轴和孔的配合面，定位销和定位销孔的表面，阀和阀座的接触面，轴颈和轴套的配合面，模具的工作表面等
0.4			
0.20			
0.10	光泽面（镜面）	研磨、抛光、超级加工等	精密量具的工作面，滚珠轴承的工作表面等
0.05			
0.025			
0.012			

3. 表面粗糙度符号、代号及其标注

（1）表面粗糙度符号见表 4-8。

表 4-8　　表面粗糙度符号

符　　号	意　　义
	基本符号，表示表面可用任何方法获得。当不加注粗糙度参数值或有关说明（如表面处理、局部加热处理状况等）时，仅适用于简化代号标注
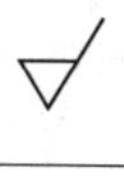	基本符号上加一短画，表示表面粗糙度是用去除材料的方法获得，例如车、铣、钻、磨、剪切、抛光、腐蚀、电火花加工、气割等
	基本符号上加一小圆，表示表面粗糙度是用不去除材料的方法获得。例如铸、锻、冲压变形、热轧、冷轧、粉末冶金等。或者是用于保持原供应状况的表面（包括保持上道工序的状况）

续表

符　号	意　义
	在上述三个符号的长边上均可加一横线，用于标注有关参数和说明
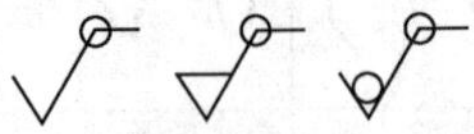	在上述三个符号上均可加一小圆，表示所有表面具有相同的表面粗糙度要求

（2）表面粗糙度轮廓的参数标注见表 4－9。

表 4－9　　表面粗糙度参数标注

代号	意　义	代号	意　义
 3.2	用任何方法获得的表面，Ra 的上限值为 3.2μm	 3.2	用不去除材料方法获得的表面，Ra 的上限值为 3.2μm
 3.2	用去除材料方法获得的表面，Ra 的上限值为 3.2μm	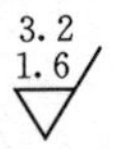 3.2 1.6	用去除材料方法获得的表面，Ra 的上限值 Ra_{max} 为 3.2μm，下限值 Ra_{min} 为 1.6μm
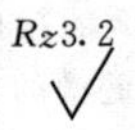 Rz3.2	用任何方法获得的表面，Rz 的上限值为 3.2μm	 Rz3.2 Rz1.6	用去除材料方法获得的表面，Rz 的上限值 Rz_{max} 为 3.2μm，下限值 Rz_{min} 为 1.6μm
 Rz200	用不去除材料方法获得的表面，Rz 的上限值为 200μm	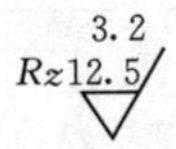 3.2 Rz12.5	用去除材料方法获得的表面，Ra 的上限值为 3.2μm，Rz 上限值为 12.5μm

4．*表面粗糙度代号在图样上的注法*

图样上所注的表面粗糙度代（符）号是该表面完工后的要求。

若表面仅需要加工，但对表面粗糙度的其他规定没有要求时，可以只标注表面粗糙度符号。

（1）如图 4－22 所示，表面粗糙度代（符）号一般应注在可见轮廓线、尺寸界线或它们的延长线上；对于镀（涂）表面，可注在表示线（粗点划线）上，如图 4－22（c）所示。符号的尖端必须从材料外指向表面，如图 4－23 和图 4－24 所示。

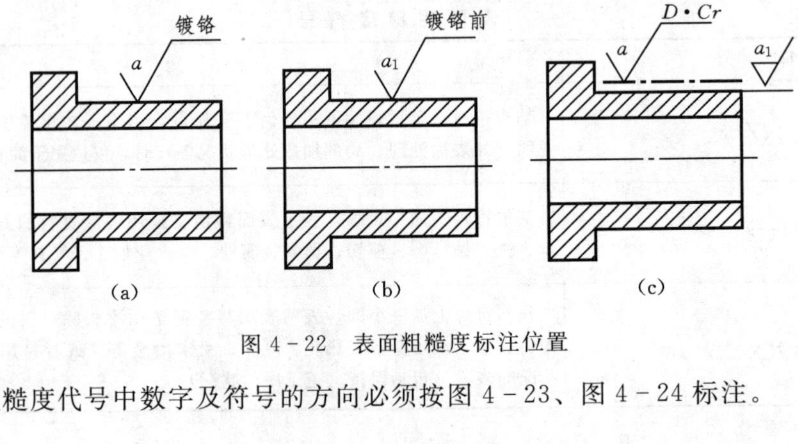

(a)　　(b)　　(c)

图 4－22　表面粗糙度标注位置

表面粗糙度代号中数字及符号的方向必须按图 4－23、图 4－24 标注。

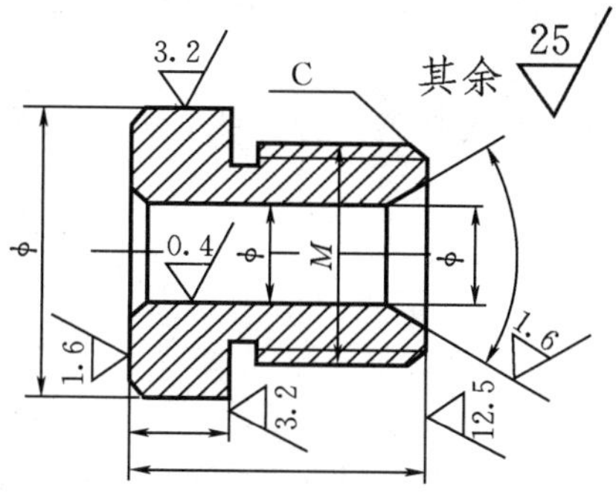

图 4 - 23　表面粗糙度的标注方法示例一

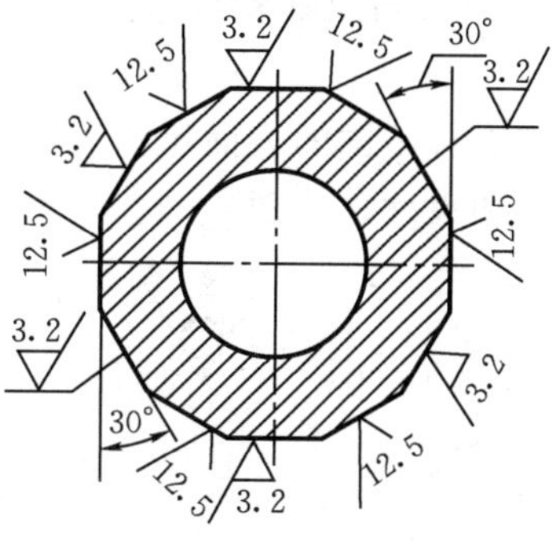

图 4 - 24　表面粗糙度的标注方法示例二

带有横线的表面粗糙度符号应按图 4 - 25 和图 4 - 26 规定标注。

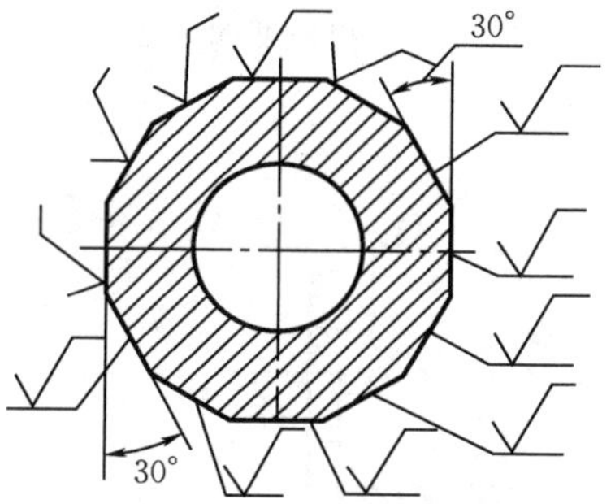

图 4 - 25　带有横线的表面粗糙度的标注方法示例一

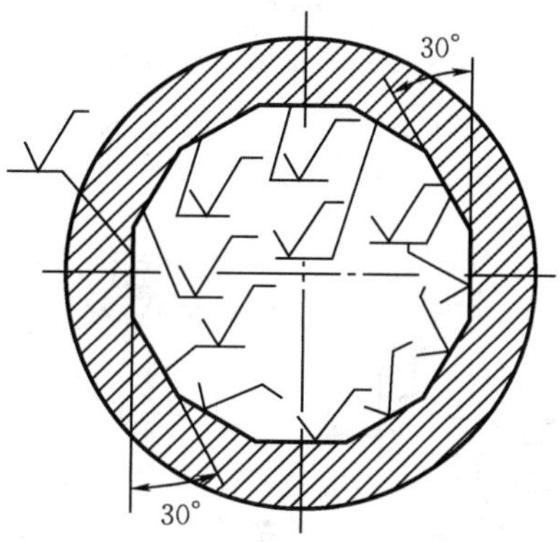

图 4 - 26　带有横线的表面粗糙度的标注方法示例二

（2）在同一图样上，每一表面一般只标注一次表面粗糙度代（符）号，并尽可能靠近有关的尺寸线，如图 4 - 23 所示。

当地方狭小或不便标注时，代（符）号可以引出标注，如图 4 - 27 和图 4 - 28 所示。

（3）当零件所有表面具有相同的表面粗糙度要求时，其代（符）号可在图样的右上角统一标注，如图 4 - 29 所示。

当零件的部分表面具有相同的表面粗糙度要求时，对其中使用最多的一种代（符）号，可以统一注在图样的右上角，并加注“其余”二字，如图 4 - 23 和图 4 - 27 所示。

当用统一标注的方法表达表面粗糙度要求时，其代号和文字说明均应是图形上其他表面所注代号和文字的 1.4 倍，如图 4 - 23 和图 4 - 27 所示。

（4）为了简化标注方法，或者标注位置受到限制时，可以标注简化代号，如图 4 - 30 所示，也可采用省略的注法，如图 4 - 31 所示，但均须在标题栏附近说明这些简化代（符）号的意义。

采用简化标注或省略标注的方法表达表面粗糙度要求时，其代号说明应是图形上的代号的 1.4 倍，如图 4 - 30 和图 4 - 31 所示。

（5）零件上的连续表面（图 4 - 28 上部的圆底槽）及重复要素（孔、槽、齿等）的表面（图 4－32），和用细实线连接不连续的表面（图 4－27），其表面粗糙度代号只标注一次。

同一表面有不同的表面粗糙度要求时，须用细实线画出其分界线，并注出相应的表面粗糙度代号和尺寸，如图 4－33 所示的左端圆柱面。

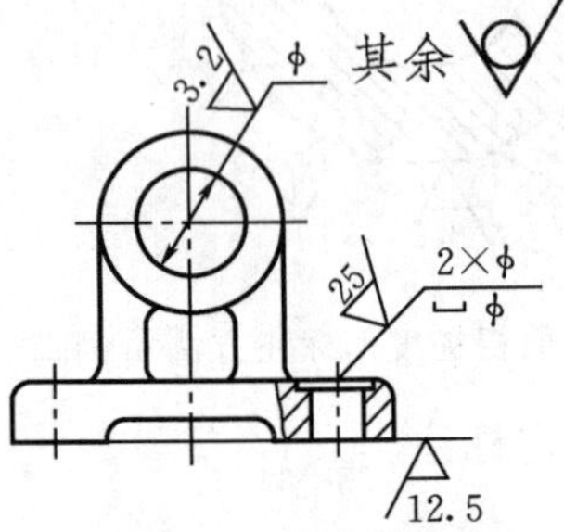

图 4－27　表面粗糙度符号引出标注示例一

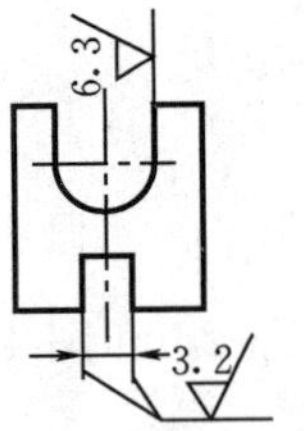

图 4－28　表面粗糙度符号引出标注示例二

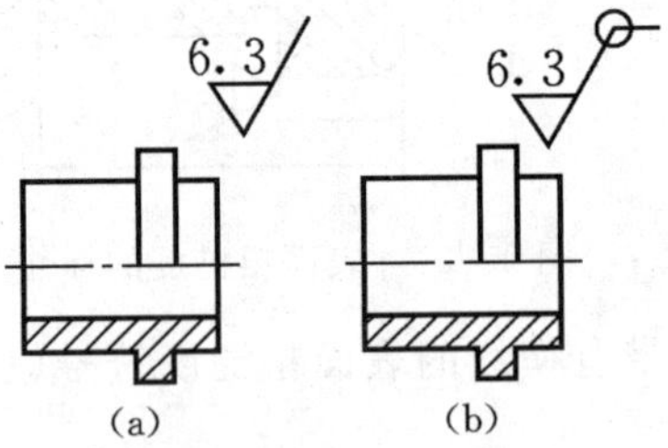

图 4－29　具有相同表面粗糙度的标注方法

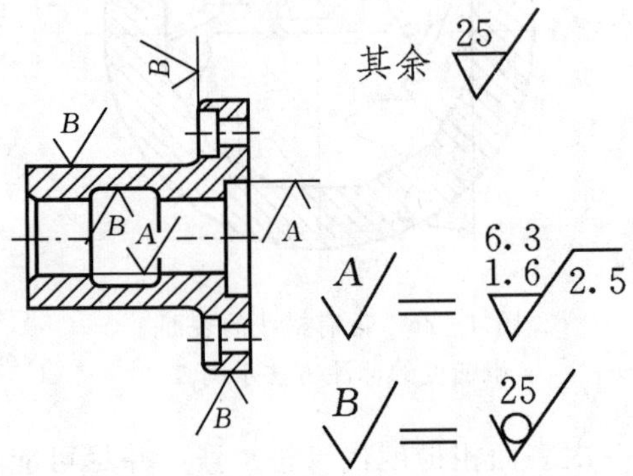

图 4－30　简化注法

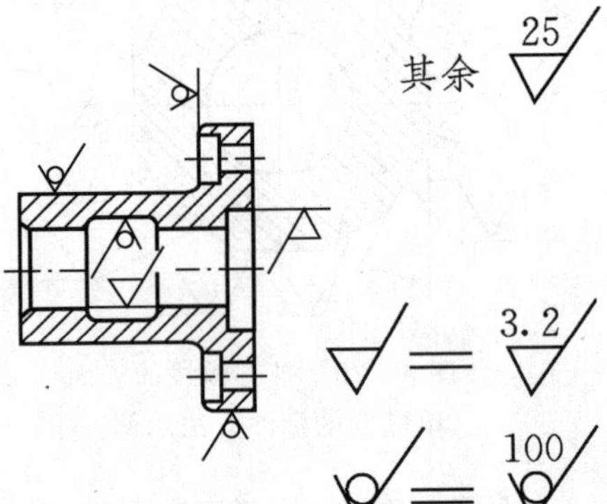

图 4－31　省略注法

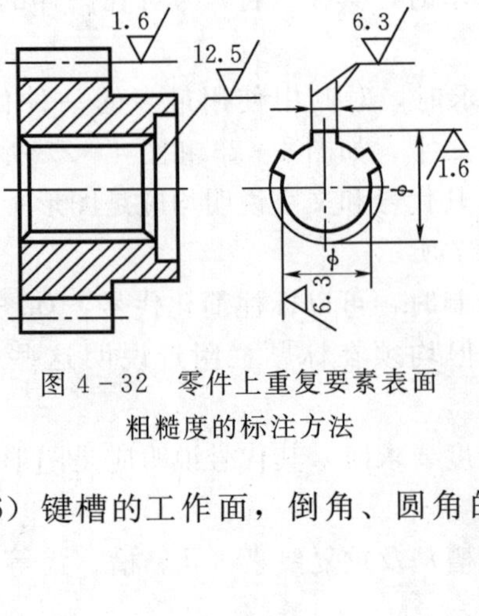

图 4－32　零件上重复要素表面粗糙度的标注方法

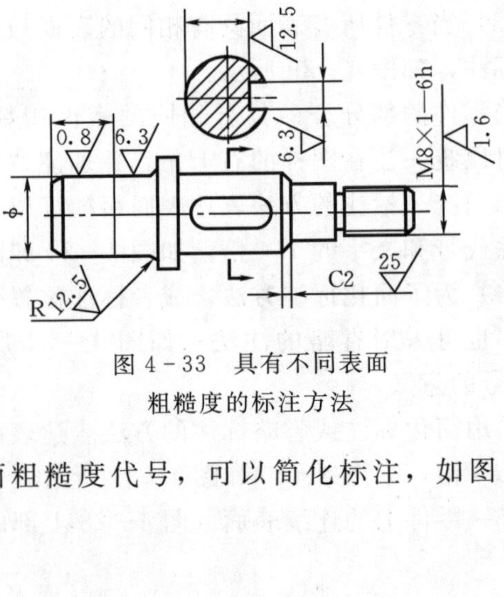

图 4－33　具有不同表面粗糙度的标注方法

（6）键槽的工作面，倒角、圆角的表面粗糙度代号，可以简化标注，如图 4－33 所示。

（7）齿轮、渐开线花键、螺纹等工作表面，没有画出齿（牙）形时，其表面粗糙度代号可按图 4-32 和图 4-33 所示的方法标注。

（8）需要将零件局部热处理或局部镀（涂）时，应用点画线画出其范围并标注相应尺寸，也可将其要求注写在表面粗糙度符号内，如图 4-34 和图 4-35 所示。

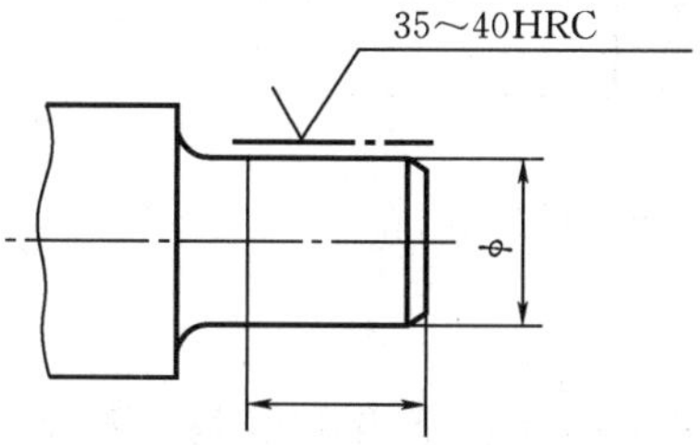

图 4-34　零件局部热处理或局部镀（涂）时的标注方法一

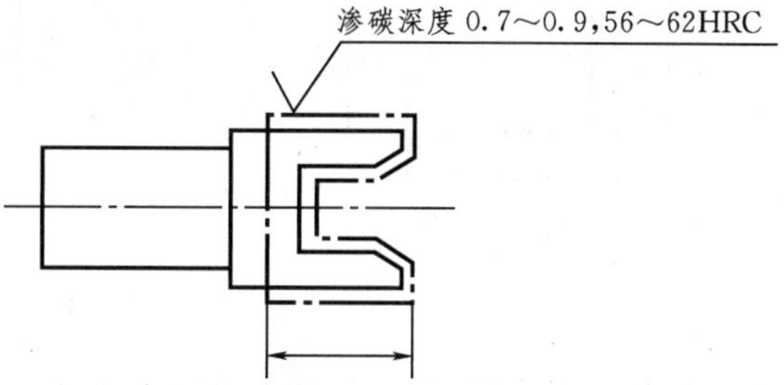

图 4-35　零件局部热处理或局部镀（涂）时的标注方法二

三、公差与配合

1. 公差

按零件图要求加工出来的零件，装配时不需要经过任何选择或修配，就能达到规定的技术要求，这种性质称为互换性。建立公差与配合制度是保证零件具有互换性的必要条件。下面介绍的内容符合 GB/T 1800.1—2009《产品几何技术规范（GPS）　极限与配合　第1 部分：公差、偏差和配合的基础》和 GB/T 1801—2009《产品几何技术规范（GPS）　极限与配合　公差带和配合的选择》。

在实际生产中，零件的尺寸是不可能做到绝对精确的，为了使零件具有互换性，必须对尺寸限定一个允许的变动范围，这个变动范围的大小称为尺寸公差（简称公差）。

图 4-36（a）表示轴和孔的配合尺寸为 $\phi 50\ \frac{H7}{k6}$，图 4-36（b）、（c）分别注出了孔径和轴径的允许变动范围。图 4-37 是图 4-36（b）、（c）所注尺寸的示意图。

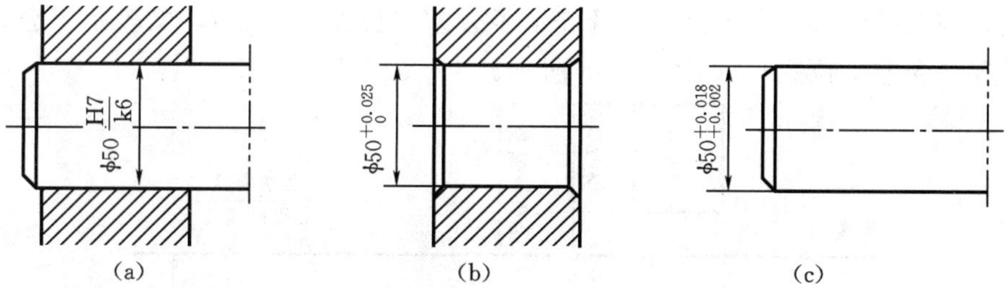

图 4-36　轴、孔配合与尺寸公差

（1）公差尺寸的相关术语及定义。下面以轴的尺寸 $\phi 50^{+0.018}_{+0.002}$为例，将有关尺寸公差的术语和定义介绍如下：

1）公称尺寸（ϕ50）——设计时根据零件所应具备的工作能力和结构合理性而确定

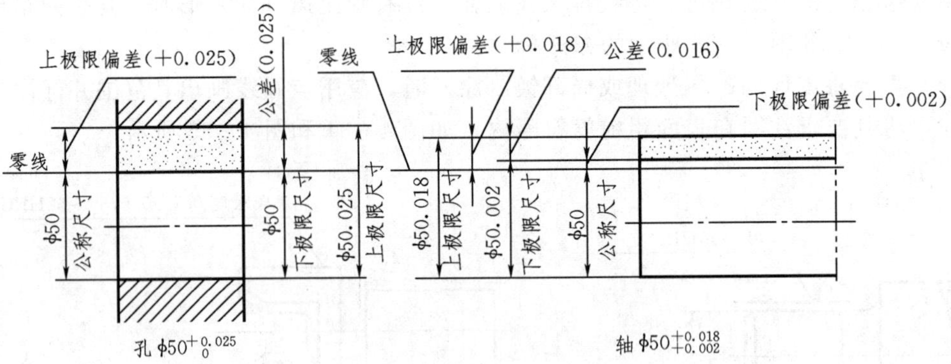

图 4-37　孔、轴公差带示意图

的，以它为基准确定尺寸允许变动范围的尺寸。通过它应用上、下极限偏差可算出极限尺寸。

2）实际尺寸——通过测量所得的某一孔、轴的尺寸。

3）极限尺寸——一个孔或轴允许的尺寸的两个极端。

上极限尺寸（ϕ50.018），孔或轴允许的最大尺寸。

下极限尺寸（ϕ50.002），孔或轴允许的最小尺寸。

如果实际尺寸在两个极限尺寸所决定的闭区间内，则为合格，否则为不合格。

4）偏差——某一尺寸（实际尺寸、极限尺寸等等）减其公称尺寸所得代数差。

上极限偏差（+0.018），上极限尺寸减其公称尺寸所得的代数差。

下极限偏差（+0.002），下极限尺寸减其公称尺寸所得的代数差。

上极限偏差和下极限偏差统称为极限偏差。偏差可以为正、负或零值。

5）尺寸公差（简称公差）（0.016）——允许尺寸的变动量。

公差=上极限尺寸-下极限尺寸=上极限偏差-下极限偏差

公差是没有正负号的绝对值。

（2）尺寸公差带。公差带——在公差带图中，由代表上极限偏差和下极限偏差或上极限尺寸和下极限尺寸的两条直线所限定的一个区域。

公差带与公差的区别在于公差带既表示了公差（公差带大小），又表示了公差相对于零线的位置（公差带位置），如图 4-38 所示。

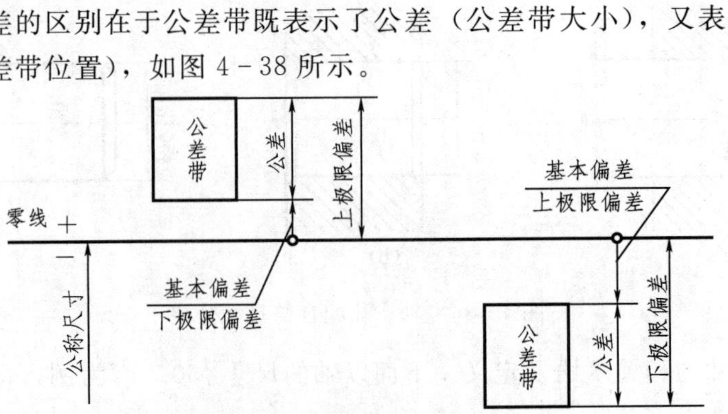

图 4-38　公差带的确定方法

标准规定公差带由标准公差和基本偏差来确定。基本偏差是指靠近零线最近的那个极限偏差。

当已知公差和基本偏差时就可算出另一个极限偏差。

当基本偏差为下极限偏差时，上极限偏差＝下极限偏差＋公差。

当基本偏差为上极限偏差时，下极限偏差＝上极限偏差－公差。

（3）标准公差。标准公差是国家标准规定的，用来确定公差带大小的任一公差。标准公差等级用来确定尺寸的精确程度。将标准公差等级分为 20 级，其代号为 IT01、IT0、IT1、IT2、…、IT18。IT 表示标准公差，数字表示公差等级，IT01 的精度最高，即其公差最小，以下逐级降低。同一公差等级对所有公称尺寸的一组公差，被认为具有同等精确程度。在一般机器的配合尺寸中，孔用 IT6～IT12 级，轴用 IT5～IT12 级。在保证产品质量的条件下，应选用较低的公差等级。

标准公差的数值取决于公差等级和公称尺寸。

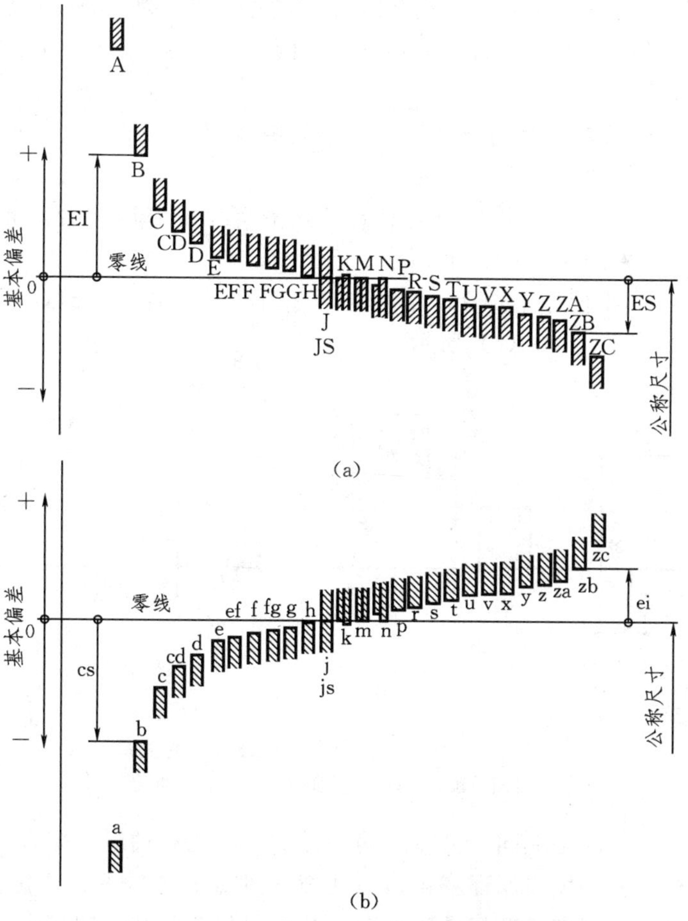

图 4－39　基本偏差系列示意图

（a）孔；（b）轴

（4）基本偏差。为了满足各种配合要求，国家标准规定了基本偏差系列；基本偏差代号用拉丁字母表示，大写为孔，小写为轴，各 28 个。图 4-39 表示基本偏差系列代号及其与零线的相对位置，图中代号 ES（es）表示上极限偏差，EI（ei）表示下极限偏差，孔为大写，轴为小写。基本偏差数值与基本偏差代号、公称尺寸和标准公差等级有关。从图 4-39 和孔、轴基本偏差数值表可知：

1）对于孔，A～H 的基本偏差为下极限偏差（EI），J～ZC 的基本偏差为上极限偏差（ES）；对于轴，a～h 的基本偏差为上极限偏差（es），j～zc 的基本偏差为下极限偏差（ei）。

2）孔 JS 和轴 js 的公差带对称分布于零线两边，其基本偏差为上极限偏差或下极限偏差。

2. 配合与配合制

（1）配合。配合就是公称尺寸相同的、相互结合的孔和轴公差带之间的关系。

孔和轴配合时，由于它们的实际尺寸不同，将产生"过盈"或"间隙"。孔的尺寸减去相配合的轴的尺寸所得的代数差，此差值为正时是间隙，为负时是过盈。

相配合的孔和轴公差带之间的关系有三种，因而产生三类不同的配合，即间隙配合、过盈配合和过渡配合三类。

1）间隙配合——只能具有间隙（包括最小间隙等于零）的配合。此时，孔的公差带在轴的公差带之上，如图 4-40（a）所示。

2）过盈配合——只能具有过盈（包括最小过盈等于零）的配合。此时，孔的公差带在轴的公差带之下，如图 4-40（b）所示。

3）过渡配合——可能具有过盈，也可能具有间隙的配合。此时，孔的公差带与轴的公差带相互交叠，如图 4-40（c）所示。

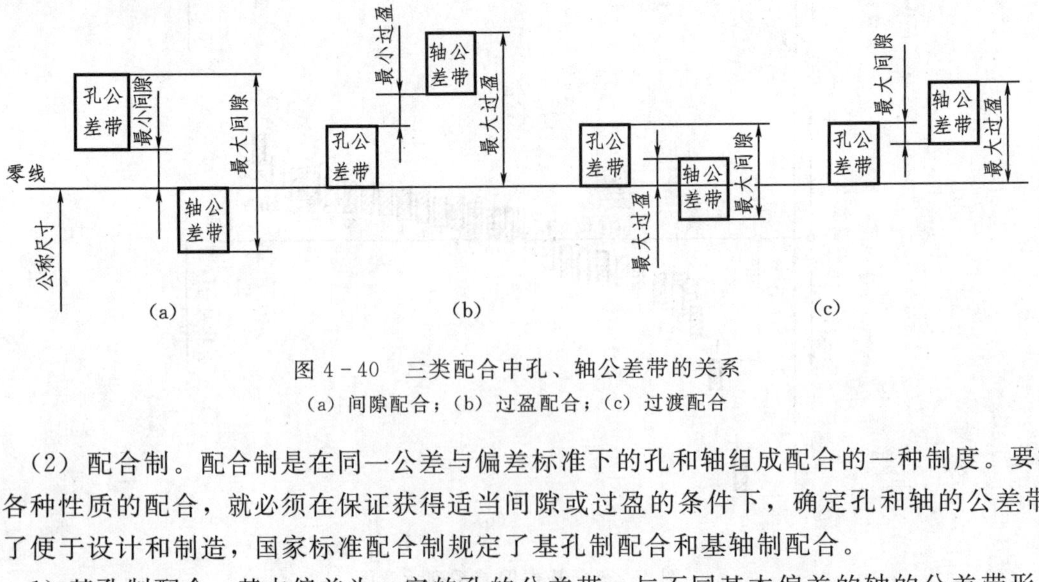

图 4-40　三类配合中孔、轴公差带的关系

（a）间隙配合；（b）过盈配合；（c）过渡配合

（2）配合制。配合制是在同一公差与偏差标准下的孔和轴组成配合的一种制度。要得到各种性质的配合，就必须在保证获得适当间隙或过盈的条件下，确定孔和轴的公差带。为了便于设计和制造，国家标准配合制规定了基孔制配合和基轴制配合。

1）基孔制配合。基本偏差为一定的孔的公差带，与不同基本偏差的轴的公差带形成各种配合的一种制度，如图 4-41 所示。

基孔制配合的孔称为基准孔，基准孔的基本偏差代号为 H，H 的公差带在零线之上，

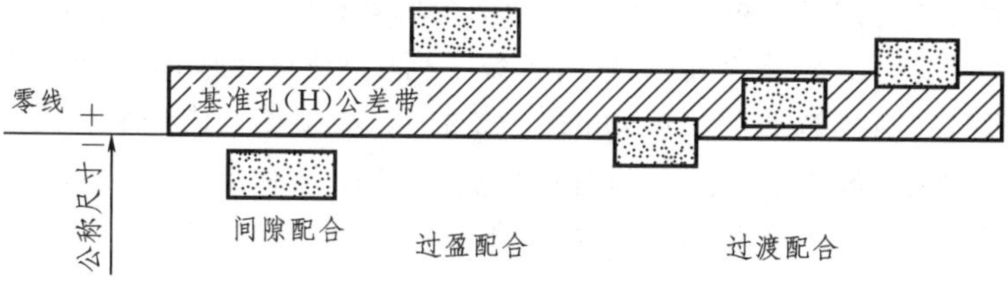

图 4-41 基孔制配合

基本偏差（下极限偏差）为零。

2）基轴制配合。基本偏差为一定的轴的公差带，与不同基本偏差的孔的公差带形成各种配合的一种制度，如图 4-42 所示。

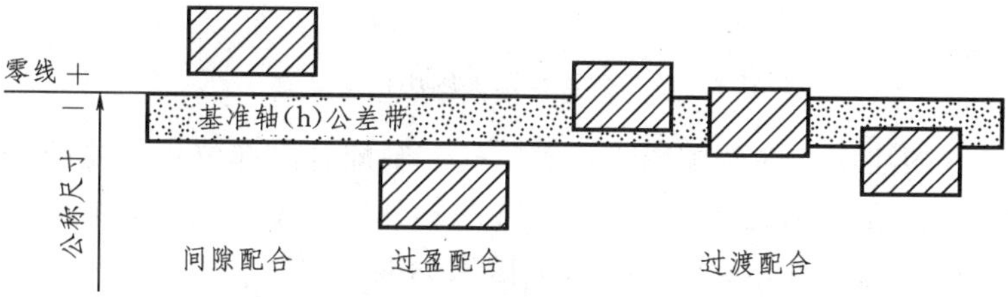

图 4-42 基轴制配合

基轴制配合的轴称为基准轴，基准轴的基本偏差代号为 h，h 的公差带在零线之下，基本偏差（上极限偏差）为零。

在一般情况下，优先采用基孔制配合。

从图 4-39 基本偏差系列示意图可以看出，由于基准孔和基准轴的基本偏差代号为 H 和 h，因此与 a～h 和 A～H 一定组成间隙配合，与 j～zc 和 J～ZC 则组成过渡配合或过盈配合。

(3) 公差带代号和配合代号。

1）公差带代号。公差带代号由基本偏差代号后跟标准公差等级数字组成，例如 H8、K7 为孔的公差带代号，s7、h6 为轴的公差带代号。

2）配合代号。配合代号由组成配合的孔、轴公差带代号组成，写成分数形式，分子为孔的公差带代号，分母为轴的公差带代号，例如 H8/s7、K7/h6，也可写成$\frac{H8}{s7}$、$\frac{K7}{h6}$。

3. 公差与配合在图样中的注法

(1) 公差尺寸的注法。零件图中，需要与另一个零件配合的尺寸应标注公差，线性公差尺寸的标注形式有三种：

1）在公称尺寸右边，标注公差带代号，如图 4-43 (a) 所示。

2）在公称尺寸右边，标注上极限、下极限偏差，如图 4-43 (b) 所示。上极限偏差写在公称尺寸的右上方，下极限偏差应与公称尺寸注在同一底线上，偏差数字应比公称尺寸数字小一号。上、下极限偏差前面必须标出正、负号，上、下极限偏差的小数点必须对齐，小数点后面的位数也必须相同。当上极限偏差或下极限偏差为“零”时，用数字“0”标出，并与下极限偏差或上极限偏差的小数点前的个位数对齐。

当公差带相对于公称尺寸对称地配置，即两个偏差相同时，偏差只需注写一次，并应在偏差与公称尺寸之间注出符号“±”，且两者数字高度相同。例如“50±0.25”。必须注意，偏差数值表中所列的偏差单位为微米（μm），标注时，必须换算成毫米（1μm=0.001mm）。

3）在孔或轴的公称尺寸后面，同时标注公差带代号和上、下极限偏差，这时，上、下极限偏差必须加上括号，如图 4-43（c）所示。

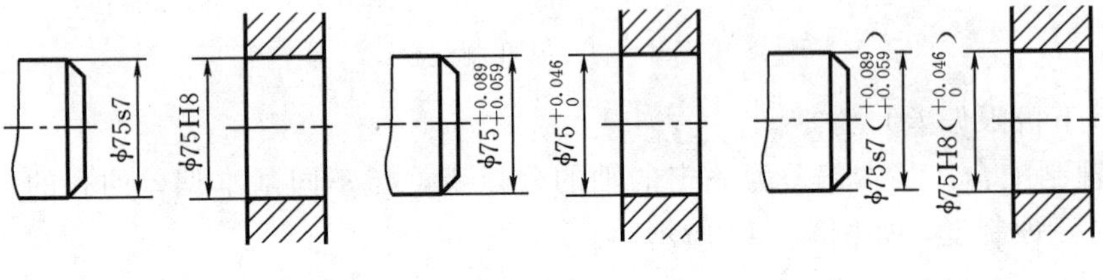

图 4-43　公差在零件图中的规定注法

（2）配合尺寸的注法。在装配图中，表示孔、轴配合的部位要标注配合。配合尺寸是在公称尺寸后面标注孔、轴公差带，图 4-44 中标注的是配合代号。必要时也可以标注孔和轴的上、下极限偏差，具体标法可查相应国家标准。

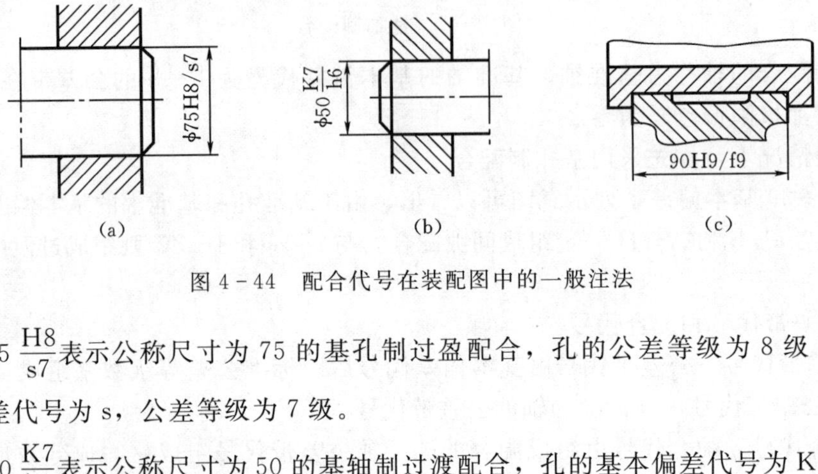

图 4-44　配合代号在装配图中的一般注法

1）ϕ75 $\frac{H8}{s7}$表示公称尺寸为 75 的基孔制过盈配合，孔的公差等级为 8 级（IT8），轴的基本偏差代号为 s，公差等级为 7 级。

2）ϕ50 $\frac{K7}{h6}$表示公称尺寸为 50 的基轴制过渡配合，孔的基本偏差代号为 K，公差等级为 7 级，轴的公差等级为 6 级。

3）90 $\frac{H9}{f9}$表示公称尺寸为 90 的基孔制间隙配合，轴的基本偏差代号为 f，孔和轴的公差等级都是 9 级。

第四节　看　零　件　图

在生产实际中看零件图，就是要求在了解零件在机器中的作用和装配关系的基础上，弄清零件的材料、结构形状，尺寸和技术要求等，评论零件设计上的合理性，必要时提出改进意见，或者为零件拟订适当的加工制造工艺方案。

看零件图的方法和步骤如下。

一、一般了解

首先从标题栏了解零件的名称、材料、比例等，然后通过装配图或其他途径了解零件的作用和与其他零件的装配关系。

二、看懂零件的结构形状

（1）弄清各视图之间的投影关系。

（2）以形体分析为主（在具备一定的机械设计和工艺知识以后，应以结构分析为主），结合零件上的常见结构知识，逐一看懂零件各部分的形状，然后综合起来想象出整个零件的形状。要注意零件结构形状的设计是否合理。

三、分析尺寸

找出尺寸基准后，先根据设计要求了解主要尺寸，然后了解其他尺寸。要注意尺寸是否注得齐全、合理。

四、了解技术要求

包括表面粗糙度、尺寸公差、形位公差和其他技术要求。要注意这些技术要求的确定是否妥当。

建议读者以图 4-45～图 4-47 所示的三个零件图为例，作为看零件图的练习，也可作为画图时的参考图例。

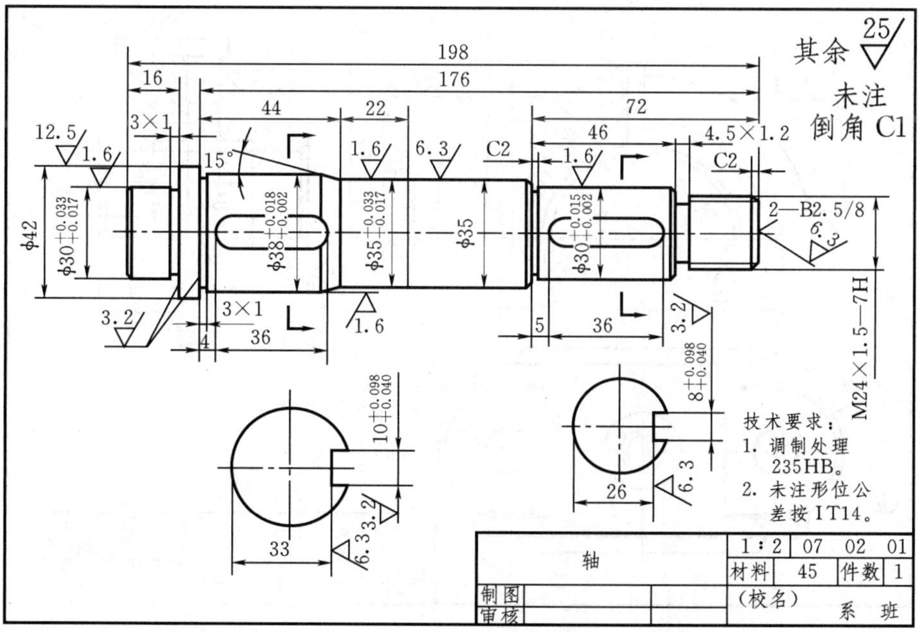

图 4-45　轴零件图

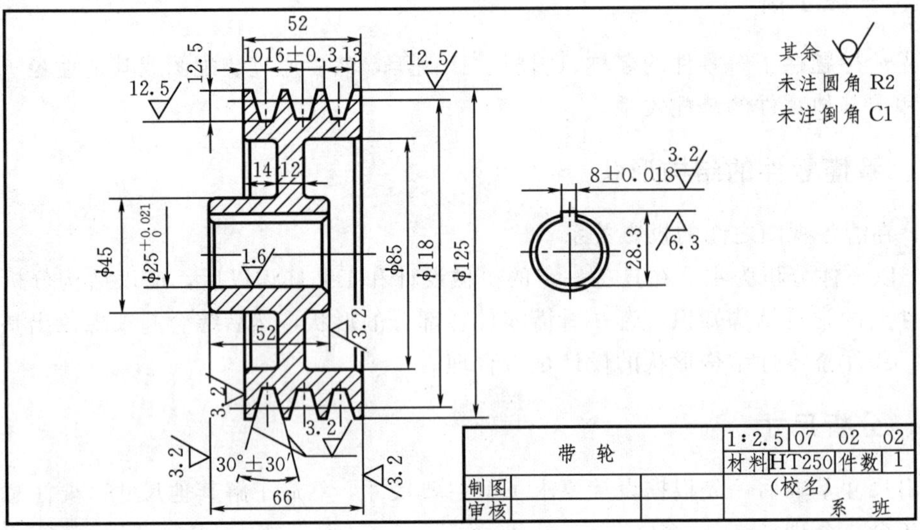

图 4-46　带轮零件图

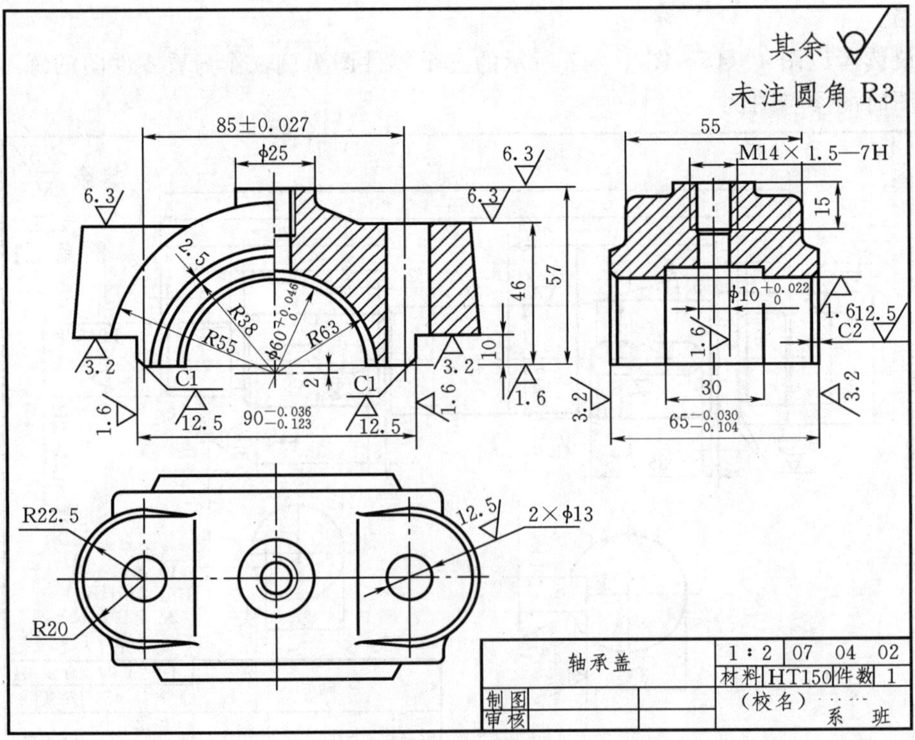

图 4-47　轴承盖零件图

第五章　装　配　图

第一节　装配图的作用和内容

装配图是表达机器、部件或组件的图样。表达机器中某个部件或组件的装配图称为部件装配图或组件装配图；表达一台完整机器的装配图称为总装配图。在产品设计中，一般先画出机器、部件和组件的装配图，然后根据装配图画出零件图；在产品制造中，机器、部件和组件的装配工作，都必须根据装配图来进行；使用和维修机器时，也往往需要通过装配图来了解机器的构造。因此，装配图在生产中起着非常重要的作用。

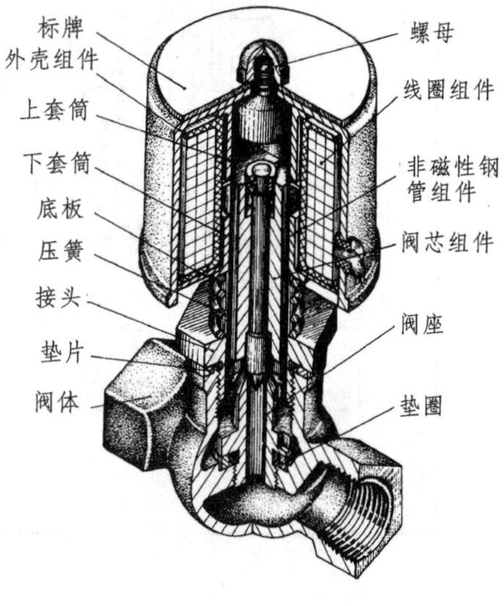

图 5-1　电磁阀

图 5-1 是安装在流体管道中的一种电磁阀的轴测图，图 5-2 是它的装配图。当电流通过线圈组件时，阀芯组件在电磁力的作用下上升，阀门打开。这时，流体从阀体左边管道进入，通过阀座中间的孔（$\phi 6$）向右边管道流去。当电流截断后，阀芯组件依靠自重下落，阀门关闭，截断流体流动。

从图 5-2 可以看出，一张完整的装配图应具有下列内容：

(1) 必要数量的视图。表明机器、部件或组件的工作原理、结构特征、零件间的相对位置、装配和连接关系等。

(2) 几种尺寸。表示机器，部件或组件的规格、特性及装配、检验、安装时所需要的一些尺寸。

(3) 技术要求。说明装配、调试、检验、安装以及维修、使用等要求。无法在视图中表示时，一般在明细栏的上方或左侧用文字加以说明。

(4) 零部件的编号、明细栏和标题栏。说明机器、部件、组件及其所包含的零件和组件的名称、代号、材料、数量、图号、比例以及设计、审核者的签名等。

由于装配图和零件图的作用不同，因此，它们的内容和要求有很大区别。在学习中，除了了解这两种图样的共同点外，必须着重注意装配图的特殊点。

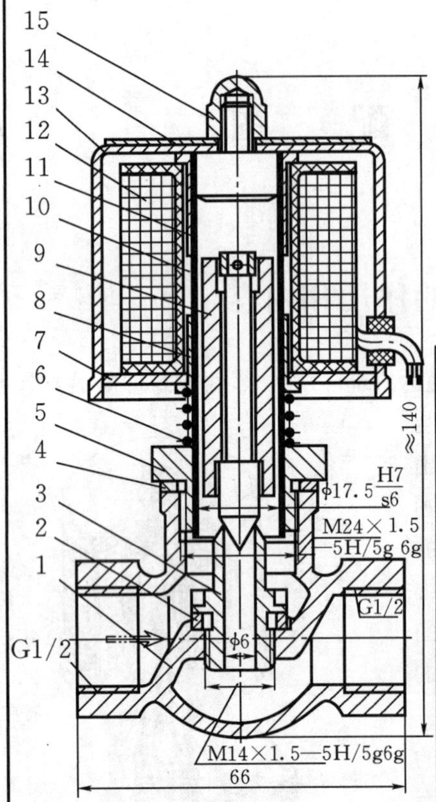

技术要求

电磁阀经试验全部合格后，应将残留在内部的水渍擦净，并将进口端用牛皮纸涂油封死。

序号	代号	名称	数量	材料	备注
15	GB/T 923	螺母 M6	1	Q235	
14	09.01.14	标牌	1	L2	
13	09.01.13	外壳组件	1		
12	09.01.12	线圈组件	1		
11	09.01.11	上套筒	1	10	
10	09.01.10	非磁性钢管组件	1		
9	09.01.09	阀芯组件	1		
8	09.01.08	下套筒	1	10	
7	09.01.07	底板	1	10	
6	09.01.06	压簧	1	65Mn	
5	09.01.05	接头	1	Q235	
4	09.01.04	垫片	1	10	
3	09.01.03	阀座	1	ZCuZn38	
2	09.01.02	垫圈	1	H62	
1	09.01.01	阀体	1	ZCuZn38	

电磁阀 1:1 09 01 00

第 1 张 共 15 张

制图

审核

（校 名）

系 班

图 5-2 电磁阀装配图

第二节 装配图的视图

一、视图、剖视、断面

第三章中介绍的各种视图、剖视和断面等表示方法，都适用于装配图。在装配图的视图中，各种剖视应用得非常广泛。例如：

图 5-2 是全剖视图，剖切平面包含阀芯组件中的轴线并与阀的对称面重合。

图 5-3 和图 5-4 所示为滑动轴承的分解轴测图和装配图。在图 5-4 中，主视图是半剖视图，剖切平面包含油杯轴线和螺栓轴线；左视图是局部剖视图，剖切平面包含轴瓦的轴线。

图 5-5 所示为电动机转子的装配图，是半剖视图，剖切平面包含转子的轴线，并用两个移出断面表示转子轴两端的形状。

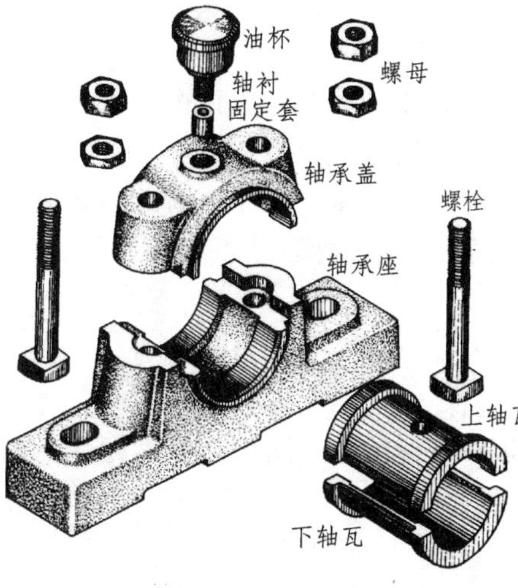

图 5-3　滑动轴承的组成

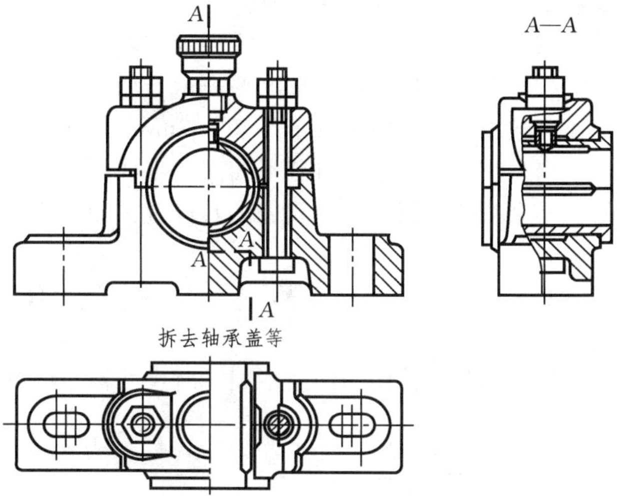

图 5-4　滑动轴承装配图

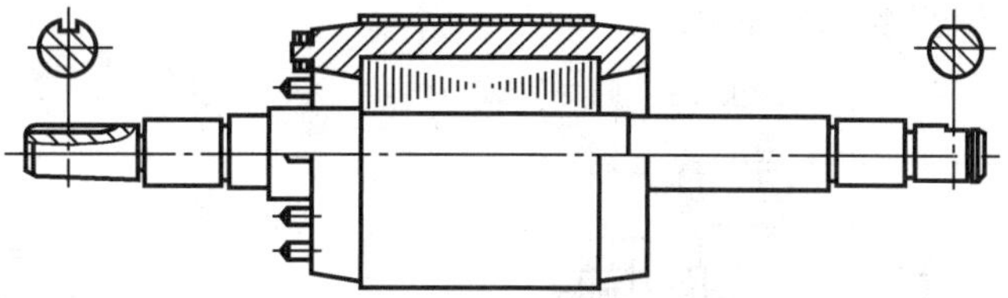

图 5-5　电动机转子装配图

从图 5-2～图 5-5 可以看出：在部件中，一般有多个零件围绕一条或几条轴线装配起来，这些轴线称为装配干线。为了表达这些零件间的装配关系，应该采用剖视，剖切平面必须包含装配干线。

在装配图的视图中，除了上述表达方法外，还需要采用下列一些规定画法。

二、规定画法

1. 零件间接触面和配合面的画法

装配图中，零件间的接触面和两零件的配合表面（如轴与轴承孔的配合面等）都只画一条线。不接触或不配合的表面（如相互不配合的螺钉与通孔），即使间隙很小，也应画成两条线，如图 5-6 所示。

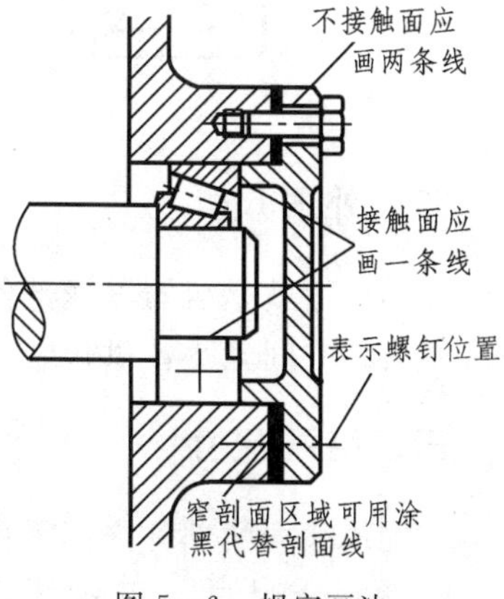

图 5-6　规定画法

2. 剖面符号的画法

装配图中剖面符号的画法在 GB/T 17453—2005《技术制图　图样画法　剖面区域的表示法》中有详细规定，介绍如下：

(1) 为了区别不同零件，在装配图中，相邻两金属零件的剖面线倾斜方向应相反；当三个零件相邻时，其中有两个零件的剖面线倾斜方向一致，但间隔不应相等，或使剖面线相互错开，如图 5－6 所示。

（2）同一装配图中，同一零件的剖面线倾斜方向和间隔应一致。

（3）窄剖面区域可全部涂黑表示，如图 5－6 中垫片的画法。涂黑表示的相邻两个窄剖面区域之间，必须留有不小于 0.7mm 的间隙。

（4）在装配图中，对若干相同的零件组，如螺栓、螺钉连接等，可详细画出一处或几处，其余只需要用细点画线表示其位置，如图 5－6 中螺钉的省略画法。

第三节 装配图中的尺寸

装配图和零件图的作用不同，对尺寸标注的要求也不同。在装配图中，只需标注下列几种尺寸。

一、规格尺寸

规格尺寸说明机器（或部件）的规格或性能的尺寸，它是设计和用户选用产品的主要根据，如图 5－7 中轴瓦的孔径 ϕ50H8。

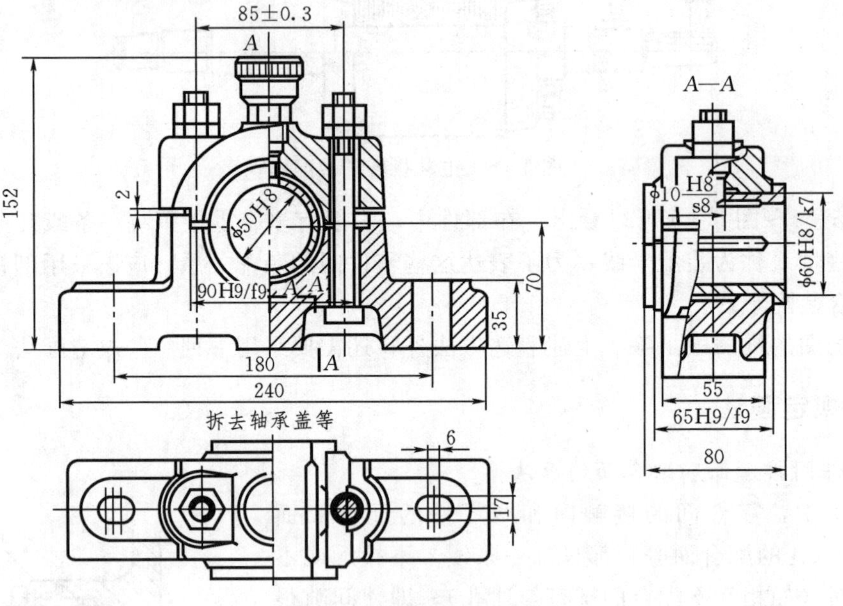

图 5－7 滑动轴承装配图

二、外形尺寸

外形尺寸就是机器（或部件）的总长、总宽和总高尺寸。外形尺寸表明了机器（或部件）所占的空间大小，供包装、运箱和安装时参考，如图 5－7 中的 240、80 和 152。

三、装配尺寸

装配尺寸表明部件内部零件间装配关系的尺寸，主要包括：

（1）配合尺寸。表示零件间有配合要求的尺寸，如图 5－7 中的 90H9/f9、

φ60H8/k7等。

（2）零件间的连接尺寸。如连接用的螺钉、螺栓和销等的定位尺寸（如图 5-7 中两个螺栓间的距离 85±0.3），和非标准零件上的螺纹副的标记或螺纹标记等；如图 5-2 下部标注的 M14×1.5—5H/5g6g 和 G1/2 等。

（3）重要的相对位置尺寸。例如图 5-7 中的轴承孔中心高 70；一对齿轮的中心距等。

四、安装尺寸

安装尺寸是将机器安装在基础上或部件装配在机器上所使用的尺寸，如图 5-7 中轴承座底板上的 180、6 和 17。

五、其他重要尺寸

其他重要尺寸包括设计时经过计算确定的重要尺寸和为了装配时保证相关零件的相对位置协调而标注的轴向尺寸等。这些尺寸在拆画零件图时应照样标注。

必须指出：不是每一张装配图都具有上述各种尺寸。在学习装配图的尺寸标注时，要根据装配图的作用，真正领会标注上述几种尺寸的意义，从而做到合理地标注尺寸。

第四节　装配图中的序号、明细栏和标题栏

为了便于图样管理、生产准备、进行装配和看懂装配图，必须对机器（或部、组件）的各组成部分（零件、组件和部件）编注序号和代号，并填写明细栏。序号是为了看图时便于图、栏对照，代号一般是零件（或部、组件）的图样编号或标准件的标准编号。

一、序号

1. 一般规定

（1）装配图中所有的零、部件都必须编写序号。

（2）装配图中一个部件（或组件）只可编写一个序号，如图 5-2 中序号 9、10、12 和 13；同一装配图中相同的零、部件应编写同样的序号。

（3）装配图中零、部件的序号应与明细栏中的序号一致。

2. 序号的编排方法

（1）装配图中编写零、部件序号的通用表示方法有三种，如图 5-8（a）所示。

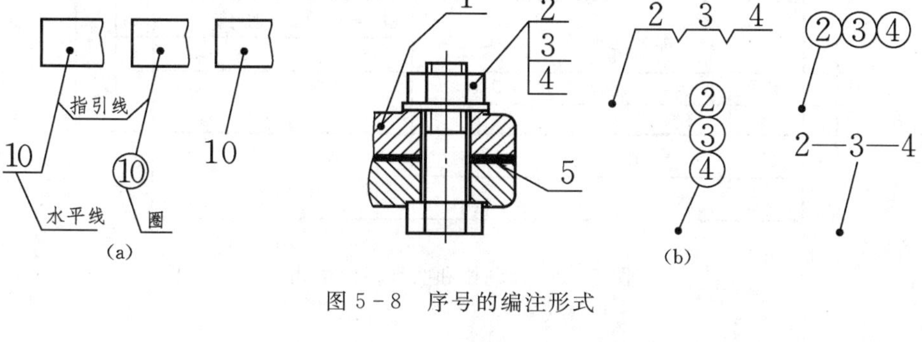

图 5-8　序号的编注形式

在指引线的水平线（细实线）上或圆（细实线）内注写序号，序号字高比该装配图中所注的尺寸数字大一号或两号。在指引线附近注写序号，序号字高比该装配图中所注尺寸数字大两号。

指引线应自所指部分的可见轮廓内引出，并在末端画一圆点。若所指部分（很薄的零件或涂黑的剖面区域）内不便画圆点时，可在指引线的末端画出箭头，并指向该部分的轮廓，如图 5-8（b）中件 5 所示。

指引线彼此不能相交，当通过有剖面线的区域时，指引线不应与剖面线平行。必要时，指引线可以画成折线，但只可曲折一次，如图 5-8（b）中的件 1。

一组紧固件以及装配关系清楚的零件组，可采用公共指引线，如图 5-8（b）中件 2、3、4。

（2）同一装配图中编注序号的形式应一致。

（3）相同的零、部件用一个序号，一般只标注一次。多处出现的相同的零、部件，必要时也可重复标注。

（4）装配图中序号应按水平或铅垂方向排列整齐。并按顺时针或逆时针方向顺序排列，在整个图上无法连续时，可只在每个水平或铅垂方向顺序排列。

二、标题栏和明细栏填写的一些规定

每张图样都必须画出和填写标题栏。标题栏的格式和尺寸在国家标准中都有规定。在制图作业中，建议采用图 5-9 所示的标题栏和明细栏格式。明细栏是全部零件（或部、组件）的详细目录。填写时应遵守下列规定：

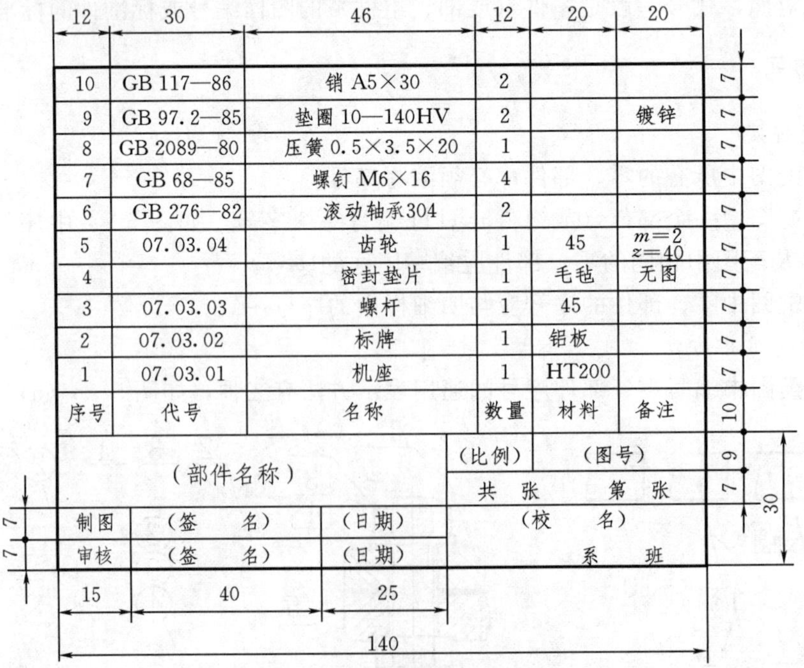

图 5-9　标题栏和明细栏的格式

(1) 明细栏画在标题栏上方，序号应自下而上顺序填写，如位置不够，可在标题栏左边接着填写，或另外用纸填写。

(2) 在“名称”栏内，对于标准件，还应写出其规定标记中除标准代号以外的其余内容，例如“螺钉 M6×16”。对于齿轮、非标准弹簧等具有重要参数的零件，还应将它们的参数（如齿轮的模数、齿数、压力角；弹簧的材料直径、中径、节距、自由高度、旋向、有效圈数、总圈数等）写入（也可以将这些参数写在备注栏内）。

(3)“材料”栏内填写制造该零件所用材料的名称或牌号。

(4)“备注”栏内可填写零件的热处理和表面处理等要求，或其他说明。

第五节　看　装　配　图

装配、安装、使用和维修机器设备，学习先进技术以及讨论设计方案和从装配图拆画零件图时，都要看装配图，因此必须掌握看装配图的方法。

1. 看部件装配图的要求

看部件装配图的要求可归纳如下：

(1) 了解部件的名称、用途、性能和工作原理。

(2) 了解零件间的相对位置、装配关系及装拆顺序和装拆方法。

(3) 弄清每个零件的名称、数量、材料、作用和结构形状。

要达到上述要求，除了制图知识外，还应有一定的生产实践知识，包括一般的机械结构设计和制造工艺知识，以及与部件有关的专业知识。因此在今后的学习和工作中，必须注意进行看装配图的实践，并不断总结经验，以逐步提高看图的能力。

2. 看装配图的方法和步骤

下面以图 5-10 所示的虎钳为例，介绍看装配图的方法和步骤。

(1) 了解部件的名称、用途、性能和工作原理。从标题栏的名称可以知道该部件是机械加工中用来夹持工件的夹具。它的工作原理为：将扳手（图上未表示）套在螺杆 5 右端的方头处，转动螺杆时，螺母 4 带动活动钳身 3 左右移动，以夹紧或松开工件。

(2) 分析视图。要弄清该装配图采用了哪些视图、剖视图、剖面图，各视图之间的关系，剖切平面的位置以及每个视图的表达意图。

虎钳装配图采用了三个基本视图。主视图为通过螺杆轴线的局部剖视图，表达了钳身 1、螺杆 5、螺母 4、活动钳身 3 和钳口 2 等零件间的装配关系，并较好地反映了虎钳的形状特征。

俯视图中的前半部采用拆卸画法，整个图形主要表达钳身、活动钳身的外形，两处局部剖视则表示钳口与钳身、活动钳身的连接关系。

左视图除了表示钳身左端的形状之外，两处局部剖视中的 $A—A$ 剖视表达了钳身、活动钳身、压板 10 之间的装配连接关系；另一处局部剖视则表达了钳身下部的形状和安装孔。

(3) 了解零件的作用、形状及各零件之间的装配关系。根据部件的工作原理，了解每个零件的作用，进而看懂每个零件的结构形状。一般先分析主要零件，当该主要零件的某

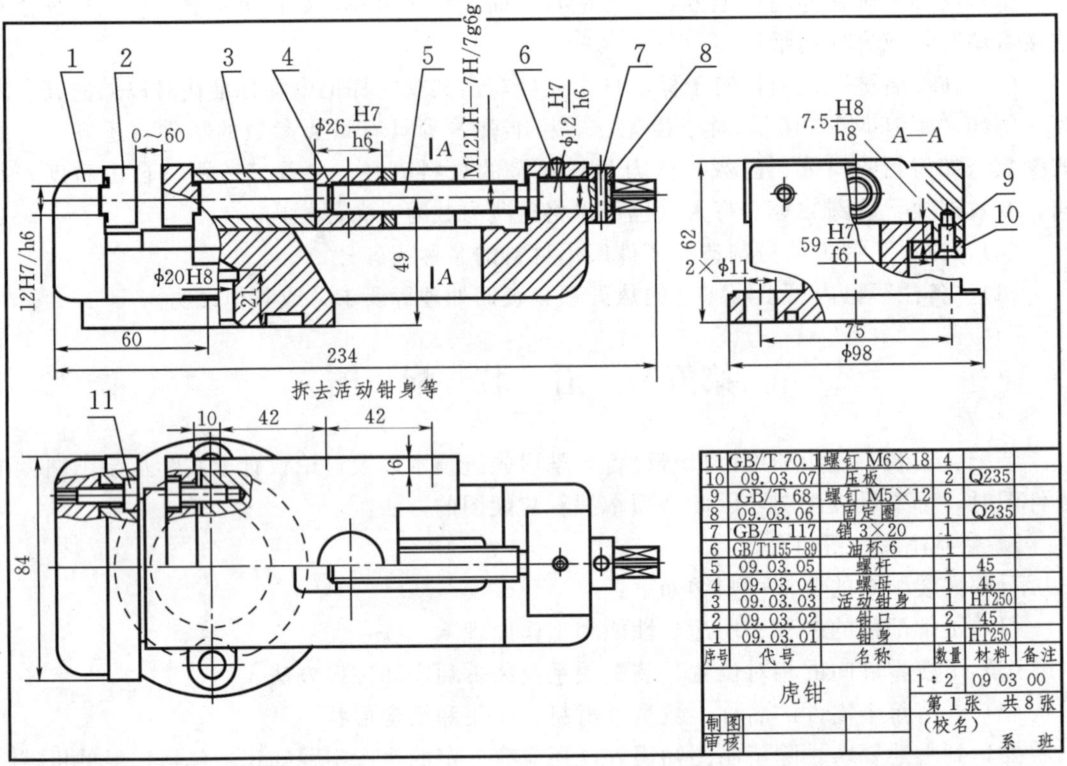

11	GB/T 70.1	螺钉 M6×18	4		
10	09.03.07	压板	2	Q235	
9	GB/T 68	螺钉 M5×12	6		
8	09.03.06	固定圈	1	Q235	
7	GB/T 117	销 3×20	1		
6	GB/T1155—89	油杯 6	1		
5	09.03.05	螺杆	1	45	
4	09.03.04	螺母	1	45	
3	09.03.03	活动钳身	1	HT250	
2	09.03.02	钳口	2	45	
1	09.03.01	钳身	1	HT250	
序号	代号	名称	数量	材料	备注
虎钳			1∶2	09 03 00	
			第1张 共8张		
制图			(校名)		
审核			系 班		

图 5-10 虎钳装配图

些部位难以看懂时，可先看与它有关的零件，然后再看这个主要零件。为了从装配图中区分不同零件的投影，可从下列三个方面联系起来进行：①看零件的序号和明细栏；②对投影关系；③根据“同一金属零件的剖面线方向和间隔在各视图中都应一致”的规定画法。

要了解各零件之间的装配关系，应从反映装配关系的视图着手，看懂每条装配干线上零件的作用和结构。

虎钳中螺杆 5 的轴线是一条主要的装配干线。从主视图可以看出，螺杆左端旋在螺母 4 中（螺母与活动钳身 3 用过盈配合装配在一起），其右端装在钳身的孔中，并采用间隙配合（ϕ12H7/ h6），保证螺杆转动灵活。孔的上部装有注压式油杯 6，用于润滑配合面 ϕ12H7/ h6。为了防止螺杆向左移动，在钳身右端外有一个固定圈 8，用圆锥销 7 将固定圈与螺杆相连。钳身中部有一个从上到下穿通的槽，便于清除铁屑。通过底部 ϕ20H8 的孔，可以将钳身装在一个底盘上，以增加虎钳的功能。为了减少加工面，底面上有一个环形的凹槽，其形状如俯视图中虚线所示。

钳口 2 上的凸出部分与钳身、活动钳身中凹槽相配合（12H7/h6），并用圆柱头内六角螺钉 11 将它们固定在一起（见俯视图）。

从左视图的 *A—A* 局部剖视中可以看出，活动钳身与钳身之间采用间隙配合（59 H7/ f6），并用压板 10、螺钉 9 装配在一起，使活动钳身能沿着钳身上的导轨灵活、平稳移动，保证被夹紧的工件定位准确、牢靠。下部还有两个 ϕ11 的孔，为安装整个虎钳所用。

从俯视图中可看出，活动钳身的右端有一个长方形的槽，以保证两钳口的最大距离达到 60mm。此时，螺杆左端进入活动钳身左端的圆柱孔中。

(4) 分析尺寸。分析装配图上所注的尺寸，有助于进一步了解部件的规格、外形大小、零件间的装配要求以及该部件的安装方法等。图中 0～60、84 是虎钳的规格尺寸，234、62、ϕ98 是外形尺寸，2×ϕ11、75 及 ϕ20H8、21 均为安装尺寸，49 是重要的相对位置尺寸，60 是其他重要尺寸。其余都是装配尺寸。希望读者进一步弄懂每个尺寸的意义。

(5) 归纳总结。在上面分析的基础上，按照看装配图的三个要求，进行归纳总结，以便对部件有一个完整的、全面的认识。为此，必须根据部件的工作原理，综合分析整个部件的结构特点和安装方法，进一步明确每个零件的作用和形状、装配关系及装拆顺序。

对初学者来说，还要了解装配图的表达特点及图上每个尺寸的意义。

图 5-11 为虎钳的轴测图。

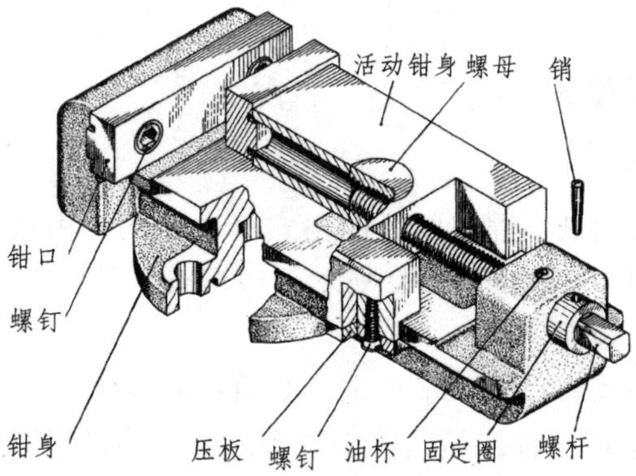

图 5-11 虎钳轴测图

第六章　电气图的基本知识

画电气图必须遵守制图的规则和表示方法，读图者掌握了这些规则和表示方法，就能读懂制图者所表达的意思，所以不管是制图者还是读图者都应当掌握电气图的制图规则和表示方法。

第一节　电气制图的一般规则

一、图纸幅面及其格式

1. 图纸幅面及其尺寸

电气图的格式与机械图纸、建筑图纸的格式基本相同，由边框线、图框线、标题栏、会签栏组成，其格式如图 1-1 和图 1-2 所示。边框线就是图纸的边线，由边框线所围成的整张图纸，称为图纸的幅面。

国家标准对电气图的幅面尺寸作了规定，幅面可分为 A0～A4 五类，幅面尺寸及代号可参见表 1-1。当主要采用图样或简图的表达形式时推荐采用 A3 幅面。

如表 1-1 所述幅面不满足要求时，需加长图纸，可采用如表 6-1 中规定的幅面。

表 6-1　　图纸幅面的加长尺寸

代　　号	尺寸 $B \times L$	代　　号	尺寸 $B \times L$
A3×3	420×891	A4×4	297×841
A3×4	420×1189	A4×5	297×1051
A4×3	297×630		

图纸幅面的选用应以保持图面布局紧凑、清晰明了和使用方便为前提。根据设计对象的规模、复杂程度、资料的详细程度、计算机辅助设计和编制文件的要求以及整理、复印、微缩、归档和其他文件加工过程的要求，尽量采用较小幅面，同时便于装订和管理。纸质或类似介质文件需复制或拍成微缩胶片时，可增加如图 6-1 中规定的中心标记以方便复制或拍成微缩胶片。

2. 标题栏

每张图样都必须有标题栏，用以确定图样名称、图号等信息，相当于图样的"铭牌"。标题栏标识区的位置和尺寸应符合 GB/T 14689—2008《技术制图　图纸幅面和格式》的规定，标题栏中包含的内容必须符合 GB 10609.1—2008 的规定，与机械制图要求一致，

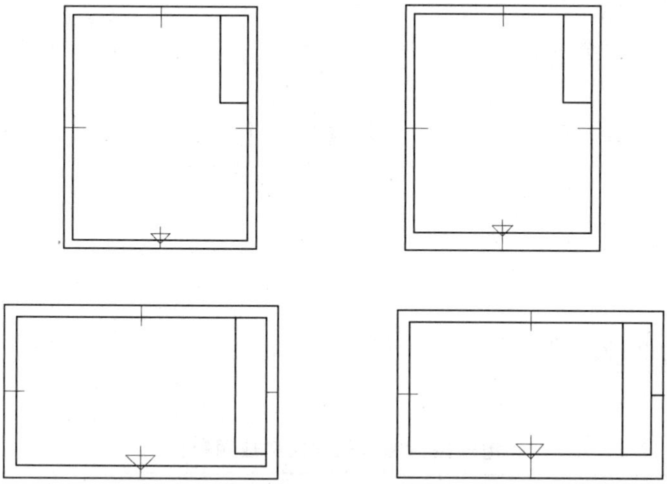

图 6-1 带有中心标记的图样

常见的标题栏可参见图 1-3。

包含项目代号的标题栏应为项目代号提供指定的位置，以标记该图纸上所有或多数公用的项目代号。

3. 图框格式

图边和边框、对中和定位标记以及公制的分度基准应符合 GB/T 14689—2008 的规定。

4. 图幅分区

为了便于读图和检索，往往对一些幅面较大、内容复杂的电气图进行分区。图幅分区可采用细实线在图纸周边画出分区，如图 6-2 所示。

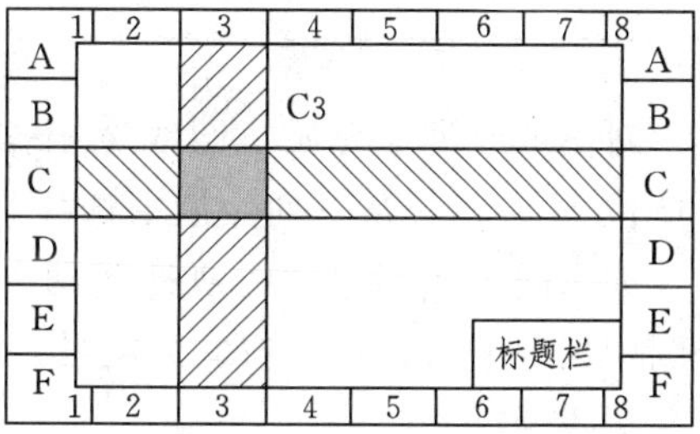

图 6-2 图幅分区示例

图幅分区数应为偶数，并应按图的复杂性选取。每一分区长度一般在 25～75mm 之间，分区的编号，沿上下方向（按看图的方向确定图纸的上下和左右）用大写拉丁字母（除 I 和 O）从上到下顺序编写，沿左右方向用阿拉伯数字从左到右顺序编写。当分区数超过拉丁字母的总数时，超过的各区可用双重字母依次编写，例如 AA、BB、CC 等。拉丁字母和阿拉伯数字的位置应尽量靠近图框线。

图幅分区后，相当于建立了一个坐标，利用这个“坐标”，就可以进行位置标记。在图样中标注分区代号时，分区代号由拉丁字母和阿拉伯数字组合而成，字母在前、数字在后并排书写，如 B3、C5 等。对于单张图纸，位置标记格式为“图号/图区名”；对于多张图纸，位置标记格式为“图号/张次/图区名”。例如，图号为 324 的图纸有 7 张，在第 6 张图 D4 区的项目，其位置标记可以写成“图 324/6/D4”。如果图号为 324 的图纸只有一张图纸，则该图纸 D4 区项目的位置标记可以写成“图 324/D4”。这样，在说明设备工作元件时，就可以让读者很方便地找出所指元件。

5. 图号和张次

每张图在标题栏中至少有一个图号。多张图中的每张图都必须按照彼此相关的方法来编号。

如果在同一张上有几种类型的图，应注意使每个图都能清晰地分辨出来。如通过附加号的方法。

二、图线和字体

1. 图线

机械图常用的 9 种图线可参见表 1-4。根据电气图的需要，一般只用其中 4 种图线，见表 6-2。

表 6-2　电气图用图线的型式和应用范围

序号	图线名称	图线型式	一般应用
1	实线	————	基本线、可见轮廓线、可见导线、简图主要内容用线
2	虚线	- - - - -	屏蔽线、机械连接线、不可见轮廓线、不可见导线、计划扩展内容用线、一些辅助线等。
3	点画线	-·—·-	各部分之间的分界线、结构围框线、功能围框线、分组围框线
4	双点画线	-··—··-	辅助围框线

对图纸或类似介质，图线宽根据 $0.1\times(\sqrt{2})^n\times M$ （$n=0$，1，2，3，…）计算。最小单位 M 一般应从下列数值中选择其一：2.5、3.5、5、7、10、14、20，单位为 mm。

如果同一线型中采用两种或两种以上图线宽度，任何两种线宽比例应不小于 2∶1。若图中出现平行线，平行线之间的最小间距不小于粗线宽度的两倍且不小于 0.7mm。

2. 字体

电气图中的文字、字母和数字是电气图的重要组成部分，是读图的重要内容，因此要求字体必须规范。电气技术文件要表示图形时，应使用 GB/T 18594—2001《技术产品文件　字体　拉丁字母、数字和符号的 CAD 字体》中的 CB 字型，直体（V）。符合 GB/T 18594—2001 的扁平和比例字体也可使用。在此情况下，遵照下列规则：

（1）字符间距应为零，当使用扁平字体时高宽比应为 0.81。

（2）文字高度根据 $(\sqrt{2})^n\times M$ （$n=0$，1，2，3，…）计算。最小单位 M 一般应从下列数值中选择其一：2.5、3.5、5、7、10、14、20，单位为 mm。

（3）GB/T 18594—2001 的 CB（S）类型的斜体字也可适用于电气图中的文字、字母和数字。

3. 箭头和指引线

（1）箭头。符号中箭头的形式在 GB/T 4728 中有规定，见表 6-3。

表 6-3　　箭头符号示例

GB/T 4728 中图形符号编码	图形符号	说明
02—03—01		可变性
02—04—01		力或运动方向以及指引线方向
02—05—01		能量和信号流传播方向
03—01—10	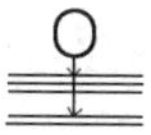	指引线到连接线的终端

箭头应用实例如图 6-3 所示。其中，电流 I 方向用开口箭头表示，可变电容的可变性限定符号用实心箭头表示，电压 U 指示方向用实心箭头表示。

表示流体流动方向的箭头形式在 GB/T 786.1—2009《流体传动系统及元件图形符号和回路图　第 1 部分：用于常规用途和数据处理的图形符号》中的规定如图 6-4 所示。空心和实心箭头用于说明非电过程中材料或介质的流向，如空心箭头可表示气流，实心箭头可表示液流。

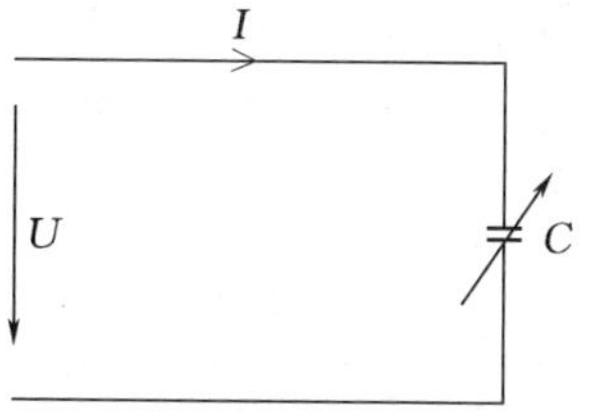

图 6-3　电气图中的箭头应用实例

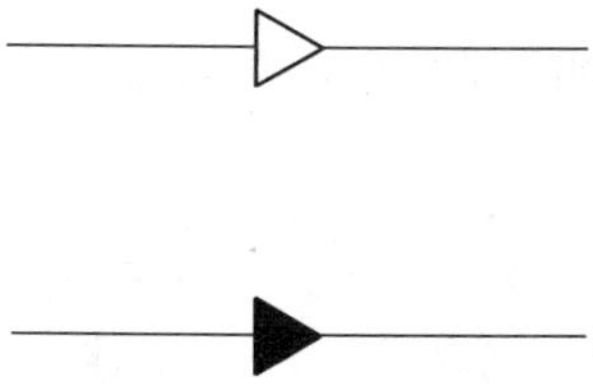

图 6-4　流体运动方向箭头

（2）指引线。指引线规定用细实线表示，且指向被注释处。指引线的终端按 GB 4458.1—2002《机械制图　图样画法　视图》标注，根据不同的情况，有如下三种标注方式：

1）指引线末端在轮廓线内，用一黑圆点表示，如图 6-5（a）所示。

2）指引线末端在轮廓线上，用一箭头表示，如图 6-5（b）所示。

3）指引线末端在尺寸线上，既不用圆点，也不用箭头，如图 6-5（c）所示。

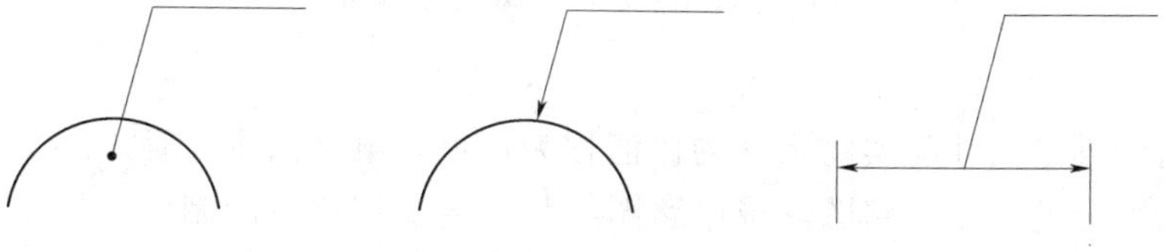

(a)　(b)　(c)

图 6-5　指引线示例

(a) 圆点；(b) 箭头；(c) 在尺寸线上

但是，末端在连接线上的指引线，应采用与连接线和指引线都相交的一短斜线或用箭头来终止，如图 6-6 所示，允许有多个末端。

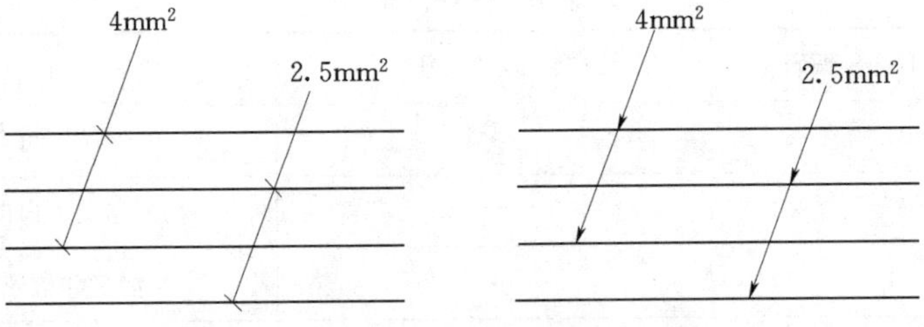

图 6-6 与连接线相接的指引线

4. 围框

当需要在图上显示出图的一部分表示的功能单位、结构单元或项目时，可用点画线围框表示。为了图面清晰，围框的形状可以不规则。如图 6-7（a）所示，继电器－K 由线圈和三对触点组成，用一围框表示其组成关系更加明显。

用围框表示的单元，若在其他文件上给出了可供查阅其功能的资料，则该单元的电路可简化或省略。如果在图上含有安装在别处而功能与本图相关的部分，这部分可加双点画线围框，例如图 6-7（b）的－A 单元内包含有熔断器 FU、按钮 SB、接触器 KM 和功能单元－B 等，它们在一个框内。而－B 单元在功能上与－A 单元有关，但不装在－A 单元内，所以用双点划线围起来，并且加了注释。但应注意，在采用围框表示时，围框线不应与元件符号相交。

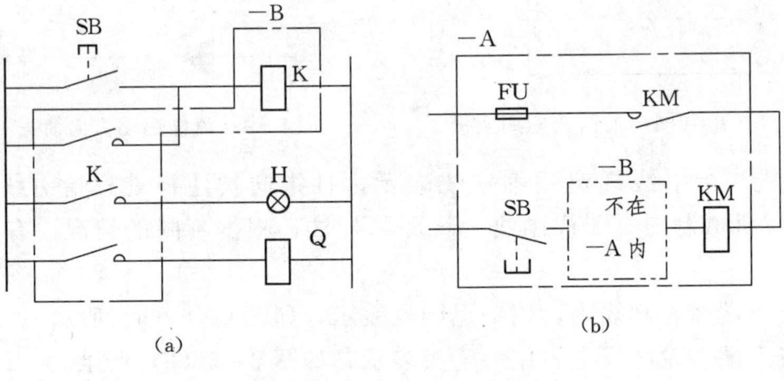

图 6-7 围框示例

（a）点划线围框；（b）双点划线围框

5. 比例

图面上所画图形尺寸与实物尺寸的比值称为比例。电气图主要是采用图形符号和连接线绘制的，大部分的电气线路图（或电路图）是不需要按比例绘制的，但平面布置图一般是按比例绘制的。如果要按比例制图，应根据表 1-2 规定选择比例。在图纸的内容区中应用比例尺来表示相关信息。

6. 尺寸线

电气图的尺寸线包括终端和起点指示，应按 ISO 129-1—2004《技术制图—尺寸和允许偏差—第 1 部分：一般原则》的规定。终端示例如图 6-8 所示。图 6-8 中所选择的箭头没有特别的含义，而且在一份文件里面只能使用一种类型的箭头。

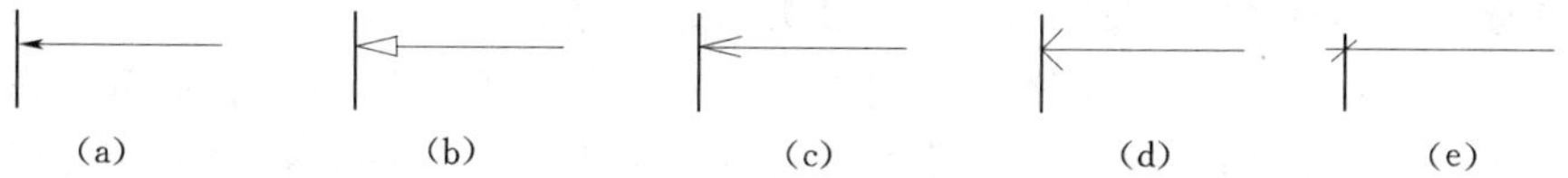

图 6－8　终端示例

7. 注释和详图

（1）注释。当电气图中不能够以别的方式表达含义时，应使用说明性注释。说明性注释应放在所要说明对象的附近，或对位于内容区其他地方的说明给出参考。当图中出现多个注释时，应把这些注释按顺序放在图纸边框附近。若在多页上表示信息，具有共性的说明应位于第一页，或注在适当的张次上，而所有其他注释应标注在与它们有关的张次上。注释采用文字、图形、表格等形式，其目的就是把对象表达清楚。

（2）详图。详图实质上是用图形来注释，相当于机械制图的剖面图，就是把电气装置中某些零部件和连接点等结构、做法及安装工艺要求放大并详细表示出来。详图可放在要详细表示对象的图上，也可放在另一张图上，但必须要用一标志将它们联系起来。

第二节　电 气 图 的 分 类

电气图是电气工程中各部门进行沟通、交流信息的载体，由于电气图所表达的对象不同，提供信息的类型及表达方式也不同，这样就使电气图具有多样性。同一套电气设备，可以有不同类型的电气图，以适应不同使用对象的要求。对于供配电设备来说，主要电气图是指一次回路和二次回路的电路图。但要表示清楚一项电气工程或一种电气设备的功能、用途、工作原理、安装和使用方法等，仅有这两种图是不够的。例如，表示系统的规模、整体方案、组成情况、主要特性，用概略图；表示系统的工作原理、工作流程和分析电路特性，需用电路图；表示元件之间的关系、连接方式和特点，需用接线图；在数字电路中，由于各种数字集成电路的应用，使电路能实现逻辑功能，因此就有反映集成电路逻辑功能的逻辑图。

按照 GB/T 6988.1—2008《电气技术用文件的编制 第 1 部分：规则》的规定，一般来说，电气图分为以下五大类：①功能性图；②位置类图；③接线类图；④项目表；⑤安装说明文件。项目表和说明文件实际上是电气图的附加说明文件，若不考虑项目表和说明文件，则电气图共有 19 种。

一、功能性图

功能性图是指具有某种特定功能的电气图样。这类图可细分为概略图、功能图、逻辑功能图、电路图、端子功能图、程序图、功能表图、顺序表图和时序图等。下面介绍最为常见的三种图：概略图、功能图和电路图。

1. 概略图

概略图也称系统图或框图，它是概略地表达一个项目的全面特性的简图。它通常是某一系统、某一装置或某一成套设计图中的第一张图样。概略图可分不同层次绘制，可参照绘图对象的逐级分解来划分层次。较高的层次描述总系统，而较低的层次描述分系统。它还可作为教学、训练、操作和维修的基础文件，使人们对系统、装置、设备等有一个概略的了解，为进一步编制详细的技术文件以及绘制功能图、电路图、接线图等提供依据，也为进行有关计算、选择导线和电气设备等提供依据。

概略图常采用功能布局法，清楚地表达过程和信息的流向，为便于识图，控制信号流向与过程流向应尽可能互相垂直。其基本形式有如下三种：

（1）用一般符号表示的概略图。这种概略图通常采用单线表示法绘制。例如，电动机的主电路如图 6-9 所示，它表示了主电路的供电关系，它的供电过程是由电源三相交流电→开关 QS→熔断器 FU→接触器 KM→热继电器热元件 FR→电动机 M。又如，某供电系统如图 6-10 所示，表示这个变电站把 10kV 电压通过变压器变换为 380V 电压，经断路器 QF 和母线后通过熔断式隔离开关分别供给三条支路。概略图常用来表示整个工程或其中某一项目的供电方式和电能输送关系，也可表示某一装置或设备各主要组成部分的关系。

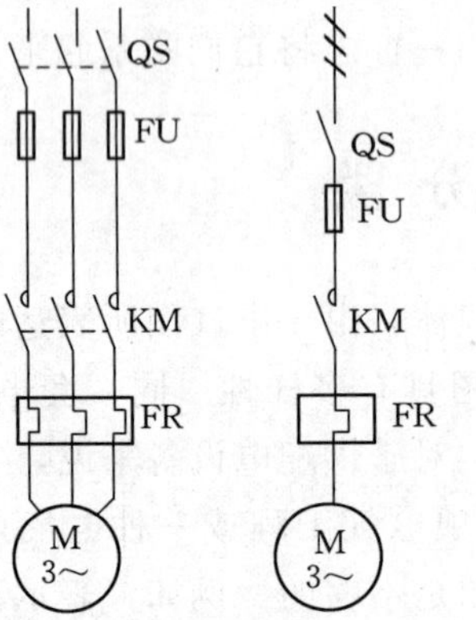

图 6-9　电动机供电系统图

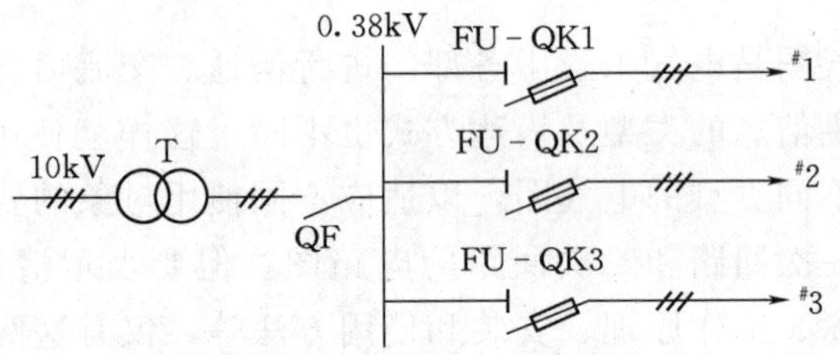

图 6-10　某变电站供电系统图

（2）框图。通常用框图来表示系统或分系统的组成。图 6-11 所示的是无线电广播系统框图。

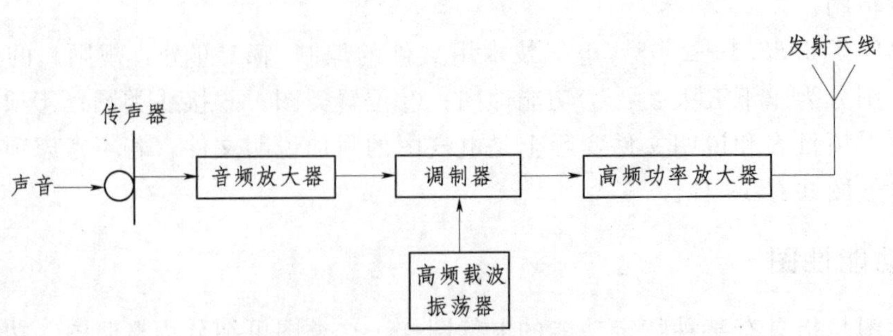

图 6-11　无线电广播系统框图

电路方框图和电路原理图相比，包含的电路信息比较少。实际应用中，根据电路方框图是无法弄清楚电子设备的具体电路的，它只能作为分析复杂电子设备电路的辅助手段。

（3）与非电过程统一绘制的概略图。在某些情况下它更能清楚地表示系统的构成和特征。图 6-12 所示的是某一水泵的电动机供电和给水系统的概略图。它表示了电动机供电、水泵工作和控制三个部分间的连接关系。

2. 功能图

功能图是表达项目功能信息的简图。它应表示系统、分系统、成套装置、设备、软件等功能特性的细节，但不考虑功能是如何实现的。功能图可以用于系统或分系统的设计，或者用以说明工作原理。

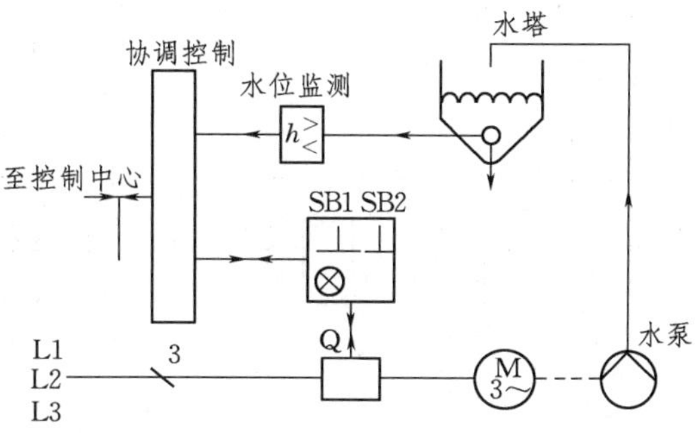

图 6-12 水泵的电动机供电和给水系统的概略图

功能图至少应包括必要的功能图形符号、功能信号、主要控制连接线等，还可以包括如波形、公式、算法等信息，但一般不包括实体信息（如位置，实体项目和端子代号）和组装信息。

等效电路图就是表达一个项目的电和（或）磁行为模型信息的一种特殊的功能图。如图 6-13 为变压器及其负载的功能图（等效电路图）示例。

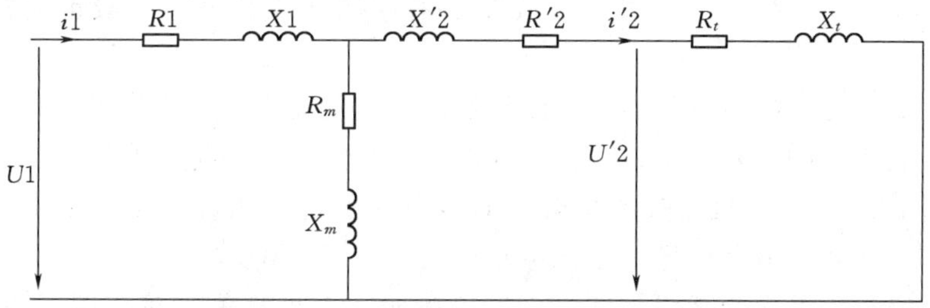

图 6-13 变压器及其负载的功能图（等效电路图）示例

3. 电路图

电路图是表达项目电路组成和物理连接信息的简图。它用国家统一规定的电气图形符号和文字符号详细表示系统、分系统、成套装置、设备等的工作原理、基本组成和连接关系。电路图表示电流从电源到负载的传送情况和电气元件的工作原理，而不考虑其实体尺寸、形状或位置。其目的是便于详细了解设备工作原理、分析和计算电路特性及参数，为测试和寻找故障提供必要信息，为编制接线文件提供必要依据，为安装和维修提供信息。

绘制电路图应注意以下几点：

(1) 设备和元件的表示方法。在电路图中，设备和元件采用符号表示，并应以适当形式标注其代号、名称、型号、规格、数量等。

(2) 注意设备和元件的工作状态。设备和元件的可动部分通常应表示在非激励或不工作的状态或位置。

(3) 符号的布置。对于驱动部分和被驱动部分之间采用机械连接的设备和元件（如接触器的线圈、主触头、辅助触头），以及同一个设备的多个元件（如转换开关的各对触头），可在图上采用集中、半集中或分开布置。

例如，电动机的控制线路电路图如图 6-14 所示，表示了系统的供电和控制关系。

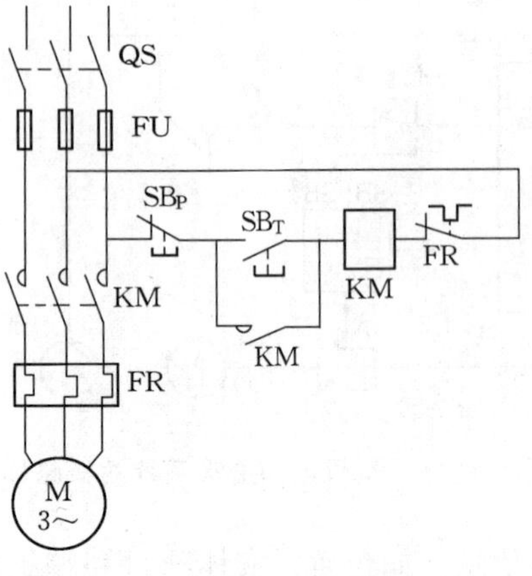

图 6－14　电动机控制线路电路图

二、接线类图（表）

接线图是表达项目组件或单元之间物理连接信息的简图。如果项目之间连接关系采用表格形式表示，则称为接线表。接线图的主要用途是提供各个项目之间的连接信息，作为设备装配、安装和维修的指导和依据。

接线图提供的信息以表示清楚为原则。为了清楚表示项目之间的连接关系，要求采用位置布局法绘制接线图。但项目的实际大小则不要求按比例绘制。接线图的元件应采用简单的轮廓（如正方形、矩形或圆形）或用其他简化图形表示，也可采用 GB/T 4728 中规定的简图符号，以确保图面的清晰和突出其所表示的内容。符号旁应标注项目代号，并与电路图中的标志一致。接线图的端子一般可不采用端子的图形符号，但应表示清楚，每个端子必须标注端子代号。此外，接线图中的连接导线与电缆一般也应标注线号或线缆号。

图 6－15 是电动机控制线路的主电路接线图，它清楚地表示了各元件之间的实际位置和连接关系：电源（L1、L2、L3）由 BX—3×6 的导线接至端子排 X 的 1、2、3 号，然后通过熔断器 FU1～FU3 接至交流接触器 KM 的主触点，再经过继电器的发热元件接到端子排的 4、5、6 号，最后用导线接入电动机的 U、V、W 端子。

根据连接的对象不同，接线类图（表）包括如下 4 种：单元接线图（表）、互连接线图（表）、端子接线图（表）和电缆图（表）。

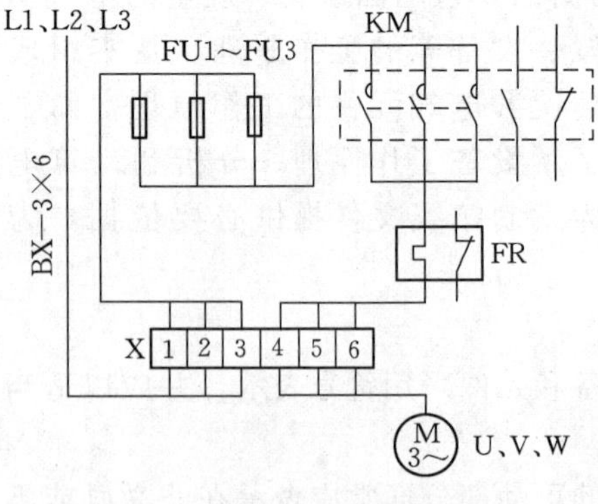

图 6－15　电动机控制线路接线图

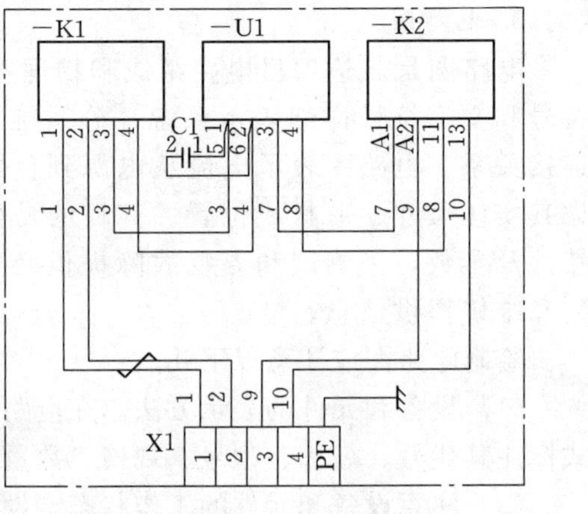

图 6－16　控制装置组件中分组件的单元接线图示例

1. 单元接线图（表）

单元接线图（表）应提供一个结构单元或单元组内部连接所需的全部信息。单元之间外部连接的信息无需包括在内，但也可提供相应互连接线图或互连接线表的检索标记。图 6－16 为控制装置组件中分组件的单元接线图示例。

2. 互连接线图（表）

互连接线图（表）是表示成套装置或设备的不同单元之间连接关系的一种接线图。它无需包括单元内部连接的信息，但也可提供适当的检索标记，如图 6－17 示例。

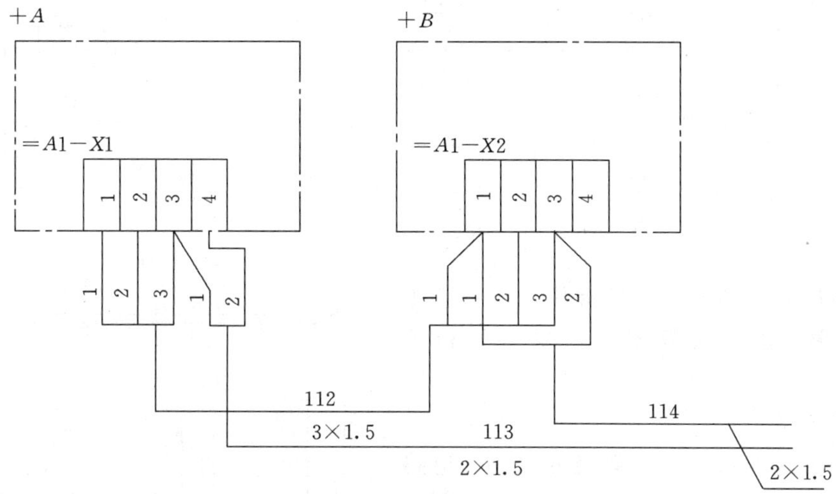

图 6－17　含有位于结构单元＋A 和＋B 中的两个端子＝A1－X1 和＝A1－X2 的局部装置的互连接线图示例

3. 端子接线图（表）

端子接线图（表）是表示成套装置或设备的端子以及接在端子上外部接线的一种接线图。通常也不包括单元或设备的内部连接，但可提供与之有关的图纸图号。从字面上看，互连接线图和端子接线图表示的都是单元的外部接线情况，但互连接线图侧重于单元之间的相连接关系，而端子接线图则侧重于端子与外部所有导线的连接关系。在一张互连接线图中一般布置有多个单元，而在一张端子接线图中则一般只包含一个单元。图 6－18 所示的是控制单元的端子接线图示例。

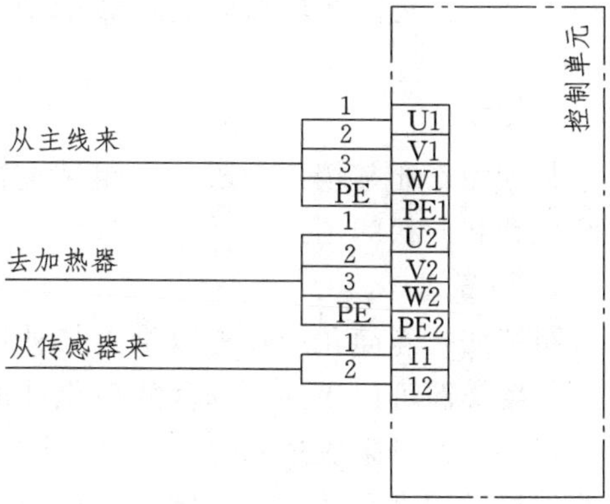

图 6－18　控制单元的端子接线图示例

4. 电缆图（表）

它提供设备或装置的结构单元之间铺设电缆所需全部信息，必要时应包括电缆路径的信息。电缆组可用单线表示法表示，并加注电缆的项目代号。图 6－19 所示的是位于＋A1、＋A2 和＋A3 的电缆装置的电缆图。

三、位置类图

位置图是表示成套装置和设备中各个项目的布局、安装位置的一种图，用于项目的安装就位。位置类图的主要用途是示出各种电气物件位置和/或尺寸等相关的信息。同时，

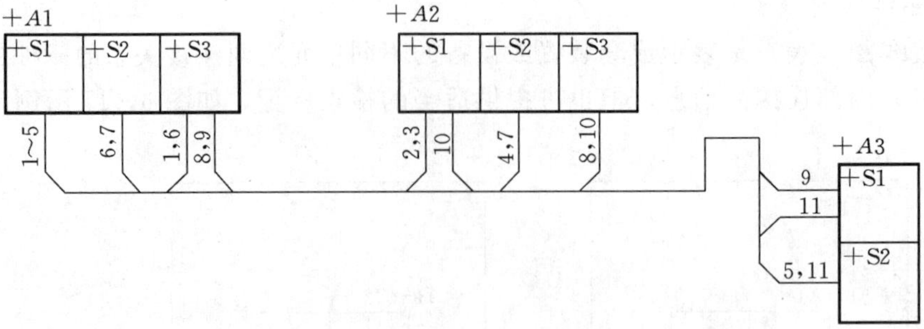

图 6-19 电缆装置的电缆图示例

为电气设备的安装和维护检修提供依据。它主要包括总平面图、安装图、装配图和布置图等。

1. 总平面图

总平面图是表示建筑工程服务网络、道路工程、相对于测定点的位置、地表资料、进入方式和工区总体布局的平面图。

2. 安装图

安装图是表示各项目安装位置的图，如图 6-20 所示。

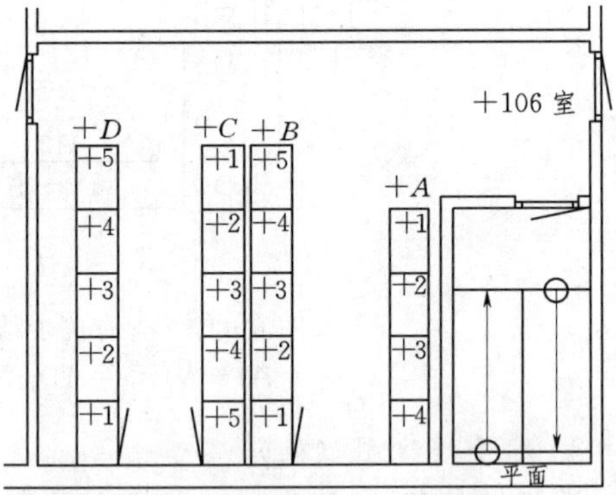

图 6-20 设有数组开关柜列和控制柜列的开关室安装平面图示例

3. 装配图

装配图是通常按比例表示一组装配部件的空间位置和形状的图。

4. 布置图

布置图是经简化或补充以给出某种特定目的所需信息的装配图。

位置类图可以借助于物件的简化外形、物件的主要尺寸和（或）它们之间的距离以及代表物件的符号来表达和绘制。这类图布局应清晰，以便读取和理解其所包含的信息。电气元件通常用表示其主要轮廓的简化形状或图形符号来表示。

为了表示电动机及其控制设备的具体平面布置，可采用图 6-21 所示的平面布置图。图中示出了电源经控制箱或配电箱，再分别经导线 BX—3 × 6mm²、BX—3 × 4mm²、BX—3×2.5mm² 接至电动机 1、2、3 的具体平面布置。

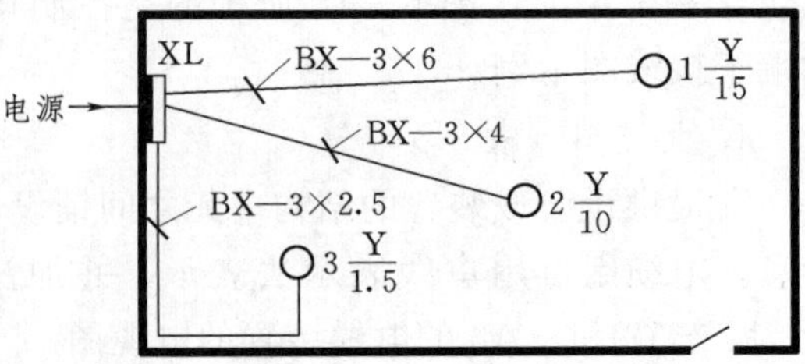

图 6-21 电动机平面布置图

四、项目表

项目表主要用来表示项目的数量、规格等的表格，属于电气图的附加说明文件范畴。这类表主要有两种：元件表、备用元件表。

1. 元件表

元件表是表示构成一个组件（或分组件）的项目（零件、元件、软件、设备等）和参考文件的表格。表 6-4 是电动机控制线路元器件明细表。

表 6-4　　控制线路元器件明细表

代号	元器件名称	型号	规　格	件数	用　途
M	三相异步电动机	J_{52-4}	7kW，1440r/min	1	驱动生产机械
KM	交流接触器	CJO—20	380V，20A	1	控制电动机
FR	热继电器	JR_{16}—20/3	热元件电流：14.5A	1	电动机过载保护
SB_T	按钮开关	LA_4—22K	5A	1	电动机起动按钮
SB_P	按钮开关	LA_4—22K	5A	1	电动机停止按钮
QS	刀开关	HZ_{10}—25/3	500V，25A	1	电源总开关
FU	熔断器	RL_1—15	500V 配 15A 熔芯	3	主电路保险

2. 备用元件表

备用元件表是表示用于防护和维修的项目（零件、元件、软件、散装材料等）的表格。

五、说明文件

说明文件主要指通过图表难于表示而又必须说明的信息和技术规范的相关文件，主要有安装说明文件、试运转说明文件、使用说明文件、维修说明文件、可靠性和可维修性说明文件，以及其他说明文件。

1. 安装说明文件

安装说明文件是给出有关一个系统、装置、设备或元件的安装条件以及供货、交付、卸货、安装和测试说明或信息的文件。

2. 试运转说明文件

试运转说明文件是给出有关一个系统、装置、设备或元件试运转和起动时的初始调节、模拟方式、推荐的设定值以及对为了实现开发和正常发挥功能所需采取措施的说明或信息的文件。

3. 使用说明文件

使用说明文件是给出有关一个系统、装置、设备或元件的使用的说明或信息的文件。

4. 维修说明文件

维修说明文件是给出有关一个系统、装置、设备或元件的维修程序的说明或信息的文件，如维修或保养手册。

5. 可靠性和可维修性说明文件

可靠性和可维修性说明文件是给出有关一个系统、装置、设备或元件的可靠性和可维修性方面的信息的文件。

6. 其他文件

其他文件是指可能需要的其他文件，如手册、指南、样本、图纸和文件清单。

上述是电气图的基本分类，但这并不意味着所有的电气设备或装置都应具备这些图表。根据表达的对象、目的和用途不同，所需图的种类和数量也不一样，对于简单的装置，可能一张原理图就满足实际需要，对于复杂装置或设备则可能需要上面所说的所有电气图。总之，电气图作为一种工程语言，在表达清楚的前提下，越简单越好。

第三节　电气图的主要特点

电气图之所以能构成一大类专业技术图，是因为电气图与机械图、建筑图及其他专业技术图相比，有着本质区别，它表示系统或装置中的电气关系，所以具有其独特的一面，有一些明显的特点。

一、电气图的简图

电气图的主要作用是用来阐述电气设备及设施的工作原理，描述产品的构成和功能，提供装接和使用信息的重要工具和手段，因而电气图的种类很多。

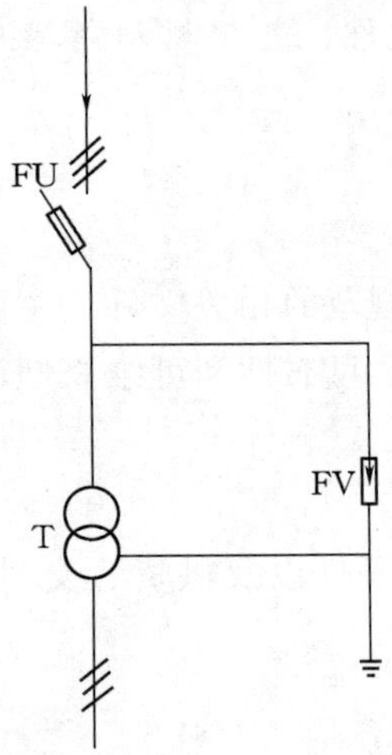

图 6-22　变电站电气系统图示例

为了表示变电站的电气设备构成及其连接关系，可绘制成如图 6-22 所示的电气系统图。这个图具有以下特点：各种电气设备和导线用图形符号表示，而不用具体的外形结构表示；各设备符号旁标注了代表该种设备的文字符号；按功能和电流流向表示各电气设备的连接关系和相互位置；没有标注尺寸。

类似于图 6-22 的图称为简图。简图是用图形符号、带注释的围框或简化外形表示系统或设备中各组成部分之间相互关系及其连接关系的一种图。绝大部分电气图都是简图，如概略图、功能图和电路图、安装平面简图等。所以，简图是电气图的主要表达形式。

这里应当指出的是，简图并不是简略的图，而是一种术语。采用这一术语是为了把这种图与其他的图（如机械图中的各种视图、建筑图中的各种平面布置图等）加以区别。

二、电气图的元件和连接线

一个电路通常由电源、开关设备、用电设备和连接线四个部分组成，如果将电源设备、开关设备和用电设备看成元件，则电路由元件与连接线组成，或者说各种元件按照一定的次序用连接线连接起来就构成了一个电路。因此，元件和连接线是电气图所描述的主要对象，也是电气图所要表达的主要内容。

由于可采用不同的方式和手段对元件和连接线进行描述，电气图具有多样性。例如，在电路图中，元件通常用一般符号表示，而在系统图、框图和接线图中通常用简化外形符号（圆、正方形、长方形）表示。

三、电气图的布局方法

电气图的布局方法分为功能布局法和位置布局法。

功能布局法是指电气图中元件符号的布置，只考虑便于看出它们所表示的元件之间功能关系，而不考虑实际位置的一种布局方法。电气图中的系统图、电路图都是采用这种布局方法。例如有的电路图中，各元件按供电顺序（电源—负荷）排列，有的电路图中，各元件按动作原理排列，至于这些元件的实际位置怎样布置则不予表示。

位置布局法是指电气图中元件符号的布置对应于该元件实际位置的布局方法。电气图中的接线图、位置图、平面布置图通常采用这种布局方法。例如，有的电路图中，配电箱内各元件基本上都是按元件的实际相对位置布置和接线的；有的电路平面图中，配电箱、电动机及其连接导线是按实际位置布置的。

四、电气图的基本要素

一个电气系统、设备或装置通常由许多部件、组件、功能单元等组成。这些部件、组件、功能单元等被称为项目。在主要以简图形式表示的电气图中，为了描述和区分这些项目的名称、功能、状态、特征及相互关系、安装位置、电气连接等，没有必要一一画出各种元器件的外形结构，一般是用一种简单的符号表示，这些符号就是图形符号。

在一个图中仅用一个图形符号来表示项目是不严格的，还必须在符号旁标注不同的文字符号（严格地讲，应该是项目代号），以区别其名称、功能、状态、特征及安装位置等。图形符号和文字符号的结合，更易区分不同用途的器件，并且，由于在同一图中文字符号的唯一性，描述同一对象的各种图样和技术文件中，其对应关系就明确了。所以，图形符号、文字符号（或项目代号）是电气图的主要组成部分。

为了更具体地加以区分，在一些图中除了标注文字符号外，有时还需要标注技术数据，如型号、规格等。

五、电气图的特征

1. 清楚易懂

电气图是用图形符号、连线或简化外形来表示系统或设备中各组成部分之间相互电气关系及其连接关系的一种图。

如某一变电站电气图，如图 6－23 所示，10kV 电压变换为 0.38kV 低压，分配给四条支路，用文字符号表示，并给出了变电站各设备的名称、功能及各设备连接关系和相互位置关系，但没有给出具体位置和尺寸。

2. 简单明了

电气图是采用电气元器件或设备的图形符号、文字符号和连线来表示的，无需画出电气元器件的外形结构，所以对于系统构成、功能及电气接线等，通常都采用图形符号、文字符号来表示。

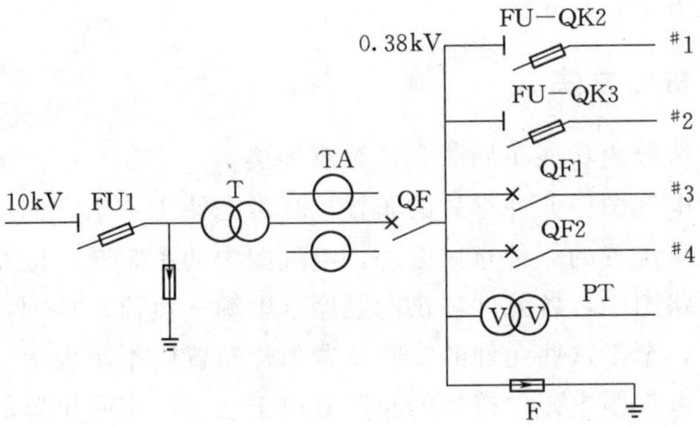

图 6－23　变电站电气图

3．特性鲜明

电气图主要是表示成套装置或设备中各元器件之间的电气连接关系，无论是说明电气设备工作原理的电路图、供电关系的电气系统图，还是表明安装位置和接线关系的平面图和连线图等，都表达了各元器件之间的连接关系。

4．布局合理

电气图的布局依据图所表达的内容而定。电路图、系统图是按功能布局，只考虑便于看出元器件之间功能关系，而不考虑元器件实际位置，要突出设备的工作原理和操作过程，按照元器件动作顺序和功能作用，从上而下，从左到右布局。而对于接线图、平面布置图，则要考虑元器件的实际位置，所以应按位置布局。

5．形式多样

对系统的元件和连接线描述方法不同，构成了电气图的多样性，如元件可采用集中表示法、半集中表示法、分散表示法，连线可采用多线表示、单线表示和混合表示。

第四节　电气识图的基本要求和基本步骤

识读电气图，应弄清识图的基本要求，掌握好识图步骤，才能提高识图的水平，加快分析电路的速度。本节主要讲述识读电气图的基本要求和基本步骤，为以后识读、绘制各类电气图打下基础。

一、电气识图的基本要求

识读电气图的基本要求有以下几点。

1．由浅入深循序渐进地识图

初学识图要本着从易到难、从简单到复杂的原则识图。一般来讲，照明电路比电气控制电路简单，单项控制电路比系列控制电路简单。复杂的电路都是简单电路的组合，从识读简单的电路图开始，弄清每一个电气符号的含义，明确每一个电气元件的作用，理解电路的工作原理，为识读复杂电气图打下基础。

2．应具有电工电子技术的基础知识

在实际生产的各个领域中，所有电路如输变配电、建筑电气、电气控制、照明、电子电路、逻辑电路等，都是建立在电工电子技术理论基础之上的。因此，要想准确、迅速地读懂电气图，必须具备一定的电工电子技术基础知识，这样才能运用这些知识，分析电路，理解图纸所含的内容。如三相笼型感应电动机的正转和反转控制，就是利用电动机的旋转方向是由三相电源的相序来决定的原理，用转换开关或两个接触器进行切换，改变输入电动机的电源相序，来改变电动机的旋转方向。而Y—△启动则是应用电源电压的变动引起电动机启动电流及转矩变化的原理。

3. 掌握电气图用图形符号和文字符号

电气图用图形符号和文字符号以及项目代号、电器接线端子标志等是电气图的“象形文字”，是“词汇”，是“句法及语法”，相当于看书识字、识词，还要懂得一些句法、语法。图形、文字符号很多，必须能熟记会用。可以根据个人所从事的工作和专业出发，识读各专业共用和本专业专用的电气图形符号和文字符号，然后再逐步扩大。并且可通过多看、多画来加强大脑的印象和记忆。

4. 熟悉各类电气图的典型电路

典型电路一般是常见、常用的基本电路。如供配电系统中电气主电路图中最常见、常用的是单母线接线，由此典型电路可导出单母线不分段、单母线分段接线，而由单母线分段再区别是隔离开关分段还是断路器分段。再如，电力拖动中的起动、制动、正反转控制电路、连锁电路、行程限位控制电路等。

不管多么复杂的电路，总是由典型电路派生而来，或者由若干典型电路组合而成的。因此，熟练掌握各种典型电路，在识图时有利于对复杂电路的理解，能较快地分清主次环节及其他部分的相互联系，抓住主要矛盾，从而能读懂较复杂的电气图。

5. 掌握各类电气图的绘制特点

各类电气图都有各自的绘制方法和绘制特点。掌握了电气图的主要特点及绘制电气图的一般规则，如电气图的布局、图形符号及文字符号的含义、图线的粗细、主辅电路的位置、电气触头的画法等，并利用这些规律，就能提高识图效率，进而自己也能设计制图。由于电气图不像机械图、建筑图那样直观形象和比较集中，因而识图时应将各种有关的图纸联系起来，对照阅读。如通过系统图、电路图找联系；通过接线图、布置图找位置，交错识读会收到事半功倍的效果。

6. 把电气图与其他图对应识读

电气施工往往与主体工程及其他工程如工艺管道、蒸汽管道、给排水管道、采暖通风管道、通信线路、机械设备等安装工程配合进行。电气设备的布置与土建平面布置、立面布置有关；线路走向与建筑结构的梁、柱、门窗、楼板的位置有关，还与管道的规格、用途、走向有关；安装方法又与墙体结构、楼板材料有关；特别是一些暗敷线路、电气设备基础及各种电气预埋件更与土建工程密切相关。因此，识读某些电气图还要与有关的土建图、管路图及安装图对应起来看。

7. 掌握涉及电气图的有关标准和规程

电气识图的主要目的是用来指导施工、安装、运行、维修和管理。有一些技术要求不可能都一一在图样上反映出来，也不能一一标注清楚，由于这些技术要求在有关的国家标准或技术规程、技术规范中已作了明确的规定。因而，在识读电气图时，还必须了解这些相关标准、规程、规范，这样才能真正读懂图。

二、电气识图的基本步骤

要想看懂电气原理图，必须熟记电气图形符号所代表的电气设备、装置和控制元件。在此基础上才能看懂电气原理图。由于电气项目类别、规模大小、应用范围的不同，电气图的种类和数量相差很大。电气图的识读应按照一定步骤进行阅读。

1. 了解说明书

了解电气设备说明书，目的是了解电气设备总体概况及设计依据，了解图纸中未能表达清楚的各有关事项。了解电气设备的机械结构、电气传动方式、对电气控制的要求、设备和元器件的布置情况，以及电气设备的使用操作方法、各种开关、按钮等的作用。

2. 理解图纸说明

拿到图纸后，首先要仔细阅读图纸的主标题栏和有关说明，理解设计的内容和安装要求，就能了解图纸的大体情况，抓住看图的要点。如图纸目录、技术说明、电气设备材料明细表、元件明细表、设计和安装说明书等，结合已有的知识，对该电气图的类型、性质、作用有一个明确的认识，从整体上理解图纸的概况和所要表述的重点。

3. 看电气系统或设备的概略图（系统图或框图）

概略图是从整体的角度出发，概略表示系统或分系统的基本组成、相互关系及其主要特征。因此，从概略图中可以看出系统各个部分之间存在的相互关系。在详细看电路图之前，能够弄清楚系统中各部分之间的联系是非常必要的。这对后面的读图以及理解系统各个部分的工作原理有着很重要的作用。所以，详细阅读电气图的各种说明后，应该看电气系统或设备的概略图。

4. 熟悉电路图

电路图是电气图的核心，也是内容最丰富但最难识读的电气图。看电路图时，首先要识读有哪些图形符号和文字符号，了解电路图各组成部分的作用，分清主电路和辅助电路、交流回路和直流回路，其次按照先看主电路，后看辅助电路的顺序进行识读图。

看主电路时，通常要从下往上看，即从用电设备开始，经控制元件依次往电源端看；当然也可按绘图顺序由上而下，即由电源经开关设备及导线向负载方向看，也就是清楚电源是怎样给负载供电的。看辅助电路时，从上而下、从左向右看，即先看电源，再依次看各条回路，分析各条回路元件的工作情况及其对主电路的控制关系。

通过看主电路，要清楚电气负载是怎样获取电能；电源线都经过哪些元件到达负载，以及这些元件的作用、功能。通过看辅助电路，则应理解辅助电路的回路构成、各元件之间的相互联系和控制关系及其动作情况等。同时还要了解辅助电路与主电路之间的相互关系，进而掌握整个电路的工作原理和来龙去脉。

5. 清楚电路图与接线图的关系

接线图是以电路为依据的，因此要对照电路图来看接线图。看接线图时要根据端子标志、回路标号从电源端依次查下去，读懂线路走向和电路的连接方法，理解每个回路是怎样通过各个元件构成闭合回路的。看安装接线图时，先看主电路后看辅助回路。看主电路是从电源引入端开始，顺序经开关设备、线路到负载（用电设备）。看辅助电路时，要从电源的一端到电源的另一端，按元件连接顺序对每一个回路进行分析。接线图中的线号是电气元件间导线连接的标记，线号相同的导线原则上都可以接在一起。由于接线图多采用单线表示，配电盘内外线路相互连接必须通过接线端子板，因此看接线图时，要看清配电盘内外的线路走向，就必须注意看清端子板的接线情况。

阅读图纸的顺序没有统一的规定，可以根据需要自己灵活掌握，并应有所侧重。有时一幅图纸需反复阅读多遍，根据图的种类作相应调整。

第七章　图形符号和文字符号

要学习一门语言，首先就必须学习该门语言的“词汇”，没有词汇，就不能很好地应用该语言。对于电气图这门工程“语言”，图形符号、文字符号以及第八章要介绍的项目代号、标记、标注和注释等就像语言中的“单词”。本章将介绍电气图的图形符号和文字符号。

第一节　电气图常用图形符号

在电气工程图样和技术文件中，图形符号就是一种图形、记号或符号，既可以用来代表电气工程中的实物，也可以用来表示电气工程中与实物对应的概念。

图形符号可以有多种分类方法，常用的分类方法主要有两种：①按图形符号所表示的实物（项目）类型分；②按图形符号的组成功能分。

1. 按图形符号所表示的实物（项目）类型分

根据 GB 4728，可将其分为 11 类：导线和连接器件，基本无源元件，半导体管和电子管，电能的发生和转换，开关、控制和保护装置，测量仪表、灯和信号器件，电信交换和外围设备，电信传输，电力、照明和电信布置，二进制逻辑单元，模拟单元等。每类图形符号所表示的实物类型见表 7-1。

表 7-1　　图形符号表示的实物类型

图形符号类别	实物类型举例
导线和连接器件	包括各种连接线、接线端子、端子和支路的连接、连接件、电缆装配附件等
基本无源元件	包括电阻器、电容器、电感器、铁氧体磁芯、磁存储器矩阵、压电晶体、延迟线等
半导体管和电子管	包括二极管、三极管、晶闸管、电子管、辐射探测器等
电能的发生和转换	包括绕组、发电机、电动机、变压器、变流器等
开关、控制和保护装置	包括触点（触头）、开关、开关装置、控制装置、电动机启动器、继电器、熔断器、火花间隙、避雷器等
测量仪表、灯和信号器件	包括指示、计算和记录仪表、热电偶、遥测装置、电钟、传感器、灯、喇叭和电铃等
（电信）交换和外围设备	包括交换系统、选线器、电话机、数据处理设备、变换器、记录和播放器等
（电信）传输	包括通信电路、天线、无线电台及各种电信传输设备等

续表

图形符号类别	实物类型举例
建筑安装平面布置图	包括发电站、变电所、网络、音响和电视的电缆配电系统、开关、插座、照明引出线等
二进制逻辑单元	包括组合和时序单元、运算器单元、延时单元、双稳单稳和非稳单元、位移寄存器、计数器和存储器等
模拟单元	包括函数器、转换器、电子开关等

按所表示的实物（项目）类型分的图形符号，除表 7－1 所示以外，还有一些其他符号，如机械控制、操作件和操作方法、非电量控制、接地、接机壳和等电位、理想电路元件（电流源、电压源、回转器）、电路故障、绝缘击穿等。

2. 按图形符号的组成功能分

图形符号可分为符号要素、一般符号、限定符号和方框符号等。

（1）符号要素。符号要素是一种最简单的、最基本的图形，它具有确定的含义，通常用来表示实物（项目）的特性功能。符号要素不能单独使用，必须与一般符号等进行组合，形成完整的图形符号。例如灯丝、栅极、阳极、管壳等符号要素组成电子管的符号。符号要素组合使用时，其布置可以同符号表示设备的实际结构不一致。

图 7－1 所示的是电动机的图形符号。图 7－1（a）是电动机的一般符号，是由符号要素（圆圈表示外壳）和限定符号（文字 M，表示电动机的限定符号）组成电动机的一般符号。在电动机的一般符号上，增加表示“直流电”的限定符号“$\overline{\overline{---}}$”后，就成为直流电动机的图形符号，如图 7－1（b）所示。在电动机的一般符号上，增加表示“交流电”的限定符号“～”后，就成为交流电动机的一般符号，如图 7－1（c）所示。同理，图 7－1（d）和图 7－1（e）分别是直线电动机和步进电动机的图形符号。

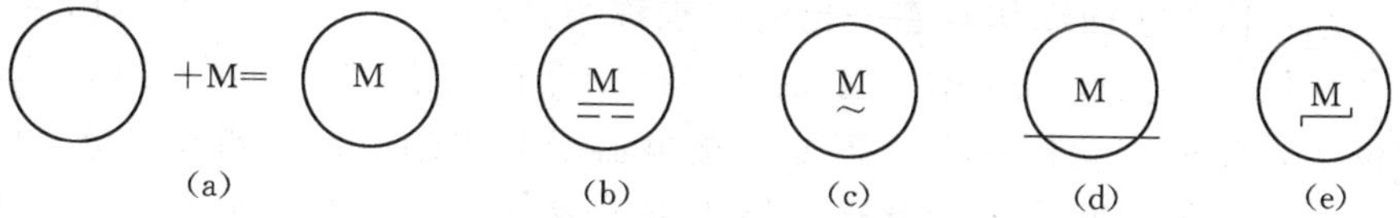

图 7－1　电动机的图形符号

（2）一般符号。一般符号可以理解为通用的符号，是用以表示广泛适用于某一类项目共同特征或功能的简单的符号。一般符号可以单独作为图形符号使用，也可与符号要素或限定符号配合使用，构成新的符号。在一般符号上增加限定符号或符号要素后的图形符号，就形成某类产品中特定产品的图形符号。简单且又具有某个特定含义的一般符号，有时也可加在其他一般符号上作为限定符号使用。较复杂的一般符号也可以由符号要素和限定符号通过组合而成。

（3）限定符号。限定符号是一种用以对实物（项目）提供附加信息或表示特有功能的简单图形或字符。限定符号通常加在一般符号上，对一般符号所表示的某类项目的功能进行限定，表示该类项目中具有所指定的某种特定项目。与符号要素一样，限定符号通常也不能单独使用。限定符号有通用限定符号和专用限定符号之分，可用于各种一般符号的限定符号称为通用限定符号，只能用于某种一般符号的限定符号则称为专用限定符号。

（4）方框符号。方框符号主要用来表示设备或部件的外壳。将整个设备或部件用方框符号表示后，该设备或部件在图中相当于是一个元件，因此对该设备的细节等都不表示，也没有办法表示。

国家标准的图形符号存在图形相似、一形多义、一义多图的现象。读图时应特别注意图形符号的使用场合、组合情况和细微差别。如，限定符号“×”可以表示“磁场效应”、“断路器功能”和“擦除、消抹”等含义，见表7－2，读图时应该根据不同的使用场合加以区别。

表7－2　　限定符号“×”的多种不同含义及应用场合

使用场合	限定符号的含义	示例符号	示例符号名称
传感器、电子线路等	磁场效应或磁场相关性	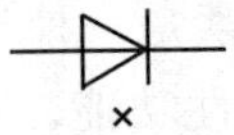	磁敏二极管
配电线路等	断路器功能		断路器
信号处理、消除等	擦除、消抹	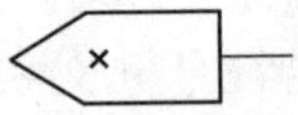	消抹头

3. 图形符号的几点说明

（1）图形符号的状态。所有的图形符号都是按照无电压、无外力作用下的状态表示，这个状态称为正常状态，简称常态，常态又称为复位状态。与复位状态相反的状态为动作状态，由常态向动作状态变化的过程称为“动作”，由动作状态向常态变化的过程称为“复位”。例如，带零位的手动开关处于零位状态，用手操作后，手动开关就不处于零位状态而处于动作状态。再如，继电器线圈未通电时，继电器动合触点（或称为常开触点）处于断开位置的状态，继电器动断触点（或称为常闭触点）处于闭合状态。这里的“动合触点”意思是“动作后就闭合的触点”，也就是说在常态下处于断开的触点，在动作后才处于闭合状态，因此“动合触点”又称为“常开触点”。同理，“动断触点”意思是“动作后就断开的触点”，也就是说在常态下处于闭合的触点，因此“动断触点”又称为“常闭触点”。

（2）图形符号的选用。电气技术文件选择符号应遵照有关国家标准或IEC、ISO标准，例如：

1）电气项目的简图和安装图采用GB/T 4728规定的图形符号。

2）非电气项目的简图采用GB/T 20063《简图用图形符号》规定的图形符号。

3）基本流程图采用GB/T 1526—1989《信息处理 数据流程图、程序流程图、系统流程图、程序网络图和系统资源图的文件编制符号及约定》的规定。

4）此外还应考虑GB/T 16901.1—2008《技术文件用图形符号表示规则　第1部分：

基本规则》标准。

例如光纤用符号符合 GB/T 4728 的规定，如图 7－2 所示。

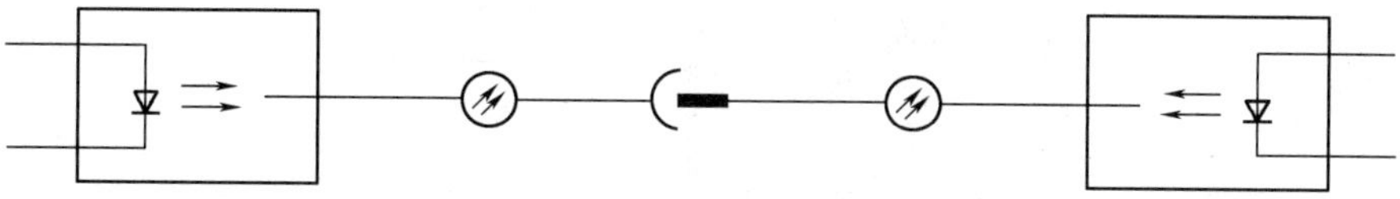

图 7－2　光纤用符号的示例

当符号有其他形式时，应选择适合于所要表达目的的形式。

当没有适当的符号可用时，可使用 GB/T 4728 中的正方形、矩形或圆形物件的一般符号，或按规定组合创建新符号。

（3）符号尺寸。符号的大小和图线宽度一般不影响含义。但为了增加输入输出线数量、便于补充信息、强调某些方面或为把符号作为限定符号使用，允许对相同符号的尺寸大小、线条粗细依国家标准放大或缩小。放大或缩小时，应保持符号的大体形状。

（4）图形符号的方向。符号方向应与简图时中选择的主要流程方向一致。当简图中的符号方向偏离符号标准中符号的方向时，如果符号含义不改变，来源于符号标准的符号可以旋转或进行镜像，如图 7－3 所示。

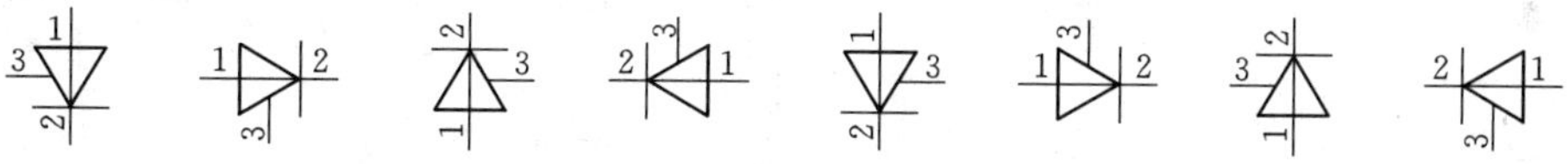

图 7－3　GB/T 4728 中三极闸流晶体管

4. 电气图常用图形符号

（1）电压、电流及连接件等常用图形符号。电压、电流及接线元件图形符号见表 7－3。

表 7－3　　电压、电流及连接件等常用图形符号

图形符号	说明	图形符号	说明
═══ －－－	直流	－	负极性
～	交流	N	中性
～50Hz	交流（示出频率）	M	中间线
～	交流（示出频率范围，低频）	⎍	正脉冲
≈	交流（示出频率范围，中频）	⊔	负脉冲
≋	交流（示出频率范围，高频）	∿	交流脉冲
+	正极性	⋰	锯齿波

图形符号	说明	图形符号	说明
	接地（一般符号） 地（一般符号）	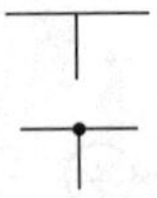	T形连接
	功能性接地	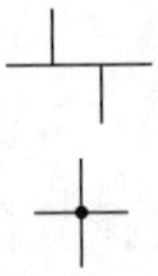	导线的双T连接
	保护接地		
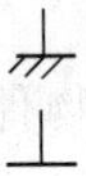	功能等电位连接	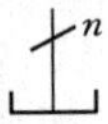	中性点
	保护等电位连接		
	故障（指明假定故障的位置）	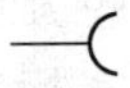	阴接触件（连接器的）插座
	闪络（击穿）		阳接触件（连接器的）插头
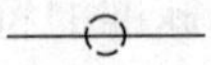	屏蔽导线		插头和插座
	连接点	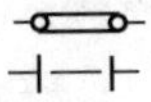	接通的连接片
	端子		断开的连接片

（2）基本无源元件图形符号。无源元件图形符号见表7-4。

表7-4　　无源元件图形符号

图形符号	说明	图形符号	说明
	电阻器（一般符号）		电感器、线圈、绕组、扼流圈
	可调电阻器		带磁芯的电感器
	电容器（一般符号）	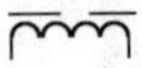	磁芯有间隙的电感器
	极性电容器（如电解电容）		带磁芯连续可变电感器
	可调电容器		有固定抽头的电感器 （示出两个抽头）
	预调电容器		

（3）半导体器件图形符号。半导体器件图形符号见表7-5。

（4）电能的发生与转换图形符号。电能的发生与转换图形符号见表7-6。

表 7-5　　　　半导体器件图形符号

图形符号	说明	图形符号	说明
	半导体二极管（一般符号）		双向三极闸流晶体管
	发光二极管（一般符号）		PNP 晶体管
	热敏二极管		集电极接管壳的 NPN 晶体管
	单向击穿二极管，电压调整二极管，齐纳二极管		具有 P 型双基极的单结晶体管
	双向二极管		具有 N 型双基极的单结晶体管
	反向阻断二极晶体闸流管		光敏电阻；光敏电阻器
	逆导二极闸流晶体管		光电二极管
	反向阻断三极闸流晶体管，N 栅（阳极侧受控）		光生伏打电池
	反向阻断三极闸流晶体管，P 栅（阴极侧控制）		

表 7-6　　　　电能的发生与转换图形符号

图形符号	说明	图形符号	说明
	电机（一般符号）	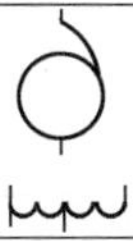	自耦变压器（一般符号）
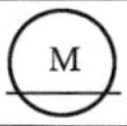	直线电动机（一般符号）		电抗器（一般符号）
	步进电动机（一般符号）		电流互感器（一般符号）
	直流串励电动机	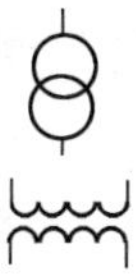	电压互感器
	直流并励电动机		直流/直流变换器
	三相鼠笼型感应电动机		整流器
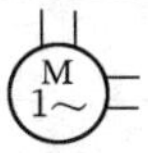	单相鼠笼型感应电动机		桥式全波整流器
	三相绕线型转子感应电动机		逆变器
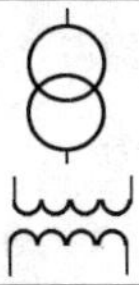	双绕组变压器（一般符号）		整流器/逆变器
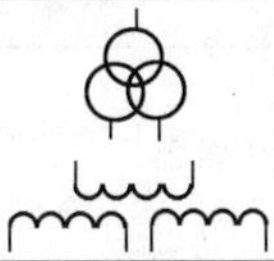	三绕组变压器（一般符号）		

（5）开关控制和保护器件图形符号。开关控制和保护器件图形符号见表 7－7。

表 7－7　　开关控制和保护器件图形符号

图形符号	说　明	图形符号	说　明
	动合（常开）触点（一般符号） 开关（一般符号）		接触器的主动合触点
	动断（常闭）触点		接触器的主动断触点
	中间断开的转换触点		断路器
	双动合触点		隔离开关
	双动断触点		负荷开关，负荷隔离开关
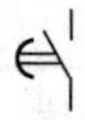	当操作器件被吸合时， 延时闭合的动合触点		电动机启动器（一般符号）
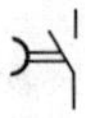	当操作器件被释放时， 延时断开的动合触点	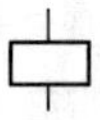	继电器线圈（一般符号）
	当操作器件被吸合时， 延时断开的动断触点	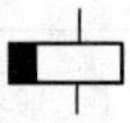	缓慢释放继电器线圈
	当操作器件被释放时， 延时闭合的动断触点	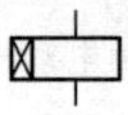	缓慢吸合继电器线圈
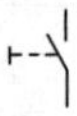	手动操作开关（一般符号）	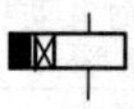	延时继电器线圈
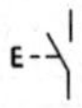	自动复位的手动按钮开关		熔断器（一般符号）
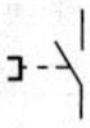	自动复位的手动拉拔开关		熔断器开关
	带动合触点的位置开关		熔断器式隔离开关
	带动断触点的位置开关		熔断器负荷开关组合电器
			避雷器

（6）常用仪表、灯和信号器件。常用仪表、灯和信号器件图形符号见表 7－8。

表 7－8　　　　常用仪表、灯和信号器件

图形符号	说　明	图形符号	说　明
	电压表		检流计
	无功电流表	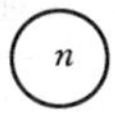	转速表
	无功功率表		电能表
	功率因数表		热电偶
	相位表		灯（一般符号） 信号灯（一般符号）
	频率计	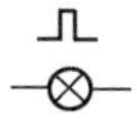	闪光型信号灯
	波长计		音响装置符号（一般符号）
	示波器		报警器
	差动式电压表		蜂鸣器

（7）二进制逻辑元件。二进制逻辑元件图形符号见表 7－9。

表 7－9　　　　二进制逻辑元件

图形符号	说　明	图形符号	说　明
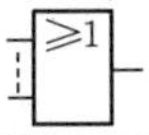	“或”元件（一般符号）	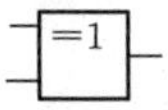	异或单元
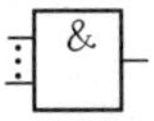	“与”元件（一般符号）	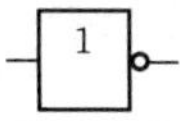	非门，反相器
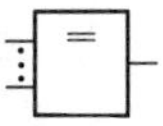	逻辑恒等元件（一般符号）	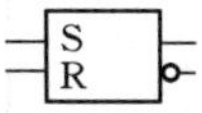	R－S 触发器，R－S 锁存器

第二节　电气图常用文字符号

文字符号是用来表示电气设备、装置和元器件的名称、功能、状态和特征的字母代码和功能字母代码。可在电气设备、装置和元器件上或其近旁使用。

在 GB/T 5094.1—2002《工业系统、装置与设备以及工业产品结构原则与参照代号　第1部分：基本规则》发布后，缺少字母代码表，为了标准的延续性，我国引用 GB/T 5094—1985《电气技术中的项目代号》的字母代码作为提示性附录。但是在 GB/T

5094.2—2003《工业系统、装置与设备以及工业产品结构原则与参照代号　第2部分：项目的分类与分类码》发布后，新标准的字母代码表与GB/T 5094—1985的字母代码发生较大的差异。新版GB/T 5094.2—2003将项目的参照代号按功能（用途和任务）划分类别，而GB/T 5094—1985是按产品种类划分的，使用时应特别注意。见表7-10。

表7-10　GB/T 5094.2—2003标准中与电气技术有关字母代码说明及与GB/T 5094—1985对比表

代码	GB/T 5094.2—2003			GB/T 5094—1985	
	项目的用途或任务	用途或任务术语举例	电气产品举例	项目种类	电气产品举例
A	两种或两种以上的用途或任务（注：此类别仅供不能鉴别主要用途或任务的项目使用）		触屏	组件部件	分立元件放大器 磁放大器 激光器 微波辐射器 印制电路板
B	把某一输入变量（物理性质、条件或事件）转换为供进一步处理的信号	探测 测量（值的采集） 监控 感知 加重（值的采集）	气体继电器 检波器 火灾探测器 气体探测器 测量元件 测量继电器 测量分路器 测量变换器 话筒 运动探测器 光电池 监控开关 位置开关 接近开关 接近传感器 保护继电器 传感器 烟雾传感器 测速发电机 温度传感器 热过载继电器 视频摄像机	变换器（从非电量到电量或相反）	热电传感器 热电池 光电池 测功计 晶体换能器 送话器 拾音器 扬声器 耳机 自整角机 旋转变压器
C	材料、能量或信息的存储	记录存储	缓冲器（存储） 缓冲器电池 电容器 事件记录器 （主要存储） 硬盘 存储器 RAM 蓄电池 磁带机（主存储） 录像机（主存储） 电压记录器 （主存储）	电容器	电容器

续表

代码	GB/T 5094.2—2003			GB/T 5094—1985	
	项目的用途或任务	用途或任务术语举例	电气产品举例	项目种类	电气产品举例
D	备用			二进制单元 延迟器件 存储器件	模拟集成电路或器件 延迟线 双稳态元件 单稳态元件 磁芯存储器 寄存器 磁带记录机 盘式记录机
E	提供辐射器或热能	冷却 加热 发光 辐射	锅炉 荧光灯 电热器 灯 灯泡 激光器 发光设备 微波激射器 辐射器	杂项	光电器 热电器
F	直接防止（自动）能量流、信号流、人身或设备发生危险的或意外的情况。包括用于防护的系统和设备	吸收 防护 防止 保护 保安 隔离	阴极保护阳极 法拉第罩 熔断器 小型断路器 浪涌保护器 热过载释放器	保护器件	熔断器 过电压放电器件 避雷器
G	启动能量流或材料流 产生用作信息载体或参考源的信号 生产一种新能量、材料或产品	装配 破碎 拆卸 生成 分馏 材料移动 磨碎 混合 生产 粉碎	干电池组 电机 燃料电池 发生器 发电机 旋转发电机 信号发生器 太阳能电池 波发生器	发电机电源	旋转发电机 旋转变频机 电池 振荡器 石英晶体振荡器
H	备用			信号器件	光指示器 声指示器
I	不用	—	—		—
J	备用				

续表

代码	GB/T 5094.2—2003			GB/T 5094—1985	
	项目的用途或任务	用途或任务术语举例	电气产品举例	项目种类	电气产品举例
K	处理（接受、加工和提供）信号或信息（用于防护的物体除外，见F类）	闭合（控制电路） 连续控制 延迟 开断（控制电路） 搁置 切换（控制电路） 同步	模拟集成电路 自动并联装置 数字集成电路 接触器 继电器 CPU 延迟元件 延迟线 电子阀 电子管 反馈控制器 滤波器 感应搅拌器 微处理器 过程计算机 可编程控制器 同步装置 时间继电器 晶体管	继电器 接触器	
L	备用			电感器 电抗器	感应线圈 线路陷波器 电抗器（并联或串联）
M	提供驱动用机械能（旋转或线性机械运动）	激励 驱动	执行器 励磁线圈 电动机 直线电动机	电动机	
N	备用			模拟集成电路	运算放大器 模拟/数字混合器件
O	不用	—	—		—
P	提供信息	告（报）警 通信 显示 指示 通知 测量（量的显示） 呈现 打印 警告	音响信号装置 安培表 铃 钟 连续行记录器 显示器 机电指示器 事件计数器 盖式计数器 LED（发光二极管） 扬声器 光信号装置 打印机 记录式伏特表 信号灯 信号振动器 同步示波器 伏特表瓦特表 瓦时表	测量设备 试验设备	指示 记录 积算 测量部件 信号发生器 时钟

续表

<table>
<tr><th rowspan="2">代码</th><th colspan="3">GB/T 5094.2—2003</th><th colspan="2">GB/T 5094—1985</th></tr>
<tr><th>项目的用途或任务</th><th>用途或任务术语举例</th><th>电气产品举例</th><th>项目种类</th><th>电气产品举例</th></tr>
<tr><td>Q</td><td>受控切换或改变能量流、信号流或材料流（对于控制电路中的信号，请参见K类和S类）</td><td>断开（能量流、信号流和材料流）
闭合（能量流、信号流和材料流）
切换（能量流、信号流和材料流）
连接</td><td>断路器
接触器（电力）
隔离开关
熔断器开关
熔断体隔离式开关
电动机启动器
功率晶体管
滑环短路器
开关（电力）
晶闸管（或为防护，见F类）</td><td>电力电路的开关</td><td>断路器
隔离开关</td></tr>
<tr><td>R</td><td>限制或稳定能量、信息或材料的运动或流动</td><td>阻断
阻尼
限制
限定
稳定</td><td>二极管
电感器
限定器
电阻器</td><td>电阻器</td><td>可变电阻器
电位器
变阻器
分流器
热敏电阻</td></tr>
<tr><td>S</td><td>把手动操作转变为进一步处理的信号</td><td>影响
手动控制
选择</td><td>控制开关
差值开关
键盘
光笔
鼠标器
按钮开关
选择开关
设定点调节器</td><td>控制电路的开关
选择器</td><td>控制开关
按钮
限位开关
选择开关
拨号接触器</td></tr>
<tr><td>T</td><td>保持能量性质不变的能量变换
已建立的信号保持信息内容不变的变换
材料形态或形状的变换</td><td>放大
调制
变换
铸造
压缩
转变
切割
材料变形
膨胀
磨削
碾压
尺寸放大
尺寸缩小
镟削</td><td>AC/DC 变换器
放大器
天线
解调器
变频器
测量变换器
测量发射机
调制器
电力变压器
整流器
整流器站
信号变换器
信号传变器
电话机
变换器</td><td>变压器</td><td>电压互感器
电流互感器</td></tr>
</table>

续表

代码	GB/T 5094.2—2003			GB/T 5094—1985	
	项目的用途或任务	用途或任务术语举例	电气产品举例	项目种类	电气产品举例
U	保持物体在一定的位置	支承 承载 保持 支持	绝缘子	调制器 变换器	变频器 调解器 编码器 逆变器 变换器 电报译码器
V	材料或产品的处理（包括预处理和后处理）	涂覆 清洗 脱水 除锈 干燥 过滤 热处理 封装 预处理 恢复 再精饰 密封 分离 分选 搅拌 表面处理 包装	过滤器	电真空器件 半导体器件	电子管 气体放电管 二极管 晶体管 晶闸管
W	从一地到另一地导引或输送能量、信号、材料或产品	传导 分配 导引 安置 输送	汇流排 电缆 导体 信息总线 光缆 穿墙套管 波导	传输通道 波导 天线	导线 电缆 母线 波导 波导定向耦合器 偶极天线 抛物面天线
X	连接物	连接 啮合	连接器 插头 端子 端子板 端子排	端子 插头 插座	插头和插座 测试塞孔 端子板 焊接端子片 连接片 电缆封端 接头
Y	备用			电气操作的机械装置	制动器 离合器 气阀

续表

代码	GB/T 5094.2—2003			GB/T 5094—1985	
	项目的用途或任务	用途或任务术语举例	电气产品举例	项目种类	电气产品举例
Z	备用			终端设备 混合变压器 滤波器 均衡器 限幅器	电缆平衡网络 压缩扩展器 晶体滤波器 网络

GB/T 7159—1987《电气技术中的文字符号制定通则》是在 GB/T 5094—1985 的基础上进一步扩展而成的，它除了包括 GB/T 5094—1985 中字母代码表的全部内容外，补充了双字母代码绘制电气图时需要采用的双字母代码。GB/T 7159—1987 目前已经停止在工程项目、系统和产品设计中应用。

GB/T 20939—2007《技术产品及技术产品文件结构原则　字母代码　按项目用途和任务划分的主类和子类》扩展了 GB/T 5094.2—2003 的"按用途或任务划分项目"的内容，该标准表 1 为 GB/T 5094.2—2003 项目的字母代码（称主类），该标准表 2 为子类字母代码应用领域，该标准表 3 规定了与主类相关的子类字母代码和定义，即在 GB/T 5094.2—2003 单字母代码基础上又增加了第二层代码，第一位字母代码代表主类，第二位字母代码代表子类（双字母代码），弥补了 GB/T 7159—1987 的停止使用，提供了可以使用的双字母代码标准，但是，该标准只能和 GB/T 5094.2—2003 配套使用。GB/T 20939—2007 中子类字母代码见表 7-11。

表 7-11　　GB/T 20939—2007 中子类字母代码的应用领域

子类字母代码	应用领域	子类字母代码	应用领域
A ～ E	电能	L ～ Y	机械工程、结构工程（非电工程）
F ～ K	信息、信号	Z	组合任务

GB/T 20939—2007 和 GB/T 5094.2—2003 标准都适用于一切技术领域。表 7-12 是 GB/T 20939—2007 和 GB/T 7159—1987 标准中与电气技术有关的双字母代码对比。

表 7-12　　GB/T 20939—2007 标准中与电气技术有关的双字母代码说明及与 GB/T 7159—1987 对比表

双字母代码	用途或任务	电气产品举例	GB/T 7159—1987 电气产品举例
AB	由电能获得的项目、任务的细分		电桥
AD			晶体管放大器
AJ	由信息、信号获得的项目、任务的细分		集成电路放大器

续表

双字母代码	用途或任务	电气产品举例	GB/T 7159—1987 电气产品举例
AM	由机械工程、结构工程（非电工程）获得的项目、任务的细分		磁放大器
AV			电子管放大器
AP			印制电路板
AT			抽屉柜
AR			支架盘
BB	输入变量转换用于保护目的	保护继电器、（热）过载继电器	
BD	密度		
BE	电气元器件	电流互感器、测量继电器、电压互感器、测量变送器、测量电阻（分流）	
BF	流程，生产量	测量孔、压差传感器、流量计	
BG	距离，长度，位置，延伸，振幅	（雷达）运动传感器、位置开关、接近开关、接近传感器	
BK	时间	时钟、计时器	
BL	海拔，水平	回声深度测量器、（声纳）、窥镜	
BP	压力，真空	压力传感器、压力计	压力变换器
BQ	材料性质，质量参数，分析（D，M，V除外），pH值，SO_2浓度	X射线器件	位置变换器
BR	辐射值，中子流测量	光电池、火焰探测器、烟雾探测器	旋转变压器、（测速发电机）
BS	速度，转速，频率，振动，摆动	检震器、速度计、转速计	
BT	温度	温度传感器	温度变换器
BV	黏性		速度变换器
BX	其他设备	麦克风、摄像机	
BZ	事件数，数量	切换循环检测器、（雷达设备）	
CA	电能的电容存储	电容器	
CB	电能的感应存储	超导体、线圈	
CC	电能的化学存储	缓冲电池组、电池	
CF	信息的存储	RAM、EPROM、CD－ROM、事件记录器、硬盘、磁带记录仪、电压记录器	
CM	（地点固定并封闭的）材料的存储、收集和供给	蓄电池	
CN	（移动的）材料的存储、收集和供给	气瓶、容器	
EA	用电能产生用于照明目的的电磁辐射	白炽灯、荧光灯、紫外灯	

续表

双字母代码	用途或任务	电气产品举例	GB/T 7159—1987 电气产品举例
EB	通过转化电能制热	电热丝、电热棒、电热、电煮器、电蒸汽锅、电炉、红外加热元件、电暖炉	
EC	通过转化电能制冷	制冷单元、冷冻单元、电冰箱、冷冻器、压缩冷冻机	
EF	产生其他电磁辐射	产生其他电磁辐射装置	
EH			发热器件
EL	用燃烧石油产生用于照明目的的电磁辐射	煤气灯、瓦斯灯	照明灯
EN	转化化学能制冷	电冰箱、冷泵	
EP	通过能量转移制热	冷凝器、热交换器、蒸发器、节电器、给水加热器、蒸汽发生器、发热蒸汽发生器、散热器	
EQ	通过能量转移制冷	电冰箱、冷冻器、制冷泵	
EV			空气调节器
EW		加热器、散热器、加热炉	
FA…FE	保留用于基于电能的项目、任务的细分	熔断器、避雷器、法拉第笼、微型断路器、电涌保护器、热过载脱扣器	
FL	对机械和建筑项目在危险压力状况下的保护	真空断路器	
FM	对机械和建筑项目在火灾状况下的保护	火灾隔离阀	
FN	对机械和建筑项目在危险操作或损害状况下的保护	热电偶防护套筒	
FP	（辐射、化学辐射、噪音等）辐射环境的防护	反应堆防护装备	
FR	对机械和建筑项目在磨损（如腐蚀）状况下的保护	保护阳极（阴极）	具有延时动作的限流保护器件
FS	对（如气象、地球物理效应等）环境效应的防护	气象、雪崩保护、地球物理效应保护	具有延时或瞬时动作的限流保护器件
FU			熔断器
FV			限压保护器件
GA	利用机械能产生电能流	发电机、直流发电机、电动发电机组	异步发电机
GB	利用化学能转换产生电能流	燃料电池、蓄电池、干电池	蓄电池
GC	利用光能产生电能流	太阳能电池	

续表

双字母代码	用途或任务	电气产品举例	GB/T 7159—1987 电气产品举例
GF	产生作为信息载体的信号	信号发生器、转换器	旋转式或固定式变频器
GM	产生固态材料（非连续地）流动（运输）	操纵器、提升设备、起重机、升降机	
GQ	产生气态物质流动（运输）及（连续地）压缩	吹风机（空调、风扇）、压缩机、真空泵、吸气器	
GS	产生液态和气态材料（传动件驱动式）流动（运输）	排气器、注射器、喷射器	发生器、同步发电机
HA			声响指示器
HL	用分类法把混合物分离		光指示器、指示灯
HR	通过静电或磁力把混合物分离	静电沉淀剂	
KA			瞬时接触继电器、瞬时有或无继电器、交流继电器
KF	产生电气和电子信号	继电器、晶体管、二进制元件、延时系统、控制器、输入/输出模块、接收机、发射机、光耦器	
KG	处理光学信号和声学信号	测试单元、反射镜、控制器	
KH	处理流体信号和气体信号	控制器（阀位控制器）	
KJ	处理机械信号	连接、控制器	
KK	处理各种信息输入/输出载体（如电动、气动的）	电—液转换器、控制器、电动导向阀	
KL			闭锁接触继电器（机械闭锁或永磁铁式有或无继电器）、双稳态继电器
KM			接触器
KP			极化继电器
KR			簧片继电器、逆流继电器
KT			延时有或无继电器
MA	电动机驱动	电动机、直线电动机	
MB	电磁驱动	磁驱动器	
MG			可做发电机或电动机用的电机
MM	液和气驱动	操作件、伺服马达	
MS	化学转化驱动	燃气轮机	同步电动机
MT	船用从动机输出转换的驱动和控制		力矩电动机
PA			电流表
PC			（脉冲）计数器
PF	信息表述（永久性的）	打印机、录音机、绘图仪	

续表

双字母代码	用途或任务	电气产品举例	GB/T 7159—1987 电气产品举例
PG	信息表述（非永久性的）	检波器、监视器、电压表、告警灯	
PJ			电度表
PS			记录仪表
PT			时钟、操作时间表
PV			电压表
QA	电路的通断和变换	断路器、接触器、闸流晶体管、电动机起动器	
QB	电能电路的隔离	隔离开关、负载断路开关	
QC	电能电路的接地	接地开关	
QD	电能电路的旁路	旁路断路器	
QF			断路器
QM	限制液态物质在封闭壳内的流量	关断阀（或溢流阀）、截止板、插板阀	电动机开关保护
QN	调整和控制气体、液体和可流动物质在封闭壳内的流量	控制阀、控制（插板）阀	
QR	（无阀）液体和易流动物质在封闭壳内的流量	隔离器件、开关旋转锁	
QS			隔离开关
RA	限制电能的流动	电阻、电抗线圈、二极管	
RF	信号的稳定	低通、均衡器、滤波器	
RL	防止非授权的（机械）操作和/或运动	插销、挡块	
RP	噪音的防护和隔离	噪音防护、声音吸收器	电位器
RS	化学影响的防护和隔离	爆炸防护	测量分路表
RT	光的防护和隔离	屏风	热敏电阻器
RV			压敏电阻器
SA			控制开关、选择开关
SB			按钮开关
SF	手工操作到电信号的转换	开关、光笔、键盘、控制开关、差异开关、按钮开关、选择开关、定点调节器	
SG	手工操作到电磁、光学、声学信号的转换	无线鼠标	
SH	手工操作到机械信号的转换	手轮、选择开关	
SL			液体标高传感器

续表

双字母代码	用途或任务	电气产品举例	GB/T 7159—1987 电气产品举例
SP			压力传感器
SQ			位置传感器（包括接近传感器）
SR			转速传感器
ST			温度传感器
TA	维持能量类型和形态的电能转化	变压器、DC/DC 转换器、频率转换器	电流互感器
TB	保护能量性质不变及改变能量形式的能量变换	整流器、变换器	
TC			控制电路电源用变压器
TF	（保持信息内容的）信号转换	放大器、隔离转换器、电传感器、脉冲放大器、天线	
TL	转速、力矩、力的转换	速度和力矩转换器、变速控制耦合器、标定和自动装置、压力放大器	
TM	成形、加工	机床、剪、锯	电力变压器
TR	保持能量形式的辐射能转换	放大镜、抛物柱面（反射）镜	
TS			磁稳压器
TV			电压互感器
UA	电能设备的支持和支撑	支柱绝缘子、支撑结构	
UB	电缆和导体的支持和支撑	绝缘子、电缆桥架、线槽、保护管、电缆托盘、支柱绝缘子	
UC	电能设备的外护物	外罩、封装	
UF	支持、支撑、封装仪控和通信项目	传感器架、子架、印制电路板	
UG	支持、支撑、封装仪控和通信线缆和导线（只在能与 UB 区分开的情况下使用）	电缆桥架、保护管	
UH	封装仪控设备	机柜	
UN	支持、支撑管道项目	管道支架、管道桥	
UP	支持、排列轴和转子	滚动轴承、球轴承、滑动轴承	
VC			控制电路用电源的整流器
VE			电子管
WA	不小于 1kV 的配电	不小于 1kV 的母线	
WB	不小于 1kV 的输电	不小于 1kV 的线缆、导体，不小于 1kV 的套管	
WC	小于 1kV 的配电	小于 1kV 的母线	

续表

双字母代码	用途或任务	电气产品举例	GB/T 7159—1987 电气产品举例
WD	小于1kV的输电	小于1kV的线缆、导体，小于1kV的套管	
WE	导通至地电位或参考电位		
WF	电气或电子信息分配	数据总线	
WG	电气或电子信息传输	控制电缆、测量电缆、数据线	
WH	光信号传输和排列	玻璃纤维电缆、光波导	
XB	不小于1kV的连接	端子、电缆密封端、连接盒	连接片
XD	小于1kV的连接	端子、电缆密封端、连接盒、插座	
XE	导通至地电位或参考电位	接地端子、屏蔽接地端子	
XG	（电）信号连接	信号分配器、插头连接器、连接元件	
XH	（光学）信号连接	（光学）连接	
XJ			测试插孔
XL	气体、液体、易流动物质刚性物质连接	管道零件，如法兰、装配、耦合	
XM	气体、液体、易流动物质柔性物质连接	软管连接、软管耦合	
XN	传输机械能的连接物（刚性）	耦合、刚性	
XP	传输机械能的连接连接物（可切换/可变化）	分离耦合、控制耦合	插头
XQ	连接连接物（永久的）	焊接、焊料连接、黏接	
XR	连接连接物（暂时的）	吊钩、接线片	
XS			插座
XT			端子板
YA			电磁铁
YB			电磁制动器
YC			电磁耦合器
YH			电磁吸盘
YM			电动阀
YV			电磁阀

第八章 电气图的表示方法

第一节 电路的表示方法

一、电路布局

电路图中元器件图形符号的布局或单元电路的布局，要从电路图的整体出发，在绘制元器件图形符号或单元电路在图上的位置时，应力求做到布局合理，排列清晰、紧凑，便于识图。

电路图应尽可能按其工作原理的顺序从左至右、自上而下地排列。一般情况下，若信号的流向是从左至右或从上至下，则在图中可不指示流向；若信号的流向是从右至左、从下至上或流向并不明显，则在图中应指示流向。如反馈信号与规定方向相反，则应在信息线上画开口箭头表示流向，如图 8-1 所示。

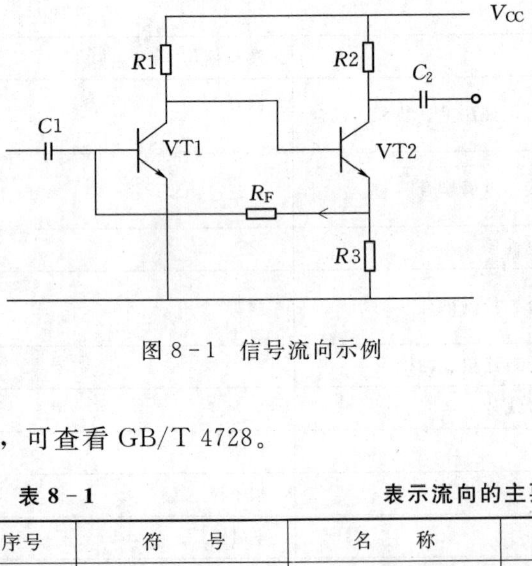

图 8-1 信号流向示例

表示信号流向的主要符号，见表 8-1。若绘图中还使用到其他关于流向的符号，可查看 GB/T 4728。

表 8-1 表示流向的主要符号示例

序号	符号	名称	说明
1	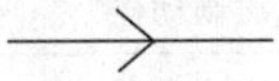	传送（单向）	一般表示能量流、信号流、信息流的流向
2		传送，双向，同时	一般表示能量流、信号流、信息流的同时发送和接收
3		直线运动（单向）	一般表示力或运动方向

如果图中有引出线或引入线，最好画在图样边框的附近，一般信号的输入应在左边，输出应在右边。

在电气图中，电路常用的布局有两种：水平布置和垂直布置，如图 8-2 所示。图 8-2（a）为水平布置，电路图中各支路呈水平排列；图 8-2（b）为垂直布置，电路图中各支路呈垂直排列。当然，有时也有交叉布置，如图 8-2（c）所示。

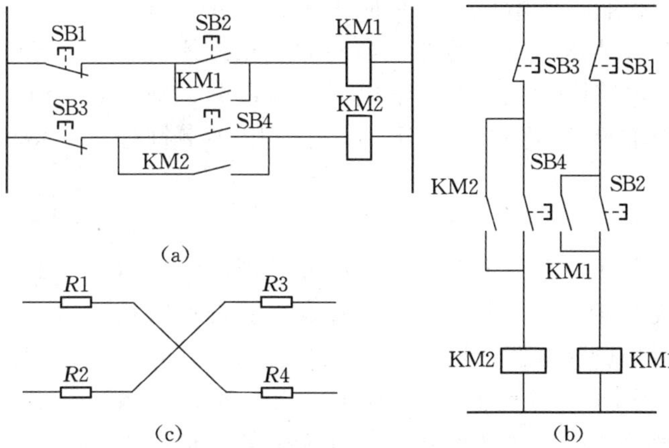

图 8-2 电路的几种布局方法

不论何种布置，一般都应以尽量方便阅读为原则。

二、电路图中的导线表示方法

按照电路图中图线的表达相数不同，连接线可分为多线表示法和单线表示法。

1. 多线表示法

所有回路均表示的称为多线表示法，如图 8-3 所示。多线表示法能比较清楚地看出电路工作原理，尤其是在各相或各线不对称的场合下宜采用这种表示法。但它图线太多，作图麻烦，特别是对于比较复杂的设备，交叉较多，反而使图形显得繁杂难看懂。因此，多线表示法一般用于表示各相或各线内容的不对称和要详细表示各相或各线的具体连接方法的场合。

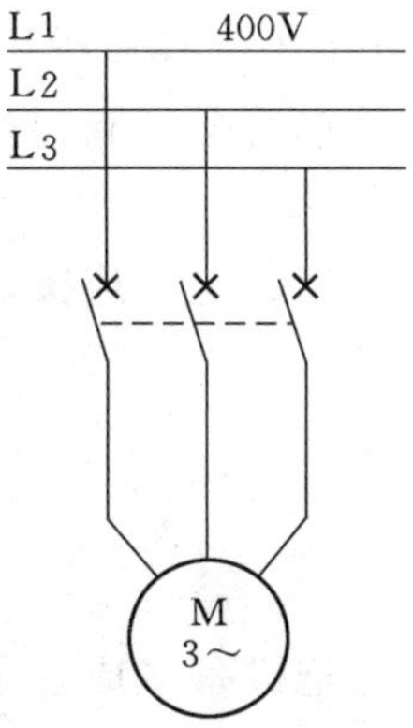

图 8-3 多线表示法示例

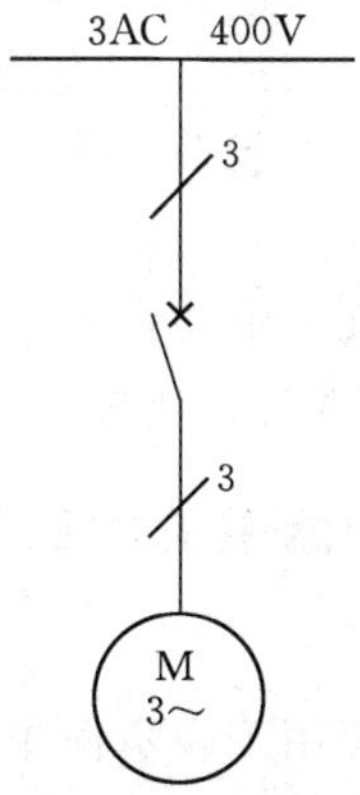

图 8-4 单线表示法示例

2. 单线表示法

用一个回路和回路数目表示所有回路的称为单线表示法，如图 8-4 所示。如果不会造成混乱，回路数目的标注可被省略，这种表示法主要适用于三相电路或各线基本对称的电路图中。

单线表示法易于绘制，清晰易读，它应用于三相或多线对称或基本对称的场合。凡是不对称的部分，例如三相三线、三相四线制供配电系统电路中的互感器、继电器接线部分，则应在图的局部画成多线的图形符号来标明，或另外用文字符号说明。

3. 混合表示法

有时，为了表示方便，在一个图中，一部分采用单线表示法，一部分采用多线表示法，如图 8-5 所示。为了表示三相绕组的连接情况和两相热继电器，该图用了多线表示法；其余的断路器 QF、熔断器 FU、接触器 KM1 都是三相对称的，采用单线表示法。这种混合表示法既具有单线表示法简洁精练的优点，又有多线表示法描述精确、充分的优点。

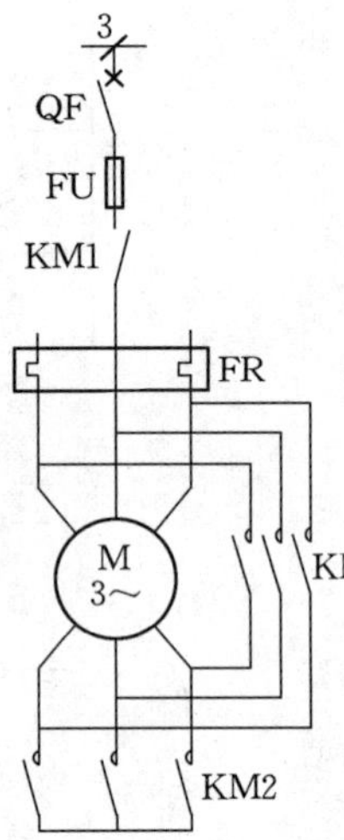

图 8-5　Y—△切换主电路的混合表示法示例

三、突出表示的电路

被强调的电路可以用以下方法突出表示：

(1) 用颜色。

(2) 使用阴影。

(3) 缩放符号的比例。

(4) 按规定增加线宽。

第二节　电气元件的表示方法

电气元件、器件和设备的功能、特性、外形、结构、安装位置及其在电路中的连接，在不同电气图中有不同的表示方法。同一个电气元器件往往有多种图形符号，如方框符号、简化外形符号、一般符号等；在一般符号中，有简单符号，有包括各种符号要素和限定符号的完整符号。

电气元件在电气图中通常采用图形符号来表示，绘出其电气连接，在符号旁标注项目代号（文字符号），必要时还标注有关的技术数据。

一、元件中功能相关的部分

1. 集中表示法

集中表示法仅应用于表示简单的非大型电路。它是把设备或成套装置中的一个项目各组成部分的复合图形符号，在简图上绘制在一起。在集中表示法中，各组成部分用机械连接线（虚线）互相连接起来，连接线必须是一条直线。图 8-6 所示为两个项目，继电器和按钮开关，它们分别用机械连接线联系起来，各自构成一体。

2. 分开表示法

元器件的图形符号的分开表示方法可方便地寻找电路路径并实现布局清晰、无交叉电路。通常把同一项目中的不同部分但有功能联系的元器件的图形符号，在简图上按不同功

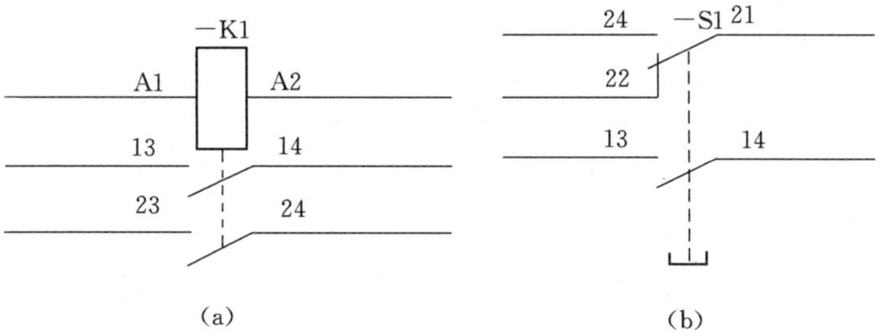

图 8-6　继电器和按钮开关的集中表示法
(a) 继电器；(b) 按钮开关

能和不同回路分散在图上，并使用项目代号（文字符号）表示它们之间关系。不同部分的图形符号用同一项目代号表示，如图 8-7 所示。

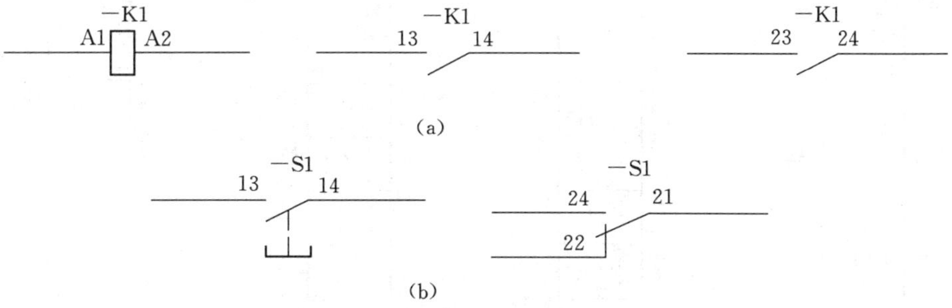

图 8-7　继电器和按钮开关的分开表示法
(a) 继电器；(b) 按钮开关

分开表示法可减少图中的虚线，避免图线交叉，因而使图面更简洁清晰，而且给分析回路功能及标注回路标号也带来了方便。但是在读图时，要寻找各组成部分比较困难，必须综观全局图，把同一项目的图形符号在图中全部找出，否则在看图时就可能会遗漏。为了看清元件、器件和设备各组成部分，便于寻找其在图中的位置，分开表示法可与半集中表示法结合起来，或者采用插图、表格来表示各部分的位置。

3. *半集中表示法*

为了使设备和装置的电路布局清晰，易于识别，可采用半集中表示方法。把同一个项目（通常用于具有机械功能联系的元器件）中某些部分的图形符号在简图上集中表示，把某些部分的图形符号在简图中分开布置，并用机械连接符号（虚线）把它们连接起来。在采用半集中表示法时，机械连接线可以弯折、分支和交叉，如图 8-8 所示。

必须注意：在电气图中，电气元器件的可动部分均按“正常状态”表示。

4. *重复表示法*

元件的重复表示法可实现布局清晰、无交叉电路。通常是将一个复杂符号示于图上的两处或多处。符号每次出现应提供元器件的参照代号和所有连接节点或端子线的端子代号，但只在符号的某一位置连接该符号的连接节点。如图 8-9 所示为含有公共控制框的符号表示的一种二进制逻辑元件，其只在连接线示出的位置连接节点。

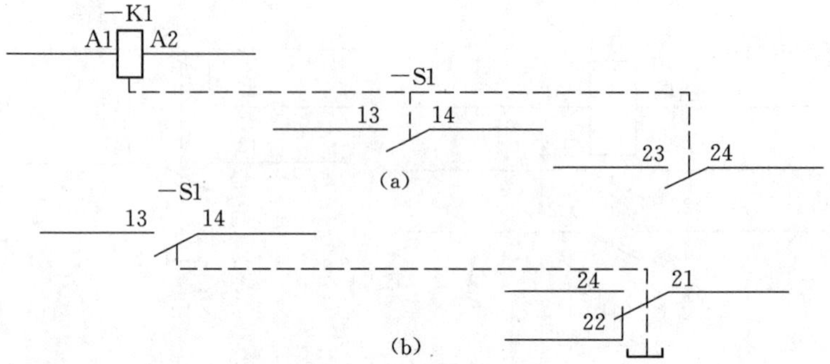

图 8-8 继电器和按钮开关的半集中表示法

(a) 继电器；(b) 按钮开关

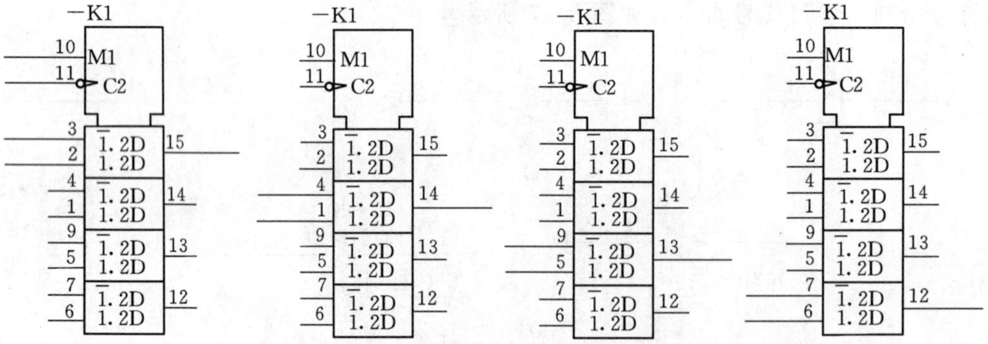

图 8-9 四位多路选择器符号的重复表示法

另外，重复表示法可以通过将符号中连接线未示出的部分加以省略而简化，如图 8-10 (a) 所示，每个符号不代表完整器件，但可以补充功能标记（例如公共控制框），如图 8-10 (b) 所示。

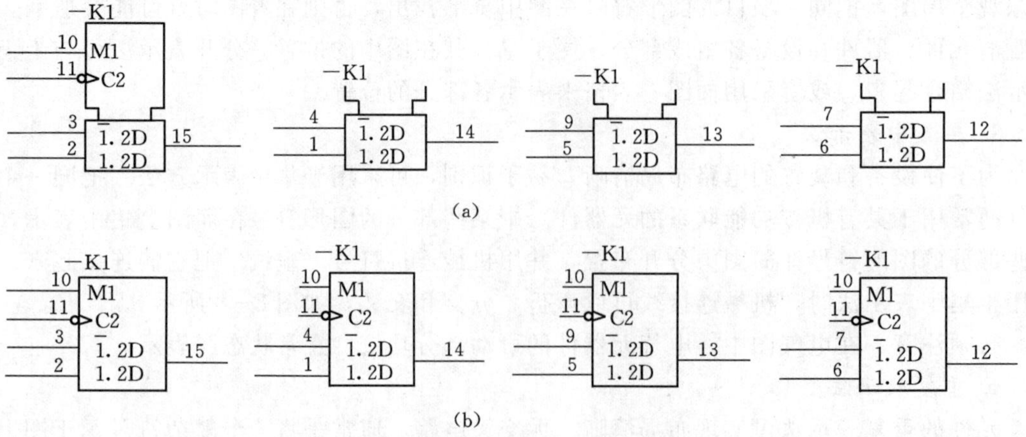

图 8-10 四位多路选择器符号的简化重复表示法

(a) 未补充公共控制框；(b) 补充公共控制框

二、元件中功能无关的部分

1. 组合表示法

组合表示法按下列两种方法表示：

（1）符号的各部分画在围框线内，如图 8-11（a）所示。

（2）符号的各部分（通常是二进制逻辑元件或模拟元件）连在一起，如图 8-11（b）所示。

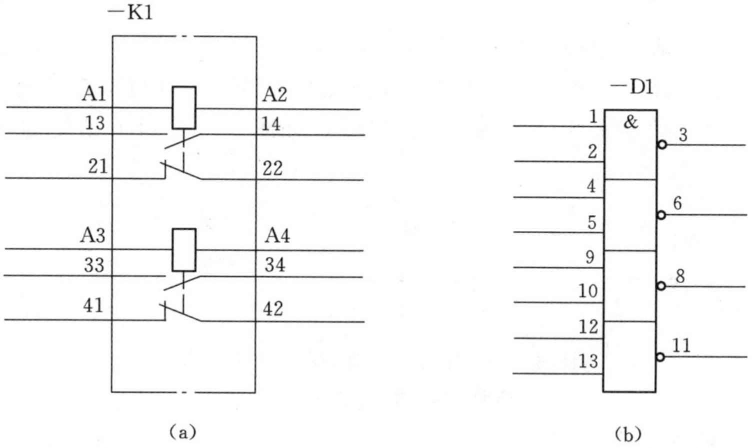

图 8-11　组合表示法示例

（a）组合表示法表示两个继电器的封装单元的示例；

（b）组合表示法表示四输出与非门封装单元的示例

2. 分立表示法

分立表示法是在功能上独立的符号的各部分分开示于图上的表示方法，通过其项目代号使电路和相关各部分的布局清晰，如图 8-12 所示。

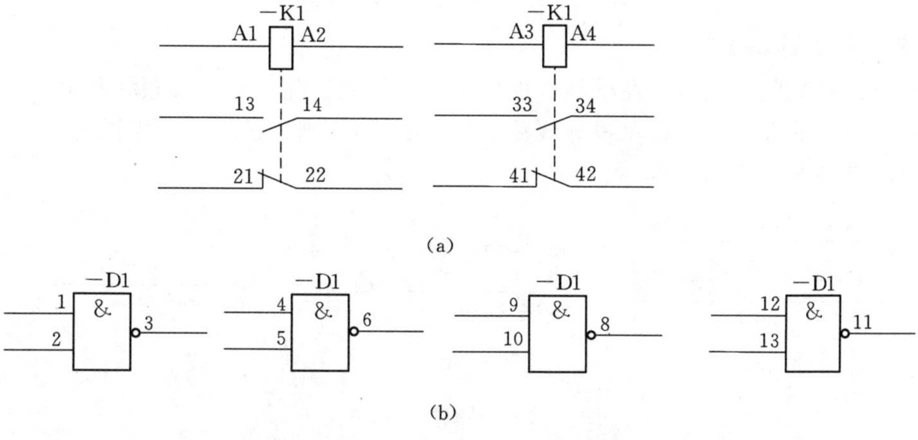

图 8-12　分立表示法示例

（a）所示元件与图 8-11（a）相同；（b）所示元件与图 8-11（b）相同

第三节 连接线的一般表示方法

在电气线路图中，各元件之间都采用导线连接，起到传输电能、传递信息的作用，所以读图者对连接线的表示应掌握以下要点。

一、导线的一般表示方法

1. 导线的一般符号

一般的图线就可表示单根导线，如图 8 - 13 所示，它也可用于表示导线组、电线、母线、绞线、电缆、线路及各种电路（能量、信号的传输等），并可根据情况通过图线粗细、加图形符号及文字、数字来区分各种不同的导线，如图 8 - 13（b）所示的母线，图 8 - 13（c）的电缆等。

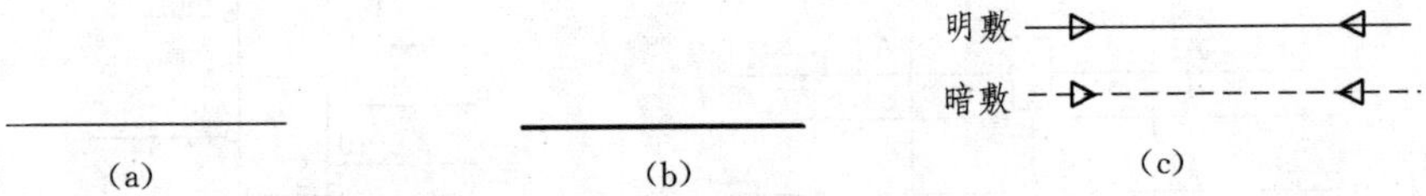

图 8 - 13 导线的一般表示方法及示例

（a）导线的一般符号；（b）母线；（c）电缆

2. 导线根数的表示方法

对于多根导线，可以分别画出，也可以只画一根图线，但需加标注。当用单线表示几根导线或导线组时，为表示导线实际根数，可在单线上加小短斜线（45°）表示；根数较少时（2～3 根），用短斜线数量代表导线根数；若多于 4 根，可在小短斜线旁加注数字表示，如图 8～14 所示。

图 8 - 14 导线根数的表示方法

3. 导线特征的标注方法

表示导线特征的方法是：在横线上面标出电流种类、配电系统、频率和电压等；在横线下面标出电路的导线数乘以每根导线截面积（mm^2），当导线的截面不同时，可用“＋”将其分开，如图 8 - 15（a）所示。

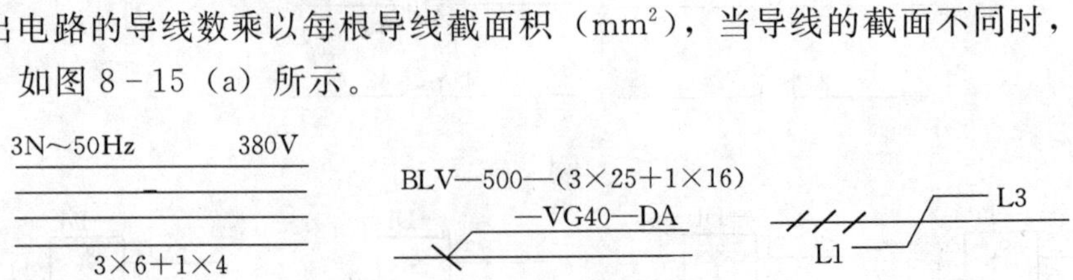

图 8 - 15 导线的表示方法

导线特征通常采用字母、数字符号标注，如图 8 - 15（a）中，在横线上标注出三相四线制交流，频率为 50Hz，线电压为 380V；在横线下方注出导线相线截面为 $6mm^2$，中

性线截面为 $4mm^2$。

要表示导线的型号、截面、安装方法等，可采用短划指引线，加标导线属性和敷设方法，如图 8－15（b）所示。该图表示导线的型号为 BLV（铝芯塑料绝缘线），其中 3 根截面积为 $25mm^2$，1 根截面积为 $16mm^2$，敷设方法为穿入塑料管（VG），塑料管管径为 40mm，沿地板暗敷。

要表示电路相序的变换、极性的反向、导线的交换等，可采用交换号表示，如图 8－15（c）所示。

二、图线的粗细

为了突出或区分电路、设备、元器件及电路功能，图形符号及连接线，可用图线的粗细不同来表示。常见的有发电机、变压器、电动机的圆圈符号不仅在大小，而且在图线宽度上与电压互感器和电流互感器的符号应有明显区别。一般而言，电源主电路、一次电路、电流回路、主信号通路等采用粗实线；控制回路、二次回路、电压回路等则采用细实线，而母线通常比粗实线还宽一些。如图 8－16（a）中，电源电路用加粗实线表示，而开关装置和控制装置的连接线仍用一般实线表示。又如，在图 8－16（b）中，用加粗实线强调了主信号通路的连接线。

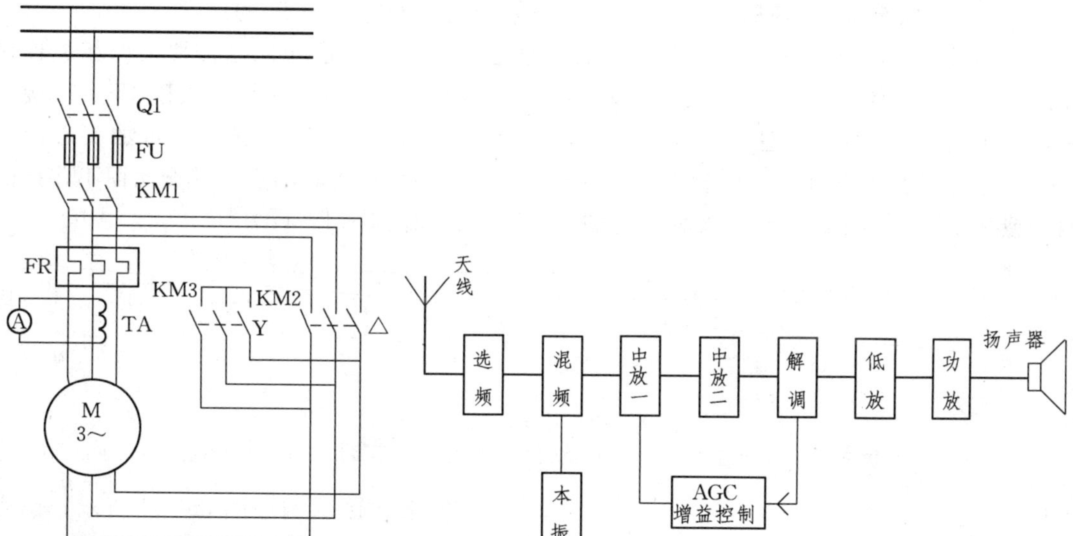

图 8－16 用加粗实线强调的连接线

（a）强调电源电路；（b）强调主信号通路

电路图、接线图中用于标明设备元器件型号规格的标注框线，及设备元器件明细表的分行、分列线，均用细实线。另外，计划预留的连接线可用虚线表示。

三、连接线分组和标记

如果有 6 根或 6 根以上的平行连接线，应将它们分组排列。在概略图、功能图和电路

图 8-17　平行线分组示例

图中，应按照功能来分组。若不能按功能分组，可任意分组，但每组不多于五条，组间距应大于线间距，如图 8-17所示。

为了便于看出连接线的功能或去向，可在水平连接线上方及垂直连接线的左边或连接线中断处作信号名标记或其他标记，如图 8-18 所示。

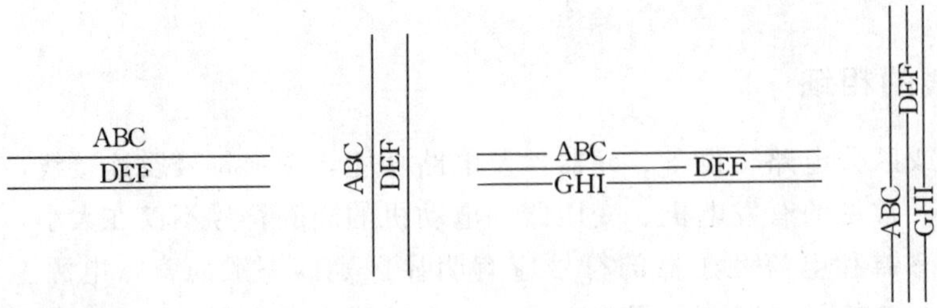

图 8-18　连接线标记示例

四、导线连接点的表示

当两条线在特定的点被连接的时候，交叉点应符合 GB/T 4728 的规定。

连接线的接点通常采用 T 形连接表示，如图 8-19（a）所示。当需要表明相关连接线的方向时，可使用图 8-19（b）所示的符号。当布局条件妨碍唯一采用“T”形接法时，可采用“十”字形接法，如图 8-19（c）所示。对于“T”形连接点可加实心圆点“•”，也可不加实心圆点。对于“十”字形连接点，必须加实心圆点。凡交叉而不连接的两条或两条以上连接线，在交叉处不得加实心圆点，如图 8-19（d）所示。

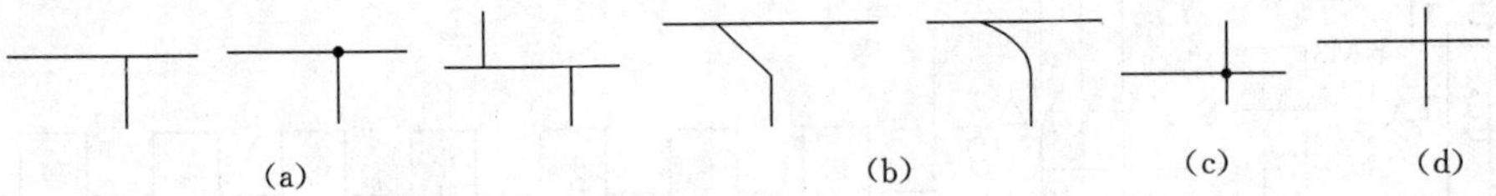

图 8-19　导线连接点示例

(a)“T”形接法；(b) 示出连接线走向的表示方法；(c)“十”字形接法；(d) 导线不连接（跨越）

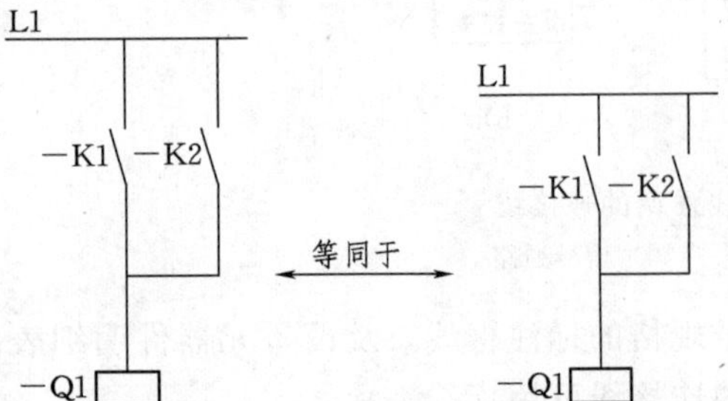

图 8-20　“T”形连接线连接的示例

“T”形连接示例如图 8-20 所示，图中两个电路的功能是一样的。表示实际线路走向的连接线连接的示例如图 8-21 所示，该电路的功能与图 8-20 一样，但包括实际连接线走向。表示线束的连接线连接的示例如图8-22所示，该图说明简图内有两束线连接时，其中一线束的方向。

五、连接线的连续表示法和中断表示法

为了表示连接线的接线关系和去向，可

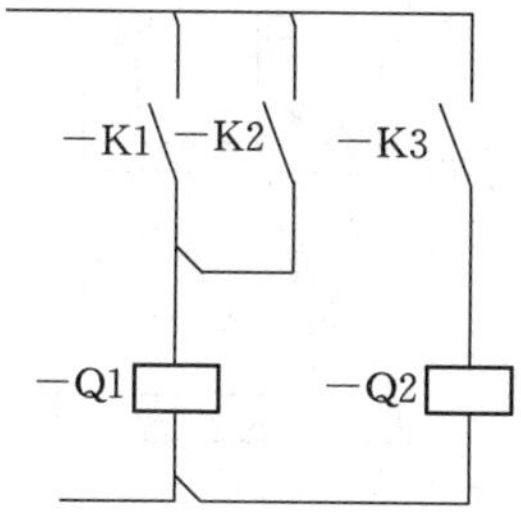

图 8 - 21　表示实际连接线走向的连接线连接的示例

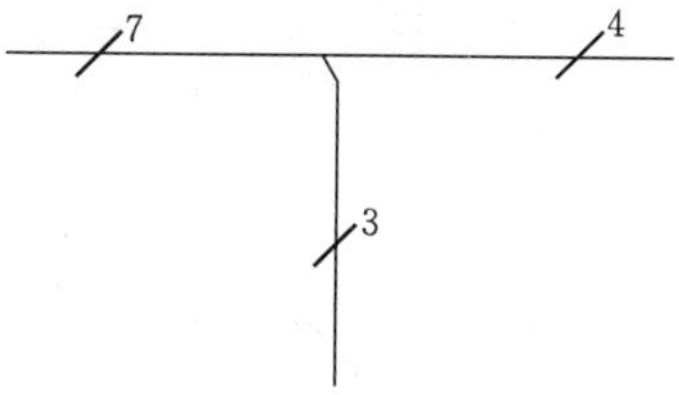

图 8 - 22　表示线束的连接线连接的示例

采用连续表示法和中断表示法。连续表示法是将表示导线的连接线用同一根图线首尾连通的方法；中断表示法则是将连接线中间断开，用符号（通常是文字符号及数字编号）标注其去向的方法。

1. 连接线的连续表示法

连接线既可用多线表示也可用单线表示。当图线太多（如四条以上）时，为了使图面清晰，易画易读，对于多条去向相同的连接线常用单线表示法，但单线的两端仍用多线表示。将平行连接线中断，留有一点间隔，画上短垂线，其间隔之间的一根横线则表示线束，如图 8 - 23（a）所示。若连接线的顺序相同，但次序不明显，当线束折弯时，必须在每端注明第一根连接线，例如用一个圆点，如图 8 - 23（b）所示。如端点顺序不同，应在每一端标出每根连接线；导线组的两端位置不同时，应标注相对应的文字符号，如图 8 - 23（c）所示。

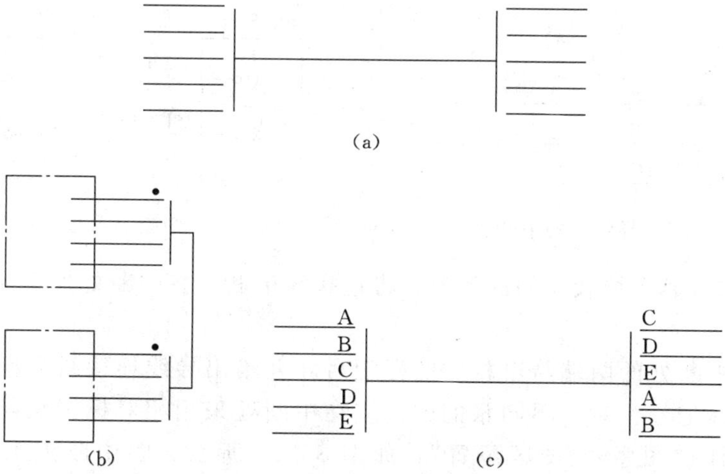

图 8 - 23　连接线的连续表示法

当单根连接线汇入线束时，在汇入处应折向导线走向，其方向应能易于识别连接线进入或离开汇总线的方向，而且每根导线两端应采用相同的标记号，如图 8 - 24（a）所示，即在每根连接线的末端注上相同的标记符号。当需要表示导线的根数时，可按图 8 - 24（b）表示，这种形式在动力、照明平面布置（布线）图中较为常见。

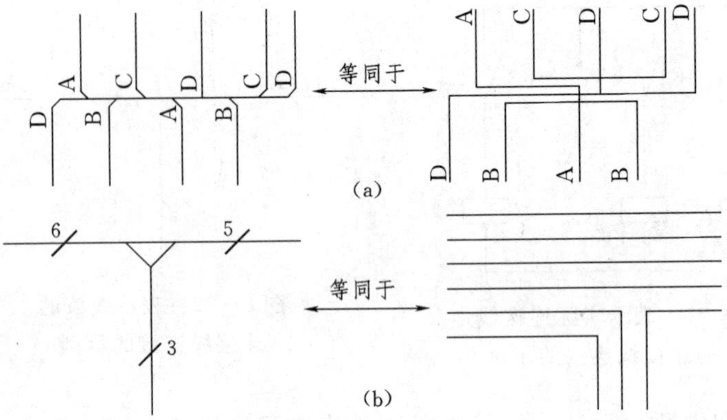

图 8－24　汇入导线表示法

2. 连接线的中断表示法

为了简化线路图或使多张图采用相同的连接表示，连接线一般采用中断表示法。中断线的使用场合及表示方法常有以下三种：

(1) 去向相同的导线组，在中断处的两端标以相应的文字符号或数字编号，如图8－25所示。

(2) 两功能单元或设备、元器件之间的连接线，用文字符号及数字编号表示中断，中断表示法的标注采用相对标注法，即在本元件的出线端标注连接的对方元件的端子号。如图 8－26 所示，PJ 元件的 1 号端子与 CT 元件的 2 号端子相连接，而 PJ 元件的 2 号端子与 CT 元件的 1 号端子相连接。

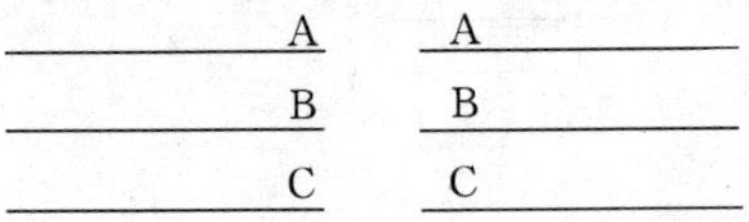

图 8－25　导线组的中断表示

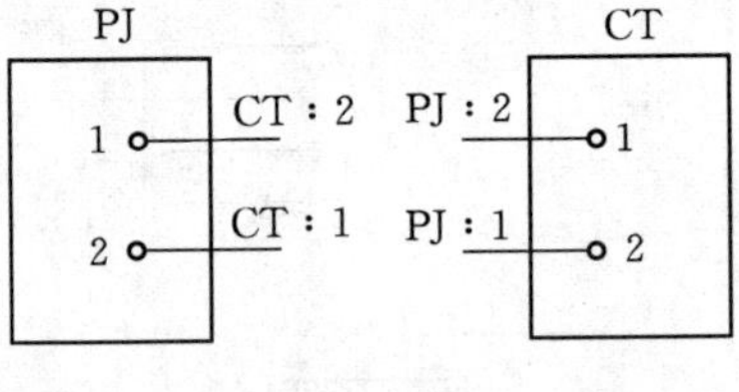

图 8－26　中断表示法的相对标注

(3) 连接线穿越图线较多的区域时，将连接线中断，在中断处加相应的标记，如图8－27所示。

在同张图中断处的两端给出相同的标记号，并给出导线连接线去向的箭号，如图 8－28 中的 G 标记号。对于不同张的图，应在中断处采用相对标记法，即中断处标记名相同，并标注“图序号/图区位置”，如图 8－28 所示。图中断点 L 标记名，在第 20 号图纸上标有“L 3/C4”，它表示 L 中断处与第 3 号图纸的 C 行 4 列处的 L 断点连接；而在第 3 号图纸上标有“L 20/A4”，它表示 L 中断处与第 20 号图纸的 A 行 4 列处的 L 断点相连。

六、与连接线有关的技术数据

与连接线关联的技术数据应注意以下几点：

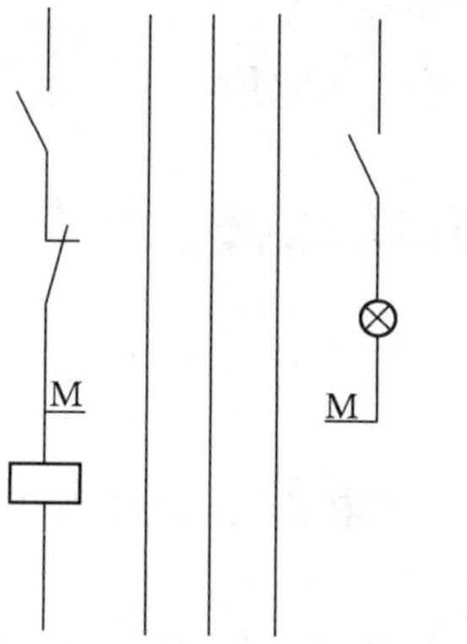

图 8 - 27 穿越图线的中断线

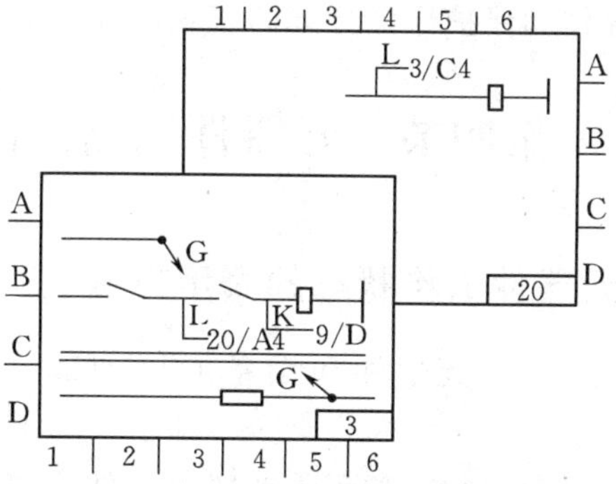

图 8 - 28 中断表示法及其标志

(1) 应被清楚地关联到相关连接线。

(2) 不可接触或跨越连接线。

(3) 应置于连接线附近，水平线之上或垂直线之左。

如果技术数据表示时无法毗邻连接线，应置于内容区的其他位置并带有至连接线的指引线或参考。在图 8 - 29 中间，—W22—1 和—W22—3 即为通过指引线对连接线进行标志。

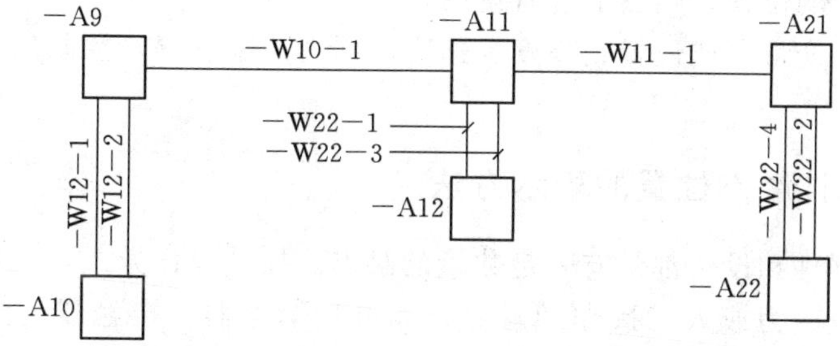

图 8 - 29 与连接线有关的参照代号的示例

技术数据应与和连接线有关的任何参照代号或信号代号清楚地分离，如图 8 - 30 所示。

直流电和交流电路的电压等级应以符合 GB/T 17285—2009《电气设备电源额定值的标记 安全要求》中示例的方式表示，宜采用缩写形式。

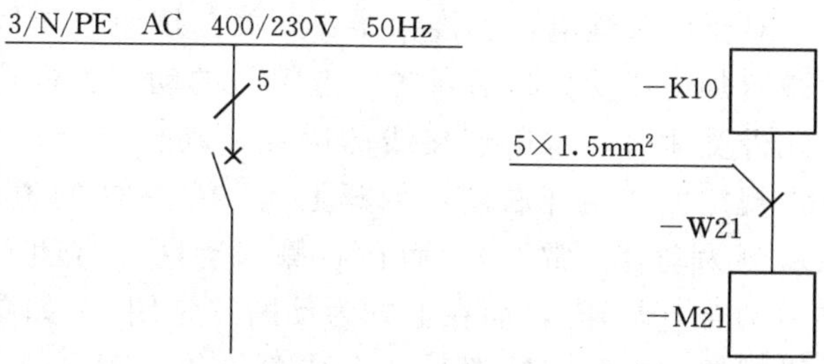

图 8 - 30 与连接线关联的技术数据的示例

例如：

直流电压 110V：DC 110V。

直流或交流电压 250V：AC/DC 250V。

三相三线系统 400V：3AC 400V。

有中性导体的三相四线系统 480/277V：3/N AC 480/277V。

中性导体和保护导体分开的三相五线系统 400/230V：3/N/PE AC 400/230V。

第四节 元器件触点位置和工作状态表示方法

一、元器件工作状态的表示方法

在电气图中，元器件和设备的可动部分通常应表示在非激励或不工作的状态或位置。

（1）单一稳定状态的手动或机电元件，如继电器、接触器、制动器和离合器等在非激励或断电状态。在特定情况下，为了有助于对图的理解，也可以表示在激励或通电状态，但此时应在图中说明。

（2）断路器和隔离开关在断开（OFF）位置，对于有两个或多个稳定位置或状态的其他开关装置，可表示在其中任何一个位置或状态，必要时需在图中说明。

（3）标有断开（OFF）位置的多个稳定位置的手动控制开关在断开（OFF）位置；未标有断开（OFF）位置的控制开关在图中规定的位置。

（4）应急、备用、告警、测试等用途的手动控制开关，应表示在设备正常工作时所处的位置，若在特定的位置，则图上应有说明。

（5）由凸轮、变量（如位置、高度、速度、压力、温度等）控制的引导开关在图中规定的位置。

二、电气元件触点位置的表示方法

许多电气元器件和设备都带有一定数量的触点。按其操作方式，元器件的触点分为两大类：一类是由电磁力或人工操作的触点，如电量继电器、接触器、开关、按钮等的触点；另一类是非电和非人工操作的触点，如各种非电量继电器（气体、速度、压力继电器等）、行程开关等的触点。这两类触点在电气图上有不同的表示方法。

对于电量继电器、接触器、开关、按钮等项目的触点符号，在同一电路中，当它们受激（加电或受力）后，各触点符号的动作方向应取向一致。触点符号的取向应该是：当元件受激时，水平连接线的触点，动作向上；垂直连接线的触点，动作向右。这与通常规定的“左开右闭，下开上闭”是一样的道理，即当触点符号垂直放置时，触点在左侧为动合（常开），而在右侧为动断（常闭）；当触点符号水平放置时，触点在下方为动合（常开），而在上方为动断（常闭），如图 8-31 所示。当元件的完整符号中含有机械锁定、阻塞装置、延迟装置等符号时，这一点特别重要。在触点排列复杂而无机械锁定装置的电路中，当采用分开表示法时，为了图面布局清晰，减少连接线交叉，可以改变触点符号的取向。

对非电和非人工操作的触点，必须在其触点符号附近表明运行方式。一般有三种方法：

（1）用表图表示。

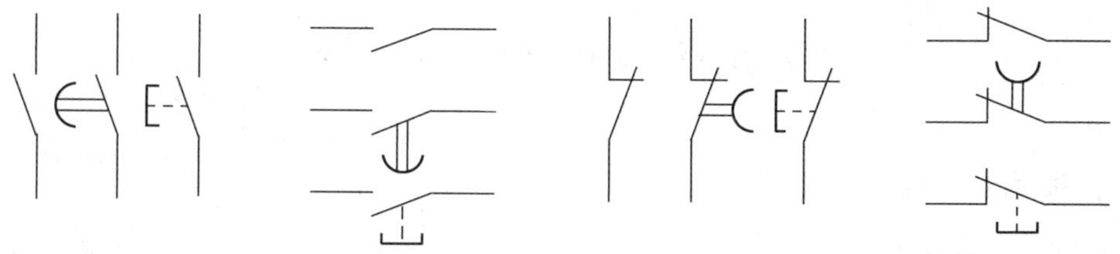

图 8-31　触点符号的表示示例

(2) 用驱动装置的符号表示。

(3) 用注释、代号和表格表示。

图 8-32 所示为某行程开关触点位置的表示方法。该行程开关的触点在转轮自 0°开始，转到 60°～180°之间闭合，转到 240°～330°之间也闭合，在其他位置均断开。这一行程开关的运行方式，若采用表图表示，则如图 8-32 (a) 表示，横轴表示转轴的位置，纵轴“0”表示触点断开，而“1”表示触点闭合；图 8-32 (b) 为该操作器件的一种符号表示，把凸轮画成展开式，箭头表示凸轮前进方向，当凸轮推动圆球（60°～180°，240°～330°）时，触点闭合，其余为断开；若采用表格表示，则见表 8-2，表中“0”表示触点断开，“1”表示触点闭合。这些表示方式是等效的，可根据图的特点和图面布置决定采取哪一种方式。

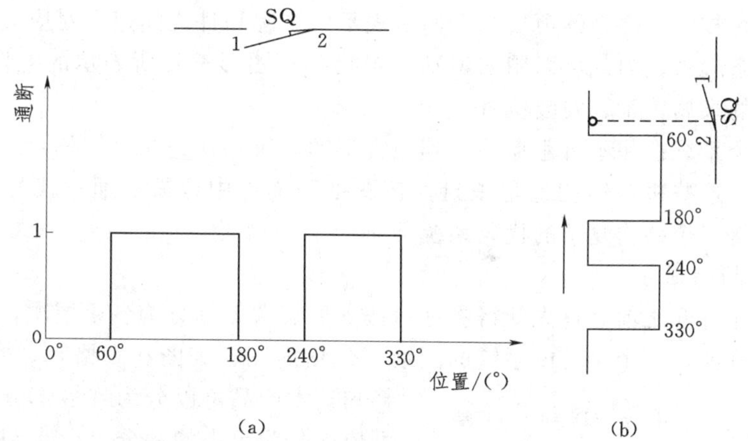

图 8-32　某行程开关触点位置的表示方法

表 8-2　　**某行程开关触点运行方式**

角度 (°)	0～60	60～180	180～240	240～330	330～360
触点状态	0	1	0	1	0

另外，对于功能复杂的手动控制开关，如需要理解功能，也应在图中增加表图。

第五节　项　目　代　号

一、项目代号

在电气技术领域中，“项目”是一个专用术语，指在电气技术文件中出现的各种实际物件。通常，这些物件在图上用一个图形符号表示。在不同的场合中，“项目”既可以泛指各种实物，又可以特指某一个具体器件；既可以用来指电容器、开关、集成电路模块一类简单的元器件，又可以指较大的一类配电设备，或者指复杂的电力系统。

“项目代号”在GB/T 5094中是一种特定的代码，利用这种特定的代码赋予各种项目规定的代号，并用来提供项目之间的层次关系以及实际位置等信息。项目代号的作用表现在它是电气技术文件的重要组成部分。例如在绘制概略图、电路图等简图时，项目代号为各种图形符号、简化外形或围框附近或注在文件的表格中提供标注，表达各种内容。对于各种表，项目代号的一些内容直接填在表格中构成表格的组成部分。因此，无论是图还是表，项目代号都是不可缺少的。

在系统中，每个项目的代号必须是唯一的，从而不会造成混乱和混淆。为了保证项目代号的唯一性，项目代号必须按照一定的规划进行划分或分配。项目代号的划分一般是将系统分成多个层次，并按照层次进行划分。

具体使用时，应该把项目代号标注在该项目上或其附近，这样通过项目代号可以在包括图在内的各种技术文件中的项目和它们所表示的实际物件之间建立对应关系，使文件和实物有机地联系起来。因此可以用来识别、查找各种图形符号所表示的电器元件、装置、设备以及它们的隶属关系、安装位置。

此外，一个系统往往不可避免地与其他类型的系统存在关联。例如，一个电气系统可包含机械结构，这些机械结构也是项目，在图纸和文件中也需要通过代号进行表示。因此，项目代号是一个结构复杂的代码系统。

1. 项目结构的划分

在项目代号分配之前，首先就得将项目按其所属关系划分为各个层次，建立项目代号的结构系统。例如，一个工厂或系统的图纸（包括简图、表图和表格）、文件中的技术资料和技术产品可以分为许多部分，这些部分又可依次分为更小的部分等，直到不能再继续分下去为止。经过划分，可以得到表示各个项目关系的“树”状结构图，如图8-33所示。

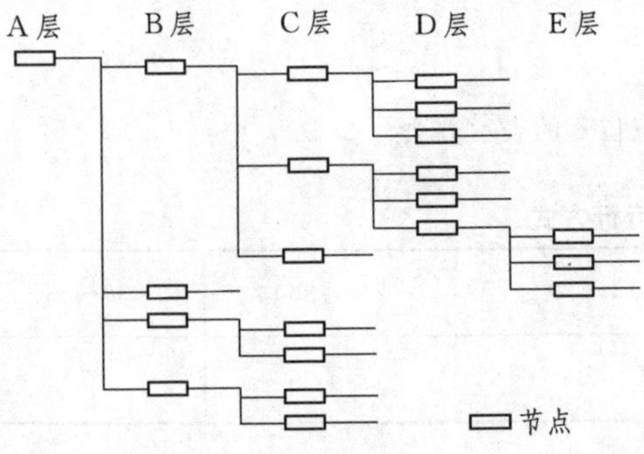

图8-33　项目“树”状结构图

在图8-33中，一个系统的项目被分成A、B、C、D、E五个层次。A层位最高层（或最顶层），E层为最底层（或最底层）。每层中都由若干个节点组成，每个节点表示关于某个项目的分资料。最高层A层只有一个节点，称为树状结构的“根”，是整个系统的总体资料。其他各层的节点则为树状结构的“枝”。就像树枝一样，枝上还可以再分枝，直到末梢。最底层的节点就是树状结构的末梢，其表示的资料是最为细节的资料。

树状结构的构建过程就是项目的划分过程。划分过程的步数是任意的，但为使用方便，在不违反划分原则的条件下，步数应最少。这种划分所依据的规则，称为项目的结构划分原则。项目结构划分原则主要有两种：①按功能原则划分结构；②按位置原则划分结构。

按功能原则划分结构，是按项目之间的功能关系划分项目的。一个系统可以按功能划分为功能系统、功能分系统、功能单元、器件、元件等，如图 8-34 所示。软件项目（如计算机程序、程序模块、程序单元等）与硬件项目类同，一般是按功能原则划分结构的。

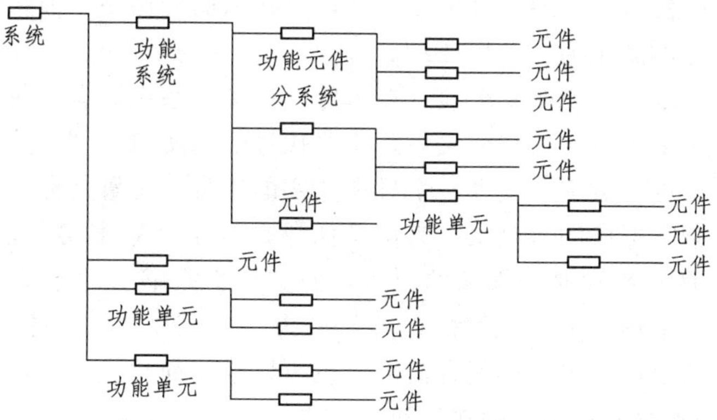

图 8-34　按功能划分的项目结构

按位置原则划分项目结构，是按项目之间的位置关系划分项目的。如一个厂的系统可以按照位置划分为厂区、分区、楼号、层号、房间、组合件、组合段、模块等。按位置划分的项目结构如图 8-35 所示。

2. 项目代号的组成

项目代号可以理解成一个搜寻项目的路径。一个复杂的电气系统，项目可以很多，要寻找具体的项目，就是通过项目代号提供的信息进行的。项目代号的主要部分是由符号和阿拉伯数字构成，一般开始用一个或几个字符，末尾用一个或几个数字。字符为大写正体，字母 I 和 O 以及各民族特有的字符不应采用。一个完整的项目代号应包括四个代号段：①高层代号；②位置代号；③种类代号；④端子代号。

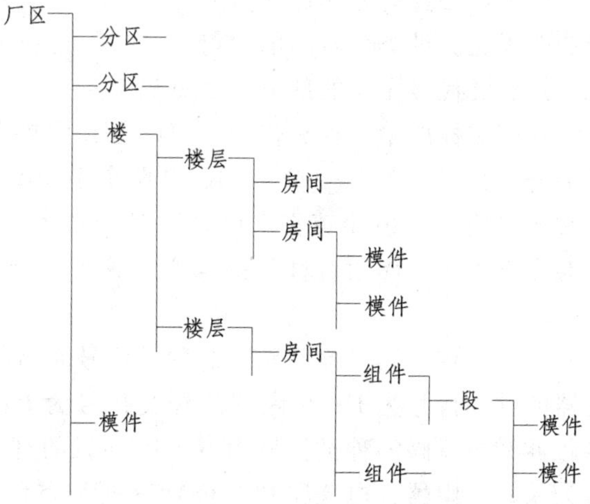

图 8-35　按位置划分的项目结构

（1）高层代号。是指系统或设备中，对代号所定义的项目来说，任何较高层次的代号，用于表示该给定代号项目的隶属关系。比如说，将小李书房中的电脑桌作为一个项目，电脑桌的项目代号中的“高层代号”就是“书房”。

高层代号的前缀符号为“＝”，其后的字符代码由字母和数字组合而成。高层代号的字母代码可以按习惯自行确定。但设计人员应在电气图的施工图设计阶段将自行确定的字母代码列表加以说明，作为设计说明书中的一个内容提供给施工单位和建设单位，以便于读图。高层代号可以由两组或多组代码复合而成，复合时要将较高层次的高层代号写在前。例如，“小李家”用 W1 代码表示，“书房”用 S2 代码表示，则“小李家书房的电脑桌”的高层代号可表示为：“＝W1＝S2”，说明这台电脑桌是“＝W1＝S2”的一个项目，或是“小李家书房的”一个项目。“＝W1＝S2”表示的意思就是“小李家书房的”意思。由于小李家的层次比书房的层次高，所以小李家的代码 W1 在书房代码 S2 的前面。在多层次的项目中，高层代号的前缀符号可以合并，只在前面使用一个前缀符号即可。如上面的“＝W1＝S2”，可以简化为“＝W1S2”。

（2）位置代号。是用于说明某个项目在组件、设备、系统或者建筑物中实际位置的一种代号。这种代号不提供项目的功能关系。位置代号的前缀符号“＋”是一个加号，其后的字符代码可以是字母或数字，或者是字母和数字的组合。位置代号的字母代码也可自行确定。仍然以“小李家书房的电脑桌”为例，如果在“小李家书房”采用字母 E、W、S 和 N 分别表示东、西、南和北四面墙的位置，而“小李家书房的电脑桌”是靠北面的墙摆放的。则“小李家书房的电脑桌”的位置代号为“＋N”。与高层代号一样，若位置代号有多个，可以由两组或多组代码复合而成，也可以采用简化表示，即只采用一个前缀符号“＋”，其他代码则按照顺序排列在后面。

（3）种类代号。是用于识别所指项目属于什么种类的一种代号。通常只需说明属于哪一种大类，必要时才作进一步的分类。标注这种代号时，只考虑项目的种类属性，与项目的功能无关。种类代号的前缀符号“－”是一个减号，其后的字符代码有专门的国家标准规定。种类代号字符的部分含义见表 7－10。

在国家标准中，种类代号字符的含义比较完全，表 7－10 所列出的只为电气技术方面的部分含义。在表 7－10 中，I、O 两个字母不用，D、H、J、L、N、Y 和 Z 等 7 个字母暂时还未使用，26 个英文字母只使用了 17 个。仅根据表中“种类含义”的说明，不一定能够完全理解具体项目种类的含义，这就需要再接触实际电气图后对照、查找而进一步理解。

例如，传感器等检测元件的种类代号为 B；电容器和蓄电池的种类代号为 C；灯和激光器的种类代号为 E；熔断器的种类代号为 F；干电池和发电机种类代号为 G；继电器、接触器和电磁阀的种类代号为 K；电动机的种类代号为 M；信号灯显示仪表等的种类代号为 Q；电阻器、电感器和二极管等的种类代号为 R；按钮、控制开关等的种类代号为 S；变压器、变换器、变频器、整流器等的种类代号为 T；绝缘子的种类代号为 U；滤波器的种类代号为 V；汇流排、电缆、导线、光纤等的种类代号为 X。有时也可采用数字作为其代号，数字代码的意义可以自行定义，但必须配有专门的说明。

（4）端子代号。是指项目上用作同外电路进行电气连接的电器导电端子的代号。端子代号的前缀是“：”，冒号后面一般是用字母或数字表示的端子序号，也可为一个字母与数字的组合。项目代号的最后一项就是端子代号。

二、项目代号的位置和取向

项目代号应标注在符号的旁边。如果符号有水平连接线，应标注在符号上面；如果符号有垂直连接线，应标注在符号左边。必要时，可把项目代号标注在靠近符号的其他地方，或标注在符号轮廓线里面。表示在一张图上的所有或多数元件项目代号的公用部分仅需表示在标题栏中。项目代号应尽可能地水平取向。示例如图 8-36 所示，高层代号列在标题栏中。

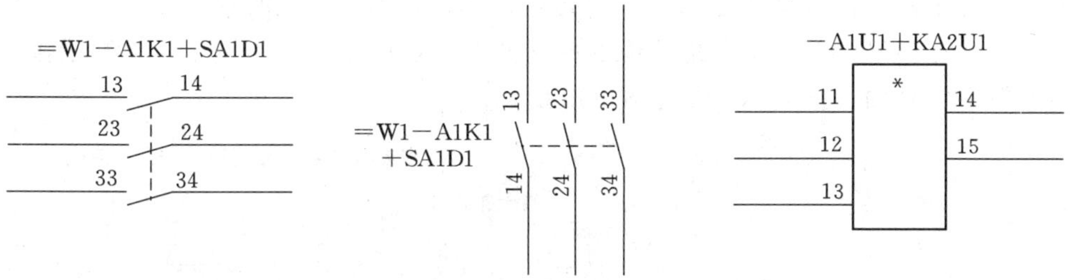

图 8-36 说明项目与端子代号位置和取向规则的示例

三、项目代号的应用

项目代号的层次多、排列长，在电气图上标注时不可能也不必要将每个项目的完整代号四段全部标注出来。一般情况下，项目代号的标注原则是“针对项目、分层说明、适当组合、符合规范，就近注写，有利读图”。“针对项目、分层说明”的意思就是针对具体的项目，将属于同一层次项目的高层代号统一进行标注。“适当组合”主要是对位置代号而言，而位置代号主要用在接线图中，可以在需要的时候将位置代号段与高层代号段组合，就近标注在表示围框的单元旁或在标题栏中标注。也就是说，一般项目的代号都不需要位置代号段，层次相同的高层代号段则统一标注。只要标注符合规范，有利于读图即可。

在大部分电路图中，通过上述的组合，通常只剩下种类代号段作为项目代号。一般都在项目的图形符号或图框边就近标注，但接线图中要注意尽量避免标注在有端子的连接线或引线的一边，以避免读图时误将种类代号段与端子代号混淆。如果没有端子的连接线或引线的限制，则项目代号通常标注在所表示的项目的上方或左边。在一些高层次的各种电气图中，种类代号可与高层代号组合，标注在项目的图形符号或单元的图框近旁。

对于接线图来说，通过上述的组合，项目代号通常就只剩下端子代号段了。端子代号可以标注在端子符号的近旁；没有专门画出端子符号的，则标注位置应靠近端子所属项目的图形符号旁边。在接线图中，还可将端子代号和种类代号组合，用来表示连接线的本端（在本图中画出的端）或远端（不在本图中而在其他图中画出的端）。标注的方法就是将组合后的代号，标在连接线的上方，或者连接线的中断处。

项目代号采用单一代号段标注时，端子代号的前缀“:”规定不标出来。其他代号段单独作为项目代号标注时，其前缀既可标出来，也可省略不标。但若是采用两个或以上代号段作为项目代号时，一般各代号段的前缀都应该标出来，不能省略，以避免误读。

第六节　端子和端子代号

一、端子及其图形符号

在电气元器件中，用以连接外部导线的导电元器件，称为端子。在 GB 4728 中，多数图形符号未表示出端子符号，一般不需将端子符号加到元器件的图形符号上。但在某些情况下，如端子符号是符号的一部分，则必须画出，如图 8-37 所示。

装有多个互相绝缘并通常对地绝缘的端子的板、块或条，称为端子板或端子排。端子排常用加数字编号的方框表示，如图 8-38 所示。

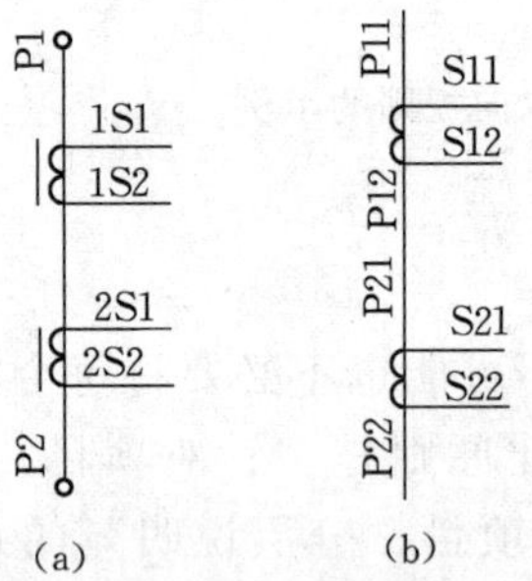

图 8-37　必须同时标注端子符号或端子代号以表示（a）与（b）之间差别的示例

（a）具有两个磁芯和两个次级线圈的电流互感器；（b）每个互感器都有次级线圈的两个电流互感器

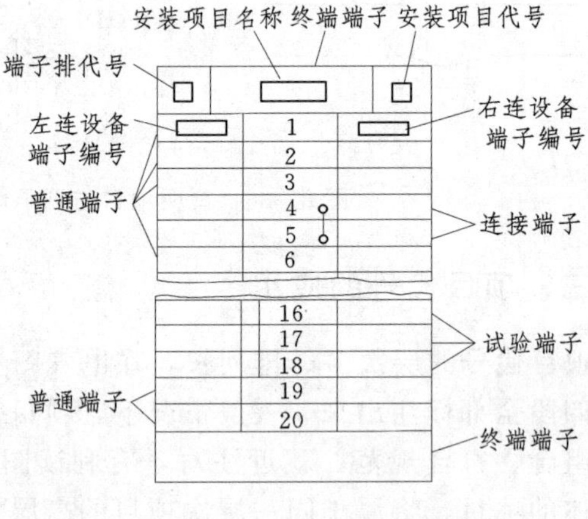

图 8-38　端子排及端子标志图例

二、端子代号

1. 端子代号的组成

端子代号是完整的项目代号的一部分。当项目的端子有标记时，端子代号必须与项目上端子的标记相一致；当项目的端子没有标记时，应在图上设定端子代号。端子代号通常采用数字或大写字母，特殊情况下也可用小写字母。例如：端子板 X 的 5 号端子，可标注为“—X：5”；继电器 K2 的 C 号端子，可标注为“—K2：C”。

根据所考虑的不同方面来标识端子，则可能有多个端子代号。如果需要区分或强调端子代号是根据哪一方面给定的，应按照产品端子代号、功能端子代号或位置端子代号的规则构成项目的端子代号。加前缀如下：

—　表示端子是根据产品方面标识的，即该端子被用来设计（电气）产品/组件网络。

＝　表示端子是根据功能方面标识的，即该端子被用来设计与功能有关的网络。

＋　表示端子是根据位置方面标识的。

在一个系统内，端子的标识应该是唯一的，应包含：

(1) 相对于所关注的项目唯一标识端子的端子代号。

(2) 端子代号前为“:”(冒号)。

(3) 冒号前为明确描述所关注项目的参照代号。

如果参照代号和端子代号（两部分）靠得很近，有可能发生混淆，端子代号前的“:”不可省略。

2. 端子代号的标注方法

在许多图上，电气元件、器件和设备不但标注项目代号，还应标注端子代号。端子代号在一套文件中应一致。端子代号应靠近端子，最好在水平连接线上边和垂直连接线的左边。端子代号的取向应与连接线方向一致。详见 GB/T 16901.2—2000《图形符号的表示规则　产品技术文件用图形符号　第 2 部分：图形符号（包括基准符号库中的图形符号）的计算机电子文件格式规范及其交换要求》。端子代号可按以下三种情况进行标注。

(1) 电阻器、继电器、模拟和数字硬件的端子代号应标在其图形符号的轮廓线外面。符号轮廓线内的空隙留作标注有关元件的功能和注解，如关联符、加权系数等。作为示例，图 8－39 列举了电阻器、求和数字单元、与非功能数字单元端子代号的标注方法。

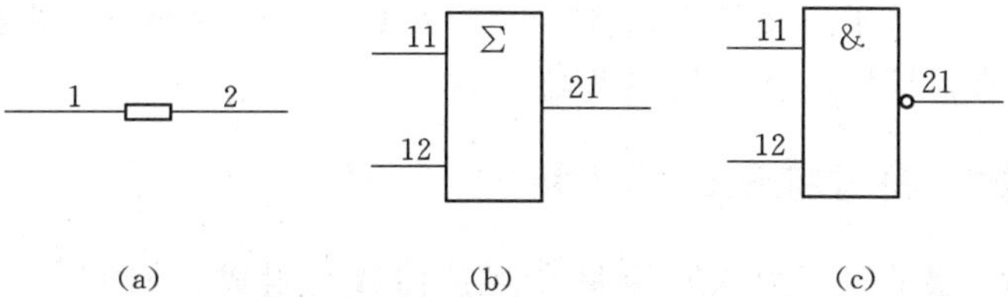

图 8－39　电阻器和数字单元的端子代号标注示例

(a) 电阻器符号；(b) 求和数字单元符号；(c) 与非功能数字单元符号

(2) 对用于现场连接、试验和故障查找的连接器件（如端子、插头和插座等）的每一连接点都应标注端子代号。图 8－40 示出了接线端子板和多极插头插座的端子代号的标注方法。

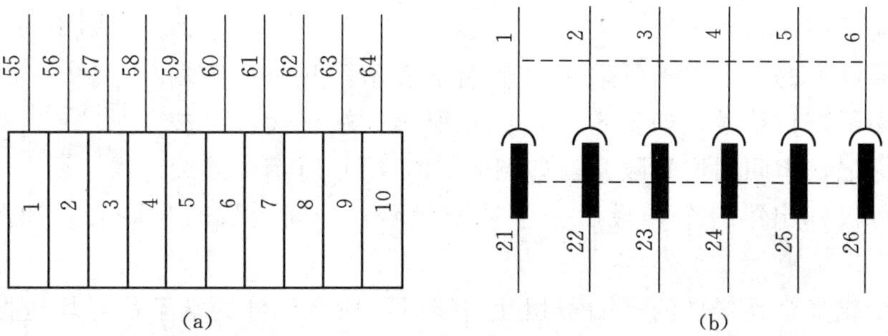

图 8－40　连接器件端子代号标注方法示例

(a) 端子板；(b) 多极插头插座

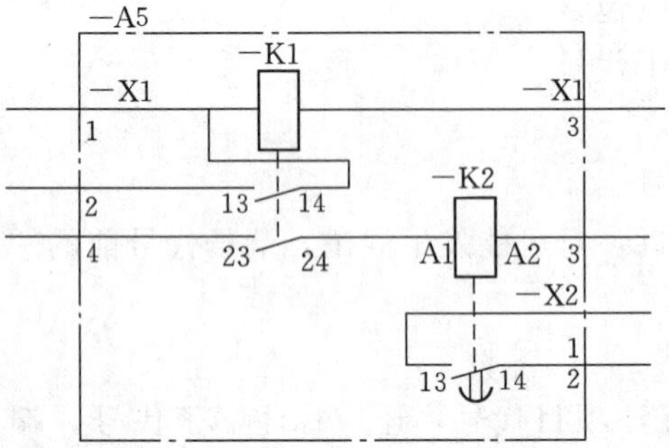

图 8-41　画有围框单元端子代号标志示例

（3）在画有围框的功能单元或结构单元中，端子代号必须标注在围框内，以免被误解，如图 8-41 所示。在该图中，端子代号为：—A5—X1：1、—A5—X1：2、—A5—X1：3 和—A5—X1：4；—A5—X2：1、—A5—X2：2 和—A5—X2：3。

三、电器接线端子的识别

基本电气器件（如电阻器、熔断器、继电器、变压器、旋转电机等）和这些器件组成的设备（如电动机控制设备等）的接线端子以及执行一定功能的导线线端（如电源、接地、机壳接地等）的识别方法有四种，这四种方法具有同等效用。这四种方法是：①按照一种公认方式明确接线端子的具体位置；②按照一种公认方式使用颜色代号；③按照一种公认方式使用图形符号；④使用大写拉丁字母和阿拉伯数字的字母数字符号。至于在实际中选用哪一种方法，这主要取决于电气器件的类型，接线端子的实际排列以及该器件或装置的复杂性。一般来说，对于插头，指明插脚的真实位置或相对位置和它的形状即可；对应用于无固定接线端子的小器件，在其绝缘布线上标明颜色代号即可；图形符号最适用于标志家用电器之类的设备；对于复杂的电器和装置，需要用字母数字符号来标志。颜色、图形符号或字母数字符号必须标志在电器接线端子处。

四、以字母数字符号标记的端子标志

电气元器件接线端子标记由大写字母和阿拉伯数字组成，如 U1、1U1，也可不用字母而简化成 1、1.1 或 11 的形式。

接线端子的符号标志方法，通常应遵守以下原则。

1. 单个元器件

单个元器件的两个端点用连续的两个数字表示，如图 8-42（a）所示绕组的两个接线端子分别用 1 和 2 表示；单个元器件的中间各端子一般用自然递增数字表示，如图 8-42（b）所示的绕组中间抽头端子用 3 和 4 表示。

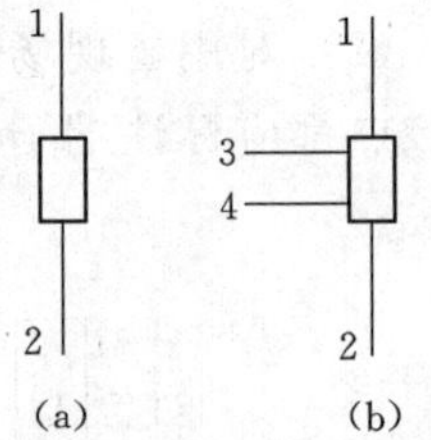

图 8-42　单个元器件接线端子标志示例

一个元器件上的多个端子可采用一个端子表示，并应在该端子线上标记端子数目符号，如图 8-43（a）所示。端子代号可按原次序顺序标记，中间用逗号隔开，如图 8-43（b）所示；连续编号的代号可仅标出第一个和最后一个端子代号，中间用省略号隔开，如图 8-43（c）所示。

如果两个或多个元器件的多端子相互连接时，所有元件的端子代号均应按从左到右的顺序对应排列。

2. 相同元器件组

如果几个相同的元器件组合成一个组，各个元器件的端子采用相同数字标志时，则可

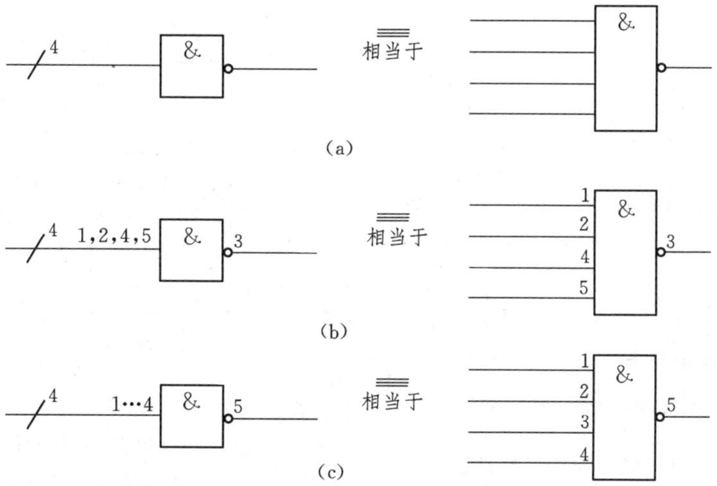

图 8-43　单个元器件多个端子简化示例

冠以不同的字母或数字并添加分隔实心圆点来区分。例如，图 8-44（a）中在数字前冠以 U、V、W，图 8-44（b）中在数字前冠 1、2、3，并添加分隔实心圆点。

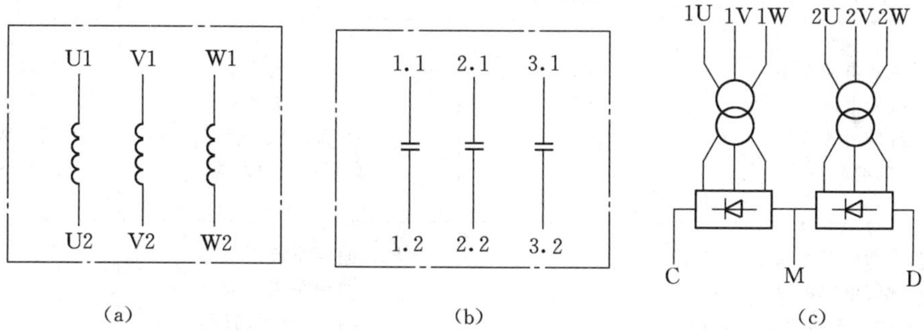

图 8-44　相同元器件组接线端子标志示例

通常字母用以标志交、直流系统中电器的端子，数字用来标志不需要或不可识别相位、极性的电器的端子。标志直流元件端子是拉丁字母表的前半部分，即 A～M；标志交流元件端子是拉丁字母表的后半部分，即 N～Z。例如，图 8-44（c）中就用 U、V、W 标志三相交流系统中设备的各相端子，用 C、D、M 标志直流设备的各级端子。

3. 同类元器件组

同类元器件组用相同字母标志时，可在字母前冠以数字来区别。如图 8-45 中的两组三相异步电动机绕组的接线端子分别用 1U1、2U1、…来标志。

4. 常见的特定导线的线端标记

常见的特定导线的线端标记按表 8-3 中的字母标记。

5. 常见的与特定导线直接或通过中间设备相连的设备接线端子

常见的与特定导线直接或通过中间设备相连的设备接线端子按表 8-3 中的字母进行标志。图 8-46 为电器和特定导线相连接线端子的标志示例。

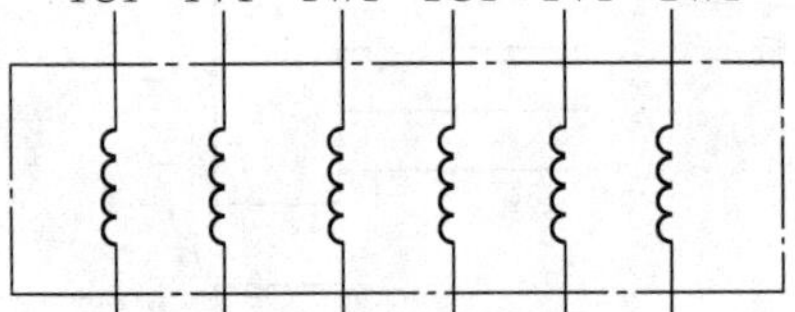

图 8-45 同类元器件组接线端子标志示例

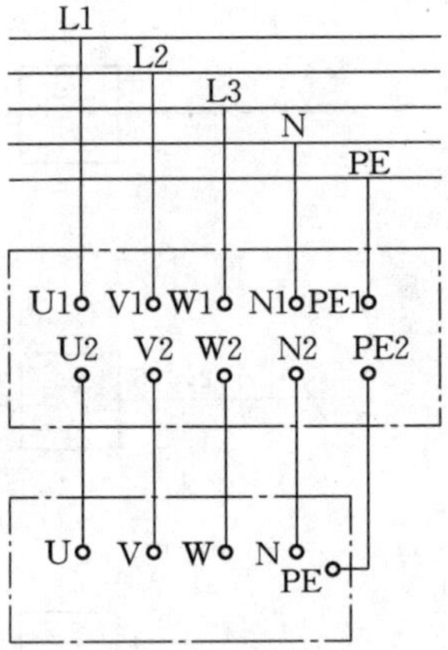

图 8-46 电器和特定导线相连接线端子的标志示例

表 8-3　　电器接线端子及特定导线的标记

特定导线		电器接线端子	
名称	标记符号	名称	标记符号
交流系统的电源 1 相	L1	交流系统 1 相	U
交流系统的电源 2 相	L2	交流系统 2 相	V
交流系统的电源 3 相	L3	交流系统 3 相	W
交流系统的电源中性线	N	交流系统中性线	N
直流系统的电源正极	L+	直流系统正极	C
直流系统的电源负极	L−	直流系统负极	D
直流系统的中间线	M	直流系统中间线	M
保护接地线	PE	保护接地	PE
接地线	E	接地	E
保护中性导体	PEN	—	—
不接地保护线	PU	—	—
无噪声接地线	TE	无噪声接地	TE
等电位	CC *	等电位	CC *
机壳或机架	MM *	机壳或机架	MM *

* 只有当这些接线端子或导体与保护导体或接地导体的电位不等时，才采用这些识别标记。

第七节 标注、注释和标记

标注、注释和标记都是在电气图上用文字符号对图形符号进行的补充说明。标注一般侧重于对电气设备的型号、编号、容量、规格等的说明；标记一般侧重于是对位置进行说明；而注释一般侧重于对除标注、标记之外的其他信息进行说明。

1．标注

标注是用在电气平面图中，对电气设备的型号、编号、容量、规格等多种信息进行补充表示的文字或文字符号，标注通常标在电气项目图形符号旁边。由于所标注的项目的内容不同，为减少标注的文字，保持电气图面清晰，满足使电气图表达符号规范化的要求，应该按照统一的格式进行标注。常见的标注格式见表 8－4。

表 8－4　　常见标注格式示例

类　别	标注方式		说　明
用电设备	$\frac{a}{b}$ 或 $\frac{a}{b}+\frac{c}{d}$		a—设备编号；b—额定功率（kW）；c—线路首端熔断片或自动开关释放器的电流（A）；d—标高（m）
电力和照明设备	一般标注方法	$a\frac{b}{c}$ 或 $a-b-c$	a—设备编号；b—设备型号；c—设备功率（kW）；d—导线型号；e—导线根数；f—导线截面（mm^2）；g—导线敷设方式及部位
	需要标注引入线的规格时	$a\frac{b-c}{d\ (e\times f)\ -g}$	
开关及熔断器	一般标注方法	$a\frac{b}{\frac{c}{i}}$ 或 $\frac{a-b-c}{i}$	a—设备编号；b—设备型号；c—额定电流（A）；i—整定电流（A）；d—导线型号；e—导线根数；f—导线截面（mm^2）；g—导线敷设方式
	需要标注引入线的规格时	$a\frac{\frac{b-c}{i}}{d\ (e\times f)\ -g}$	
照明变压器	$\frac{a}{b}-c$		a—一次电压（V）；b—二次电压（V）；c—额定容量（VA）
照明灯具	一般标注方法	$a-b\frac{c\times d\times L}{e}f$	a—灯数；b—型号或编号；c—每盏照明灯具的灯泡数；d—灯泡容量（W）；e—灯泡安装的高度（m）；f—安装方式；L—光源种类
	灯具吸顶安装	$a-b\frac{c\times d\times L}{-}$	
照度检查点	平面	a	a、c—水平照度，（勒克斯，lx）； $a-b$—双侧垂直照度，（勒克斯，lx）
	空间	$\frac{a-b}{c}$	
电缆与其他设施交叉点	$\frac{a—b—c—d}{e—f}$（引线指向交叉点）		a—保护管根数；b—保护管直径（mm）；c—管长（m）；d—地面标高（m）；e—保护管埋设深度（m）；f—交叉点坐标
导线型号规格改变	$\underline{3\times16}\times\underline{3\times10}$		示例表示：$3\times16mm^2$ 导线改为 $3\times10mm^2$ 导线
导线敷设方式改变	$-\times\underline{\phi63cm}$		示例表示：无穿管敷设改为导线穿管（63cm）敷设
分线盒	$\frac{a-b}{c}d$		a—编号；b—容量；c—（三相的）线序；d—用户数
安装和敷设标高（m）	室内平面，剖面图	±0.000（空心三角形标高符号）	
	总平面图上的室外地面	−0.000（实心三角形标高符号）	
交流电	$m\sim fU$		m—相数；f—频率（Hz）；U—电压（V）
电压损失	电压损失率％		
光纤（μm）	$a/b/c/d$		a—纤芯直径；b—色层直径；c—一次被覆层直径；d—二次被覆层直径

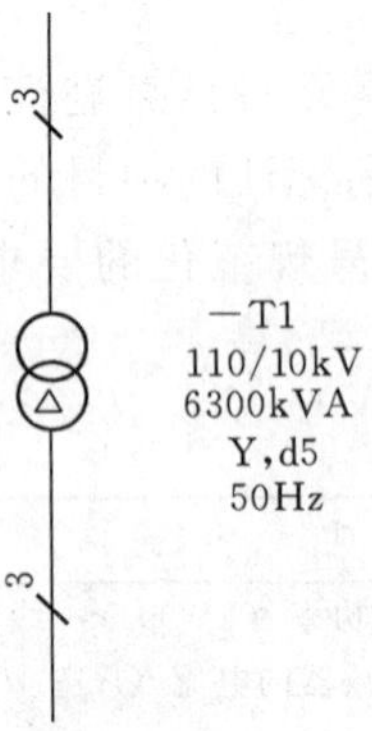

图 8-47　电力变压器的标注

表 8-4 只是提供了标注的一般规格。有时为了说明电气设备使用的额定值、其他特性或技术数据，可以适当增加标注的内容，将所增加的内容与表 8-4 的内容组合后进行标注。例如，电力变压器，除了表中规定的一次电压、二次电压和容量外，还可标注变压器的连接组别和额定频率。如图 8-47 所示的是一台电力变压器的标注。

在图 8-47 中，变压器 T 的一次绕组额定线电压为 110kV，二次绕组额定线电压为 10kV，额定容量（视在功率）为 6300kVA，变压器一次绕组和二次绕组的连接组别为 Y，d5，额定频率为 50Hz。除此之外，变压器的标注有时还可包括型号和额定功率因数等。

2. 注释

在电气图中，如果元器件的某些信息不便于或不能完全用图形符号表达清楚时，可以采用注释的方式进行补充表示。注释有两种方法：一是直接放在所要说明的对象旁边；二是将注释放在图中的其他位置。当图中出现多个注释时，应把这些注释按顺序放在图纸边框附近。如果是多张图纸，一般性的注释可以注在第一张图上，或注在适当的张次上，而所有其他注释应标注在与它们有关的张次上。

在对象旁边进行注释时，既可以采用文字符号注释，也可以采用专门的图形符号注释。当设备面板上有信息标志的图形符号（人—机控制功能的信息标志图形符号）时，则在电路图中相关元件的图形符号旁加上同样的图形符号进行注释即可。用作注释的文字符号和图形符号一般也应采用国家标准颁布的符号。

除了电气元器件外，对于信号传输的电气图，导线传输的信号波形有必要表示时也可采用注释的方法标出。

3. 标记

电气图的标记一般用于对接线端子、导线和回路的位置进行说明，主要有接线端子标记、导线标记、回路标记和位置标记等。标记的主要目的是便于对电气图进行识别，同时使复杂的多回路、多系统的电气图能够分开绘制，便于读图。此外，标记还能提供某些其他信息。

（1）接线端子的标记。国家标准规定了识别电气设备接线端子的各种方法，制定了用字母数字组成的系统以识别接线端子和特定导线线端的通则，使用了与各种电气设备和设备组合体的接线端子的识别标记。接线端子的标记也适用于包括电源线、接地接零线、等电位线等特定导线的识别。与特定导线相连的电器接线端子的标记及特定导线的标记见表 8-3。

（2）导线的标记。绝缘导线标记属于识别标记范畴，可在电气接线图上标记，也可在实际敷设的导线或线束（电缆）上进行标记。绝缘导线标记主要用于导线安装、检修辨识，其标记应与电气图上的标记代码相对应。

电气图上的导线标记可分为主标记和补充标记两种。主标记是只标记导线或线束的特征，而不考虑其电气功能的一种标记，必要时，可加注补充标记。补充标记包括功能标记（如注明用途）、相位标记（如注明交流某相）、极性标记（如注明正极、负极）等。采用补充标记时，主标记和补充标记之间一般要求采用符号“/”分隔，“/”前面为主标记，

“/”后面为补充标记。

主标记又可分为从属标记、独立标记和组合标记三种。从属标记包括从属本端标记、从属远端标记、从属两端标记等。从属标记的分类和示例见表 8－5。

表 8－5　　　　导线从属标记的分类和示例

分类	要　求	示　例
从属远端标记	对于导线，其终端标记应与远端所连接项目的端子代号相同；对于线束，其终端标记应标出远端所连接的设备的部件的标记	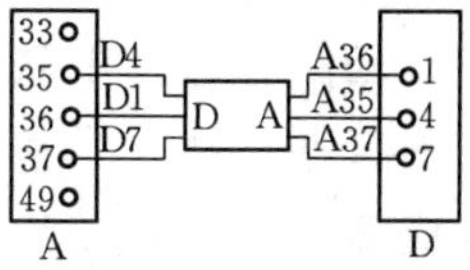
从属本端标记	对于导线，其终端标记应与所连接项目的端子代号相同；对于线束，其终端标记应标出所连接的设备的部件的标记	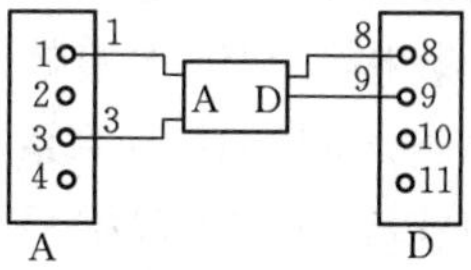
从属两端标记	对于导线，其终端标记应同时标明本端和远端所连接项目的端子代号；对于线束，其终端标记应同时标出本端和远端所连接的设备的部件的标记	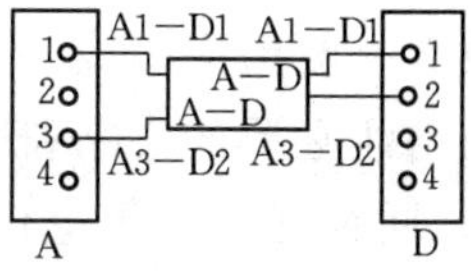

从属远端标记在已经安装的导线终端（两端），标出与其所连接的端子相同标记。或标记在线束（电缆）的终端，标出与其所连接项目相同的标记。如在表 8－5 中，“从属远端标记”示例图绘出的两个部件 A 和 D，它们的中间有线束（由一个小方框表示）。部件 A 的引出线标出的标记为与之相连的远端（另一端）部件 D 的导线号；部件 D 的引出线标出的标记为其远端部件 A 的导线号。两个部件 A 和 D 各有三根导线与中间的线束相连：与 A 部件的 35 号端子相连的为远端部件 D 的 4 号端子。因此，在 A 部件的 35 号端子引线上标有导线标记为“D4”（表示“从属远端部件的 4 号导线”）；同理在 D 部件的 4 号端子引线上标有导线标记“A35”。

线束与部件的连接端头标出的“A”或“D”分别表示：线束的远端（另一端）引出的导线分别与部件“A”或“D”相连。这样标记比较适合检修查线，实际检修时看到的标记为导线或线束的远端（另一端）连接项目，容易判断具体的导线来自哪里。但这种标记在安装时比较麻烦，需要根据电气图，才能找到本端的连接项目与端子。

从属本端标记位于导线的终端（两端），标出与其另一端所连接的端子的相同标记。或位于线束的终端，标出与其另一端所连接的项目的相同标记。这种标记与从属远端标记正好相反，比较适合导线的安装，容易判断某导线应与哪个项目连接。但检修查线时，不能直接判断该导线的远端项目和端子，需要通过查找电气图，才能获得需要的信息。

从属两端标记位于导线的两端（或位于线束的两端），每端都标出的标记，既包含与本端所连接的端子（或项目）的相同标记，也包含与远端所连接的端子（或项目）的相同标记。这种标记方法所使用的标记长度较长，但实际使用比较方便，既方便安装时对导线或线束的辨识，也方便检修时对导线或线束的辨识。

与导线所连接的端子的标记或线束所连接的设备的标记无关的导线或线束的标记，称为独立标记。这种标记方式，一般只用于采用连续线方式表示的电气接线图中。独立标记的符号通常采用阿拉伯数字。但如何采用，新的国家标准没有作具体规定，一般认为独立标记的数字符号可以参考回路标号的原则和方法，具体可参见下文的回路标号。

组合标记是指，从属标记和独立标记一起使用的标记。从属标记和独立标记之间用符号“—”进行分隔。

(3) 回路标号。电气图比较大时，一般不能采用一张图纸的版面完全表示。因此，实际电气图纸通常将一个系统分成若干个部分，采用多张图纸分别表示。也就是将一个电气系统分成多个回路，分别在不同图纸上进行绘制。此外，有时考虑到电气图纸版面的要求，也经常将一个电气系统分解成多个回路，并分开绘制在同一张图纸的不同地方。为了便于安装接线和维护检修时读图，需要对每个回路及其元件间的连接线进行标号，以表示各个回路之间的连接关系。电路图中用来标记各种回路的种类和特征的文字或数字标号通称为回路标号。回路标号也属于标记的一种，其主要原则有：

1) 回路标号一般是按功能分组，并分配每组一定范围的数字，然后对其进行标号。标号数字一般由三位或三位以下的数字组成，当需要标明回路的相别和其他特征时，可在数字前增注必要的文字符号。

2) 回路标号按等电位原则进行，即在电气回路中连于一点的所有导线，不论其根数多少均标注同一个数字；当回路经过开关或继电器触点时，虽然在接通时为等电位，但断开时，开关或触点两侧的电位不等，所以应给予不同的标号。

3) 直流一次回路（即主电路）标号一般可采用三位数字：个位数表示极性：1为正极，2为负极，用十位数的顺序区分不同的线段。如电源正极的回路用1、11、21、31、…顺序标注；电源负极的回路用2、12、22、32、…顺序标注。百位数（只有采用不同电源供电时才有）用来区分不同供电电源回路。例如，第一个电源的正极回路，按顺序标号为101、111、121、…；电源负极的回路，按顺序标号为102、112、122、…。第二个电源的正极回路，按顺序标号为201、211、221、…；电源负极的回路，按顺序标号为202、212、222、…。

4) 交流一次回路的标号一般也可采用三位数字：个位数表示相别，A相为1，B相为2，C相为3，用十位数的顺序区分不同的线段。如A相回路用1、11、21、31、…顺序标注；B相回路用2、12、22、32、…顺序标注，C回路用3、13、23、33、…顺序标注。对于不同电源供电的回路，也可用百位数字的顺序进行区分。

5) 直流二次回路（即控制电路或辅助电路）标号从电源正极开始，以奇数顺序1、3、5…直至最后一个主要电压降元件（即承受回路电压的主要元件）；然后再从电源负极开始，以偶数2、4、6…直到与奇数号相遇。交流二次回路标号从电源的一侧开始，以奇数顺序标到最后一个主要电压降元件；然后再从电源的另一侧开始，以偶数顺序标到与奇数号相遇。二次回路的标号如图8-48所示。

如图8-48 (a) 所示的直流电路中，L+是电源正极，经过一个触点后，标记为1；在经过第二个触点后，标号为3。图中的主要电压降元件为接触器线圈，因此接着应从电源的负极L—开始，以偶数进行标注，2到4为止。

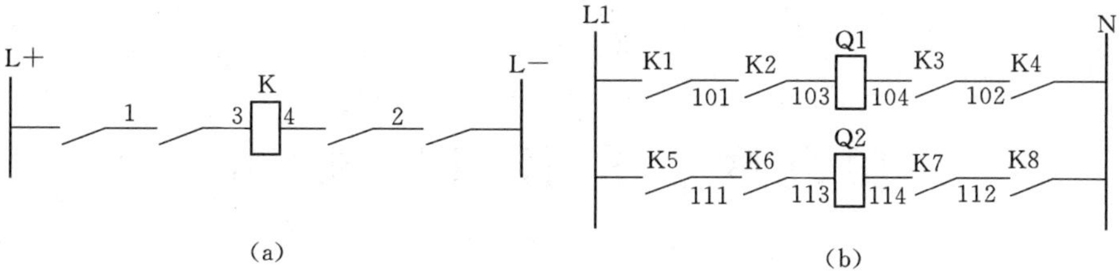

图 8-48　回路标号

(a) 直流回路标号；(b) 交流回路标号

如图 8-48 (b) 所示的交流电路中，L1 和 N 分别是三相交流电源的第一相的相线和中性线，Q1 和 Q2 是电力系统配电用的断路器线圈。Q1 为第一个电源供电的第一个回路，其标号从 L1 开始，101、103，到达电压降的主要原件 Q1 的线圈，然后从 N 开始，102 到 104 为止；Q2 为第一个电源供电的第二个回路，其标号从 L1 开始，111、113，到达电压降的主要元件 Q2 的线圈，然后从 N 开始，112 到 114 为止。

(4) 位置标号。位置标记常用在电路图中分开绘制的同一元件的不同部件，作为查询该元件其他部件的索引。

第九章　识读电气图

第一节　电力系统电气图

电能的生产、传输和使用是同时进行的。发电厂生产的电能，有一小部分供给本厂和附近的用户使用，其余绝大部分要供给其他用电地区和用户。由于发电厂与用电地区和用户之间有较远的距离，而且用电设备电压等级与发电厂的电压等级之间有很大差别，这样就存在远距离高压输电，以及一次和二次变电问题。即发电厂发出的电要经过升压变电站将电压升高（为了减少电能在传输过程中的损耗），由高压输电线路送至距离很远的负荷中心，再经过降压变电站将电压降低到用户所需要的等级，分配给电能用户使用。由此可知，电能从生产到应用，一般需要有五个环节，即发电→输电→变电→配电→用电，其中配电又根据电压等级不同分为高压配电和低压配电。发电、输配电过程示意图如图 9-1 所示。

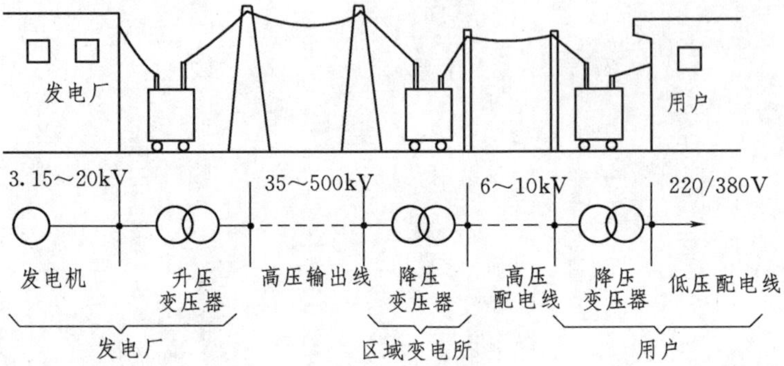

图 9-1　发电、输配电过程示意图

一、电力系统和电力网

1. 电力系统

（1）变电与配电。变电与配电是电力系统中的核心环节，看懂变配电的电气线路图，就能看懂整个电力系统的线路图。变电站的任务是接受电能、变换电压和分配电能，是联系发电厂和用户的中间环节，它表示由地区变电所电源引入→变压→各负载（车间等）的变配电过程。而配电所只担负接受电能和分配电能的任务，因此，它只有电源引入→各负载两个环节，相应的主接线中无变压器，其他则与变电站相同。

变电站和配电所的相同之处在于：一是都担负接受电能和分配电能的任务；二是电气线路中都有引入线（架空线或电缆线）、各种开关电器（如隔离开关、刀开关、高低压断路器）、母线、互感器、避雷器和引出线等。

各用电单位一般都设有中央变电站和车间变电站（小规模的企业往往只有一个变电站）。中央变电站接收送来的电能，然后再分配到各车间以及用电场所的变电站或配电箱（配电板），再从配电箱（配电板）将电能分配给用电设备。低压配电线路的额定电压为220/380V；用电设备的额定电压多数是220V和380V；大功率电动机的电压大多为3kV或6kV；机床照明和矿井安全电压规定为36V。

（2）电力系统。由各种电压等级的电力线路将各种类型的发电厂、变电站和电力用户联系起来的一个发电、输电、变电、配电和用电的整体，称为电力系统。

随着电力生产水平的不断完善和电力用户对电能质量要求的进一步提高，电力部门采用将各发电厂通过联络线路互联起来运行，向电能用户提供电能的方式，不仅能保证供电的可靠性，同时也提高了供电的经济性和电能的质量。

图9-2所示为一个大型电力系统图，它是由两个水力发电厂、一个火力发电厂、一个热电厂等联合供电的大型电力系统。水力发电厂Ⅰ的发电机出口直接接到升压变压器，将电压升高至220kV，采用双回路送电方式将220kV高电压电能输送到系统主网枢纽变电站A。

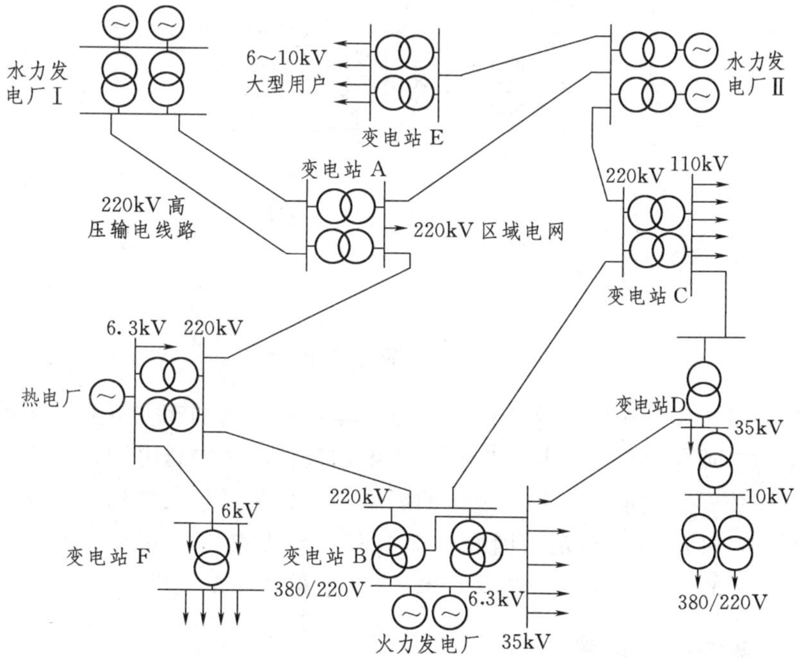

图9-2 某大型电力系统图

水力发电厂Ⅱ将发电机出口电压直接升高到220kV，与大电网相连；同时另一条线路通过降压变电站C将电压降至110kV，然后再通过110kV的高压配电线路送至降压变电站D，出口电压为35kV，可直接送至高压配电网为高压用户供电，也可经过逐级降压为低压配电网供电。热电厂应建于热能用户的中心，发电机出口电压为6kV，可直接对附近用户供电，同时还通过一台升压变压器与220kV大电网相连。火力发电厂的6kV母线通过升压变压器升压到220kV，与大电网相连，其35kV侧向附近高压配电网送电。

图9-2所示系统中变电站A和变电站B、变电站C是电力系统中各发电厂相互联系

的枢纽，称为枢纽变电站或区域变电站。变电站 D、E 和 F 为地区变电站。变电站 C 由 220kV 线路输入电能，降压后，供给地区变电站 D 和 110kV 用户。变电站 E 和变电站 F 都是发电厂附近电能用户降压变电站。

2. 电力网

电力网是连接发电厂和用户的中间环节。电力系统中除发电机和用户以外的部分叫电力网。电力网是由各种不同电压等级的电力线路和各种类型的变电站及输配电设备连接而成的网络。图 9-3 所示为电力网系统示意图。

按电压等级来划分，有 10kV、35kV、110kV、220kV 电网等；也可按地域来划分，如南方电网、华东电网、东北电网等。

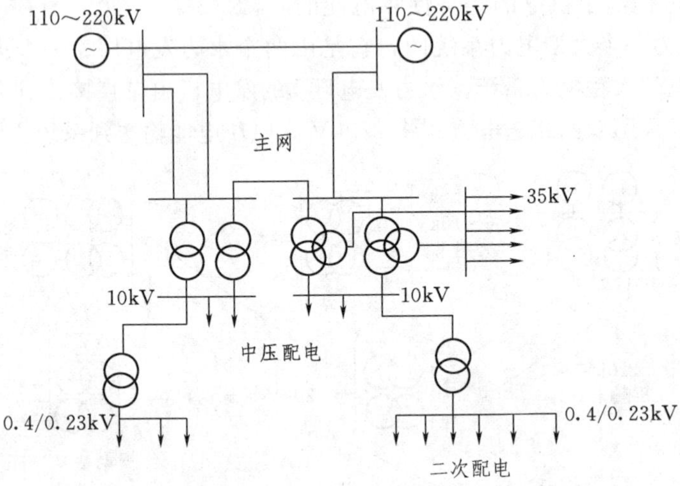

图 9-3 电力网系统示意图

按电力网在电力系统中的功能不同，可分为输电电力网和配电电力网两种。输电电力网是采用高电压（或超高电压）将发电厂、变电站连接起来的送电网络，构成了电力系统的主网架，其作用是将电能送到各个地区的配电网或直接送到大型用户。配电电力网的电压大小根据用户的实际需要确定。因此，配电网又分为电压为 35kV 及以上的高压配电网、电压为 10kV 的中压配电网和电压为 220/380V 的低压配电网。

二、电力系统主要电气设备

1. 电力变压器

电力变压器是发电厂和变电站的主要设备之一。变压器是一种静止的电气设备，用来将某一等级的交流电压转换为频率相同的另一种或几种等级的交流电压，但不改变传输容量。变压器的用途是多方面的，不但需要升高电压把电能送到用电地区，还要把电压降低为各级使用电压，以满足用电的需要。总之升压与降压都必须由变压器来完成。在电力系统中，把以高电压输送的电能降为给用户供电的电压的变压器，称为配电变压器。通常使用的低压供电电压为 220/380V，配电变压器高压侧电压一般为 10kV、35kV，在新的电网中也有 20kV。

三相电力变压器的图形符号根据不同组别和绕组等有所不同。图 9－4 所示为 Y/Y（即 Y，yn0）和△/Y（即 D，yn11）组别的图形符号。

图 9－4　Y/Y（即 Y，yn0）和△/Y（即 D，yn11）组别的图形符号

2. 高压断路器

高压断路器在电路正常时，用来接通或切断负荷电流；在电路发生故障时，用来切断巨大的短路电流。它是高压开关中最重要、最复杂的一种，既能切换正常负载，又可排除短路故障，同时承担着控制和保护双重任务。

断路器具有可靠的灭弧装置，其灭弧能力很强。常用的油断路器是利用触头间产生的电弧使油分解，产生的高压气体对电弧进行吹弧和冷却，将电弧熄灭。它有多油断路器和少油断路器两种。常见的高压断路器有以下三种：

（1）真空断路器——利用真空的高介质强度来熄灭电弧。

（2）六氟化硫断路器——高压六氟化硫（SF_6）断路器是利用六氟化硫气体作为灭弧和绝缘介质的一种断路器。按灭弧方式的不同可分为气吹式、旋弧式和自行灭弧式，而气吹式又有单压式和双压式两种类型。

（3）压缩空气断路器——利用压缩空气强烈地吹弧，使电弧冷却，并清除弧道内的残余游离气体，当电流过零时，使电弧熄灭。压缩空气还可用来维持分、合闸状态下的绝缘。

3. 负荷开关

高压负荷开关是用来在额定电压和额定电流下接通和切断高压电路的专用开关。它只允许接通和开断负荷电流，但不允许开断短路电流，即它仅能作为控制和过载保护元件，不能用作故障保护元件。它与高压熔断器配合使用时，可代替断路器。负荷开关按灭弧介质的不同，分为固体产气式、压气式和油浸式三种。

4. 隔离开关

隔离开关是以空气为绝缘介质，在无负荷的情况下接通或断开电路的电器。它在断开位置时形成明显可见的、足够的断开距离，把需要检修的电器与电源可靠地隔离，以保证检修工作的安全；在合闸状态时，能可靠地通过正常工作电流和短路故障电流。它在配电装置中的用量最多，通常是断路器的 3～4 倍。

5. 高压熔断器

高压熔断器是在电网中人为设置的一个最薄弱的元件，用以保护电器装置免遭过电流或短路电流作用而引起损坏。当过电流流过时，元件本身发热熔断，使电路开断，达到保护电力线路和电气设备的目的。熔断器在电压低于 35kV 的小容量电网中被广泛采用（熔断器的价格最便宜）。熔断器按使用场所分为户内式及户外式两种；按动作性能可分为固定式和自动跌落式两种；按工作特性又可分为有限流作用和无限流作用两种。

6. 成套配电装置

成套配电装置是以断路器为主的成套电器。它主要用于配电系统，作接受与分配电能之用。这类装置的各组成元件，按主接线的要求，以一定顺序布置在一个或几个金属柜内（根据需要，在柜内还可装设控制、测量、保护及调整等设备）。

7. 电流互感器

将电路中流过的大电流变换成小电流（额定值为5A），供给测量仪表（如电流表、电能表、功率表）和继电器的电流线圈，这样就可以用小电流的仪表间接测量大电流。电流互感器通常有一个一次绕组（匝数少）和一个或两个二次绕组（匝数多）。一次绕组是串联在电路中的。一次绕组和二次绕组互相绝缘并且绕在同一个铁芯之上，通过电磁感应，把一次绕组的大电流按一定比例变换成二次绕组的小电流。特别要注意：在使用中电流互感器的二次侧不允许开路。

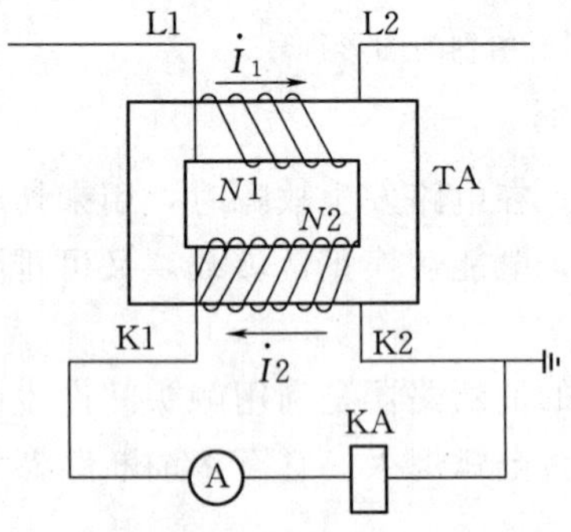

图 9-5　电流互感器

电流互感器的结构原理图如图 9-5 所示。

8. 电压互感器

将高电压（10kV、35kV、110kV 等）降为低电压（一般额定值为 100V），供给测量仪表（如电压表、电能表、功率表）和继电器的电压线圈，这样就可以用低压仪表间接测量高压。电压互感器的基本结构是两个或三个互相绝缘的线圈绕在同一铁芯上所组成，一次绕组匝数多，二次绕组匝数少，通过电磁感应，把高电压按一定比例变换成低电压。电压互感器的一次绕组是与高压电路并联的。特别要注意：在使用中电压互感器的二次侧不允许短路。

电压互感器实质上就是一个降压变压器，原边绕组的匝数多，副边绕组的匝数少，其基本结构原理图如图 9-6 所示。

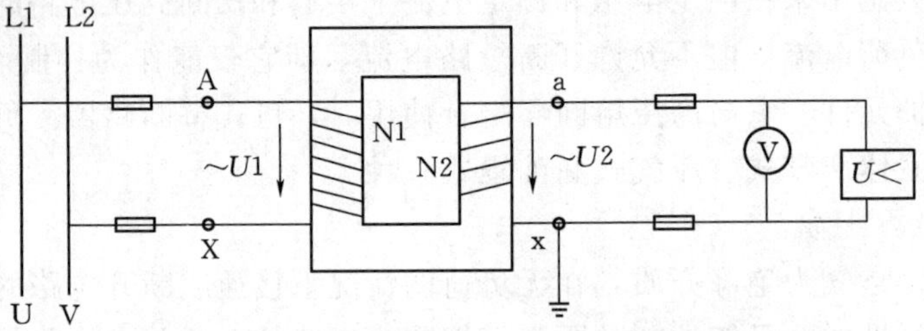

图 9-6　电压互感器基本结构原理图

此外，尚有避雷器、电抗器、电容器等电气设备，不再赘述。

三、电气主接线

电气接线是指电气设备在电路中相互连接的先后顺序。按照电气设备的功能及电压不同，电气接线可分为电气主接线（一次接线）和二次接线。

(1) 电气主接线（一次接线）。泛指发、输、变、配、用电电路的接线。

供电系统的变配电所中承担受电、变压、输送和分配电能任务的电路，称为一次电路（一次接线）或主接线。一次电路中的所有电气设备，如变压器，各种高、低压开关设备，母线、导线和电缆，及作为负载的照明灯和电动机等，称为电气一次设备或一次元器件。

（2）电气二次接线。为保证一次电路正常、安全、经济运行而装设的控制、保护、测量、监察、指示及自动装置电路，称为副电路，也称为二次电路（二次接线）。二次电路中的设备，如控制开关、按钮、脱扣器、继电器、各种电测量仪表、信号灯及警告音响设备、自动装置等，称为二次设备或二次元器件。

对电气主接线的基本要求是：

（1）安全性。符合国家标准有关技术规范的要求，能充分保证人身和设备的安全，能保证维护和检修工作的安全进行。

（2）可靠性。根据用电负荷的等级，保证在各种运行方式下提高供电的连续性，力求满足电力负荷对供电可靠性的要求。

（3）灵活性。接线力求简单、清晰、操作方便。

（4）经济性。在满足以上要求的前提下，应使接线的投资和运行的费用最经济。

（5）发展性。要具有扩展的可能性。

另外，电气主接线的确定与电力负荷的等级、供配电电压、工程项目的规模、要求及投资条件等因素有相当密切的关联。

1. 电气主接线的基本形式

（1）单母线不分段接线。图 9－7 所示为单母线不分段接线。发电厂和变电站接线的基本回路是引出线（简称出线）和电源，其中电源可以是发电机、变压器或其他电源进线。母线 WB 是引出线和电源间的中间环节，它把每一引出线和每一电源线从横向连接起来，使每一引出线都能从每一电源得到电能，所以母线的作用是汇集电能和分配电能，故母线又叫汇流排。

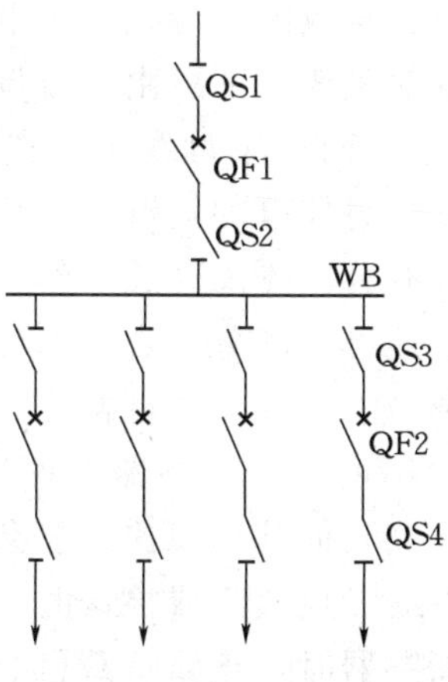

图 9－7　单母线不分段接线（一）

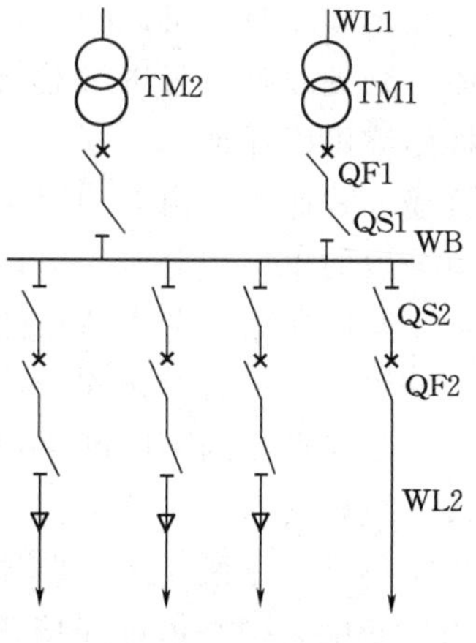

图 9－8　单母线不分段接线（二）

在主接线中，单母线不分段电路是比较简单的主接线方式，母线 WB 是不分段的。每一电源和出线回路中都装有断路器 QF，为了检修断路器，断路器的两侧装有隔离开关 QS。靠近母线侧的称为母线隔离开关，如图 9－7 中的 QS2、QS3，图 9－8 中的 QS1、QS2，靠近线路侧的隔离开关称为线路隔离开关，如图 9－7 中的 QS1、QS4，其作用是防止在检修线路断路器时从用户（负荷）侧反向供电，或防止雷电过电压沿线路侵入，以便保证维修人员安全。因此有关设计规范规定，对 6～10kV 的引出线，在下列情况时应装设线路隔离开关：①有电压反馈可能的出线回路；②架空出线回路。电路的操作顺序为：接通电路时，应先合断路器两侧的隔离开关，再合断路器，切断回路时；应先断开断路器，再断开两侧的隔离开关。

单母线不分段接线的主要优点是：接线简单清晰，操作方便；所用电气设备少，投资和运行费用低，便于扩建和使用成套装置；隔离开关仅在检修时作隔离电压用，并与断路器之间形成可靠的连锁，避免发生误操作。

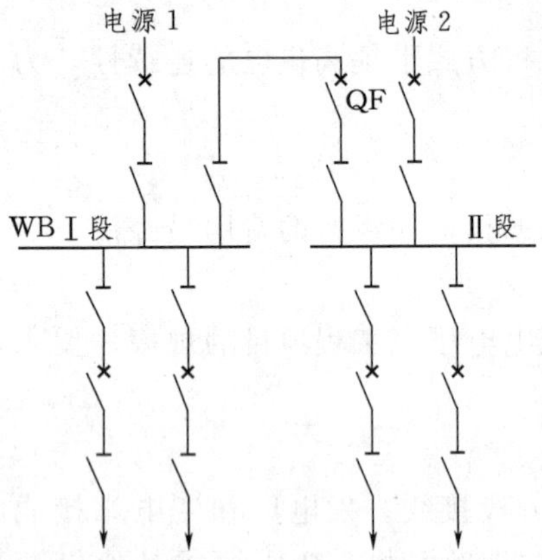

图 9-9 单母线分段接线图

其缺点为：可靠性和灵活性差。当母线发生故障或需要清扫、检修时，就要全部停电；任一台母线隔离开关故障或检修时，必须断开所有回路的电源，从而造成全部用户停电；任一台断路器检修时，断路器所在的电路要停电。所以单母线不分段接线适用于用户对供电连续性要求不高的情况。

（2）单母线分段接线。图 9-9 所示的是单母线分段接线。它是克服不分段单母线存在的工作不够可靠、灵活性差的有效方法。单母线分段根据电源的数目和功率及电网的接线情况来决定，通常每段接一个或两个电源，引出线分别接到各段上，并使各段引出线电能分配应尽量与电源功率相平衡，尽量减少各段之间的功率交换。单母线可以用隔离开关分段，也可以用断路器分段。

采用隔离开关分段的单母线接线，母线检修可分段进行，可靠性较高。因为当某一段母线或隔离开关发生故障时，可以分段检修，所以只影响故障段母线的供电，且经过倒闸操作切除故障段，则无故障段可以继续运行；另外，对重要负荷可由两段母线即两个电源同时供电。这样始终可以保证 50%左右容量不停电，因而比单母线不分段接线的可靠性有所提高。该接线方式适用于由双回路供电的、允许短时停电的具有二级负荷的用户。

采用断路器分段的单母线分段，分段断路器除具有分段隔离开关的作用外，该断路器还装有继电保护，除能切断负荷电流或故障电流外，还可自动分、合闸。母线检修时不会引起正常母线段的停电，可直接操作分段断路器，断开隔离开关进行检修，其余各段母线继续运行，保证正常段母线的不间断供电。在母线故障时，分段断路器的继电保护动作，自动切除故障段母线，所以该接线方式可靠性有所提高，但其接线比较复杂，投资较高。

无论是采用隔离开关分段还是断路器分段，在母线发生故障或检修时，都不可避免地使该段母线的用户断电。检修单母线接线引出线的断路器时，该路负载也必须停电。

由此可见，单母线分段比单母线不分段提高了供电可靠性和灵活性，但它的接线方式比不分段复杂，投资较多，供电可靠性还不够高，一般适用于三级负荷及二级负荷。

（3）带旁路母线的单母线接线。为了克服以上两种单母线分段接线的缺点，保证检修时不中断对用户的供电，采用单母线分段接线时，可增设旁路母线，如图 9-10 所示。

图 9-10 中专设的旁路母线 WB2 通过旁路断路器 QF13 和 QF23 分别与母线 WBⅠ段、母线 WBⅡ段连接。各旁路断路器的两端装有隔离开关 QS15、QS16、QS25 和 QS26，供旁路断路器检修时使用。每一出线回路分别通过旁路隔离开关 QS17、QS18、

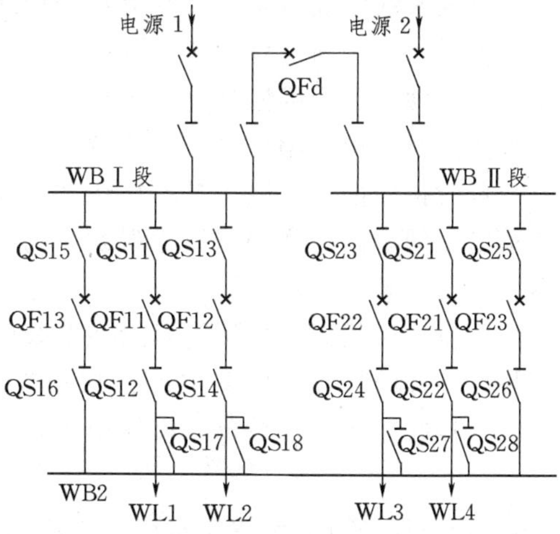

图 9-10　带旁路母线的单母线分段接线

QS27 和 QS28 等与旁路母线 WB2 相连。在正常工作时，旁路断路器 QF13 和 QF23 及其两侧的隔离开关，以及各出线回路上的隔离开关都是断开的。当出线 WL1 的断路器 QF11 要检修时，首先合上旁路断路器 QF13 两侧的隔离开关，再合上旁路断路器 QF13，检查旁路母线是否完好。若旁路母线正常，断开旁路断路器 QF13，合上出线 WL1 的旁路隔离开关 QS17 后，再合上 QF13，然后断开出线 WL1 的断路器 QF11，再断开断路器 QF11 两侧的隔离开关 QS12 和 QS11。这样，就由旁路断路器 QF13 代替 QF11 工作，QF11 便可以检修，而出线 WL1 的供电不致中断。供电回路为：电源 1→母线 WBⅠ段→QS15→QF13→QS16→WB2→QS17→WL1。同样某一分段母线需要检修时，该段的重要用户也可以通过旁路母线进行供电。

（4）双母线接线。

1）双母线不分段接线。图 9-11 所示的是双母线不分段接线，一组为工作母线，一组为备用母线，两母线通过母线联络断路器 QF3 连接。

双母线接线与单母线接线的根本区别是每一电源和每一出线的电路都经过一台断路器和两组母线隔离开关分别与两组母线连接。

与单母线分段接线相比设备增多、配电线路布置复杂。

2）双母线分段接线。图 9-12 所示的是双母线分段接线。双母线分段主接线的分段断路器将工作母线 WB1 分为 WB11 和 WB12，每段工作母线通过各自的母线联络断路器与备用母线 WB2 相连。电源回路和出线回路均匀分布在两段工作母线 WB11 和 WB12 上。这种接线有较高的可靠性和灵活性。

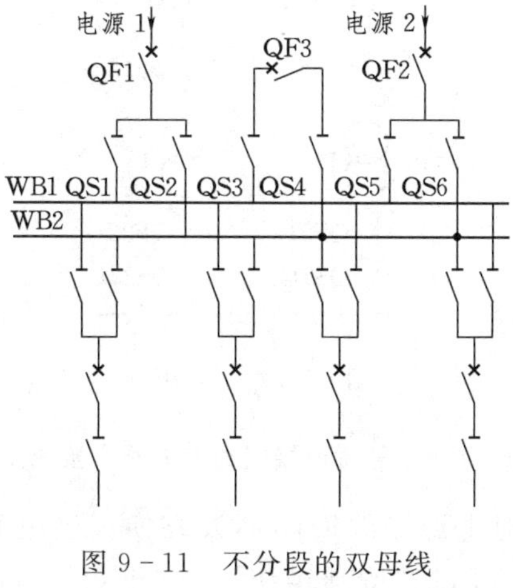

图 9-11　不分段的双母线

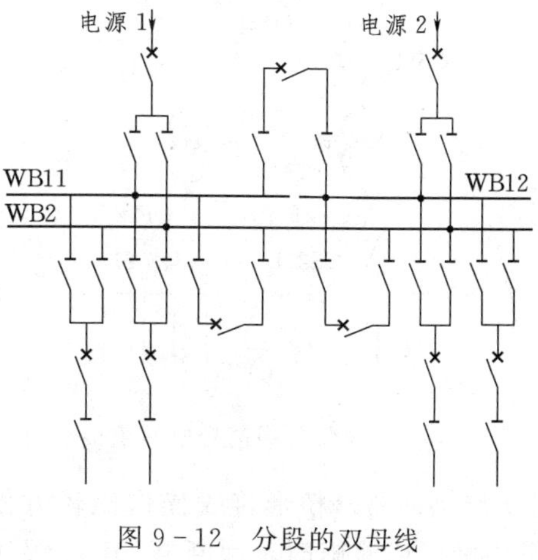

图 9-12　分段的双母线

双母线接线的优点是：①轮流检修母线时，不中断对用户的供电；②检修任一回路的隔离开关时，只需断开该回路。③工作母线发生故障时，可以把电源和出线都切换到备用母线上去，使线路全部恢复正常供电；④任一回路运行中的断路器，如果拒绝动作或因故不允许操作时，可利用母联开关代替来断开该回路。

双母线接线的主要缺点是：接线和操作比较复杂；在倒闸操作时，用隔离断路器切换有负荷电流的线路，增加了发生误操作的可能性；隔离开关多，配电装置结构复杂，经济性差。

(5) 桥形接线。桥形接线是指在两线路—变压器组接线的高压侧间连接一个断路器，如“桥”一样跨接在两线路之间。根据连接“桥”的位置不同，分为内桥形和外桥形两种。桥形接线要比分段单母线接线简化，它减少了断路器的数量，四回电路只采用三台断路器。

1) 内桥形接线。一次侧采用内桥接线、二次侧采用单母线分段的总降压变电站主接线图如图 9－13 所示。跨接桥靠近变压器侧，桥开关 QF10 装在线路断路器 QF11 和 QF12 的内侧，靠近变压器，变压器回路仅装隔离开关，不装断路器。内桥形接线可提高改变输电线路（WL1 与 WL2）运行方式的灵活性。当线路 WL1 需要检修时，断路器 QF11 断开，此时变压器 T1 可由线路 WL2 经过横连桥继续受电，而不致停电。同理，当断路器 QF11 或 QF12 需要检修时，借助于横连桥的作用，使两台电力变压器仍能始终维持正常运行。而当变压器回路（如 T1）发生故障或检修时，须断开 QF11、QF10，经过“倒闸操作”，拉开 QF21、QS113，再闭合 QF11 和 QF10，方能恢复正常供电。

2) 外桥形接线。一次侧采用外桥接线、二次侧采用单母线分段的总降压变电站主接线图如图 9－14 所示。跨接桥靠近线路侧，桥断路器 QF10 安装在变压器断路器 QF11 和 QF12 之外，故称为外桥形。在进线回路仅装隔离开关，不装断路器。

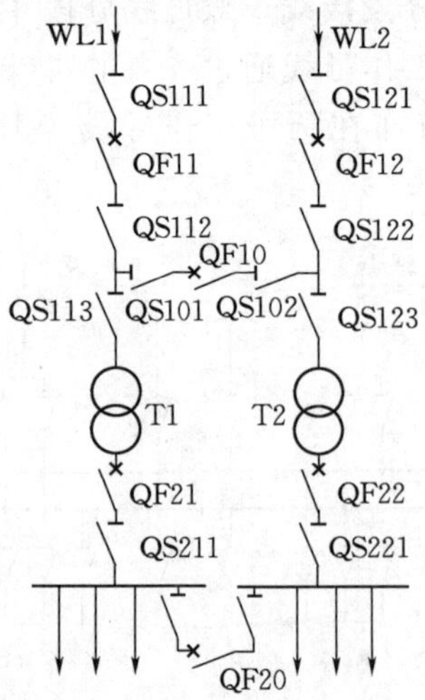

图 9－13　内桥形接线的变电站主接线图

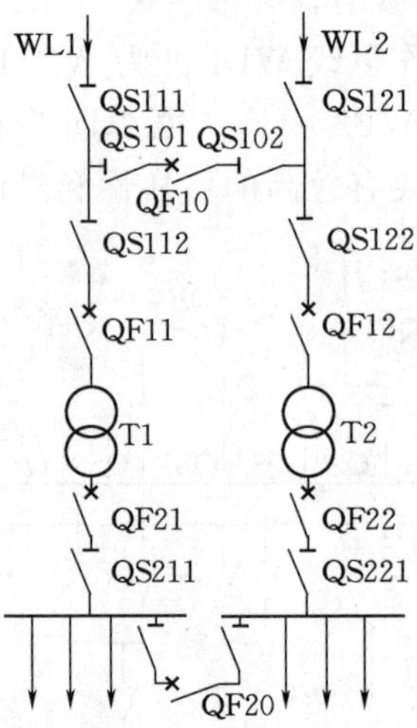

图 9－14　外桥形接线的变电站主接线图

对变压器回路外桥形接线操作比较方便，但对电源进线回路不太方便。当电源线路 WL2 发生故障或检修时，须断开 QF12 及 QF10，经过“倒闸操作”，拉开 QS121，再闭合 QF12 和 QF10，方能恢复正常供电。当变压器 T1 发生故障或检修时，需断开 QF11，投入 QF10（其两侧的 QS 先闭合），使两路电源进线又恢复并列运行。

桥形接线的接线简单，使用设备少，并易于发展成为单母线分段和双母线接线。

（6）角形连接。当母线闭合成环形，并按回路数利用断路器分段，即构成角形接线。图 9-15 为四角形接线。角形接线中，断路器数等于回路数，且每个回路都与 2 台断路器相连接，检修任意一台断路器时不致中断供电，隔离开关只用于检修，从而具有较高的可靠性和灵活性，运行操作方便。但在检修断路器（如 QF1）时，将开环运行。此时，如恰好发生断路器（如 QF2）事故跳闸，则造成系统解列或分成两半运行，甚至造成停电事故。注意：应将电源和馈线回路相互交替错开布置或按对角原则连接，将会提高供电可靠性。

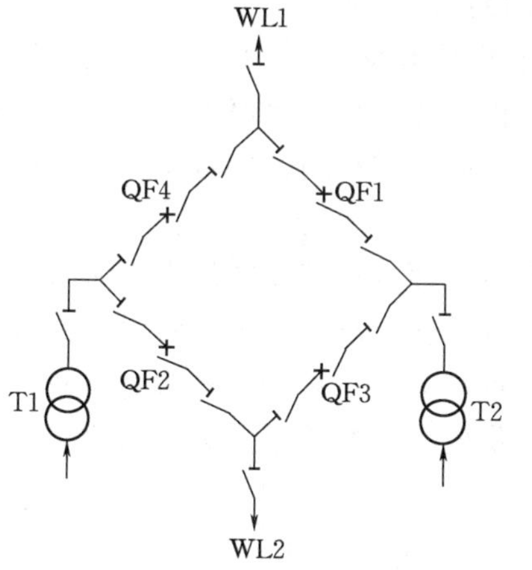

图 9-15　角形接线图

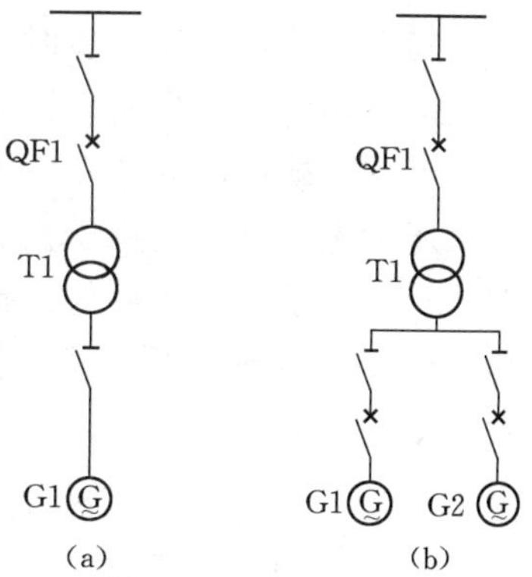

图 9-16　单元接线图

角形接线在开环和闭环两种运行状态时，所通过的电流差别很大，可能使设备选择造成困难，并使继电保护复杂化。此外，角形接线也不便于扩建。

（7）单元接线。电力接线中将某些元件串联连接，其间没有任何横向连接的接线，称为单元接线。单元接线有发电机—变压器单元接线和变压器—线路单元接线。这里只对前者进行说明。

发电机—变压器单元接线如图 9-16 所示。图 9-16（a）为 1 台发电机与 1 台双绕组变压器连接成为一个单元，电能通过高压断路器送入电网。在这种接线中，发电机和变压器不单独工作，故变压器和发电机容量基本相同，且两者之间不装设断路器，为了便于对发电机单独进行试验，可装一组隔离开关。

为了减少变压器的台数和高压侧断路器数量，可将 2 台发电机和 1 台变压器相连接，称为扩大单元接线，如图 9-16（b）所示。当机组台数较多时，可采用这种接线，对减少占地面积和配电装置的布置较有利，但在运行上的灵活性较差，在检修变压器时，须停 2 台发电机，产生的影响较大。

单元接线具有接线简单，设备少，操作方便，没有发电机电压母线，可减少发电机出口侧的短路电流等优点，目前在大容量机组的水力和火力发电厂中得到广泛应用。

2. 配电线路的连接方式

电力线路是电力系统的重要组成部分，担负着输送和分配电能的重要任务。电力线路接线方式有三种，即放射式、树干式和环形式。

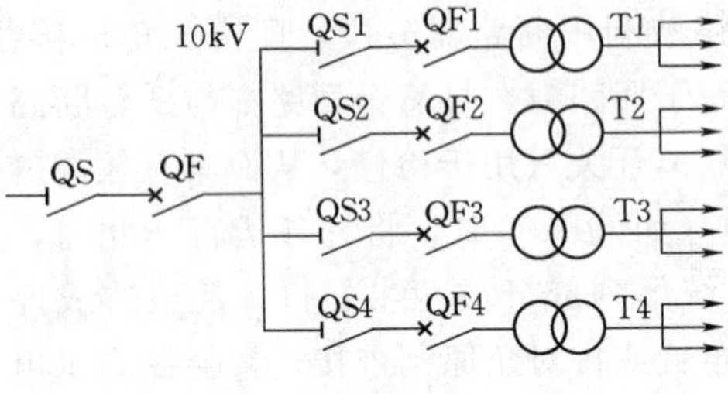

图 9－17 放射式接线方式

(1) 放射式。该方式是由电源母线直接向各用电点供电的配电方式，如图 9－17 所示，工厂的配电所的母线直接引出 4 条馈线给车间变电所的 4 台变压器。这种接线方式的特点是：各供电线路互不影响，一条支路出现故障时，只能影响本支路的供电，因此供电可靠性比较高。线路敷设简单，操作维护方便，保护简单，而且便于装设自动装置，便于集中管理和控制。

放射式接线方式的缺点是：总降压变电站的出线较多，需用开关柜数量多，投资较大；当任一线路或断路器发生故障时，由该线路供电的负荷就要停电。

为提高供电可靠性，可采用双回路放射式接线系统或采用公共备用线路供电，采用公共备用线路供电的方式如图 9－18 所示。

放射式低压配电线路主要用于负载点比较分散，而各负载点的用电设备又相对集中的场所。如图 9－19 所示为低压放射式接线，其特点是各引出线发生故障时互不影响，供电可靠性较高，但是一般情况下，其有色金属消耗量较多，采用的开关设备也较多，所以一次性投资大。放射式接线多用于设备容量大或对供电可靠性要求高的设备供电。

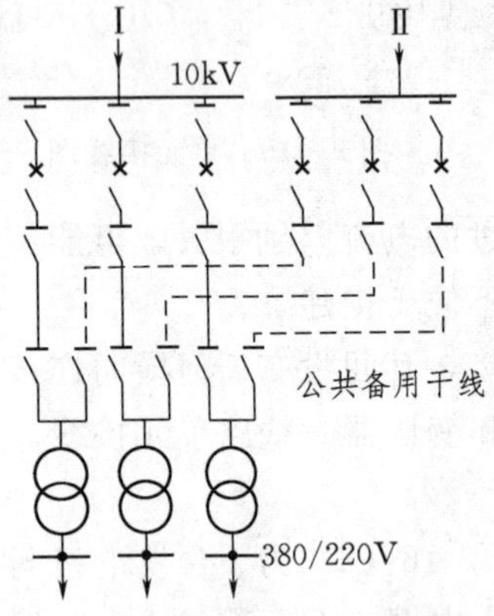

图 9－18 有公共备用干线的放射式线路

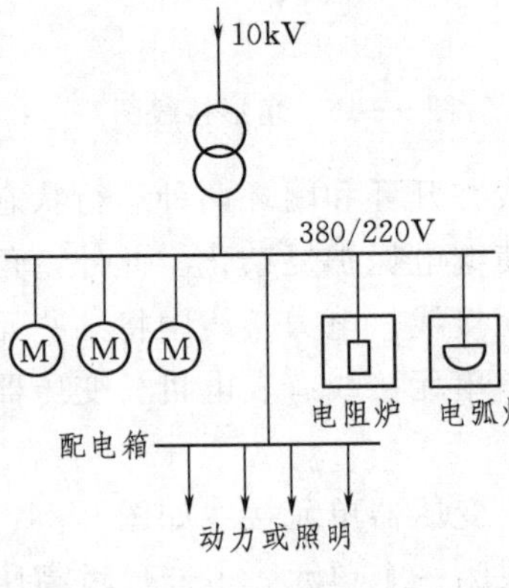

图 9－19 低压放射式接线方式

(2) 树干式。树干式接线方式是由一条干线上分支出若干条支线的配电方式，就是由总降压变电站（或总配电所）引出的每路配电干线沿厂区道路架空敷设，每个车间变电站或负荷点都从该干线上直接接出分支线供电，如图 9－20 所示。这种接线方式的特点是：总降压变电站 10kV 的配电装置数量减少，出线减少，所以在多数情况下能减少线路的有色金属消耗量，降低线路损耗；采用的高压开关设备少，投资较省，主要用于负载点相对集中的居民用电系统，各负载距配电箱（配电板）较近，负载位置相对比较均匀地分布在一条线（如车间的照明线路）上的场所。

这种接线的缺点是：供电可靠性差，只要干线出现故障或检修时，接于该干线上的所有用户都得停电，影响范围较大。树干式接线方式只适用于三级负荷。为了充分发挥树干式接线方式的优点，尽可能地减轻其缺点所造成的影响，可采用如图 9－21 所示的双树干线供电或两端供电的接线方式，以提高供电可靠性。

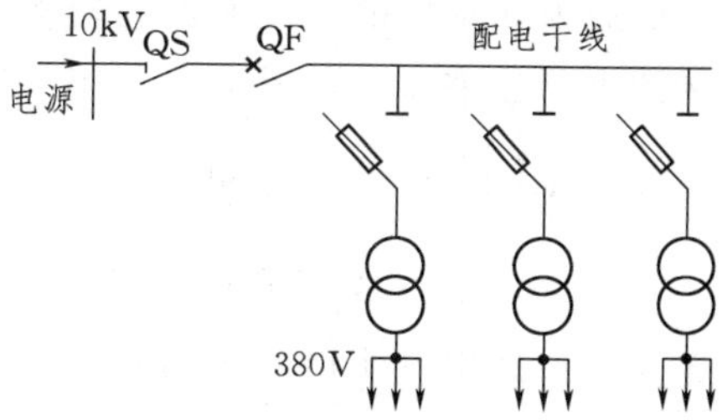

图 9－20　树干式接线方式

（3）环形式。环形式接线是由两条线路（或两电源）同时向同一负荷点供电的方式，如图 9－22 所示。这种接线在现代化城市电网中应用很广。其特点是：供电可靠性高，任何一条线路出现故障或检修时均不会导致供电中断，但供电线路造价高，对继电保护装置及其整定比较麻烦，如配合不当容易发生误动作，反而扩大故障时的停电范围。因此，为了避免环形线路上发生故障时影响整个电网，便于实现线路保护的选择性，大多数环形线路常常采用开环运行，一旦发生故障，可把故障线路切开，投入闭环。对于重要的用电设备，可设一路进线为正常电源，另一路进线为备用电源，并装设备用电源自动投入装置。

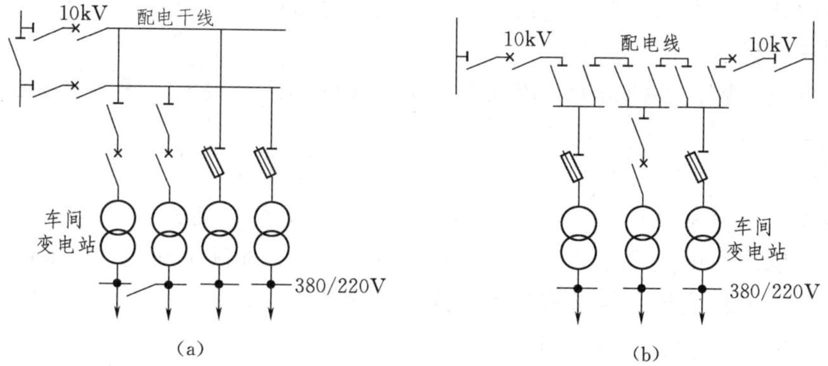

图 9－21　双树干线供电和两端电源供电的接线图

（a）双树干线供电；（b）两端电源供电

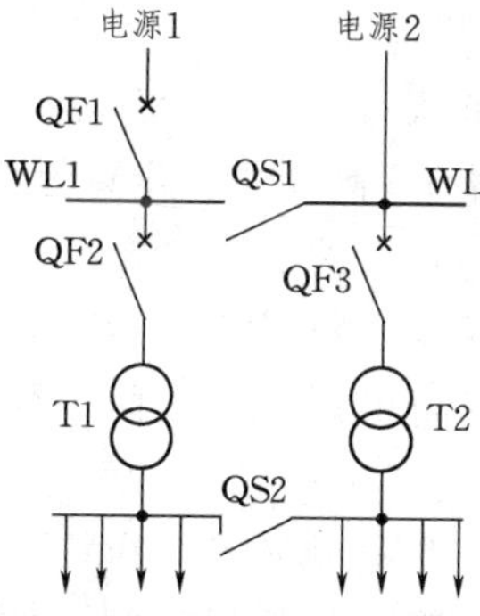

图 9－22　环形式接线方式

例如，在图 9－22 中，当双进线（二回路）电源正常，WL1、WL2、T1、T2 都正常时，可把 QS1、QS2 断开，各自以放射式向相应的负荷点供电。当电流 1 进线出现故障时（QF1 断开），由 QS1"闭环"就可提供 T1 的电源；当 WL1 出现故障时，QS2 合上，T1 的负荷就可由 T2 来供电。

环形式接线的供电通常宜使两路干线所担负的容量尽可能地接近，所用的导线截面相同。

实际上，工厂配电系统往往是几种接线方式的组合，依具体情况而定。不过一般地说，工厂配电系统宜优先考虑采用放射式，因为放射式的供电可靠性较高，且便于运行管理。但放射式采用的高压断路器较多，投资较大，因此对于供电可靠性要求不高的辅助生产区和生活住宅区，可考虑采用树干式或环形配电，比较经济。

四、识读电气主接线图

1. 发电厂的电气主接线图

发电厂的电气主电路担负发电、变电（升压）、输电的任务。发电厂附近有电力用户时，它还有直配供电的任务。

工矿企业和相当多的电力用户有自发电设备，则自备发电站的主电路担负有发电、变电、输配电的任务。在用低压发电机时，低压负荷可直配；采用高压发电机发电的，要经过变压器降压后供电给低压负荷。

发电厂的装机容量差别很大，因而电气主接线的形式有很多。图 9－23 是某一小型发电厂的电气主接线图。

下面对图 9－23 进行分析。

（1）发电厂的概况及负荷。该电厂为小型水力发电厂，装机容量为 4×1600kW。它离城镇较近，除了向电网输送 35kV 电能外，还要向附近地区负荷输送 10kV 电能。

考虑到电厂的总装机容量及有较大的附近地区负荷，以及最大可能输电给 35kV 系统电力等因素，35kV 主变压器容量选为 6300kVA。

附近地区负荷与发电厂距离不远，且与 10kV 系统连接，加之与所采用的发电机出口电压（6.3kV）直配线相比，除提高电能质量、减少输电损耗之外，10kV 变压器对发电机的过电压保护极为有利，因此，将电厂发电机电压 6.3kV 经升压变压器 T2（容量为 2500kVA）升为 10.5kV 后向附近地区供电。

（2）电气主接线的形式。该发电厂的电气主接线有下列两种形式：

1）单母线不分段接线。4 台发电机的 6kV 汇流母线及变压器 T2 高压侧 10kV 母线，均采用了单母线不分段接线的形式。

2）变压器—线路单元接线。该电厂 35kV 高压侧只有一回出线，采用变压器—线路单元接线，不仅可以简化接线，而且使 35kV 户外配电装置的布置简单紧凑，从而减少了占地面积和费用。

另外，该电厂采用两台容量各为 200kVA 的厂用变压器，分别从 6kV 和 10kV 母线取得电源，双电源提高了厂用电供电的可靠性。但是，由于这两台变压器低压侧的相位不一定相同，因此，厂用电低压 220/380V 母线应分段运行，即厂用电低压母线的主接线形式应为单母线分段，而且一般常用单母线断路器分段的形式。

2. 工厂变配电站电气主接线图

某工厂变电站是将 6～10kV 电压降为 220/380V 的终端变电站，其主接线也比较简单。一般用 1～2 台主变压器。它与车间变电站的主要不同之处在于：

（1）变压器高压侧有计量、进线、操作用的高压开关柜，因此须配有高压控制室。一般高压控制室与低压配电室是分设的，但只有一台变压器且容量较小的工厂变电站，其高压开关柜只有 2～3 台，故允许两者合在一室，但要符合操作及安全规定。

（2）小型工厂变电站的电气主接线要比车间变电所复杂。

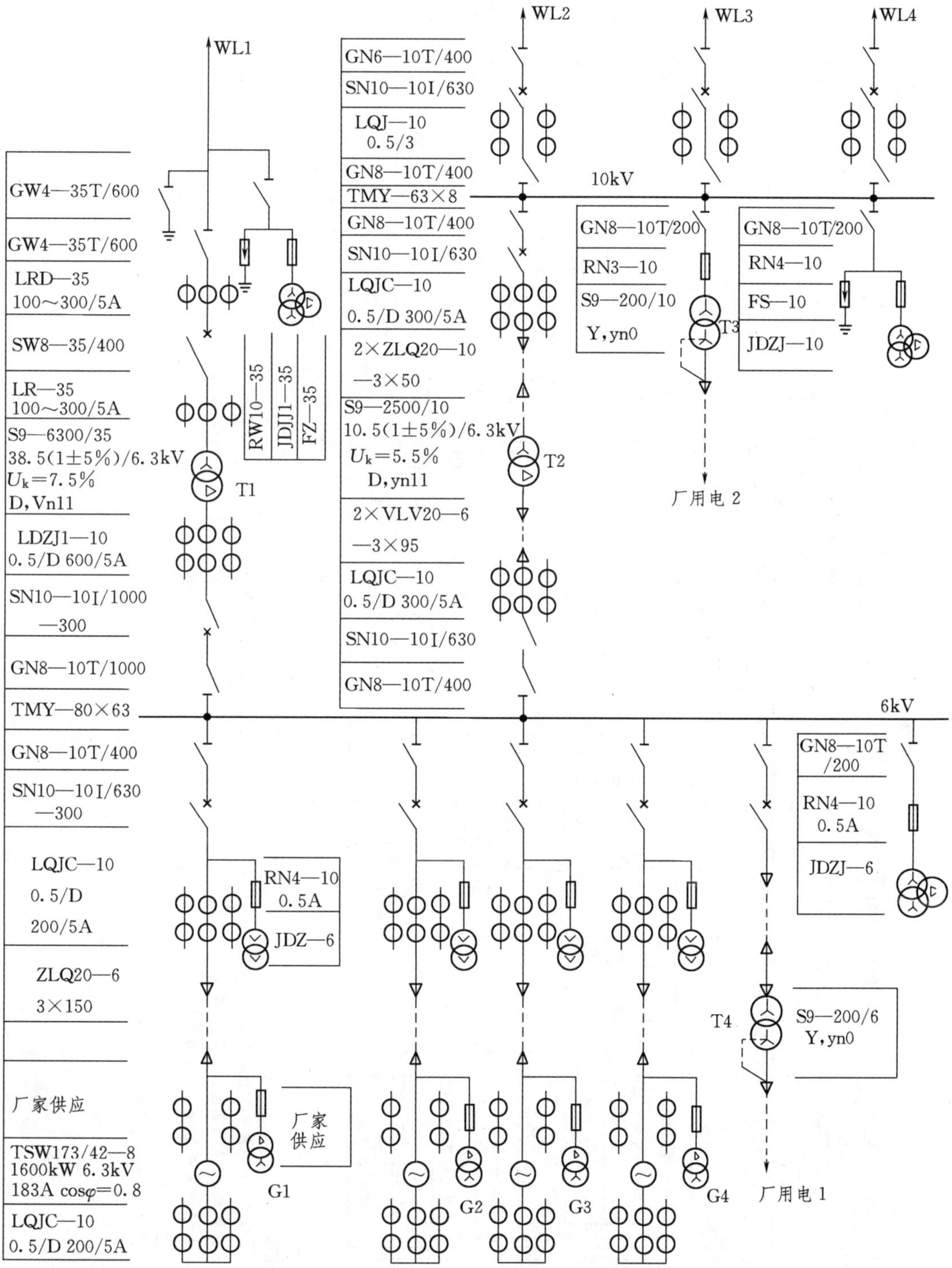

图 9-23 某小型发电厂电气主接线图

现以图 9-24 和图 9-25 所示某工厂 10/0.4kV 变电站高、低压侧电气主接线图为例

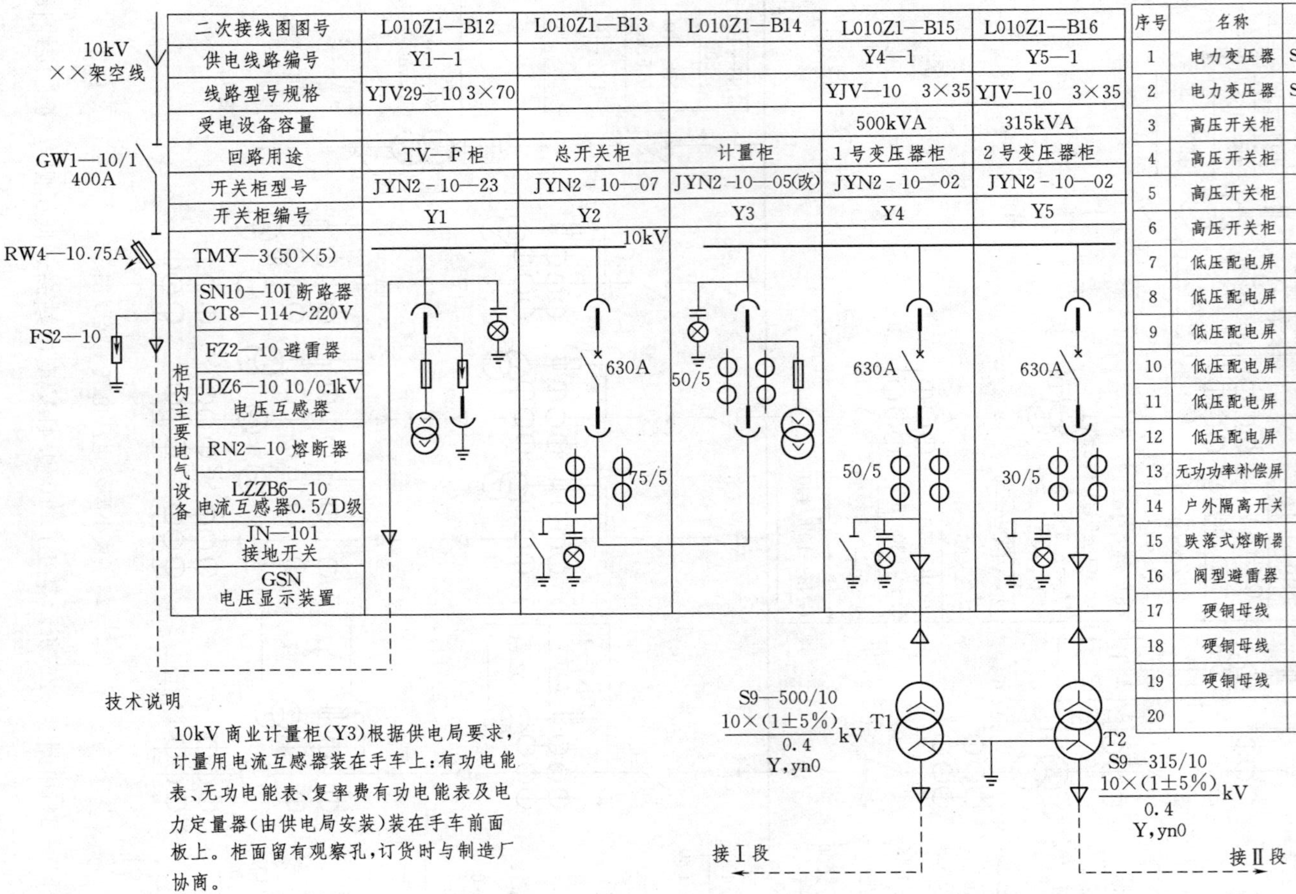

技术说明

10kV 商业计量柜(Y3)根据供电局要求，计量用电流互感器装在手车上：有功电能表、无功电能表、复率费有功电能表及电力定量器(由供电局安装)装在手车前面板上。柜面留有观察孔，订货时与制造厂协商。

主要电气设备材料明细表

序号	名称	型号规格	单位	数量	备注
1	电力变压器	S9-500/10,10/0.4kV	台	1	
2	电力变压器	S9-315/10,10/0.4kV	台	1	
3	高压开关柜	JYN2-10—23	台	1	
4	高压开关柜	JYN2-10—07	台	1	
5	高压开关柜	JYN2-10—05	台	1	改
6	高压开关柜	JYN2-10—02	台	2	
7	低压配电屏	PGL2—01	台	2	
8	低压配电屏	PGL2—06C—01	台	1	
9	低压配电屏	PGL2—06C—02	台	2	
10	低压配电屏	PGL2—28—06	台	7	
11	低压配电屏	PGL2-40—01(改)	台	1	
12	低压配电屏	PGL2-07D—01	台	1	
13	无功功率补偿屏	PGJ1—2	台	2	
14	户外隔离开关	GW1—10/L400A	组	1	
15	跌落式熔断器	RW4—10.75A	组	1	
16	阀型避雷器	FS2—10	组	1	
17	硬铜母线	TMY—60×6	m		
18	硬铜母线	TMY—50×6	m		
19	硬铜母线	TMY—30×4	m		
20					

图 9-24　某工厂变电站 10/0.4kV 电气主接线图

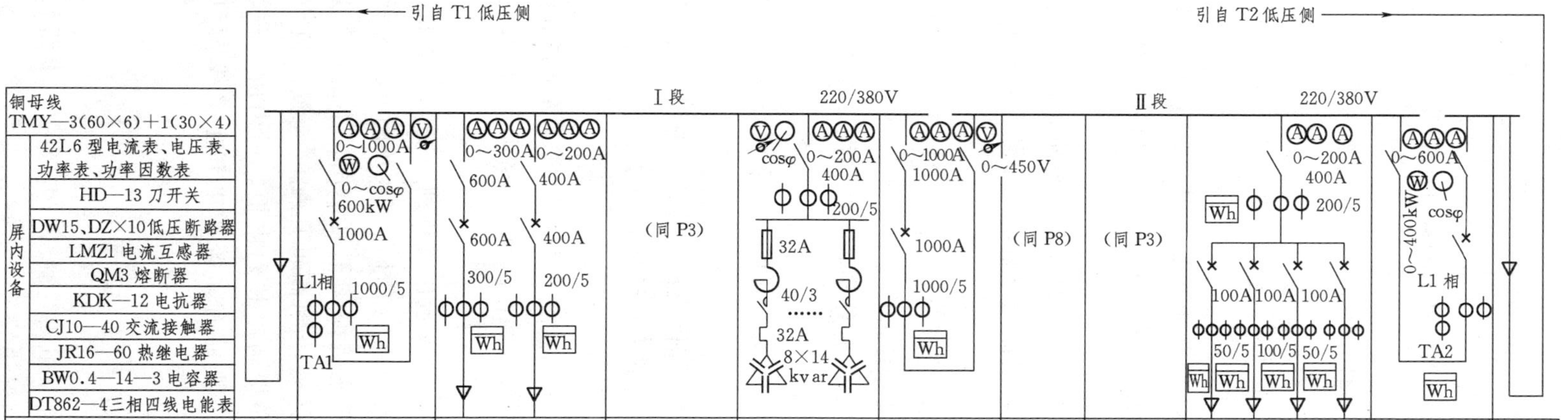

配电屏编号	P1	P2	P3		P4～P7	P8	P9	P10	P11、P12	P13				P14	P15
配电屏型号	PGL2—01	PGL2-06C—01	PGL2-28—06		PGL2-28—06	PGJ1—2	PGL2-06C—02	PGJ1—2	PGL2-28—06	PGL2-40—01 改				PGL2-07D—01	PGL2—01
配电线路编号	PX1		PX3—1	PX3—2	PX4—PX7				PX11、PX12	PX13—1	PX13—2	PX13—3	PX13—4		PX15
用途	电缆受电	1号变低压总开关	工装、恒温车间动力	机修车间动力	锻工、金工、冲压、装配等车间动力	电容自动补偿(1)	低压联络	电容自动补偿(2)	热处理车间等及备用	办公楼照明	生活区照明	防空洞照明	备用	2号变低压总开关	电缆受电
回路计算电流(A)		750	300	200	200～300		750		60～400	50	100	50		600	
低压断路器脱扣器额定电流/A		1000	400	300	300～400		1000		100～600	80	100	80	100	800	
低压断路器瞬时脱扣器额定电流(A)		3000	1200	900	900～1200		3000		500～1800	800	1000	800	1000	2400	
配电线路型号规格	3(VV—1 1×500)		VV29—13×150+1×50	VV29—1 3×9.5+1×35						VV29—1 3×35+1×10	同左	同左	同左		3(VV—1—1×500)
二次接线图图号		QZA、354、223	QZA、354、240		同 P3		QZA、354、224		QZA、354、240	QZA、354、140(改)				QZA、354、223	
备注	电缆无铠装	TA1 为电容补偿屏(1)用	Wh 为 DT862 220/380V		同 P3	112kvar		112kvar	Wh为DT862 220/380V	Wh 为三相四线 屏宽改为 800mm				TA2为电容屏(2)用	电缆无铠装

技术说明

1. 低压 P13 配电屏为厂区生活用电专用屏，根据供电局要求安装计费有功电能表。在屏前上部装有加锁的封闭计量小室，屏面有观察孔。订货时与制造厂协调。
2. 柜及屏外壳均为仿苹果绿色烘漆。
3. TA1～TA2 至各电容器屏均用 BV—500(2×2.5)线，外包绝缘带。
4. 本图中除 P2、P9、P14 外，均选用 DZX10 型低压断路器。

图 9-25　某工厂变电站 380V 电气主接线图

分析如下。

(1) 电源。本厂电源由地区变电站经一回4km长架空线路获取，进入厂区后用10kV电缆引入10/0.4kV变电站。

(2) 主接线形式。10kV高压侧为单母线隔离插头（相当于隔离开关功能，但结构不同）分段，220/380V低压侧为单母线断路器分段。

(3) 主变压器。采用低损耗的S9—500/10、S9—315/10电力变压器各一台，降压后经电缆分别将电能输往低压母线Ⅰ、Ⅱ段。

(4) 高压侧。采用JYN2—10型交流金属封闭型移开式高压开关柜5台，编号分别为Y1～Y5。Y1为电压互感器—避雷器柜，供测量仪表电压线圈、作交流操作电源及防雷保护用；Y2为通断高压侧电源的总开关柜；Y3是供计量电能及限电用（有电力定量器）；Y4、Y5分别为两台主变压器的操作柜。高压开关柜还装有控制、保护、测量、指示等二次回路设备。

(5) 低压部分。220/380V低压母线为单母线经断路器分段。单母线断路器分段的两段母线Ⅰ、Ⅱ分别经编号为P3～7、P11～13的PGL2型低压配电屏配电给全厂生产、办公、生活的动力和照明负荷。

P1、P2、P9、P14、P15各低压配电屏用于引入电能或分段联络；P8、P10是为了提高电路的功率因数而装设的PGJ1—2型无功功率自动补偿静电电容器屏。

在图9-25中，因图幅限制，P4～P7、P10～P12没有分别画出接线图，在工程设计图中是应详细画出的。

本厂为小型电器类工厂，属三级负荷。运行实践表明，其供电可靠性、安全性都比较好。

(6) 识读工厂变配电站电气主接线图的大致步骤。读标题栏→看技术说明→读接线图（可由电源到负载，从高压到低压，从左到右，从上到下依次读图）→了解主要电气设备材料明细表。

电气主接线图在负荷计算、功率因数补偿计算、短路电流计算、电气设备选择和校验后才能绘制，它是电气设计计算、订货、安装、制作模拟操作图及变电站运行维护的重要依据。

既表示主电路中各元件及装置的相互连接关系，又表示出其排列、安装位置的主电路图，也称为装置式主电路图，或装置式电气主接线图，如图9-24及图9-25所示。在电气设计中，系统式电气主接线图和装置式电气主接线图都有使用。不过，若只画系统式电气主接线图，为订货及安装起见，还要另外绘制高低压配电装置（柜、屏）的订货图。图中要具体表达出柜、屏相互位置，详细画出和列出柜、屏内所有一、二次电气设备。很明显，完整的装置式电气主接线图则兼有系统式电气主接线图和柜、屏订货图两者的作用。

3. 照明配电系统主接线

(1) 照明配电系统的分类。

1) 按接线方式分类。可分为单相制（220V）与三相四线制（220/380V）电路两种。少数也有因接地线与接零线分开而成单相三线和三相五线的。

2）按工作方式分类。可分为一般照明和局部照明两大类。一般照明是指工作场所的普遍性照明；局部照明是在需要加强照度的个别工作地点安装的照明。大多数工厂车间采用混合照明，即既有一般照明，又有局部照明。

3）按工作性质分类。有工作照明、事故照明和生活照明三类。工作照明就是正常工作时使用的照明；事故照明是在工作照明发生故障停电时，在重要的变配电站及其他重要工作场所设置的事故后专用照明。

4）按安装地点分类。有室内照明和室外照明。其中室外照明有道路交通、安全保卫、仓库料场、厂区、港口以及室外运动场地等的照明。

（2）照明配电系统的常用主接线示例。

1）单相制接线。这种接线十分简单，当照明容量较小、不影响整个工厂供电系统的三相负荷平衡时，可采用此接线方式，如图 9－26 所示。

2）三相四线制接线。当照明容量较大时，为了使供电系统三相负荷尽可能平衡，应把照明负荷均衡地分配到三相线路上。一般厂房、大型车间、住宅楼、院校等都采用 220/380V 三相四线制供电这种配电方式，如图 9－27 所示。

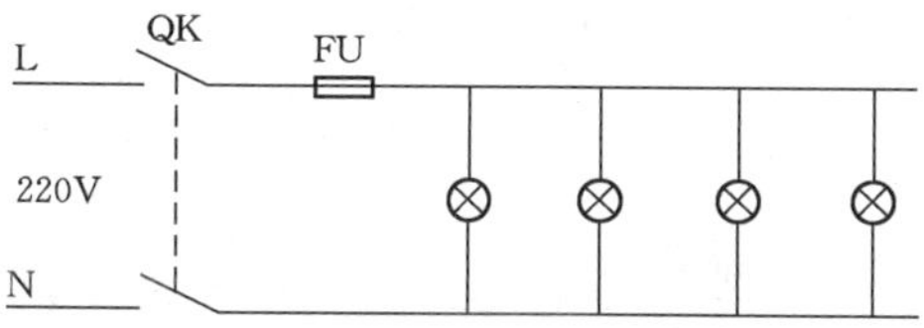

图 9－26　单相制照明配电主接线

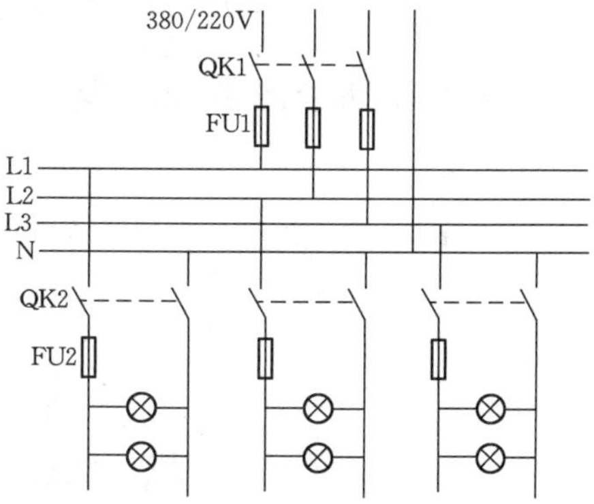

图 9－27　三相四线制照明配电主接线

第二节　电气控制线路图

一、两地点动和单向启动控制线路

1. 识图指导

图 9－28 所示电路为一例两地点动和单向启动控制线路，适用于需连续或断续单向运行，并且可两地操作控制的生产机械上。

控制线路的保护元件由熔断器 FU1 与熔断器 FU2 组成，分别作主电路和控制电路的短路保护，热继电器 FR 为电动机的过载保护。

主电路由开关 QS、熔断器 FU1、接触器 KM 主触点、热继电器 FR 和电动机 M 组成。控制电路由熔断器 FU2，启动按钮 SB3、SB4、SB5、SB6，停止按钮 SB1、SB2，热继电器 FR 动断触点和接触器 KM 组成。

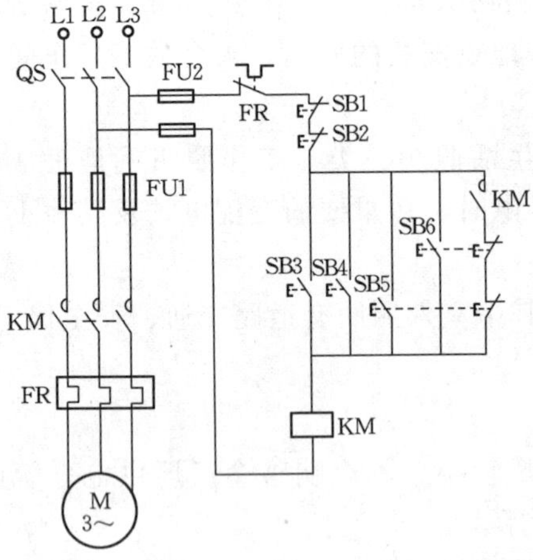

图 9－28　两地点动和单向启动控制线路

2. 工作原理

图 9－28 电路包括 2 组按钮：一组为停止按钮 SB1、单向启动按钮 SB3 和点动按钮 SB5，另一组为停止按钮 SB2、单向启动按钮 SB4 和点动按钮 SB6。这两组按钮可安装在两个地点，作两地控制用。

合上电源开关 QS，按下启动按钮 SB3，接触器线圈 KM 得电，主触头 KM 闭合，辅助触头 KM 闭合自锁，电动机作单向连续运转。如需点动，则按下点动按钮 SB5。由于按钮 SB5 的动断触点串联在辅助触头 KM 的回路上，按下点动按钮 SB5 的同时闭合自锁线路被切断，点动按钮动合触点直接接通控制线路，所以电动机作断续运转。同理，当按下点动按钮 SB6 时，电动机也作断续运转。再按下启动按钮 SB4 时，电动机又可作单向连续运转。

如要电动机停止，可以按停止按钮 SB1 或 SB2。

二、带点动功能的自动往返控制线路

1. 识图指导

图 9－29 是一例装有点动装置的全自动可逆控制线路。

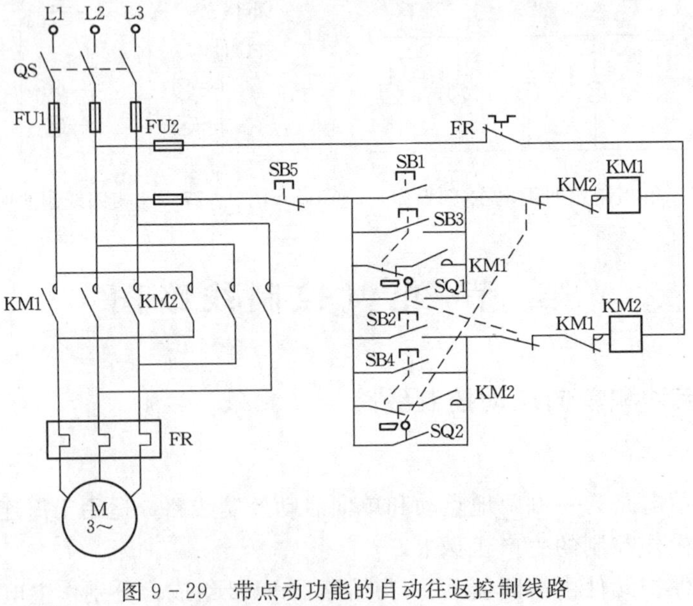

图 9－29　带点动功能的自动往返控制线路

控制线路的保护元件由熔断器 FU1 与熔断器 FU2 组成，分别作主电路和控制电路的短路保护，热继电器 FR 为电动机的过载保护。

主电路由开关 QS、熔断器 FU1、接触器 KM1、KM2 主触点、热继电器 FR 和电动机 M 组成。控制电路由熔断器 FU2，启动按钮 SB1、SB2、SB3、SB4，停止按钮 SB5，行程开关SQ1、SQ2，接触器KM1、KM2和热继电器FR动断触点组成。

2. 工作原理

合上电源开关QS，当按下启动按钮SB1时，接触器线圈KM1吸合，电动机正转，撞块作正向移动。当撞块行至规定点时，碰到行程开关SQ2，使SQ2动断触点断开，接触器线圈KM1即释放。由于机械传动的惯性作用，使撞块在切断正转控制线路的同时也使行程开关SQ2的动合触点瞬时闭合。反转接触器线圈KM2立即得电吸合，反转接触器辅助触点KM2闭合并自锁，使电动机反转，撞块作反向移动。当撞块行至规定点时，碰到行程开关SQ1，使其动断触点断开，接触器线圈KM2即释放。由于机械传动的惯性作用，撞块在切断反转控制的同时，使行程开关SQ1的动合触点瞬时闭合，正转接触器线圈KM1得电吸合，正转接触器辅助触点KM1闭合并自锁，使电动机正转，撞块又作正向移动。如此反复，电动机自动往返运行。

按钮SB3、SB4为正反转点动控制按钮。当按下按钮SB3时，接触器KM1线圈得电，电动机带动运动部件正向移动但由于SB3的动断触点已切断了接触器KM1自锁电路，一旦按钮SB3松开，接触器KM1断电释放，电动机停转。同理，当按下按钮SB4时，接触器KM2线圈得电，电动机带动运动部件作反向移动，一旦按钮SB4松开，接触器KM2断电释放，电动机停转。

操作点动按钮时间不能过长，需在挡铁压下行程开关前松开，否则，点动将失去作用。

应用范围：本线路适用于需断续和连续自动往返的生产机械。

三、防止可逆转换期间相间短路的控制线路

1. 识图指导

在电动机容量较大，并且重载下进行正反转切换时，往往会产生很强的电弧，容易造成相间短路。图9－30所示线路是利用连锁继电器延长转换时间来防止相间短路的。

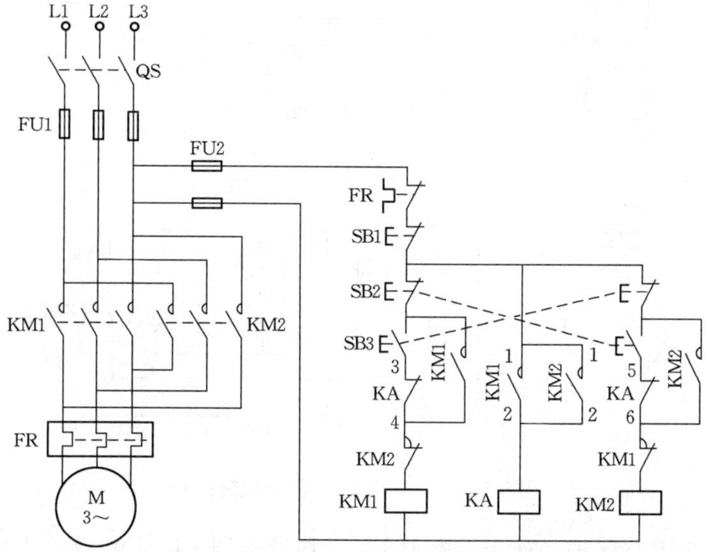

图9－30 防止相间短路的正反转控制线路

控制线路的保护元件由熔断器 FU1 与熔断器 FU2 组成，分别作主电路和控制电路的短路保护，热继电器 FR 为电动机的过载保护。

主电路由开关 QS、熔断器 FU1、接触器 KM1 及 KM2 主触点、热继电器 FR 和电动机 M 组成。控制电路由熔断器 FU2，启动按钮 SB2、SB3，停止按钮 SB1、接触器 KMl 及 KM2、继电器 KA 和热继电器 FR 动断触点组成。

2. 工作原理

按下启动按钮 SB3 时，正转接触器 KM1 得电吸合并自锁，电动机正向启动运转，同时，KM1 的动合辅助触点 KM1（1—2）闭合，使连锁继电器 KA 得电吸合，串联在 KM1、KM2 电路中的动断触点 KA（3—4）、KA（5—6）断开，使 KM2 不能得电，实现互锁。按下反转按钮 SB2 时，首先断开 KM1 控制电路，KM1 断电释放，当其主触点断开，待电弧完全熄灭后，连锁继电器 KA 断电释放，这时 KA 的动断触点 KA（5—6）闭合，KM2 得电吸合并自锁，电动机反向转动。

该线路在正转接触器 KM1 断电后，继电器 KA 也随着断电，KM1 和 KA 组成了灭弧电路，即在同一相中主触头的熄弧效果大大加强，有效地防止了相间短路。

应用范围：这种电路能完全防止正反转转换过程中的电弧短路，适用于转换时间小于灭弧时间的场合。

四、用时间继电器自动转换 Y—△降压启动控制线路

1. 识图指导

图 9－31 所示为一种常用的 Y—△降压启动控制线路。启动时 KM1、KM3 通电，电动机接成星形。经时间继电器 KT 延时，转速上升到接近额定转速时，KM3 断电，KM2 通电，电动机接成三角形，进入稳定运行状态。

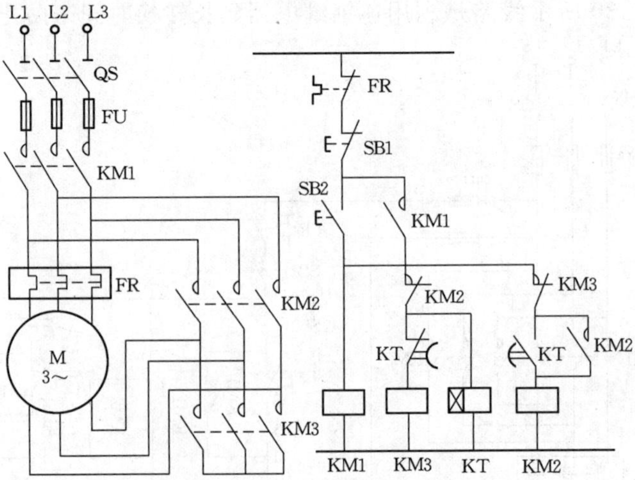

图 9－31　Y—△降压启动控制线路

控制线路的主电路保护元件为熔断器 FU，热继电器 FR 为电动机的过载保护。

主电路由开关 QS，熔断器 FU，接触器 KM1、KM2、KM3 主触点，热继电器 FR 和

电动机 M 组成，控制电路由启动按钮 SB2，停止按钮 SB1，接触器 KM1、KM2、KM3 及时间继电器 KT 和热继电器 FR 动断触头组成。

2. 工作原理

按下启动按钮 SB2，接触器 KM1 线圈得电，电动机 M 接入电源。同时，时间继电器 KT 及接触器 KM3 线圈得电，接触器 KM3 动合主触点闭合，电动机 M 定子绕组在星形连接下运行。KM3 的动断辅助触点断开，保证了接触器 KM2 不得电。时间继电器 KT 动断延时断开触点延时断开，切断 KM3 线圈电源，其主触点断开而动断辅助触点闭合。时间继电器 KT 的动合延时闭合触点延时闭合，接触器 KM2 线圈得电，其主触点闭合，使电动机 M 由星形启动切换为三角形运行。

停车时，按下停止按钮 SB1，控制电路断电，各接触器释放，电动机断电停转。

线路在 KM3 与 KM2 之间设有辅助触点连锁，防止它们同时动作造成短路；此外，线路转入三角连接运行后，KM2 的动断触点断开，切除时间继电器 KT，避免 KT 线圈长时间运行而空耗电能，并延长其寿命。

三相笼型异步电动机采用 Y—△启动时，定子绕组星形连接状态下启动电压为三角形连接启动电压的 1/3，启动转矩为三角形连接直接启动转距的 1/3，启动电流也为三角形连接直接启动电流的 1/3。与其他降压启动相比，Y—△启动投资少、线路简单，但启动转矩小。这种启动方法适用于空载或轻载状态下启动，同时，这种降压启动方法，只能用于正常运转时定子绕组接成三角形的笼型异步电动机。

五、手动与自动混合控制的自耦变压器降压启动线路

1. 识图指导

图 9 - 32 所示为一例电动机用自耦变压器降压启动，既可手动又可自动的远距离操作的混合控制线路。

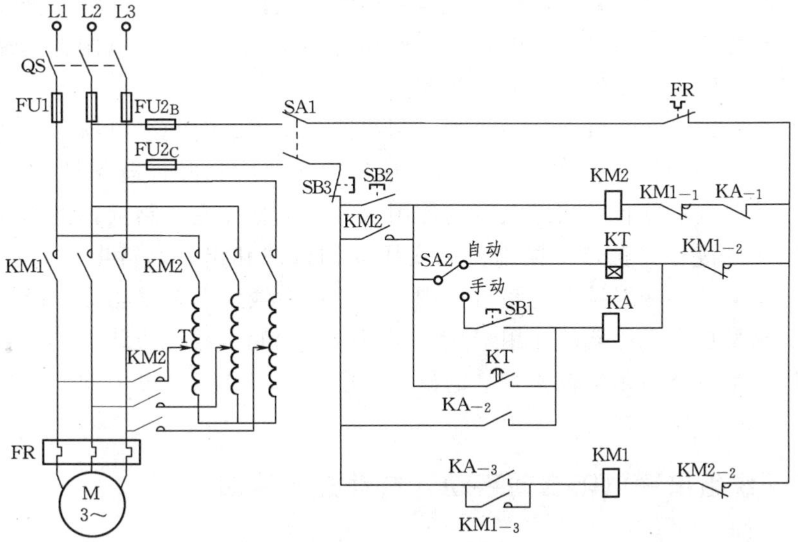

图 9 - 32　手动与自动混合控制的自耦变压器降压启动线路

控制线路的保护元件由熔断器 FU1 与熔断器 FU2 组成，分别作主电路和控制电路的短路保护，热继电器 FR 为电动机的过载保护。

主电路由开关 QS，熔断器 FU1，接触器 KM1、KM2 主触点，自耦变压器 T，热继电器 FR 和电动机 M 组成。控制电路由熔断器 FU2，启动按钮 SB1、SB2，停止按钮 SB3，钮子开关 SA1、SA2，接触器 KM1、KM2，中间继电器 KA、时间继电器 KT 和热继电器 FR 动断触点组成。

2. 工作原理

(1) 手动时，合上电源开关 QS，扳上控制钮子开关 SA1，把控制选择开关 SA2 扳至手动位置。按下启动按钮 SB2，接触器 KM2 同时得电吸合，其主触头闭合，电源经自耦变压器 T 进入电动机，使电动机作降压启动。

待电动机转速增加到一定程度，再按下按钮 SB1，使中间继电器 KA 瞬间得电并短时吸合。由于中间继电器 KA 的动作，先切断了接触器 KM2 的控制回路，使接触器 KM2 失电并释放；又接通了接触器 KM1 的控制回路，使接触器 KM1 得电吸合，其主触头闭合，电源直接进入电动机，使电动机作全压正常运转。

(2) 自动时，把控制选择开关 SA2 扳至自动位置，并按下启动按钮 SB2，接触器 KM2 同时得电自锁，其主触头闭合，电源经自耦变压器 T 进入电动机，使电动机作降压启动，时间继电器 KT 也得电开始工作。待电动机转速增大到一定程度时，时间继电器 KT 达到规定延时时间，延时动合触点 KT 作瞬时闭合，使中间继电器 KA 作瞬时吸合，动断触点 KA_{-1} 切断接触器 KM2 的控制回路，使接触器 KM2 失电并释放。动合触点 KA_{-3} 闭合，接通了接触器 KM1 的控制回路，使接触器 KM1 得电吸合，其主触头闭合，电源直接进入电动机，使电动机作全压正常运转。

在时间继电器和交流接触器之间特意增加了一只中间继电器，其目的是：①使中间继电器具有更大的带负载能力，因为有些时间继电器触点容量太小，不能直接带动交流接触器，增加一只中间继电器后就可以带动较大的交流接触器；②使中间继电器具有启动按钮的作用，在控制线路中，当时间继电器 KT 作瞬时动作时，中间继电器也作瞬时动作，好像按了一下启动按钮，从而能使交流接触器 KM1 得电自锁。

本线路还具有以下两个特点：一是在控制线路中所用的时间继电器和中间继电器只作瞬时启动用，一旦电动机启动完毕，自动地从控制线路中切除，既保证了控制线路的可靠，又延长了时间继电器和中间继电器的使用寿命；二是在主线路上，为电动机降压启动设置两个并联交流接触器触点，控制自耦变压器的进线和出线，待电动机投入正常运转时，利用这两个交流接触器触点把整台自耦变压器从主线路上自动切除，既保证主线路的可靠运行，又延长自耦变压器的使用寿命，还减少自耦变压器在线路中的空载损耗。

应用范围：本线路适用于较大容量的鼠笼式电动机启动，既可手动又可自动远距离控制的场合。

六、定子绕组串联电阻启动手动、自动控制线路

1. 识图指导

图 9－33 所示电路为一例手动、自动控制电动机串电阻（或电抗）降压启动电路，适

用于既可手动又可自动控制电动机的降压启动。

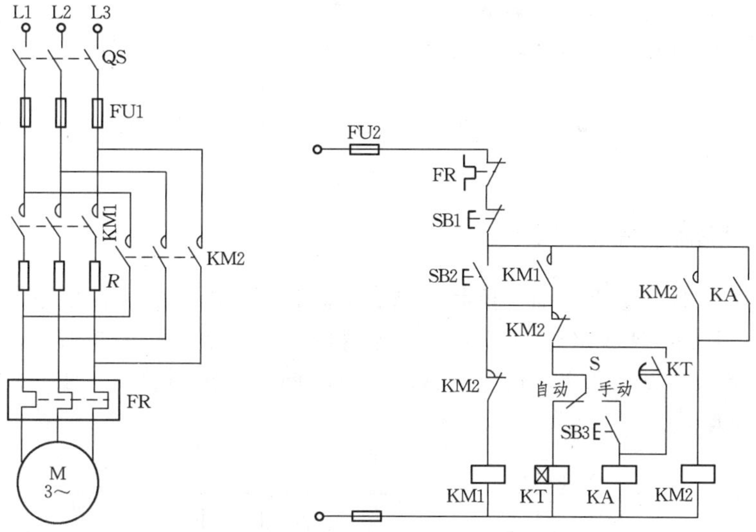

图 9－33　定子绕组串联电阻启动手动、自动混合控制线路

控制线路的保护元件由熔断器 FU1 与熔断器 FU2 组成，分别作主电路和控制电路的短路保护，热继电器 FR 为电动机的过载保护。

主电路由开关 QS、熔断器 FU1、接触器 KM1 及 KM2 触点、降压电阻 R（或电抗）、热继电器 FR 和电动机 M 组成。控制电路由熔断器 FU2、启动按钮 SB2、停止按钮 SB1、按钮 SB3、时间继电器 KT、中间继电器 KA、选择开关 S、接触器 KM1 及 KM2 和热继电器 FR 动断触点组成。

2. 工作原理

（1）手动启动时，合上电源开关 QS，将选择开关 S 扳向“手动”位置。然后按下启动按钮 SB2，接触器 KM1 得电吸合并自锁，主触点闭合，电源经过电阻 R 进入电动机，使电动机降压启动。待电动机转速增加到一定速度时，按下按钮 SB3，中间继电器 KA 得电吸合，其动合触点闭合，使 KM2 得电吸合并自锁。KM2 动断触点切断了 KM1 控制电源，KM1 断电释放，由于 KM2 主触点闭合，使电动机直接接入三相电源，投入正常运行。

（2）自动启动时，把选择开关 S 扳向“自动”位置。然后按下启动按钮 SB2，接触器 KM1 得电吸合并自锁，电源经过降压电阻 R 进入电动机，使电动机降压启动。同时，时间继电器 KT 也得电吸合。待电动机转速增加到一定速度，经过一段时间的延时后，时间继电器 KT 整定时间到，其动合延时闭合触点 KT 瞬时闭合，使中间继电器 KA 得电瞬时吸合。KM2 得电吸合，使 KM1 断电释放，电动机投入正常运行。

本电路特点是：①控制电路功耗较小，因为 KM1、KA、KT 只在电动机启动过程中得电，启动过程结束，只有 KM2 得电，这样既可节电，又使 KM1、KA、KT 的使用寿命延长；②电动机在运行中，由于切除时间继电器 KT 和中间继电器 KA，提高了控制线路的可靠性；③由于中间继电器 KA 的接入，可用于控制较大容量电动机的启动和运转。

应用范围：本线路适用于额定电压为220/380V（△/Y），但不能采用Y/△方法启动电动机的手动、自动混合启动控制的场合。

第三节　电 子 电 路 图

一、一种直流不间断电源

目前广泛使用的单片机、编程控制器等如果没有不间断电源，在使用中，一旦发生断电等异常现象，所存信息就会丢失，使之无法继续正常工作。这里介绍一种直流不间断电源，具有结构简单，造价低廉，性能可靠，供电时间长，无转换时间和逆变过程等特点，电路如图9-34所示。

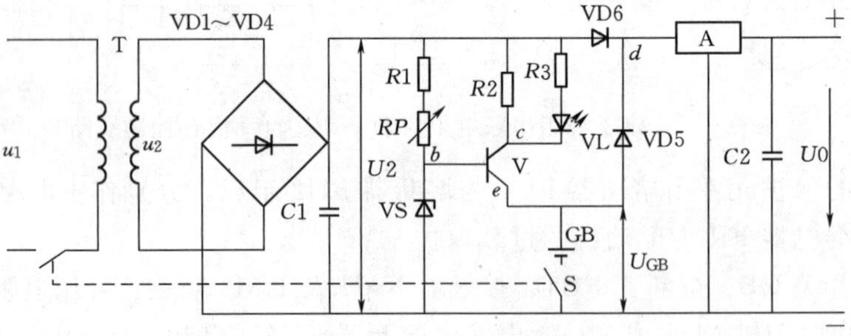

图9-34　直流不间断电源电路

1. 电路简介

该不间断电源由变压、整流、滤波、充放电控制及稳压滤波器等电路构成。蓄能部件是镍镉蓄电池组，充电控制利用了镍镉蓄电池的充电电压陡升的特性，通过晶体管对充满程度进行比较和控制，使充电电流趋于恒流或关断状态。无论是交流供电还是蓄电池供电，都靠集成稳压块的调整使输出电压保持不变。

2. 工作原理

当交流供电正常时，市电经变压器T变压，二极管VD1～VD4整流，电容C1滤波后输出直流电压$U2$。$U2$一方面经二极管VD6降压，集成稳压块A稳压，电容C2滤波后输出稳定的直流电供微机使用。另一方面供给由偏置电阻$R1$，可调电阻RP，稳压二极管VS和晶体管V组成的充电控制电路及由$R3$和发光二极管VL组成的充电指示电路。稳压二极管VS的稳压值决定着蓄电池组GB充电的上限电压，晶体管V的基极电流I_B随着蓄电池GB的端电压U_{GB}而变化。蓄电池的不同充满程度决定了不同的充电电流值，但最大的饱和充电电流由$R2$确定。

(1) 当晶体管的基极电流大于饱和输入电流时，以恒流$[I \approx (U2-U_{GB})/R2]$对蓄电池充电，这时发光指示二极管最亮。

(2) 当基极输入电流I_B小于截止输入电流时，停止对蓄电池的充电。

(3) 当基极电流过渡在晶体管的放大区时，充电电流随着充电电压U_{GB}的微小上升而显著减小。由于在 $R2$ 上充电电流压降的减小使发光二极管 VL 的亮度也逐渐变暗。

当交流断电或异常时，蓄电池开始放电。即当 d 点电位低于 e 点电位时，二极管 $VD5$ 正偏导通，再经稳压块 A 稳压和电容 $C2$ 滤波后，输出稳定的直流电来维持微机等设备的正常不间断的工作。电路中的 $VD6$ 还起到了不向其他电路放电的隔离作用。

3. 性能和参数

该电路输出电压为 5V，输出电流可达 3A，1A 放电时可维持 1h。电路中变压器功率为 50W、电压为 220/16V。整流二极管 VD1～VD4 和 VD5、VD6 选用 1N4007（3A/50V），稳压二极管 VS 选用 2CW20，稳压块 A 选用 W7805，晶体管 V 选用 SD30C（放大倍数 $\beta=100$）。电容 $C1$ 为 1000μF/25V，$C2$ 为 470μF/15V，电阻 $R2$ 为 210Ω，蓄电池 GB 为 10 节镍镉电池组，开关 S 为双刀双掷开关。

二、镍镉电池自动充电器

目前流行使用很多小型电子器件，如 mp3/mp4、电动剃须刀、数码相机等，这些器件使用频繁，需要经常更换电池。如果用可充电电池，则必须备有充电器。这里介绍一种镍镉电池自动充电器。其电路如图 9-35 所示。该电路能够完成如下两种功能：第一，用恒定电流充电；第二，充电满容量后会自动关电，输出端开路（不接电池）时自动停电，达到节能的目的。

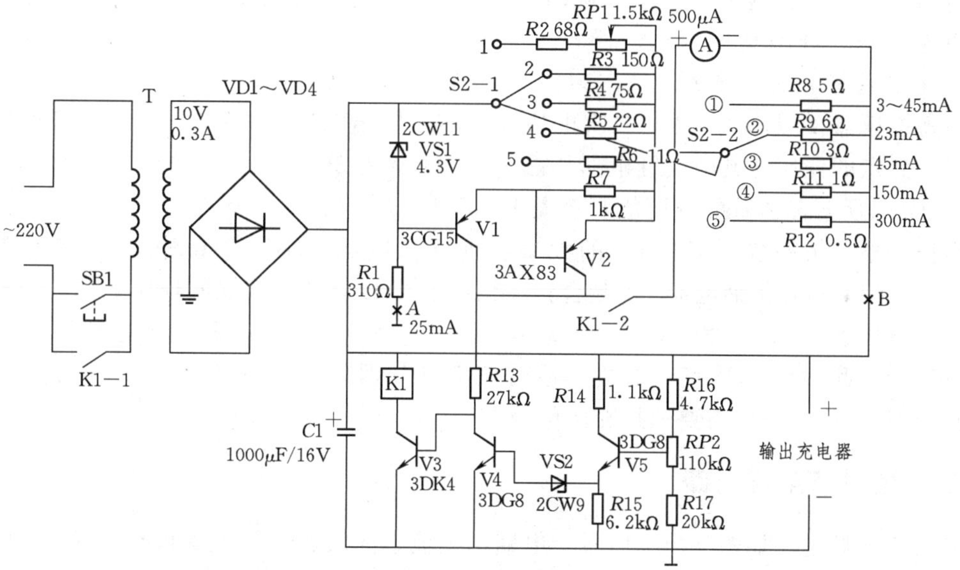

图 9-35　镍镉电池自动充电器电路

1. 电路原理

图 9-35 中电路由三个单元组成：

（1）电源变压器 T、桥式全波整流器 VD1～VD4 和滤波电容器 $C1$ 构成了降压、整流和滤波的电源电路。

（2）由稳压管 VS1、晶体管 V1、V2、电阻 $R1$～$R7$ 和电位器 $RP1$ 构成恒流源电路；

由 $R8 \sim R12$ 与电流表构成电流指示电路。

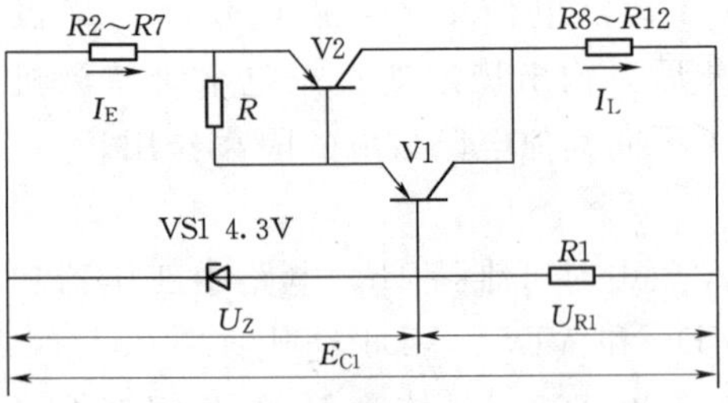

图 9-36 恒流源等效电路

(3) 由晶体管 V3、V4、V5、稳压管 VS2、电阻 $R13 \sim R17$、电位器 $RP2$ 和继电器 K1（包括触点 K1－1 和 K1－2）构成了过电压控制电路。

为了弄清恒流源的工作原理，画出图 9-36 所示的等效电路。图中 U_Z 为稳压管 VS1 的稳定电压（4.3V），U_{R1} 为电阻 $R1$ 的端电压，它等于 $E_{C1}-U_Z$。E_{C1}为电源单元的输出电压（$C1$ 的端电压），I_E 为恒流源输入电流，I_L 为恒流源输出电流。输入、输出的公共端是基极。由共基极电路的输出特性可知，当 I_E 一定时，I_C 基本上不随 U_{BC} 而变，即其输出电阻很高，因此可作为恒流源。

过电压控制电路工作原理：当按下启动键 SB1 后，若电池电压低于满容量电压（镍镉电池为每节 1.45V 左右），VS2 不导通，则 V4 截止而 V3 导通。于是继电器 K1 吸合，K1－1 接通，当 SB1 放开时，K1 能自锁，电源仍然接通；K1－2 同时接通，恒流源有输出电池充电。待充至满容量电压值时，V5 输出电位大于 VS2 稳压值，VS2 导通，使 V4 导通而使 V3 截止，继电器释放，K1－1 断开，切断交流市电。调节电位器 RP2，可改变使继电器动作的外加电压门槛值，从而能调节满容量电压的数值。调节 RP1，使恒流源输出电流在 3～45mA 之间变化。

2. 元件选择和电路调整

电源变压器 T 功率为 5W，二次电压为 10V，输出电流为 0.3A。继电器可选用具有两组动合触点的任何高灵敏度继电器。晶体管 V1 选用 3CG15，V3 选用 3DK4，V4、V5 选用 3DG8，所有晶体管的耐压值要求大于 20V。

电路调整：第一步，调节 $R1$ 的大小，使 A 点电流不小于 25mA；第二步，断开 B 点，按下按钮 SB1，使继电器 K1 吸合，在输出端接上 0～7V 可变的稳压电源，调整稳压电源输出电压在 1.45V、2.9V、4.35V、5.8V 时，分别调节 $RP2$ 使继电器 K 刚好动作（触点断开），此时在 $RP2$ 度盘上按上述对应点可分别刻上“一节”、“二节”、“三节”、“四节”标记，则可根据需要选择充电电池节数。

三、延时节电灯电路

延时节电灯电路如图 9-37 所示，电路由整流、滤波、稳压环节和 555 定时器时基电路组成。可用于楼梯走道等处照明之用。使用时，只要按下按钮，电灯就亮，3 min 后电灯自动熄灭。灯熄灭后，整个电路不再消耗电能。

电路工作原理如下：

平时按钮 SB 和继电器 K 的动合触点断开，整个电路不工作，灯泡 HL 不发光。如果按下 SB，灯泡 HL 立即发光，同时交流 220V 电压经电容 $C1$ 降压后，经二极管 VD1～VD4 整流，并由电容 $C2$ 滤波，然后由稳压管 VS 稳压输出 9V 直流电。电容 $C3$ 通过 $R3$ 进行充电，由于充电需要一定时间，所以 555 定时器阈值输入端即第 6 脚处于高电

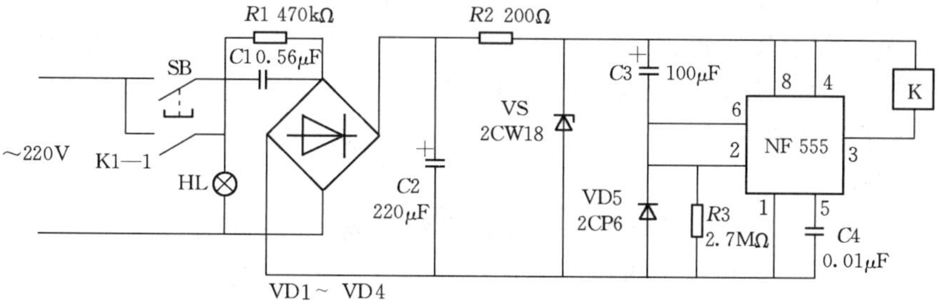

图 9-37 延时节电灯电路

位，时基电路复位，其输出端第3脚为低电位，继电器K通电吸合，动合触点K1—1闭合，起自锁作用，这时松开SB后，灯泡HL仍然发光。随着C3不断充电，555时基电路的触发输入端即第2脚电位不断降低，当第2脚电位低于电源电压的1/3时，时基电路被置位，第3脚输出高电位，继电器K断电释放，动合触点断开，灯泡HL熄灭。同时电容C3储存的电荷将通过时基电路内部电阻和VD5泄放，为下次开灯作好准备。图9-37中R1是泄放电阻，为C1放电提供回路。断电后电容C1上的电荷通过电阻R1放电。

电路的延迟时间长短可以通过调节C3或R3的数值大小来改变。如增大R3，可以延长灯亮时间，反之，则缩短灯亮时间。

如需要在多处都能控制灯泡的亮灭，可用几个按钮并联在按钮SB的两端，即可实现多地控制。

四、高频8W荧光灯电路

8W荧光灯一般都作为台灯使用，用来看书、写字，但由于荧光灯的闪烁，容易引起视觉疲劳，尤其是在电压较低的情况下，起辉器长时间起跳，都难以点燃。若用高频电源供给灯管，不仅可提高灯管的发光效率，还可消除闪烁现象，使视觉感到舒适。

高频8W荧光灯电路如图9-38所示。

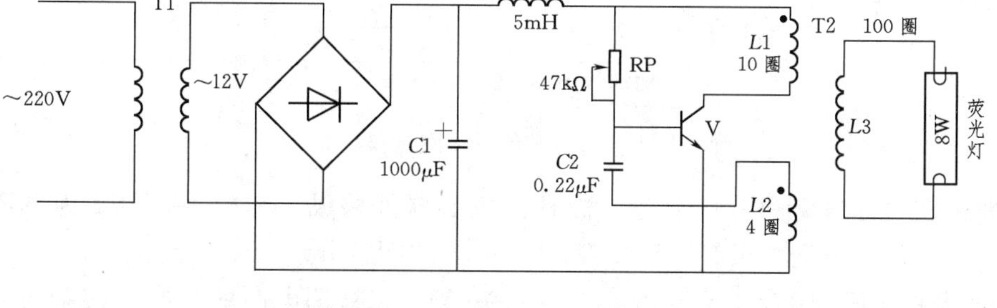

图 9-38 高频8W荧光灯电路

电路由以下三部分组成。

1. 电源电路

220V 交流电压经变压器 T 变为 12V 交流电压，通过二极管 VD1～VD4 全波整流，再经电容 $C1$ 滤波使晶体管得到平稳的直流电。另外，$C1$ 还可使振荡电路产生的高频信号接地，防止干扰电源。L 是一只 mH 级的电感线圈，主要是抑制振荡电路产生的高频信号，起阻碍高频信号的作用。

2. 振荡电路

它主要由晶体管 V、LC 振荡电路和反馈电路组成。这里晶体管选用 $\beta>30$ 的 3DD 型号硅管，允许通过 1A 的电流。电位器 RP 给晶体管基极提供偏置电流，改变其阻值大小可控制灯管亮度。$L1$ 是晶体管集电极的负载。$L1$、$L2$ 和 $C2$ 构成振荡电路。$L2$ 为反馈线圈，通过它将反馈电压送到输入端，保证实现正反馈。若反馈线圈 $L2$ 的匝数稍多一些，容易起振，但同时容易引起波形失真；若匝数太少则不易起振或振荡太弱。实验证明：$L1$ 为 10 圈，$L2$ 为 4 圈较合适。调节 $C2$ 电容量可改变振荡频率，在该电路中 $C2$ 的电容为 0.22μF。

3. 输出部分

由变压器 T2 的二次绕组 $L3$ 和灯管组成。为减少损耗，变压器 T2 用铁淦氧 U 形磁芯或环行磁芯，负载则通过变压器 T2 耦合从振荡回路取用交流电能，灯管可不接起辉器，灯管两端只需接灯丝的一个电极就可点燃。按图 9－38 电路参数，可测得输出电流频率约为 20kHz。实验测得，该电路在电源电压降到 120V，灯管仍可立即点亮；当电压上升到 230V 时，灯管发光更明亮。在有直流电源的地方，如汽车、火车、轮船上等地方，可直接用蓄电池供电。

五、三色逻辑测试仪电路

三色逻辑测试仪电路如图 9－39 所示。该仪器是检查数字电路的一种简单工具。它可以用发光二极管的三种不同颜色来显示出被检测电路的正负、高低电平和正负脉冲序列。

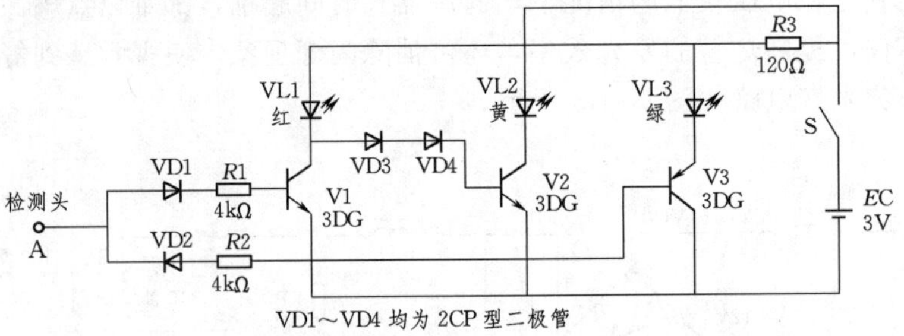

图 9－39　三色逻辑测试仪电路

电路由三只晶体管和三只发光二极管为主要器件构成，其中 V1、V2 为 NPN 型管，V3 为 PNP 型管。发光二极管 VL1、VL2、VL3 的颜色分别为红、黄、绿。

工作原理如下：闭合开关 S 后，当检测头 A 端和被测电路的低电平接触时（即零电平），晶体管 V1、V3 截止，V2 通过二极管 VD3、VD4 获得偏置电压而导通，发光二极管 VL2 有较大电流流过而发黄色光，显示出电路为“0”状态。这时发光二极管 VL1 中也有很小的电流流过（微安级），它只给 V2 提供偏流，但不能使 VL1 发光。

当检测高电平时（3V 以上），V1 饱和导通，红色发光二极管 VL1 因得电而发光，显示出电路为“1”状态。这时 V2、V3 均不导通，处于截止状态。

当测试负电平时，V1、V2 截止，V3 导通（PNP 型管），绿色发光二极管 VL3 发光，显示出电路为“－1”状态。

当测试脉冲信号时，如果频率较低，会看到红黄两发光二极管（正脉冲序列）或黄绿两发光二极管（负脉冲序列）交替发光，由此可知所测的是何种脉冲（正脉冲或负脉冲）。当被测电路的脉冲信号频率较高时，由于人眼的视觉暂留就可以看到其中两个发光二极管同时发光。

使用该逻辑测试仪时，要和被测电路共地，VL1、VL3 的起亮电压为±1.5V。根据被测电路电平高低情况，可调节电阻 $R1$、$R2$ 的数值，来调节发光二极管的起亮电压。这样就可以检查各种集成电路的逻辑工作状态了。同时也可以通过正负逻辑来判别模拟电路的输入、输出关系，从而判别出电路状态或元器件质量的好坏。

六、电动机断相自动保护电路

电动机在运行中，如果突然出现断相事故，会因线路中电流过大而将电动机烧毁。下面介绍的电路是一种电动机断相晶体管自动保护电路，如图 9-40 所示。

该电路为电动机单向运转电路，断相保护电路由电流互感器 TA 及一个非门电路（反相器）组成。非门电路由分立元件组成，其中 VT 是开关管，VD1 起隔离作用，使负直流电源（－3V）不与电流互感器中的交流信号发生联系。$-E_C$ 给晶体管的基极提供负电压使其不能导通，电容 $C1$ 可给 V 的基极提供正向偏压，$C2$ 叫做加速电容，它与 $R1$ 并联，可以提高脉冲前沿的陡度，缩短 VT 的开通时间。$R1$ 是基极偏置电阻，起限流作用，防止输入信号电流过大损坏晶体管 V。管的集电极接负载（继电器）K，由 $+E_C$ 供电，二极管 VD2 与继电器线圈并联，其作用是给继电器线圈提供放电回路，避免损坏管子，VD2 又叫续流二极管。

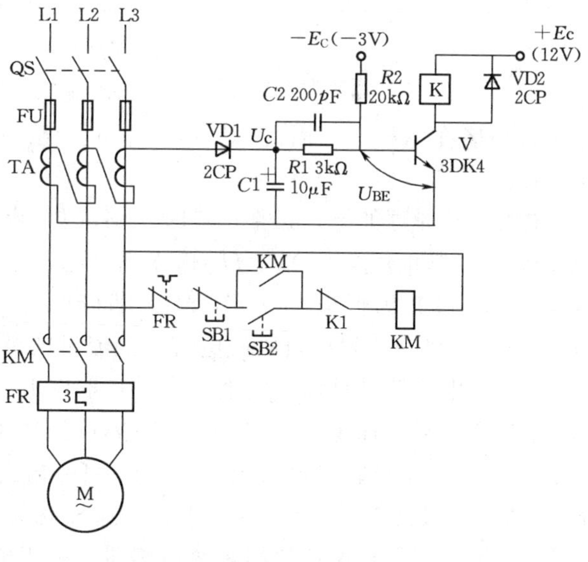

图 9-40　电动机断相自动保护电路

电路的工作原理如下：当电动机没有断相（正常运转）时，三相电流平衡，电容 $C1$ 上的电压为负，这个负电压是由 $-E_C$ 提供的，V 的发射结反偏，处于截止状态，因此继电器线圈中无电流，它的动断触点 K1 在控制回路中处于接通状态，电动机正常工作。当电动机在运行中突然断相时，三相电流失去平衡，电流互感器 TA 经二极管 VD1 向电容 $C1$ 正向充电，当 $U_C>3V$，且 $U_{BE}=0.7V$ 时，V 的发射结正向偏置，V 饱和导通。此时，继电器线圈得电，其动断触点 K1 分断，使得控制回路中的接触器线圈失电，接触器的主触点分断，从而切断电动机电路。电动机停止工作，起到对电动机断相自动保护的作用。

该电路造价低，灵敏度高，调试简单，较为实用。

七、汽车电压调节器

汽车电压调节器是控制汽车交流发电机输出电压大小的重要装置。其性能直接影响车上用电设备的安全工作和蓄电池的使用寿命。本电路具有自动稳定输出电压的作用，可保证车上用电器的安全正常工作。电路如图 9－41 所示。图中 $R1$、VS1 组成 6V 稳压电路。$R2$、$R3$ 的分压比为 2∶1，WE 是发电机励磁绕组，VD1 是续流二极管，保护 VF 不被发电机励磁绕组自感电动势击穿，$R6$ 是 VF 栅极限流电阻。VF 是感温 VMOS 功率管，型号为 BTAS130（N 型智能功率器件），在器件内部栅源极间制作了一个温度传感器，当漏极散热片的温度达到 155～160℃时，通过温度传感器可自行关断其励磁电流，从而保护器件免于损坏。图中，555 时基电路是按 RS 触发器方式工作，RP 是该电路取样电位器。5、6 脚都接在 RP 上，因此，6 脚（即 555 等效触发器的 R 端）相当于保持在高电平“1”上。

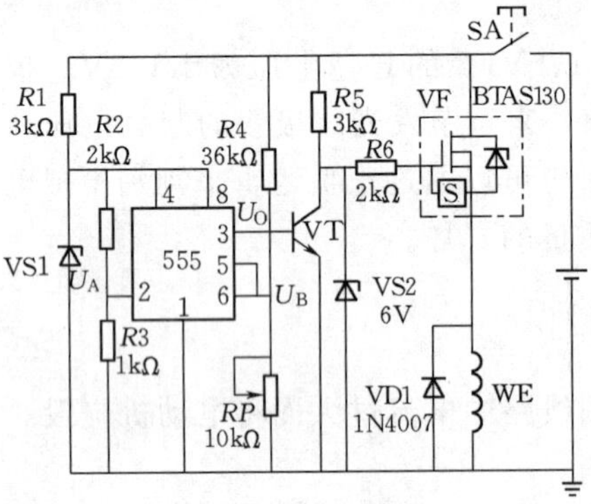

图 9－41 汽车电压调节器电路

电路工作原理如下：正常工作时，调试 U_B 电压为 3.8V。2 脚（即 555 等效触发器的 $\overline{S}$端）内部基准电压为 1.9V，U_A 电压为 2V。这样，555 电路输入端成为$\overline{S}=1$，$R=1$；输出端 U_O（3 脚）为低电平“0”，V 无基极电流处于截止状态，VF 的栅极处于高电平，VF 导通，提供交流发电机励磁电流，交流发电机发电。

当电源电压因某种原因突然升高时，取样电位器 RP 上的电压也随之升高，使 2 脚内部基准电压上升，而电压 U_A 因稳压管 VS1 的作用，保持不变，因此 2 脚内部基准电压大于 2V 时，555 电路输入端成为$\overline{S}=0$，$R=1$；输出端 U_O 立刻翻转成为高电平“1”，使 VT 导通，VF 栅极处于低电平，VF 截止。这样就关断了发电机励磁电路，使交流发电机停止发电。因为发电机励磁绕组是个电感器，由于电感中的电流不能突变，所以发电机中的励磁电流是逐步减小、电压是逐步下降的，当 RP 上电压下降到 3.8V 时，555 时基电路输出端立刻恢复高电平，励磁电流重新导通，发电机又开始发电。如此反复，使得电源电压稳定在设定的数值上。

八、红外线控制灯亮电路

在红外遥控系统中，主要使用红外线发射二极管和光敏二极管、光敏晶体管，光敏二极管、光敏晶体管均为红外线接收管。红外线发射二极管也叫做红外发光二极管，其原理结构与普通发光二极管基本相同，不同的是构成它们的半导体材料不同。常用的小功率红外发光二极管为顶射式，外形与普通发光二极管完全相同，外壳多用透明树脂封装，也有的用浅蓝色或黑色树脂封装。红外发光二极管发出的光是一种不可见光，其波长主要在850～940nm 范围内。典型参数如下：正向压降为 1.1～1.3V，最大值为 1.6V；反向耐压最小的为 5V，最高的为 20～30V；最大工作电流为 40～100mA。

光敏二极管、光敏晶体管把接收到的红外线变成电信号，经过放大及处理后用于各种自动控制。根据不同用途，它们的外观及封装形式不同，但用于红外遥控的光敏管一般都采用树脂封装，为减少可见光的干扰常采用黑色树脂可滤掉波长 700nm 以下的光线。

光敏二极管有两种工作状态：一种是给光敏二极管加反向电压时，管子的反向电流将随光照强度的变化而变化，如同一个光敏电阻，光照强度越大电阻越小，反向电流越大，光敏二极管大多数情况都工作于这种状态；另一种工作状态是光敏二极管上不加电压，利用 PN 结受光照射时产生正向电压的原理，可看作微型光电池，这种工作状态一般用作光电检测。

光敏二极管的典型参数如下：反向工作电压一般不超过 10V，最高可达 50V；暗电流小于 100nA，光电流为几十微安；光谱范围为 400～1100nm，峰值波长为 880～900nm，与红外发光二极管的波长相匹配，可获得较高的传输效率。但它的光谱范围也包含可见光，所以对可见光也较敏感，易受影响。实际使用中要对光敏二极管加滤光措施，防止可见光的干扰。

红外线控制灯亮电路如图 9－42 所示，可用于卫生间灯光自动控制，当有人进入卫生间时，灯自动点亮；人走出卫生间时，灯自动熄灭。并且只有在天黑时这种控制才起作用，白天灯不会亮。

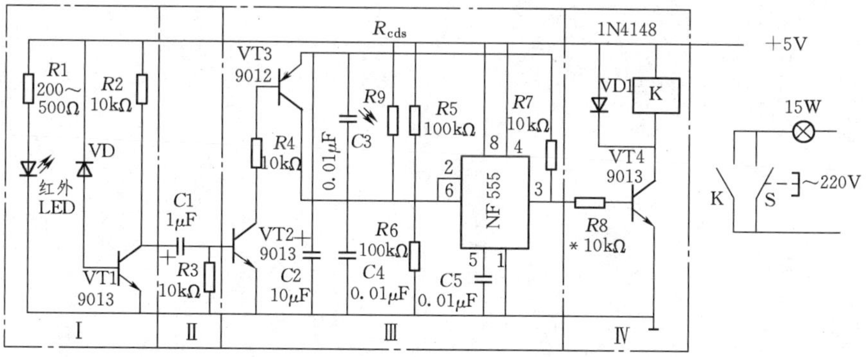

图 9－42　红外线控制灯亮电路

图 9－42 电路由四部分组成，Ⅰ为光电检测人体进出电路；Ⅱ为微分电路（触发电路）；Ⅲ为双稳态电路；Ⅳ为驱动电路。各部分工作原理如下：

电路Ⅰ是由红外发光二极管、光敏二极管 VD 及晶体管 VT1 组成的人体进出检测电路（装在卫生间进门处），无人遮挡红外线时，VD 接受到红外线，反向电阻变小，VT1 基极电流增大，VT1 饱和导通，集电极输出低电平；当有人进出遮挡红外线时，VD 不受红外线照射，反向电阻增大，VT1 基极电流减小，VT1 截止，集电极输出高电平。当人进入或走出卫生间时，VT1 的集电极就输出一个正脉冲。

电路Ⅱ是微分触发电路，由电容 $C1$、电阻 $R3$ 构成。当人进出遮挡红外线时，VT1 的集电极就输出一个正脉冲。由于 $C1$ 上的电压不能突变，在 $R3$ 上形成一个尖脉冲，它使 VT2 触发导通。

电路Ⅲ是由 555 时基电路和外围元件组成的双稳态电路。在天黑时，VT2 每触发导通一次，555 的 3 脚输出电平就变换一次（高电平时，灯亮；低电平时，灯灭）；白天，光敏电阻 R_9 阻值减小，双稳态电路不起作用，555 的 3 脚输出低电平。

电路Ⅳ为驱动电路，由 VT4 驱动继电器 K，当 555 的 3 脚输出高电平时，VT4 导通，K 吸合，K 的动合触点闭合，灯亮。当 3 脚输出低电平时，K 的动合触点分断，灯灭。

图 9-42 中，S 为手动开关，当 S 闭合时，灯亮，控制电路不再起作用。

第十章　AutoCAD 基本知识

AutoCAD 是美国 Autodesk 公司推出的通用计算机辅助绘图和设计软件包。本章旨在经过学习必要的制图基本知识后，用少量的学时学习 AutoCAD 2008 中最常用的一些功能，能够绘制常见的零件图或不太复杂的装配图以及一些基本的电气图，为今后进一步学习打下基础。

本教材以 AutoCAD 2008 中文版为蓝本，介绍 AutoCAD 的应用情况。目前市场上已有 2009、2010 等更新的版本，其基本界面及应用与 2008 版本相差不大，读者可参考使用。

第一节　AutoCAD 基　础

一、AutoCAD 2008 操作界面

用户启动 AutoCAD 2008，并选择“AutoCAD 经典”，出现图 10-1 所示的界面。AutoCAD 2008 操作界面主要由标题栏、菜单栏、工具栏、绘图窗口、命令行窗口、滚动条、状态栏等组成。下面分别进行介绍。

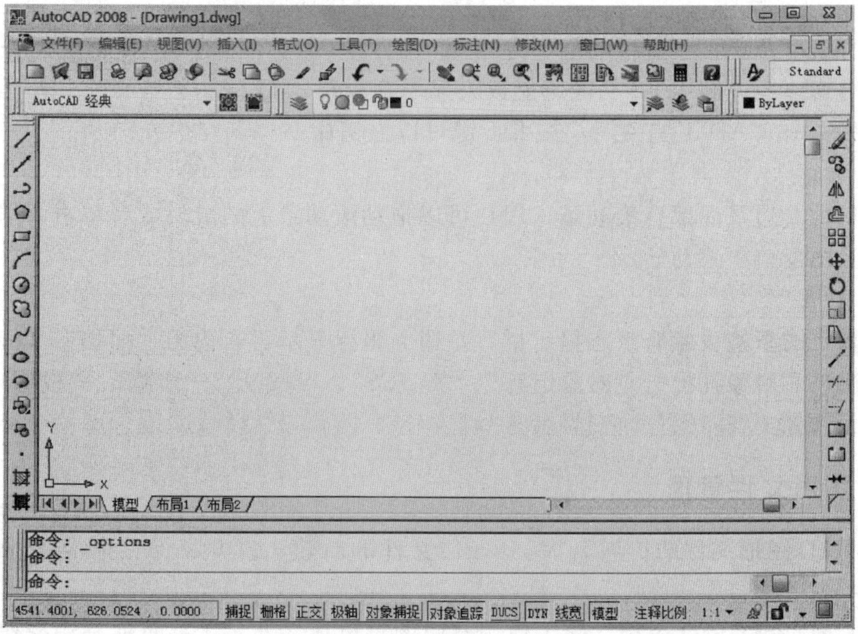

图 10-1　AutoCAD 2008 经典工作界面

1. 标题栏

标题栏位于窗口的最上方，包括窗口的最大化、最小化和关闭按钮，并显示图形文件的名称。

2. 菜单栏

菜单是调用命令的一种方式，包括一系列下拉式菜单，是一种级联的层次结构，在 AutoCAD 窗口的菜单栏中所显示的为主菜单，用户可在主菜单项上单击，弹出相应下拉菜单项。下拉菜单包括了 AutoCAD 的所有命令和功能。

3. 工具栏

工具栏是调用命令的另一种方式，它是启动 AutoCAD 命令的快捷方式，包含了 AutoCAD 常用的一些命令按钮。用户直接单击工具栏上的图标按钮，就可以直接调用相应的命令。AutoCAD 最初显示六个工具栏，即“标准”、“样式”、“图层”、“特性”、“绘图”、“修改”。用户可以利用鼠标将工具条以任意形状拖动到任意位置，并可以根据需要随意打开和关闭工具条。

4. 绘图窗口

绘图窗口是用户绘制图形时的工作区域，用户可以通过 LIMITS 命令设定显示在屏幕上的绘图区域的大小。

绘图窗口左下方显示的是系统默认的世界坐标系图标。

绘图窗口底部显示了“模型”、“布局 1”、“布局 2”三个选项卡，用户可以在模型空间及图纸空间之间自由切换。模型空间是针对绘制与编辑图形的空间，是完成设计图形最初的地方。布局空间是针对图纸布局而言的，是模拟图纸的平面空间，其最终的目的是用于打印出最后效果图。

5. 命令行窗口

命令行窗口位于程序窗口的最下方，用户输入的命令、AutoCAD 系统的提示及相关信息都在此窗口中。利用 F2 功能键能放大显示命令提示行。命令提示行中若还有命令尚未执行，则 AutoCAD 不能关闭，按 Esc 键可以撤销命令。

6. 滚动条

在窗口的右边及底部有滚动条，用户可以拖动滚动条上的滑块或者单击两端的箭头来使图形在绘图窗口中滚动显示。

7. 状态栏

命令窗口的下边设置有状态提示栏，左边为坐标显示，右边为“捕捉”、“栅格”、“正交”、“极轴”、“对象捕捉”、“对象追踪”、“DUCS”、“DYN”、“线宽”、“模型”等 10 种状态的提示图标。

二、图形文件管理

AutoCAD 图形文件的扩展名为 .dwg，文件的新建、打开、保存命令位于下拉菜单“文件”中。

AutoCAD 2008 的命令中，除了使用对应的菜单项之外，还有两种方法操作文件：一是单击标准工具栏中文件新建、打开、保存按钮，二是直接在命令行中输入命令

“NEW”、“OPEN”、“SAVE”。

三、使用坐标系

坐标系及其变换是AutoCAD绘图过程中不可缺少的元素。在该软件环境中，任意物体在空间中的位置都是通过一个坐标系来定位的。

1. 认识坐标系

在AutoCAD 2008中，坐标系按定制对象的不同，可分为世界坐标系和用户坐标系。

（1）世界坐标系（WCS）。世界坐标系是AutoCAD默认坐标系，该坐标系根据笛卡儿坐标系习惯，沿 X 轴正方向向右为水平距离增加的方向，沿 Y 轴正方向向上为竖直距离增加的方向，垂直于 XY 平面，沿 Z 轴正方向向外为 Z 轴距离增加的方向，如图10-1所示。

（2）用户坐标系（UCS）。在AutoCAD中，为了能够更好地辅助绘图，用户经常需要修改坐标系的原点和方向，这时世界坐标系将变为用户坐标系UCS。UCS的原点以及X、Y和Z轴方向都可以移动及旋转。

2. 坐标的表示方法

在AutoCAD 2008二维绘图中，坐标输入方式有绝对直角坐标、绝对极坐标、相对直角坐标和相对极坐标。

（1）绝对直角坐标。绘制三维图形时，点的坐标输入格式为“X，Y，Z”，绘制二维图形时，点的坐标输入格式为“X，Y”。

（2）绝对极坐标。用于表示二维点，输入格式为“$R<a$”，R 表示该点与坐标系原点之间的距离，a 为该点与坐标系原点连线和 Y 轴夹角，取逆时针为角度正方向。

（3）相对直角坐标。相对坐标是指相对于前一坐标点的坐标。其输入格式与绝对直角坐标相同，但要在输入的坐标前加前缀“@”。例如，已知前一点的直角坐标为（100，350），如果在指定点的提示后输入：@100，－45，则相当于新确定的点的绝对坐标为（200，305）。

（4）相对极坐标。以某一特定点为参考极点，输入相对于参考极点的距离和角度来定义一个点的位置。其输入格式与绝对极坐标相同，但要在输入的坐标前加前缀“@”。例如，坐标“@100<135”是指相对于前一点距离为100个图形单位，角度为135°的一个点。

四、绘图基本设置与操作

1. 设置图形界限

设置图形界限与手工绘图时选择图纸的大小类似，但更灵活。

命令调用方式为：命令行中输入LIMITS或点击“格式”｜“图形界限”命令进行设置。设置图形界限后，选择“视图”｜“缩放”｜“全部”命令，即执行ZOOM命令的“全部（A）”选项，可以使所设置的绘图范围位于绘图窗口之内。

2. 设置绘图单位格式

命令调用方式为：命令行中输入UNITS或点击“格式”｜“单位”命令进行设置。

执行 UNITS 命令，AutoCAD 打开“图形单位”对话框，如图 10－2 所示。

（1）“长度”选项组中，“类型”用于确定测量单位的当前格式，我国的工程制图通常采用“小数”格式。

（2）“角度”选项组用于确定图形的角度单位、精度以及正方向。AutoCAD 的默认角度正方向是逆时针。如果要调整为顺时针方向只需启用“顺时针”旁边的复选框即可。

（3）“方向”按钮用于确定角度的 0°方向。单击该按钮，AutoCAD 将打开“方向控制”对话框，如图 10－3 所示。在该对话框中，如果选中“其他”单选按钮，则表示将以其他某一方向作为角度的 0°方向，此时用户可以在“角度”文本框中输入 0°方向与 X 轴正方向的夹角值，也可以单击相应的“角度”按钮，从绘图屏幕上直接指定。

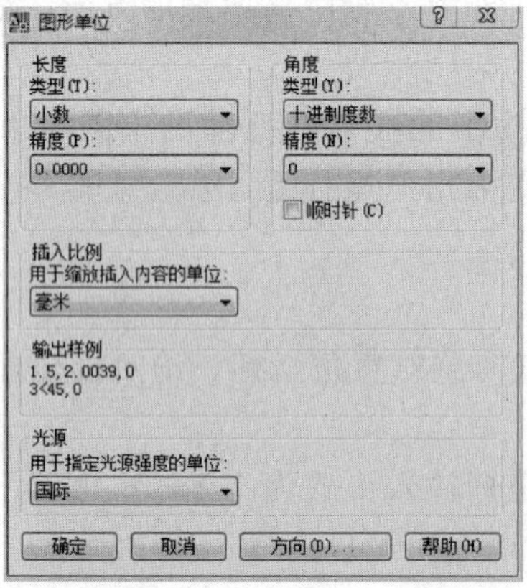

图 10－2 “图形单位”对话框

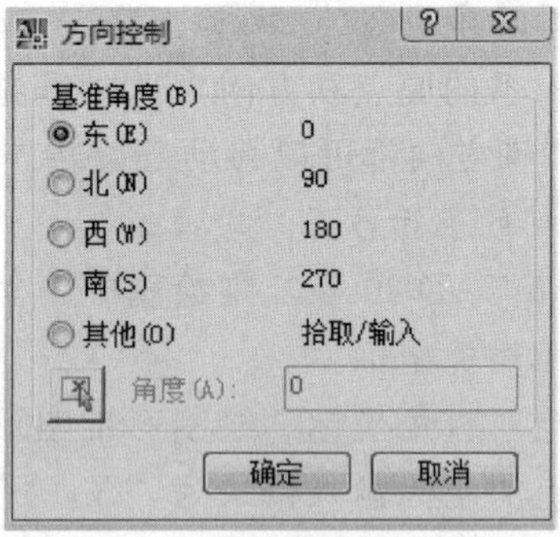

图 10－3 “方向控制”对话框

3. 设置参数选项

命令调用方式为：命令行中输入 OPTIONS，或点击“工具”｜“选项”命令进行设置。用户就可以方便地设置绘图环境，如设置搜索目录、工作界面的颜色等。

执行命令后，AutoCAD 打开如图 10－4 所示的“选项”对话框。

（1）“显示”选项卡：用于定义 AutoCAD 的显示特性，如设置 AutoCAD 窗口元素、布局元素；设置十字光标的十字线长短；设置显示精度以及显示性能等。

（2）“打开和保存”选项卡：用于控制 AutoCAD 2008 中与打开和保存文件相关的选项。如设置保存文件时使用的有效文件格式等。

（3）“打印和发布”选项卡：用于控制与打印和发布相关的选项，如设置默认打印设备等。

（4）“系统”选项卡：用于控制 AutoCAD 的一些系统设置，如控制与三维图形显示系统的配置相关的设置；控制与定点设备相关的选项等。

（5）“用户系统配置”选项卡：用于控制优化工作方式的各种选项。

（6）“草图”选项卡：用于设置一些基本编辑选项，如自动捕捉设置、自动追踪设置等。

（7）“三维建模”选项卡：设置用于三维建模的各选项，如三维十字光标的样式、如何显示 UCS 图标等。

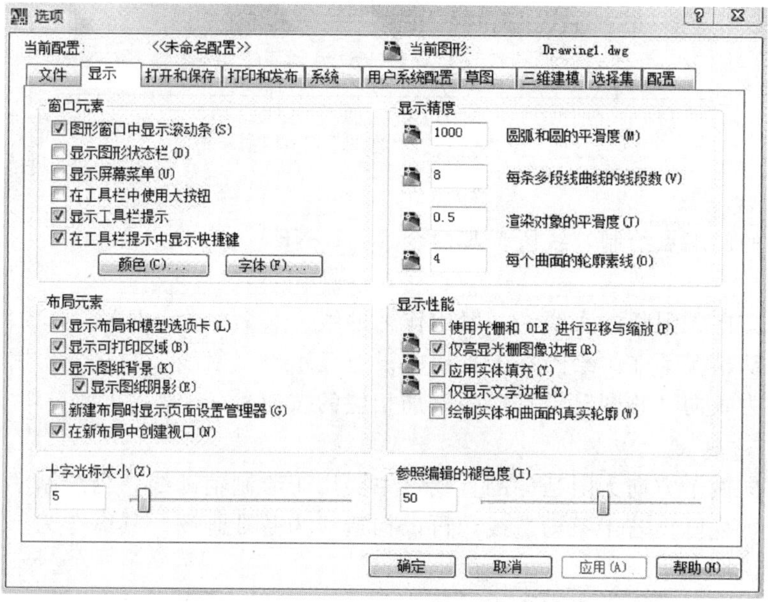

图 10-4 “选项”对话框

(8)“选择集”选项卡：用于设置与选择对象有关的选项，如设置 AutoCAD 拾取框的大小，设置选择模式及夹点大小等。

(9)“配置”选项卡：用于新建系统配置、重命名系统配置、删除系统配置等操作。例如，安装 AutoCAD 后，绘图窗口的背景颜色可能是黑色，但用户可以利用“显示”选项卡中“颜色”按钮，对其进行颜色更改。

五、帮助

AutoCAD 2008 提供了强大的帮助功能，用户在绘图或开发过程中可以随时通过该功能得到相应的帮助。

选择“帮助”菜单中的“帮助”命令，AutoCAD 弹出“帮助”窗口，用户可以通过此窗口得到相关的帮助信息，或浏览 AutoCAD 2008 的全部命令与系统变量等。

选择“帮助”菜单中的“新功能专题研习”命令，AutoCAD 会打开“新功能专题研习”窗口。通过该窗口用户可以详细了解 AutoCAD 2008 的新增功能。

第二节 绘 制 二 维 图 形

启动绘制二维图形命令可通过点击“绘图”下拉菜单中相应命令或单击如图 10-5 所示的“绘图”工具栏中相应命令，另外，也可直接在命令行中输入命令。执行命令后，按照提示进行操作。

一、绘制线

利用 AutoCAD 2008，可以绘制直线、射线以及构造线等直线对象。

图 10－5 “绘图”工具栏

1. 绘制直线

根据指定的两端点绘制直线段。其命令为：LINE。

2. 绘制射线

绘制沿单方向无限长的直线，一般用作辅助线。其命令为：RAY。

注意：默认情况下在“绘图”工具栏中没有显示出“射线”的符号，用户可以通过自定义工具栏的方式向“绘图”工具栏中添加相应的按钮。

3. 绘制构造线

构造线是向两个方向无限延伸的直线，主要用于绘制辅助线，当绘制多视图时，为保持投影联系，可先画出若干条构造线，再以构造线为基准画图。其命令为：XLINE。

命令选项说明如下：

(1) 指定点：绘制通过指定两点的构造线。

(2) 水平 (H)：绘制通过指定点的水平构造线。

(3) 垂直 (V)：绘制通过指定点的垂直构造线。

(4) 角度 (A)：绘制沿指定方向或与指定直线之间的夹角为指定角度的构造线。

(5) 二等分 (B)：绘制平分由指定三点所确定的角的构造线。

(6) 偏移 (O)：绘制平行于另一个对象的构造线。

4. 绘制多线

多线是由 1～16 条平行线组成的对象，多线内的直线线型可以相同，也可以不同。其常用于建筑图的绘制，在绘制前应对多线样式进行定义，然后用定义的样式绘制多线。

5. 绘制多线段

多线段是由直线段、弧线段、直线与弧线组合构成的连续线段。使用多线段命令创建的线段及圆弧，都可以设定宽度。其命令为：PLINE。

命令选项如下：

(1) 指定起点：指定多线段的起点。

(2) 指定下一个点：指定多线段的下一个点。

(3) 圆弧 (A)：绘制圆弧。

(4) 闭合 (C)：在绘制了两条或两条以上的多线段后，使多线段自动封闭。

(5) 半宽 (H)：指定本段多线段的一半宽度。

(6) 长度 (L)：指定本段多线段的长度。

(7) 放弃 (U)：删除上一次绘制的线段或圆弧段。

(8) 宽度 (W)：指定多线段的宽度。

二、绘制曲线

利用 AutoCAD 2008，可以绘制圆、圆环、圆弧和椭圆等曲线对象。

1. 绘制圆

绘制指定尺寸的圆，其命令为：CIRCLE。

命令选项如下：

(1) 指定圆的圆心：根据圆心位置和圆的半径绘制圆，为默认选项。

(2) 三点 (3P)：绘制过指定三点的圆。

(3) 两点 (2P)：绘制过指定两点，且以这两点之间的距离为直径的圆。

(4) 相切、相切、半径 (T)：绘制与已有两对象相切，且半径为给定值的圆。

2. 绘制圆弧

根据已知条件绘制指定尺寸的圆弧。其命令为：ARC。

点击“绘图”|“圆弧”命令，可进一步选择菜单，如图 10-6 所示。

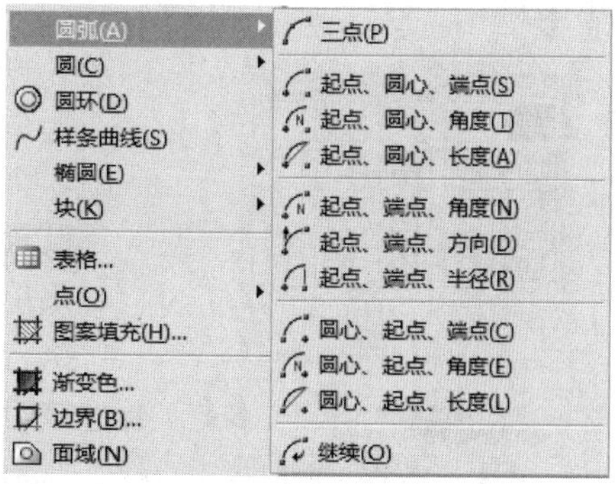

图 10-6 “圆弧”下拉菜单

从下拉菜单中选择绘圆弧的操作最直接，可从 10 种方法中选择，然后根据命令提示进行操作。若要连续绘制圆弧，可利用下拉菜单中的“继续”命令进行。也可在启动 ARC 命令后，在系统提示“指定圆弧的起点或［圆心 (C)］时”，直接按 Enter 键，将绘制与上一条直线、圆弧或多线段相切的圆弧。

3. 绘制圆环

绘制指定尺寸的圆环，其命令为：DONUT。

注意：默认情况下在“绘图”工具栏中没有显示出“圆环”的符号，用户可以通过自定义工具栏的方式向“绘图”工具栏中添加相应的按钮。

AutoCAD 的 FILL 命令可用于设置是否填充圆环，输入 OFF，即可取消填充方式。

4. 绘制椭圆

根据已知条件绘制指定尺寸的椭圆，其命令为：ELLIPSE。

绘制椭圆的方式有三种：

(1) 设定某一轴两个端点及另一轴轴长。

(2) 设定椭圆中心，再分设长短半轴。

(3) 设定两轴端点之后，再设定旋转角。

执行画椭圆命令后，应根据系统提示进行操作，包括指定椭圆的轴端点或选择圆弧或中心点。

三、绘制矩形和正多边形

1. 绘制矩形

用户可直接绘制矩形，也可对矩形设置倒角和圆角，还可以改变矩形的线宽等。其命令为：RECTANG。

执行绘制矩形命令后，根据系统提示进行操作，但要注意倒角、圆角线宽等的控制。

2. 绘制正多边形

用 AutoCAD 可以绘制边数为 3～1024 的正多边形。正多边形通过与假想的圆内接或外切的方法进行绘制，或通过指定正多边形某一边的端点进行绘制。其命令为：POLYGON。

四、绘制点

点是组成图形的最基本的对象之一，利用 AutoCAD 2008 用户可以绘制出以各种形式显示的点。

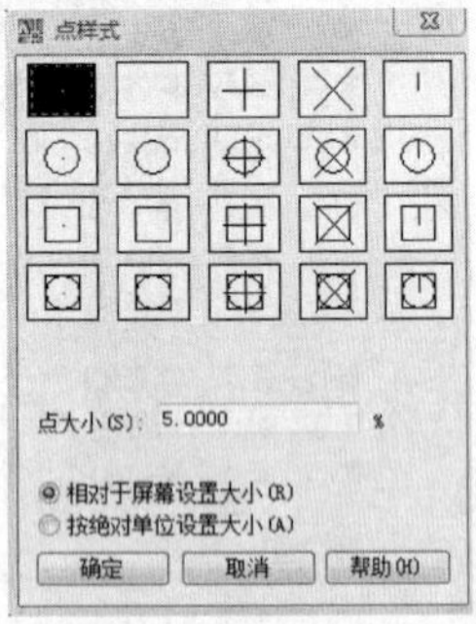

图 10－7 “点样式”对话框

1. 绘制点

在指定位置绘制点，其命令为：POINT。

2. 设置点的样式与大小

设置点的样式及大小的命令为：DDPTYPE。

菜单命令为：“格式” | “点样式”命令。

执行命令后，会有如图 10－7 所示的对话框，用户可以通过该对话框对点的样式进行设置。

3. 绘制定数等分点

将点对象沿对象的长度或周长等间隔排列。其命令为：DIVIDE。

菜单命令为：“绘图” | “点” | “定数等分”命令。

4. 绘制定距等分点

将点对象在指定的对象上按指定的间隔放置。其命令为：MEASURE。

菜单命令为：“绘图” | “点” | “定距等分”命令。

五、绘制样条曲线

样条曲线常用于绘制不规则零件轮廓，如零件断裂处的边界。其命令为：SPLINE。

要绘制样条曲线，可单击“绘图”工具栏中“样条曲线”按钮，然后指定起点，中间点和终点即可绘制出样条曲线。

六、徒手绘图

在 AutoCAD 中绘制图形时，有时需要绘制一些不规则的图形，此时可用“徒手绘图”与“修订云线”命令来随意绘制。

1. 徒手绘制

利用“徒手绘制”可任意绘制要求精度不高的图形、轮廓线及个性签名等。要启动“徒手绘制”命令，直接在命令行中输入“SKETCH”命令即可，然后据提示操作。

2. 修订云线

修订云线主要用于突出显示图纸中已修改的部分，一般由连续的圆弧组成。其命令为：REVCLOUD。

第三节　线型、线宽、颜色及图层

一、线型、线宽及颜色的设置

线型、线宽及颜色的设置可点击如图 10－8 所示的“特性”工具栏中相应按钮或点取“格式”下拉菜单中相应命令，也可在命令行中输入其相应的命令。执行命令后，根据提示操作。

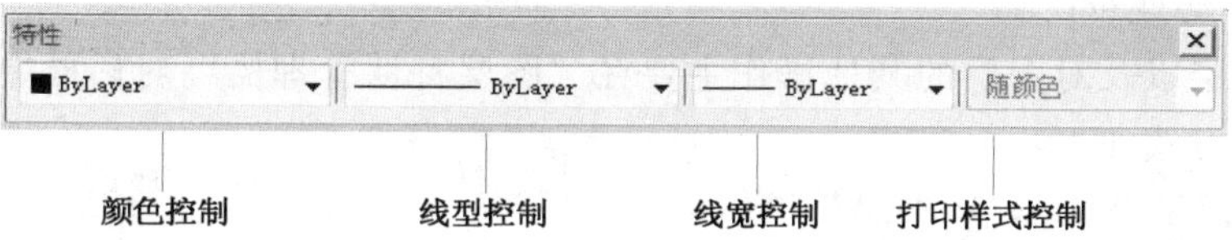

图 10－8　线型、线宽及颜色“特性”工具栏

1. 线型设置

设置新绘制图形的线型，其命令为：LINETYPE。

执行命令后，AutoCAD 打开“线型管理器”对话框，在此对话框中对线型进行设置。设置当前线型时，用户可以通过线型列表框在“随层”、“随块”或某一具体线型之间选择。其中，“随层”表示绘图线型始终与图形对象所在的图层设置的绘图线型一致，这是最常用的设置。

2. 线宽设置

设置新绘制图形的线宽，其命令为：LWEIGHT。

执行命令后，AutoCAD 打开“线宽设置”对话框，在此对话框中对线宽进行设置。用户可以在“随层”、“随块”或某一具体线宽之间选择。

3. 颜色设置

设置新绘制图形的颜色，其命令为：COLOR。

执行命令后，AutoCAD 打开“选择颜色”对话框，在“索引颜色”选项卡中，用户可以将绘图颜色设为“ByLayer 随层”、“ByBlock 随块”或某一具体颜色。

二、图层的设置

1. 图层的概念及特性

图层是 AutoCAD 的重要绘图工具之一。用户可以把图层想象成没有厚度的透明薄片，各层之间完全对齐，一层上的某一基准点准确地对准其他各层上的同一基准点。引入图层，用户就可以为每一图层指定绘图所用的线型、颜色等，并将具有相同线型和颜色的对象或将诸如尺寸、文字这样的不同要素放在各自的图层，从而可以节省绘图工作量和图形的存储空间。

图层具有以下特性：

(1) 每个图层都赋予一个名称，其中“0”层是默认图层，其余图层由用户定义。

（2）可以在一幅图中指定任意数量的图层，每个图层容纳的对象数量不受限制。

（3）一般情况下，位于一个图层上的对象应该是一种绘图线型，一种绘图颜色。用户可以改变各图层的线型、颜色等特性。

（4）虽然 AutoCAD 允许用户建立多个图层，但只能在当前图层上绘图。

（5）各图层具有相同的坐标系和相同的显示缩放倍数。用户可以对位于不同图层上的对象同时进行编辑操作。

（6）用户可以对各图层进行打开、关闭、冻结、解冻、锁定与解锁等操作，以决定各图层的可见性与操作性。

2. 图层的创建和设置

创建新图层以及对图层的其他操作主要在“图层特性管理器”对话框中进行。

命令启动方式如下：

命令：“LAYER”或者“LA”。

工具栏：单击“图层”工具栏中的按钮。

菜单命令：“格式” | “图层”命令。

执行命令后，打开“图层特性管理器”对话框，如图 10－9 所示。

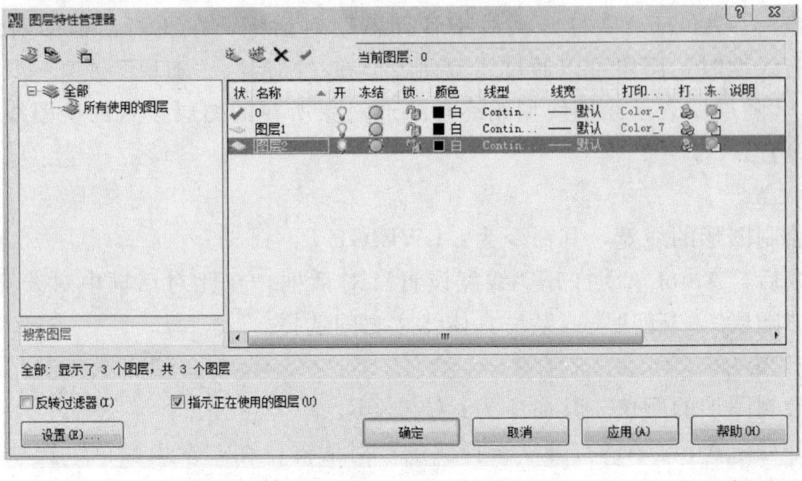

图 10－9 “图层特性管理器”对话框

用户如果要新建一个图层，在“图层特性管理器”对话框中单击“新建图层”按钮，将生成一个名为“图层 x”的图层，可更改其图层名称。单击“删除图层”按钮，即可将所选择的图层删除。如果要设置当前层，在“图层特性管理器”对话框中选择用户所需的图层名称，使其呈高亮度显示，然后单击“置为当前”按钮即可将所选择的图层置为当前，其当前图层的“状态”显示为。

从 AutoCAD 2008“图层特性管理器”对话框中可以看出，每个图层都包括名称、打开/关闭、冻结/解冻、锁定/解锁、颜色、线型、线宽、打印样式等属性，在某图层相应属性的对应列单击，即可设置该属性。如单击“颜色”列，即可弹出“选择颜色”对话框，在其中设置相应的颜色；单击“线型”对应列，即可弹出“选择线型”对话框，在其中选择相应的线型；单击“线宽”对应列，即可弹出“线宽”对话框，在其中选择相应的线宽。一般将绘图颜色、线型、线宽设置为“随层”。

另外，利用如图 10－10 所示的“图层”工具栏，也可以对图层进行关闭、冻结及锁定等操作。

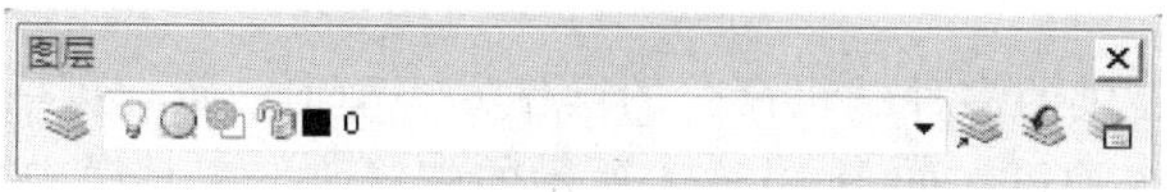

图 10－10　“图层”工具栏

第四节　图 形 的 编 辑

在绘制图形时，单纯地使用绘图工具只能创建一些基本的对象，为获得所需的图形，在很多情况下都得借助于图形编辑命令。在 AutoCAD 中，当选中图形对象时，系统提供了丰富的图形编辑命令，如移动、复制、旋转、拉长、删除、修剪、圆角、倒角等。另外，AutoCAD 提供的夹点编辑功能，同样能够对其所选择的对象进行拉伸、旋转、移动、镜像等操作。

一、选择对象

在进行选择对象时，可以首先对选择集的模式进行设置，以符合绘图的需要。要设置选择集模式可以选择“工具” | “选项”命令，打开“选项”对话框。选择“选择集”选项卡进行选择模式的设置。

在 AutoCAD 中选择对象的方法有多种，若要查看选择对象的方法，可在“选择对象”提示符下输入“?”，这时将在命令栏显示所有选择对象的方法。根据命令栏中的提示，输入其中的大写字母，可以指定对象的选择模式。下面介绍常用的几种方法：

（1）需要点：可逐个拾取所需对象，该方法为默认设置。

（2）窗口（W）：用一个矩形窗口将要选择的对象框住，凡是在窗口内的目标均被选中。

（3）窗交（C）：选择该方式后，绘制一个矩形框，凡是在窗口内或与此窗口四边相交的对象都被选中。

（4）框（BOX）：当用户所绘制矩形的第一角点位于第二角点的左侧，此方式与窗口选择方式相同；当用户所绘制矩形的第一角点位于第二角点的右侧，此方式与窗交选择方式相同。

（5）栏选（F）：用户可以用此方式画任意折线，凡是与该折线相交的图形均被选中。

（6）圈围（WP）：与窗口选择方式相似，但它可构造任意形状的多边形区域，包含在多边形窗口内的图形均被选中。

（7）圈交（CP）：与窗交方式类似，但它可构造任意形状的多边形区域，多边形内的及与之相交的任意图形均被选中。

当用户需要选择具有某些共有特性的对象时，可利用“快速选择”对话框根据对象的图层、线型、颜色、图案填充等特性和类型来创建选择集。选择“工具”｜“快速选择”命令，打开“快速选择”对话框。

二、图形编辑命令的操作

AutoCAD 2008 提供的多种编辑命令的操作方法基本一致，但一定要根据命令提示进行操作。图形编辑命令均可在如图 10－11 所示的“修改”工具栏中找到，也可在“修改”下拉菜单中点击相应命令来执行。

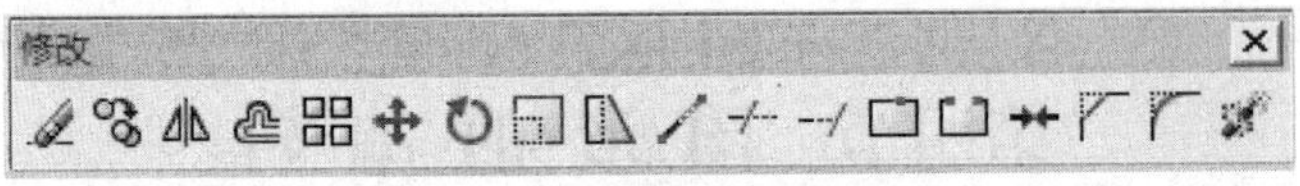

图 10－11　“修改”工具栏

1. 复制对象

（1）复制。将选定的对象复制到指定的位置，其命令为：COPY。

（2）镜像。将指定的对象按给定的镜像线作反向复制，其命令为：MIRROR。

（3）偏移。根据确定的距离和方向，创建一个与选择对象相似的新对象。可以偏移的对象包括直线、圆弧、圆、二维多线段、椭圆、参照线、射线和平面样条曲线等，其命令为：OFFSET。

（4）阵列。按矩形或环形方式多重复制指定的对象，多用在需要规则排列相同图形的场合中，其命令为：ARRAY。

执行命令后，将打开“阵列”对话框，如图 10－12 所示。从“阵列”对话框中可以看到，其阵列方式有“矩形阵列”和“环形阵列”两种。使用矩形阵列时，首先在“阵

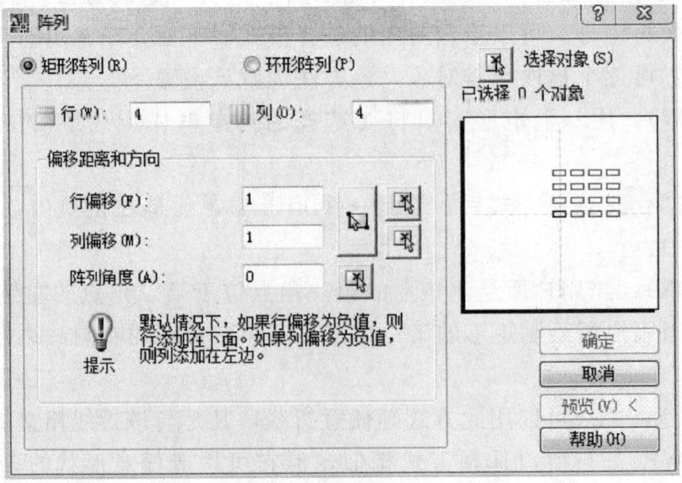

图 10－12　“阵列”对话框

列”对话框中选择“矩形阵列”单选按钮，然后选取对象，并设置所要阵列的行数和列数，再进一步设置行偏移和列偏移的数值，如果需要还可以设置阵列角度值。使用环形阵列，则选择“环形阵列”单选按钮，输入项目总数和角度值，再分别选取对象和指定中心点。

2. 移动对象

（1）移动。使用移动工具能将对象从一个位置移动到另一个位置，其方向、大小并不改变，其命令为：MOVE。

（2）旋转。执行旋转操作可以将对象绕指定点旋转任意角度，其命令为：ROTATE。

3. 缩放、拉伸、延伸

某些场合需要将图形的大小进行改变，可以通过比例缩放、拉伸、延伸等操作来实现。

（1）缩放。可以使对象整体放大或缩小，通过指定一个基点和比例因子来缩放对象，其命令为：SCALE。

（2）拉伸。执行该命令能够将图形中的一部分拉伸、移动或变形，而其余部分保持不变。拉伸时，需要为对象指定基点和位移量，其命令为：STRETCH。

（3）拉长。执行该命令可以改变非闭合直线、圆弧、多线段、椭圆弧和样条曲线的长度，也可以改变圆弧的角度。其命令为：LENGTHEN。

注意：默认情况下在“修改”工具栏中没有显示出“拉长”的符号，用户可以通过自定义工具栏的方式向“修改”工具栏中添加相应的按钮。

（4）延伸。执行该命令可将对象延伸至有其他对象定义的边界，其命令为：EXTEND。

4. 修剪和倒角

（1）修剪。修剪工具用于那些边界超过相交点的对象。使用该工具时，需要首先选择修剪边或边界，要进行修剪的对象必须与其边界相交，然后就可以对对象进行修剪，其命令为：TRIM。

（2）倒角。倒角就是在两条非平行直线之间创建直线的方法，可以对由直线、多段线、参照线和射线等构成的图形对象进行倒角，其命令为：CHAMFER。

（3）圆角。圆角就是用一段指定半径的圆弧光滑地连接两个对象。其中，圆角的对象有直线、多段线、样条曲线、构造线、射线、圆、圆弧和椭圆等，其命令为：FILLET。

5. 打断、分解、合并

（1）打断 / 。执行该命令可以将对象指定两点间的部分删掉，或将一个对象打断成两个具有同一端点的对象，其命令为：BREAK。

（2）分解。该工具能够将多个对象组合而成的整体分解开来，其命令为：EX-

PLODE。

（3）合并 。如果需要将连续图形的两个部分进行连接，或者将某段圆弧闭合为整圆，可以通过“合并”命令对其操作，其命令为：JOIN。

三、用夹点进行快速编辑

在使用先选择后编辑方式选择对象时，用户可点取欲选择的对象，或按住鼠标左键拖出一个矩形框，框住欲编辑的对象，松开鼠标后，所选择的对象上就出现若干个小正方形，同时对象高亮显示。这些小正方形称为夹点。夹点是对象上特殊位置的点，标记对象上的控制对象。夹点的大小及颜色可以在“工具”菜单中的“选项”中进行调整。

使用夹点进行编辑，需选择一个夹点作为基点。其方法是：将十字光标的中心对准夹点，单击鼠标左键，此时夹点即成为基点，并且显示为红色小方块。利用夹点进行编辑的模式有拉伸、移动、旋转、比例或镜像。可以用空格键、回车键或快捷菜单（单击鼠标右键即弹出快捷菜单）循环切换这些模式。

使用夹点进行编辑时，应根据命令提示行中的命令按次序进行操作。

第五节　面域与图案填充

面域是使用封闭的图形对象创建的二维闭合区域，封闭图形可以是直线、多段线、圆、圆弧、椭圆弧和样条线的组合；图案填充则是在封闭区域内通过图案填充样式，标识某一区域的具体意义和组成材料的一种手段。

一、面域

面域和一般的封闭线框没有区别，但实际上它除了包括边界外，还包括边界内的平面。

1. 创建面域

在“绘图”工具栏上单击“面域”按钮 ，或选择“绘图”｜“面域”命令，也可在命令行中输入“REGION”命令。执行命令后，按照提示可选择一个或多个封闭区域的图形对象，然后按 Enter 键即可将其转换为面域。

2. 面域的布尔运算

面域的布尔运算操作就是对面域后的对象进行并集、差集和交集操作。

当对二维图形执行面域操作后，即可选择“修改”｜“实体操作”子菜单下的“并集”、“差集”、“交集”命令进行相应的布尔运算操作。

3. 面域的数据提取

面域的对象除了具有一般图形对象的属性外，还具有其他特有的属性，就是质量特性。

选择“工具”｜“查询”｜“面域/质量特性”命令，然后在视图中选择面域的对象并按 Enter 键，系统将弹出“AutoCAD 文本窗口”对话框，并显示所选择面域对象的数据特性，如图 10－13 所示。

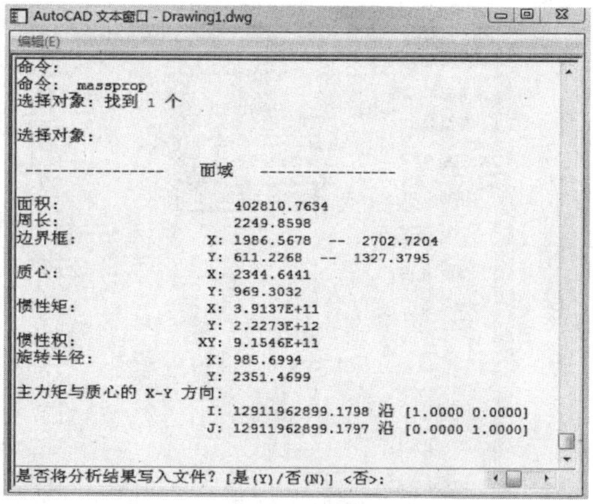

图 10－13　显示面域对象的数据特性

二、图案填充

1. 创建图案填充

当用户需要对封闭的区域进行图案填充时，首先应对其进行设置。用户可以通过以下任意一种方法来设置图案填充。

在"绘图"工具栏上单击"图案填充"按钮，或选择"绘图"｜"图案填充"命令，也可在命令行中输入"BHATCH"。执行命令后，将打开"图案填充和渐变色"对话框，如图 10－14 所示。"图案填充"选项卡常用选项的功能如下：

（1）类型和图案。该选项组用于设置图案填充的方式和图案样式，可以打开下拉列表来选择填充类型和样式。

图 10－14　"图案填充"选项卡

（2）角度和比例。该选项组用于设置图案填充的填充角度、比例或者图案间距等参数。

（3）图案填充原点。该选项组用于设置图案填充原点的位置，因为许多图案填充时，需要对齐填充边界上的某一个点。

（4）边界。该选项组主要用于选择填充区域的边界，也可以通过对边界的删除或重新创建等操作来直接改变区域填充的效果。

（5）选项。该选项组用于设置图案填充的一些附属功能，它的设置间接影响图案填充的效果。

2. 孤岛操作

在进行图案填充时，通常将位于一个已定义好的填充区域内的封闭区域称为孤岛。在填充区域内有诸如文字、公式以及孤立的封闭图形等特殊对象时，可以利用孤岛操作在这些对象处断开填充或全部填充。

在"图案填充和渐变色"对话框中单击右下角的按钮，出现如图 10－15 右边所示"孤岛"设置界面。适当的设置，可避免在填充图案时覆盖一些重要的文本注释或标记等属性。

3. 渐变色填充

有些图形在填充时需要用到一种或多种颜色，这就需要用到图案填充方面的渐变色功能，利用该功能可以对封闭区域进行适当的渐变色填充，以形成比较好的颜色修饰效果。

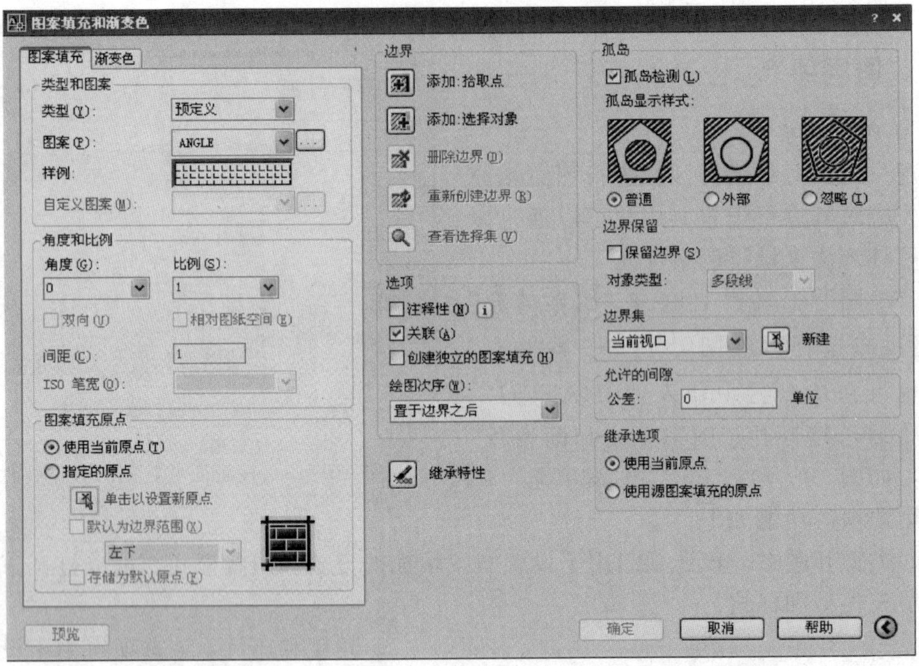

图 10-15 “孤岛”设置界面

在“图案填充和渐变色”对话框中，打开“渐变色”选项卡，如图 10-16 所示。通过颜色类型、填充样式以及方向的设置，可实现多彩的渐变色填充效果。

4. 编辑填充图案

编辑填充图案可以修改已经生成的填充图案，或者用一个新的图案替换以前生成的图案。要编辑填充图案，选择“修改”｜“对象”｜“图案填充”选项，打开“图案填充编辑”对话框，如图 10-17 所示。

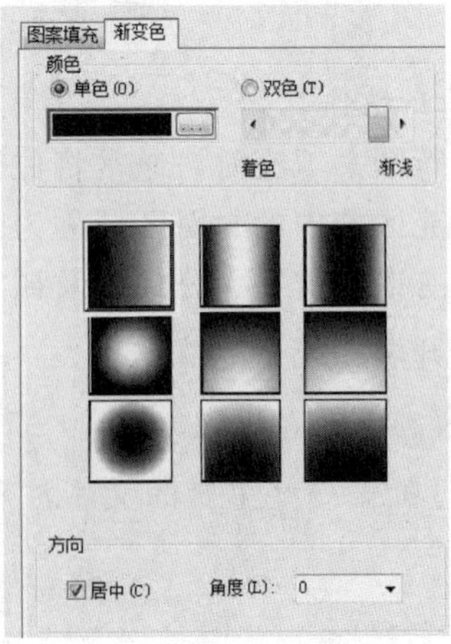

图 10-16 “渐变色”选项卡

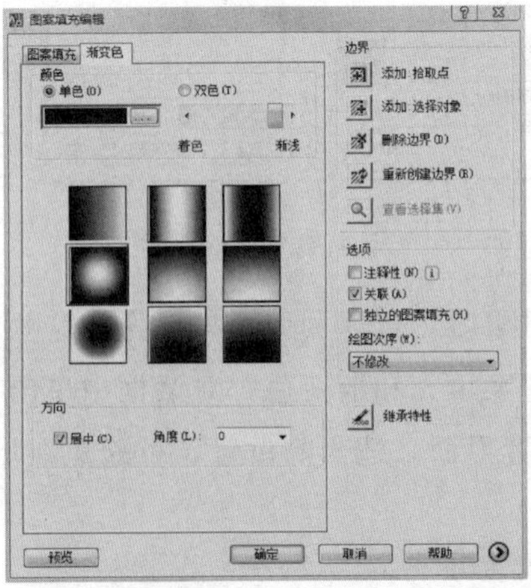

图 10-17 “图案填充编辑”对话框

第六节　精确绘图和控制图形显示

一、使用捕捉、栅格与正交功能

在工程绘图过程中，尽管可以通过移动光标来指定点的位置，却很难精确指定。为提高绘图的速度和效率，通常使用捕捉、栅格和正交功能辅助绘图。使用捕捉和栅格功能可快速指定点的位置，使用正交功能可以使光标沿垂直或平行方向移动。

1. 设置捕捉和栅格

“捕捉”用于设置鼠标光标移动的间距，“栅格”是一些标定位置的小点，使用它可以提供直观的距离和位置参照。选择“工具”｜“草图设置”命令，打开“草图设置”对话框，在“捕捉和栅格”选项卡中，可以启用或关闭“捕捉”和“栅格”功能，并设置“捕捉”和“栅格”的间距与类型，如图 10－18 所示。在状态栏中右击“捕捉”或“栅格”按钮，在弹出的快捷菜单中选择“设置”命令，也可打开“草图设置”对话框。

2. 设置正交模式

在“正交”模式下，使用光标只能绘制水平直线或垂直直线，此时输入直线的长度即可。用户可以通过以下任意一种方法来打开或关闭“正交”模式：在状态栏单击“正交”按钮；按“F8”键；在命令行中输入“ORTHO”命令。

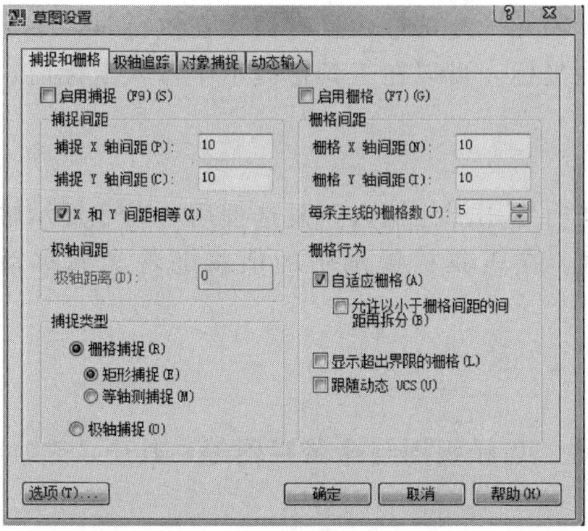

图 10－18　“捕捉和栅格”选项卡

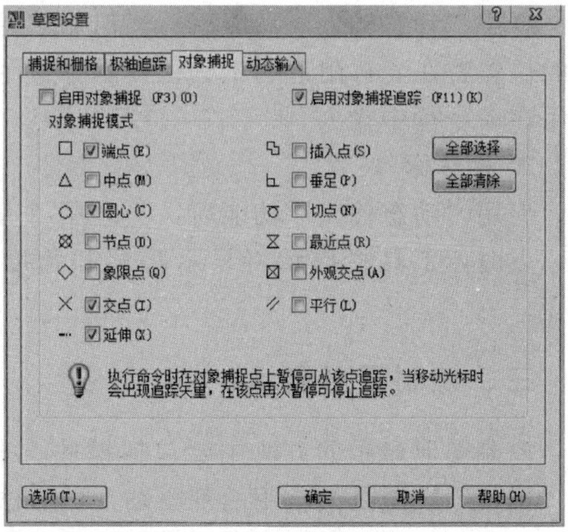

图 10－19　“对象捕捉”选项卡

3. 设置对象捕捉模式

在图 10－19 所示的“对象捕捉”选项卡中，选中“启用对象捕捉”复选框，并选择相应的捕捉模式，即可打开自动捕捉模式。自动捕捉模式就是将光标放在一个对象上时，系统自动捕捉到对象上所有符合条件的几何特征点，并显示出相应的标记。

在 AutoCAD 中，也可以使用“对象捕捉”工具栏中的工具按钮随时打开捕捉，如图 10－20 所示。

图 10-20 “对象捕捉”工具栏

4. 使用极轴追踪

在 AutoCAD 2008 中，使用自动追踪功能可按照指定角度绘制对象，或绘制与其他对象有特定关系的对象。当自动追踪打开时，可以利用屏幕上出现的追踪线在精确的位置和角度上创建对象。自动追踪包括极轴追踪和对象捕捉追踪，可通过单击状态栏上的“极轴”和“对象追踪”按钮来打开或关闭追踪模式。选择“工具”｜“草图设置”命令，打开“草图设置”对话框，在“极轴追踪”选项卡中可以启动极轴追踪，以及设置极轴角度增量、极轴角测量方式等。

二、设置动态输入

采用“动态输入”时，将在光标附近提供一个命令界面，以帮助用户专注于绘图区域，从而极大方便了绘图。

在状态栏上单击“DYN”按钮来打开和关闭“动态输入”，按“F12”键可临时将其关闭。启用“动态输入”功能后，工具栏将在光标附近显示信息，该信息会随着光标移动而动态更新。当某条命令为活动时，工具栏将为用户提供输入的位置。

1. 指针输入

启用“动态输入”功能后，当启用“指针输入”复选框，且有命令在执行时，十字光标的位置将在光标附近的工具栏提示中显示为坐标。可以在工具栏提示中输入坐标值，而不用在命令行中输入。

2. 标注输入

启用“动态输入”功能后，当启用“可能时启用标注输入”复选框后，命令提示输入第二点时，工具栏提示将显示距离和角度值，在工具栏提示中的值将随着光标移动而改变。

三、控制图形显示

控制图形显示的方法主要包括缩放、平移、鸟瞰视图与命名视图等，其中，“缩放”和“平移”视图是最常用的观察图形的方法。

1. 平移视图

平移视图可以使图形在屏幕上显示位置发生改变。

执行命令有三种方法，即单击“标准”工具栏｜“实时平移”按钮；选择“视图”｜“平移”｜“实时”命令；在命令行中输入“PAN”命令。执行命令后，鼠标在视图中呈手形光标，按住鼠标左键进行拖动即可对视图进行平移操作。回车或按 ESC 键，或单击鼠标右键在弹出的快捷菜单中选择“退出”命令即可取消平移操作。

2. 缩放视图

通常，在绘制图形的局部细节时，需要使用缩放工具放大该绘图区域，当绘制完成后，再使用缩放工具缩小图形，从而观察图形的整体效果。

(1) 执行途径。执行图形显示缩放的途径有四种，即“标准”工具栏｜“实时缩放”按钮或“窗口缩放”按钮；“视图”｜“缩放”；命令：ZOOM。

(2) 操作格式。执行“视图”｜“缩放”命令，显示出下一级菜单。各命令的含义如下：

1) 实时 (R)。实时缩放是交互性的缩放功能。实时缩放使用较多，通常从“标准”工具栏中点取“实时缩放”按钮。点取“实时缩放”按钮，十字光标变成放大镜形式，按下鼠标并移动，图形便会放大或缩小；松开鼠标，缩放便会停止。回车或按 ESC 键可退出实时缩放模式。

2) 上一步 (P)。恢复上一次屏幕所显示的图形。也可点取“标准”工具栏中的“缩放上一个”按钮来执行该命令。

3) 窗口 (W)。用于缩放一个由两个对角点所确定的矩形区域。也可点取“标准”工具栏中的“窗口缩放”按钮来执行该命令。

4) 动态 (D)。实现动态缩放。

5) 比例 (S)。该选项将当前窗口中心作为中心点，按输入的比例缩放图形。

6) 中心点 (C)。该选项要求确定一个中心点，然后给出缩放系数或一个高度值。

7) 放大 (I) 或缩小 (O)。将当前视图中的图形放大或缩小 1 倍显示。

8) 对象。用于缩放图形时，尽可能大的显示一个或多个选定的对象，并使其位于绘图区域的中心。

9) 全部 (A)。将图形全部显示在屏幕上，无论对象是否超出所设定的绘图界限。

10) 范围 (E)。执行该命令，系统将尽可能大的显示整个图形，与图形界限无关。

第七节 添加文字和表格

在一个完整的图形文件中，不仅包括各类基本视图、尺寸标注，还包括用以表达图形文件中非图形信息的文字和表格的标注。

一、标注和编辑文字

在 AutoCAD 中，标注的文字总的来说可分为单行文字和多行文字两种，其中单行文字是用于标注一些不需要多种字体样式的简短内容，多行文字主要用于标注比较复杂的说明。

1. 定义文字样式

单击如图 10-21 所示的“文字”工具栏中的“文字样式”按钮，即可用打开的“文字样式”对话框新建、删除文字样式或重新设置当前文字样式的特性和格式。在其中可设置文体字体、文字大小和文字效果等。

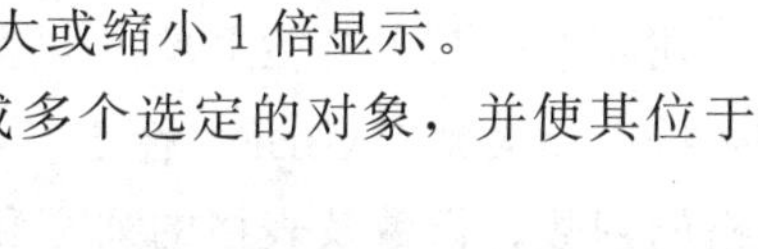

图 10-21 “文字”工具栏

2. 标注单行文字

可以使用单行文字创建一行或多行文字，通过按 Enter 键来结束每一行，每行文字都是独立的对象。单击“文字”工具栏中的“单行文字”按钮，即可进行单行文字的创建。根据提示信息，可以通过指定起点位置、选择对正方式或指定文字样式这三种方式对图形添加文字注释。

3. 标注多行文字

多行文字又称为段落文字，每行文字都是作为一个整体进行处理。用户可以通过在文字编辑器中或使用命令行上的提示创建一个或多个多行文字段落，还可以从 ASCII 或 RTF 格式保存的文件中插入文字。单击“文字”工具栏中的“多行文字”按钮，即可创建多行文字。

4. 编辑文字

当用户创建的单行或多行文字内容需要进行修改编辑时，用户可单击“文字”工具栏上的“编辑”按钮；如果只需要调整文字内容的比例大小，可在“文字”工具栏上单击“比例”按钮。

二、添加和编辑表格

1. 创建表格

在“绘图”工具栏上单击“表格”按钮或选择“绘图”|“表格”命令，也可在命令行中输入“TABLE”命令。执行命令后，将弹出“插入表格”对话框，在其中设置表格的列数、行数及表格的列宽和行高，单击“确定”按钮，然后在视图中指定表格左上角的插入位置，即可在视图中创建一个表格。

2. 创建表格样式

通过表格样式的控制，可以使创建表格的文字字体、颜色、文本高度、表格线框等达到统一。用户可以在“样式”工具栏上单击“表格样式”按钮或选择“格式”|“表格样式”命令，也可在命令行中输入“TABLESTYLE”命令。执行命令后将弹出“表格样式”对话框，单击“新建”按钮，弹出“创建新的表格样式”对话框，然后输入表格样式名称，再单击“继续”按钮，即可对表格方向、对齐方式、页边距等设置。

第八节 尺 寸 标 注

尺寸标注是绘图设计中的一项重要内容，图形主要是用于说明对象的形状，而对象的真实大小通常只有在标注尺寸之后才能确定。AutoCAD 为用户提供了完整的尺寸标注功能。这里主要介绍电力工程绘图中常用的标注方法。

一、尺寸标注的概述

一个完整的尺寸标注通常由尺寸线、尺寸界线、尺寸箭头和尺寸文本四部分组成，如图 10-22 所示。

(1) 尺寸线。尺寸标注的方向和范围，对于角度标注，尺寸线是圆弧。

（2）尺寸界线。界线从标注对象延伸到尺寸线，并要长出尺寸线 2～5mm。

（3）尺寸箭头。终止符号，位于尺寸线的端部。

（4）尺寸文本。表示对象实际大小的文字串，文字也可以包括前缀、后缀和公差。

AutoCAD 提供了多种尺寸标注类型，包括线性标注、对齐标注、坐标标注、半径标注、直径标注、角度标注、基线标注、连续标注和引线标注。图 10－22 所示的为最常见的尺寸标注示例。

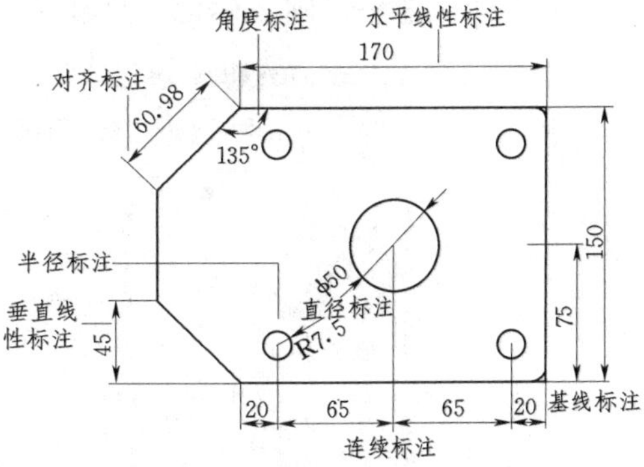

图 10－22　尺寸标注示例

二、尺寸标注的样式

由于 AutoCAD 尺寸标注的缺省设置通常不能满足用户的需要，因此在标注尺寸时，首先要根据需要设置多种标注样式。利用“标注样式管理器”，用户可以根据实际需要设置多种尺寸变量，建立尺寸标注样式。

打开“标注样式管理器”对话框有如下方法：单击“标注”工具栏｜“标注样式”按钮；选择“标注”｜“样式”命令；在命令行中输入“DIMSTYLE”命令。

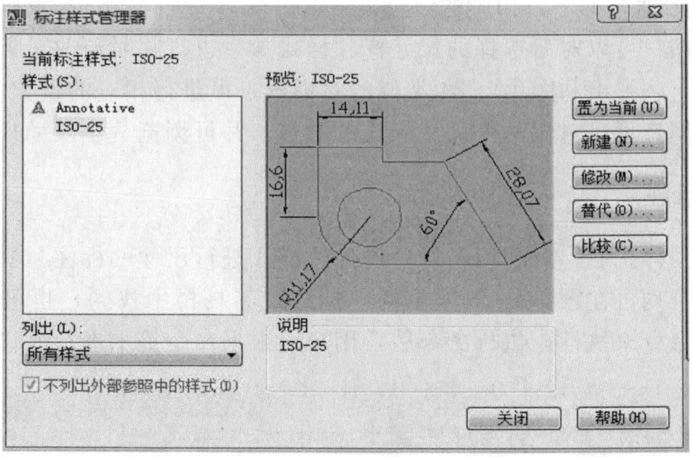

图 10－23　“标注样式管理器”对话框

在打开后的“标注样式管理器”对话框（图 10－23）中，用户可以实现以下操作：

（1）样式：该列表框中可列出所有的尺寸标注样式，用户可以选择，并将其“置为当前”。

（2）预览：预览当前的尺寸标注样式的效果。

（3）置为当前：将在“样式”列表框中选取的样式设置为当前样式。

（4）新建：根据用户的需要，用来定义一个新的尺寸的标注样式。点取该按钮，将弹出一个“新建标注样式”对话框，用户可以对所创建的新的标注样式进行命名和对尺寸线、尺寸界线、箭头、圆心标记、尺寸文本等进行设置，如图 10-24 所示。

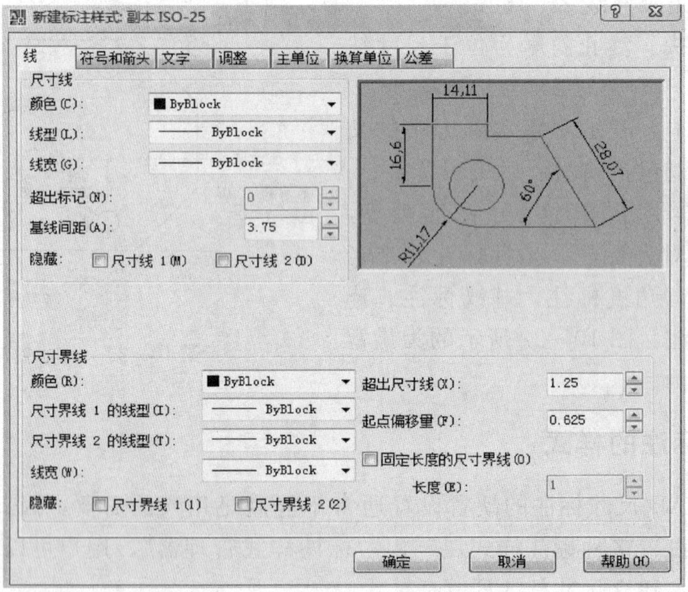

图 10-24　“新建标注样式”对话框

(5) 修改：用户可以对所选择的尺寸标注样式进行修改，点取该按钮，将弹出和图 10-24 类似的对话框，可进行相应的设置。

(6) 替代：用户可以对所选择的尺寸标注样式参量进行临时更改，但不能存储这些更改，点取该按钮，将弹出和图 10-24 类似的对话框，可进行相应的设置。

(7) 比较：用户可以对比两个尺寸样式的参量，并可浏览一个尺寸样式的所有参量。

三、尺寸标注

在设置了标注样式后，可利用新设置的标注样式进行尺寸的标注。

以下标注命令均可在图 10-25 所示的“标注”工具栏中找到，也可在“标注”下拉菜单中点击相应命令来执行。执行命令后，用户应根据命令提示进行操作。

图 10-25　“标注”工具栏

(1) 线性标注。线性标注包括水平标注、垂直标注、对齐标注，其命令为：DIMLINEAR。执行命令后，按照提示进行操作。提示中可能有多项选择，用户可以根据需要自行选择。

(2) 对齐标注。工程制图中，经常遇到斜线、斜面的尺寸标注，用对齐标注命令用户可以方便地标注斜线、斜面的尺寸，其命令为：DIMALIGNED。

(3) 弧长标注。用于测量圆弧或多段线弧线段上的距离，其命令为：DIMARC。

（4）坐标标注。测量当前坐标系原点（基准点）到标注特征点的 X 或 Y 方向的距离。坐标标注精确地定义了几何特征点与基准点的距离，从而避免了误差的积累，其命令为：DIMORDINATE。

（5）半径标注。用来标注圆或圆弧的半径值，其命令为：DIMRADIUS。

（6）直径标注。用来标注圆或圆弧的直径，其命令为：DIMDIAMETER。

（7）角度标注。用来标注圆和圆弧的角度、两条直线间的角度、或者三点间的角度等，其命令为：DIMANGULAR。执行命令后，按照提示进行操作。

（8）基线标注。基线标注是以同一基线为基准的多个尺寸的标注，其命令为：DIMBASELINE。

（9）连续标注。连续标注是首尾相接的多个尺寸的标注，其命令为：DIMCONTINUE。

（10）引线标注。引线标注是指在图形中用引线将文本注释与特征连接起来。引线不能测量距离，通常由带箭头的直线或样条线组成，注释文字写在引线末端。其命令为：QLEADER。

注意：默认情况下在“标注”工具栏中没有显示出“引线标注”的符号，用户可以通过自定义工具栏的方式向“标注”工具栏中添加相应的按钮。

四、编辑标注尺寸

对于添加完成的尺寸标注，可以利用尺寸标注的编辑工具对标注文字、位置、基线间距以及标注样式等内容进行修改，而不必对该图形重新标注尺寸。

（1）编辑标注。利用编辑标注工具可以对已添加的尺寸标注文字内容、文字的旋转角度以及尺寸标注的倾斜角度进行重新设置。

单击“标注”工具栏中的“编辑标注”按钮，或执行“DIMEDIT”命令，根据命令行提示信息选择需编辑的选项并指定新的设置后，单击需要编辑的尺寸标注即可完成该尺寸标注的编辑。

（2）编辑标注文字。编辑标注文字工具，可以对所选尺寸标注文字的位置进行重新放置，或根据命令行提示信息选择相应的选项，对文字的位置或旋转角度进行调整。

单击“标注”工具栏中的“编辑标注文字”按钮，或执行“DIMTEDIT”命令，然后选取需要进行编辑的尺寸标注，即可对该尺寸标注的文字位置和角度进行编辑。

（3）标注间距。标注间距工具可以根据指定的间距值，调整尺寸线互相平行的线性尺寸或角度尺寸之间的距离。

单击“标注”工具栏中“标注间距”按钮，或执行“DIMSPACE”命令，按提示操作即可完成标注间距的设置。

五、综合实例

绘制如图 10－26 所示图形，注意图层、文字样式、标注样式等的设置。

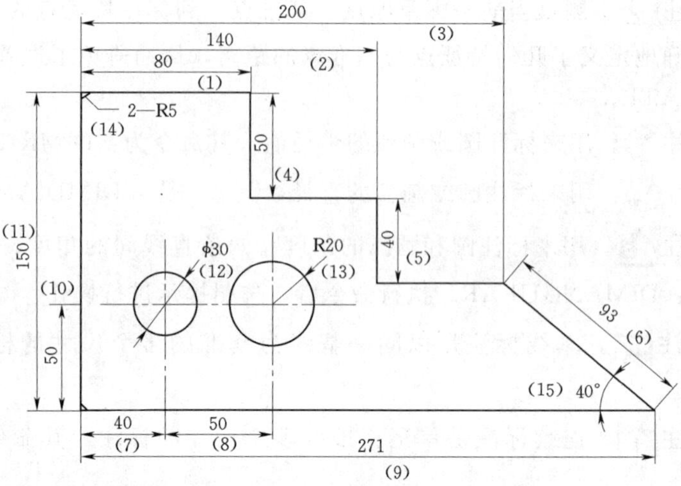

图 10－26 综合实例示例

操作步骤如下。

1. 设置绘图界限和图形单位

请参见本章第一节，此处不再赘述。

2. 设置图层

(1) 单击“格式”|“图层”命令，打开“图层特性管理器”对话框。

(2) 设置图层特性，如图 10－27 所示。

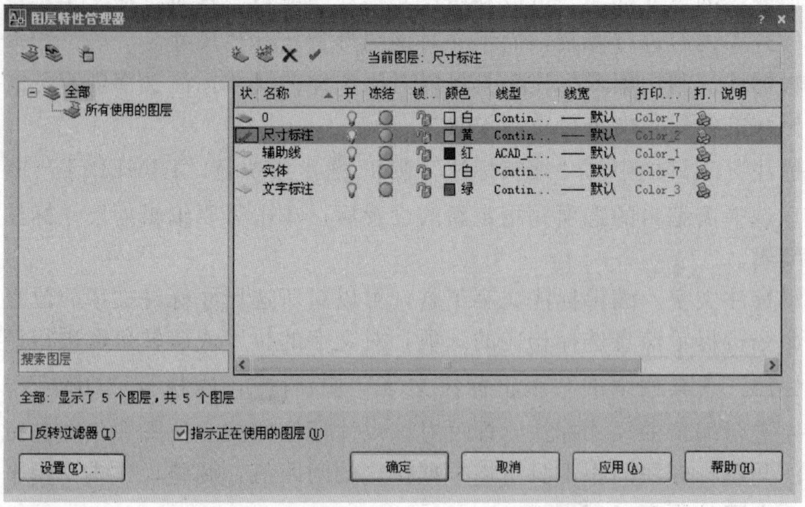

图 10－27 设置图层

(3) 将“实体”层设置为当前图层。

3. 绘图

(1) 使用“直线”命令绘制外轮廓。

命令：LINE，指定第一点：(在绘图区拾取一点作为此图右下角的顶点)

指定下一点或［放弃（U）］：@－271，0（用相对直角坐标确定左下角顶点）

指定下一点或［放弃（U）］：150（鼠标向上移动，输入直线段距离）

指定下一点或［闭合（C）/放弃（U）］：80（鼠标向右移动，输入直线段距离）

指定下一点或［闭合（C）/放弃（U）］：50（鼠标向下移动，输入直线段距离）

指定下一点或［闭合（C）/放弃（U）］：60（鼠标向右移动，输入直线段距离）

指定下一点或［闭合（C）/放弃（U）］：40（鼠标向下移动，输入直线段距离）

指定下一点或［闭合（C）/放弃（U）］：60（鼠标向右移动，输入直线段距离）

指定下一点或［闭合（C）/放弃（U）］：C（闭合）

效果如图 10－28 所示。

（2）对外轮廓的左上角和左下角倒圆角。

命令：FILLET（对左上角倒圆角）

当前设置：模式＝修剪，半径＝0.0000

选择第一个对象或［放弃（U）/多段线（P）/半径（R）/修剪（T）/多个（M）］：R（设定圆角半径）

指定圆角半径<0.0000>：5

选择第一个对象或［放弃（U）/多段线（P）/半径（R）/修剪（T）/多个（M）］：（选择外轮廓最上端直线段）

选择第二个对象，或按住 shift 键选择要应用角点的对象：（选择外轮廓最左端直线段）

命令：FILLET（对左下角倒圆角）

当前设置：模式＝修剪，半径＝5.0000

选择第一个对象或［放弃（U）/多段线（P）/半径（R）/修剪（T）/多个（M）］：（选择外轮廓最下端直线段）

选择第二个对象，或按住 shift 键选择要应用角点的对象：（选择外轮廓最左端直线段）。

效果如图 10－29 所示。

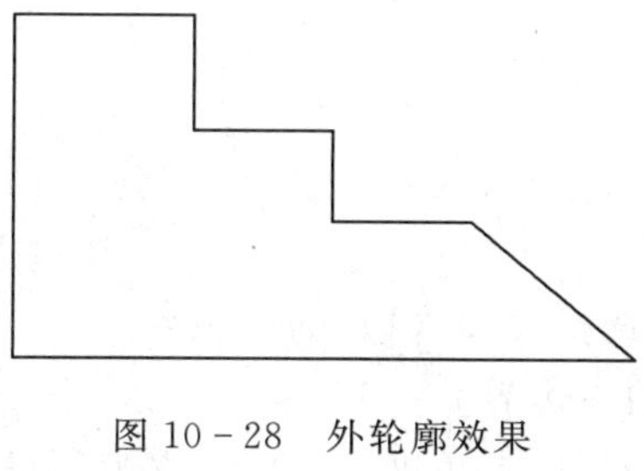

图 10－28 外轮廓效果

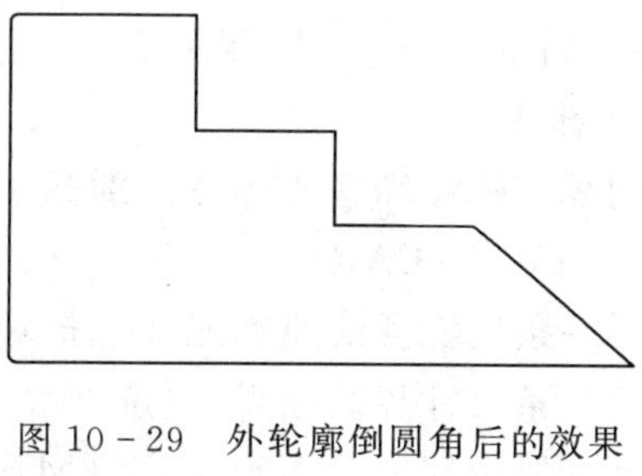

图 10－29 外轮廓倒圆角后的效果

（3）绘制辅助线。首先，应将“辅助线”图层置为当前图层。然后，开始绘制辅助线，这里尤其应注意对象捕捉与追踪的综合应用。

效果如图 10－30 所示。

（4）绘制圆。

命令：CIRCLE，指定圆的圆心或［三点（3P）/两点（2P）/相切、相切、半径（T）］：(捕捉左边圆的圆心)

指定圆的半径或［直径（D）］：D（用圆心、直径的方式绘圆）

指定圆的直径：30

命令：CIRCLE，指定圆的圆心或［三点（3P）/两点（2P）/相切、相切、半径（T）］：(捕捉右边圆的圆心)

指定圆的半径或［直径（D）］<15.0000>：20（用圆心、半径的方式绘圆）

效果如图 10－31 所示。

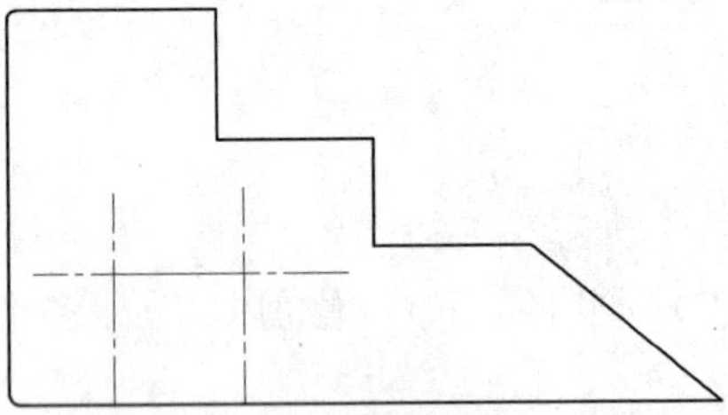

图 10－30 绘制辅助线后效果

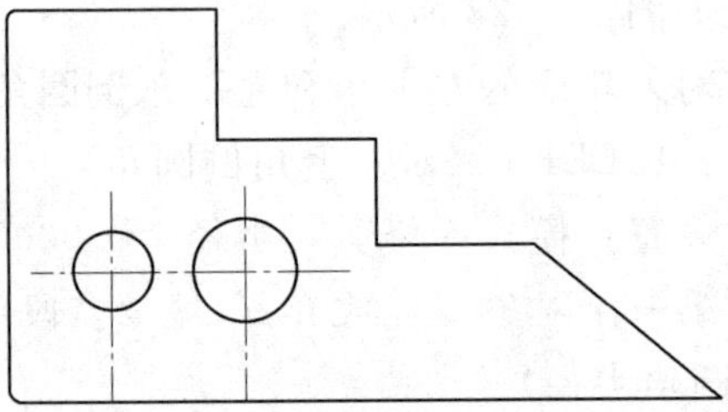

图 10－31 绘制圆后的效果

4. 设置文字标注样式、尺寸标注样式

(1) 设置文字标注样式。新建一文字样式“样式 1”，字体设为“Times New Roman”，高度设为“0.0000”，其余不变。将“样式 1”置为当前文本样式。

(2) 设置尺寸标注样式。以 ISO—25 为基准样式，新建一标注样式“副本 ISO—25”，设置内容如下（括号中内容为此选项在“修改标注样式”对话框中的位置）：

1）基线间距（“直线”｜“尺寸线”）为“10”。

2）箭头大小（“符号和箭头”｜“箭头”）为“5”。

3）文字样式（“文字”｜“文字外观”）选用样式“1”。

4）文字高度（“文字”｜“文字外观”）为“5”。

5）字对齐方式（“文字”｜“文字对齐”）为“水平”。

6）线性标注精度（“主单位”｜“线性标注”）为“0”。

7）将“副本 ISO—25”置为当前标注样式。

5. 尺寸标注

(1) 用线性标注和基线标注分别标注尺寸（1）、(2)、(3)。

命令：DIMLINEAR。

指定第一条尺寸界线原点或<选择对象>：[选择尺寸（1）的左边界]

指定第二条尺寸界线原点：[选择尺寸（1）的右边界]

指定尺寸线位置或［多行文字（M）｜文字（T）｜角度（A）｜水平（H）｜垂直（V）｜旋转（R）］：[指定尺寸线（1）的位置]

标注文字＝80

命令：DIMBASELINE。

指定第二条尺寸界线原点或［放弃（U）/选择（S）］<选择>：[选择尺寸（2）的

右边界]

标注文字＝140

指定第二条尺寸界线原点或［放弃（U）/选择（S)］＜选择＞：［选择尺寸（3）的右边界]

标注文字＝200

指定第二条尺寸界线原点或［放弃（U）/选择（S)］＜选择＞：（回车结束当前操作）

（2）用线性标注标注尺寸（4）、(5)。

命令：DIMLINEAR。

指定第一条尺寸界线原点或＜选择对象＞：［选择尺寸（4）的上边界］

指定第二条尺寸界线原点：［选择尺寸（4）的下边界］

指定尺寸线位置或［多行文字（M）｜文字（T）｜角度（A）｜水平（H）｜垂直（V）｜旋转（R)］：［指定尺寸线（4）的位置］

标注文字＝50

命令：DIMLINEAR。

指定第一条尺寸界线原点或＜选择对象＞：［选择尺寸（5）的上边界］

指定第二条尺寸界线原点：［选择尺寸（5）的下边界］

指定尺寸线位置或［多行文字（M）｜文字（T）｜角度（A）｜水平（H）｜垂直（V）｜旋转（R)］：［指定尺寸线（5）的位置］

标注文字＝40

（3）用对齐标注标注尺寸（6）。

命令：DIMALIGNED。

指定第一条尺寸界线原点或＜选择对象＞：［选择尺寸（6）的上边界］

指定第二条尺寸界线原点：［选择尺寸（6）的下边界］

指定尺寸线位置或［多行文字（M）｜文字（T）｜角度（A)］：［指定尺寸线（6）的位置］

标注文字＝93

（4）用线性标注和连续标注分别标注尺寸（7）、(8)。

命令：DIMLINEAR。

指定第一条尺寸界线原点或＜选择对象＞：［选择尺寸（7）的左边界］

指定第二条尺寸界线原点：［选择尺寸（7）的右边界］

指定尺寸线位置或［多行文字（M）｜文字（T）｜角度（A）｜水平（H）｜垂直（V）｜旋转（R)］：［指定尺寸线（7）的位置］

标注文字＝40

命令：DIMCONTINUE。

指定第二条尺寸界线原点或：［放弃（U）/选择（S)］＜选择＞：［选择尺寸（8）的右边界］

标注文字＝50

指定第二条尺寸界线原点或：[放弃（U）/选择（S）]＜选择＞：（回车结束当前操作）

（5）用线性标注标注尺寸（9）。

命令：DIMLINEAR。

指定第一条尺寸界线原点或＜选择对象＞：[选择尺寸（9）的左边界]

指定第二条尺寸界线原点：[选择尺寸（9）的右边界]

指定尺寸线位置或[多行文字（M）|文字（T）|角度（A）|水平（H）|垂直（V）|旋转（R）]：[指定尺寸线（9）的位置]

标注文字＝271

（6）用线性标注和基线标注尺寸（10）、（11）。

命令：DIMLINEAR。

指定第一条尺寸界线原点或＜选择对象＞：[选择尺寸（10）的下边界]

指定第二条尺寸界线原点：[选择尺寸（10）的上边界]

指定尺寸线位置或[多行文字（M）|文字（T）|角度（A）|水平（H）|垂直（V）|旋转（R）]：[指定尺寸线（10）的位置]

标注文字＝50

命令：DIMBASELINE。

指定第二条尺寸界线原点或：[放弃（U）/选择（S）]＜选择＞：[选择尺寸（11）的上边界]

标注文字＝150

指定第二条尺寸界线原点或：[放弃（U）/选择（S）]＜选择＞：（回车结束当前操作）

（7）用直径标注和半径标注分别标注尺寸（12）、（13）。

命令：DIMDIAMETER。

选择圆弧或圆：（选择图形左边的圆）

标注文字＝30

指定尺寸线位置或[多行文字（M）|文字（T）|角度（A）]：[指定尺寸线（12）的位置]

命令：DIMRADIUS。

选择圆弧或圆：（选择图形右边的圆）

标注文字＝20

指定尺寸线位置或[多行文字（M）|文字（T）|角度（A）]：[指定尺寸线（13）的位置]

（8）用引线标注标注尺寸（14）。

命令：QLEADER。

指定第一个引线点或[设置（S）]＜设置＞：[捕捉左上角圆弧上的一点]

指定下一点：＜正交 关＞

指定下一点：＜正交 开＞

指定文字宽度<0>：(直接回车)

输入注释文字的第一行<多行文字（M）>：2—R5

输入注释文字的下一行：(回车结束当前操作)

(9) 用角度标注标注尺寸（15）。

命令：DIMANGULAR。

选择圆弧、圆、直线或<指定顶点>：(选择第一条直线)

选择第二条直线：

指定标注弧线位置或［多行文字（M）｜文字（T）｜角度（A)]：(指定标注弧线位置)

标注文字＝40

尺寸标注完成后的效果图如图 10－32 所示。

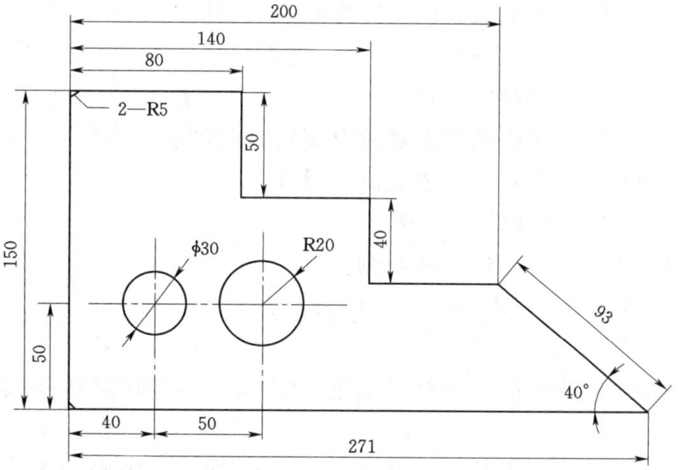

图 10－32　尺寸标注完成效果图

6. 文本标注

步骤略。

附录　本书所参考标准

1. 机械部分

GB/T 14689—2008　《技术制图　图纸幅面和格式》

GB/T 10609.1—2008　《技术制图　标题栏》

GB/T 14690—1993　《技术制图　比例》

GB/T 14691—1993　《技术制图　字体》

GB/T 17450—1998　《技术制图　图线》

GB/T 4457.4—2002　《机械制图　图样画法　图线》

GB/T 44578.4—2003　《机械制图　尺寸注法》

GB/T 14791—1993　《螺纹术语》

GB/T 4459.1—1995　《机械制图螺纹及螺纹紧固件表示法》

GB/T 1095—2003　《平键　键槽的剖面尺寸》

GB/T 64035—1986　《砂轮越程槽》

GB/T 6403.4—2008　《零件倒圆与倒角》

GB/T 16675—1996　《技术制图　简化表示法》

GB/T 6403.3—2008　《滚花》

GB/T 3505—2009　《产品几何技术规范（GPS）　表面结构　轮廓法　术语、定义及表面结构参数》

GB/T 1800.1—2009　《产品几何技术规范（GPS）　极限与配合　第 1 部分：公差、偏差和配合的基础》

GB/T 1801—2009　《产品几何技术规范（GPS）　极限与配合　公差带和配合的选择》

GB/T 17453—2005　《技术制图　图样画法　剖面区域的表示法》

2. 电气部分

GB/T 10609.1—2008　《技术制图　标题栏》

GB/T 18594—2001　《技术产品文件　字体　拉丁字母、数字和符号的 CAD 字体》

GB/T 4728　《电气简图用图形符号》

GB/T 786.1—2009　《流体传动系统及元件图形符号和回路图　第 1 部分：用于常规用途和数据处理的图形符号》

GB/T 4458.1—2002　《机械制图 图样画法　视图》

ISO 129－1—2004　《技术制图　尺寸和允许偏差　第 1 部分：一般原则》

GB/T 6988.1—2008　《电气技术用文件的编制　第 1 部分：规则》

GB/T 20063　《简图用图形符号》

GB/T 1526—1989　《信息处理 数据流程图、程序流程图、系统流程图、程序网络

图和系统资源图的文件编制符号及约定》

GB/T 16901.1—2008　《技术文件用图形符号表示规则　第1部分：基本规则》

GB/T 5094.1—2002　《工业系统、装置与设备以及工业产品结构原则与参照代号　第1部分：基本规则》

GB/T 5094—1985　《电气技术中的项目代号》

GB/T 5094.2—2003　《工业系统、装置与设备以及工业产品结构原则与参照代号　第2部分：项目的分类与分类码》

GB/T 7159—1987　《电气技术中的文字符号制定通则》

GB/T 20939—2007　《技术产品及技术产品文件结构原则　字母代码　按项目用途和任务划分的主类和子类》

GB/T 17285—2009　《电气设备电源特性的标记　安全要求》

GB/T 16901.2—2000　《图形符号的表示规则　产品技术文件用图形符号　第2部分：图形符号（包括基准符号库中的图形符号）的计算机电子文件格式规范及其交换要求》

参考文献

[1] 全国电气文件编制和图形符号标准化技术委员会秘书处．技术制图与机械制图标准规定汇编．北京：中国电力出版社，2003.

[2] 李学京．机械制图国家标准应用指南．北京：中国标准出版社，2008.

[3] 唐克中，朱同钧．画法几何及工程制图．北京：高等教育出版社，2005.

[4] 王槐德．机械制图新标准代换教程．北京：中国标准出版社，2004.

[5] 全国电气信息结构 文件编制和图形符号标准化技术委员会．电气制图规则应用指南．北京：中国标准出版社，2009.

[6] 全国电气信息结构 文件编制和图形符号标准化技术委员会，中国标准出版社第四编辑室．电气简图用图形符号国家标准汇编．北京：中国标准出版社，2009.

[7] 全国电气信息结构 文件编制和图形符号标准化技术委员会，中国标准出版社第四编辑室．电气技术文件编制国家标准汇编．北京：中国标准出版社，2009.

[8] 全国电气文件编制和图形符号标准化技术委员会．电气制图及相关标准汇编．北京：中国电力出版社，2001.

[9] 郭汀．电气图形符号文字符号便查手册．北京：化学工业出版社，2010.

[10] 付加才．电气 CAD 工程实践技术．北京：化学工业出版社，2009.

[11] 林向淮．电工识图入门．北京：机械工业出版社，2004.

[12] 张宪，张大鹏．电气制图与识图．北京：化学工业出版社，2009.